Mittwede

Der Āyurveda

Gewidmet meinen Kindern:

Daniel, Martina, Sarah, Arjuna, Anita, Emanuel

Der Āyurveda

Von den Wurzeln zur Medizin heute

Von Priv. Doz. Dr. phil. Martin Mittwede

Vorwort von Professor Dr. med. Klaus Jork

Mit 37 Abbildungen

HAUG

Karl F. Haug Verlag · Heidelberg

Die Deutsche Bibliothek - CIP-Einheitsaufnahme

Mittwede, Martin:
Der Āyurveda : von den Wurzeln zur Medizin heute / von Martin
Mittwede. Vorw. von Klaus Jork. - Heidelberg : Haug, 1998
(Erfahrungsheilkunde/Naturheilverfahren)
ISBN 3-7760-1654-X

ISBN 3-7760-1654-X

Illustrationen: Constanze von Kitzing
Satz und Konvertierung: Wolfgang Seidel, Kommunikationsservices, 76855 Annweiler
Druck: Laub GmbH & Co., 74834 Elztal-Dallau

Inhalt

Vorwort

Āyurveda und traditionelle chinesische Medizin verkörpern zwei Medizinsysteme, die in den letzten Jahrzehnten in der konventionellen westlichen Medizin zunehmend Aufmerksamkeit erregt haben. Aus dem Erkennen der Grenzen einer überwiegend naturwissenschaftlich und technisch orientierten Heilkunde suchen zahlreiche Ärzte nach ergänzenden psychologischen und philosophischen Orientierungsmöglichkeiten, in deren Mittelpunkt der Mensch mit seinen Besonderheiten des Denkens, Kommunizierens und Handelns steht.

Hierbei interessieren vor allem auch erkenntnistheoretische Ansätze, welche die Sinn- und Zielorientierung des Lebens thematisieren. So hat z.B. die zunehmende Verbreitung der Akupunktur geholfen, das Verständnis für die fünf Wandlungsphasen der traditionellen chinesischen Medizin zu verbreiten und die Toleranz für fremde Medizinsysteme zu fördern. Begünstigt wird diese Entwicklung durch den Wunsch der Patienten nach einer „ganzheitlichen" Medizin bzw. Behandlung. Ganzheit ist kein naturwissenschaftlich operationalisierter Begriff, denn sie wird von der naturwissenschaftlichen Medizin nicht definiert; demzufolge existieren keine Methoden, Ganzheit zu untersuchen, d.h. zu beschreiben, zu analysieren oder praktisch umzusetzen.

Ganzheitsmedizin wird von ihren forschenden Vertretern „im Grundsatz wissenschaftlich als angewandte Systemanalyse gesehen und stellt sie vor die noch ungewohnte Aufgabe, diagnostische Daten unter biokybernetischen und systemanalytischen Gesichtspunkten zu verwerten und therapeutisch umzusetzen (Stacher 1993)." Daten stehen im Vordergrund und nicht das Individuum, der Patient. Die „Analyse" konventioneller Medizin hat dazu geführt, daß sie sich inzwischen in über 80 wissenschaftlichen medizinischen Fachgesellschaften repräsentiert sieht; die Integration und Synthese der Sicht von Spezialisten geht verloren.

Gerade bei diesem Defizit kann uns die synthetische Arbeitsweise asiatischer Medizinsysteme ein Verständnis für „Ganzheit" erschließen helfen. In besonderer Weise trifft dies für den Āyurveda zu, von dem zahlreiche historische Quellen zur Verfügung stehen.

Während zur traditionellen chinesischen Medizin bereits eine größere Anzahl gelungener Übersetzungen historischer Texte zur Verfügung steht, beschränken sich Veröffentlichungen zum Āyurveda bisher meist auf populärwissenschaftliche Publikationen, obwohl in Deutschland bereits verschiedene Kliniken nach den Prinzipien des Āyurveda arbeiten. Deswegen besteht vor allem auch bei Ärzten ein Bedarf an wissenschaftlich fundierter Information über das „Wissen vom Leben bzw. von der Gesundheit".

Es ist das besondere Verdienst von Dr. Martin Mittwede, mit dem vorliegenden Werk diese Lücke für den Āyurveda in wissenschaftlich kompetenter und umfassender Weise geschlossen zu haben. Er hat in seinem Werk die philosophischen und psychologischen Wurzeln des Āyurveda für den interessierten Leser aller Gesundheitsberufe verständlich durch ein umfassendes Studium der Originalarbeiten ebenso wie der Sekundärliteratur dargestellt. Der Autor weist in Thesen nach, daß das Konzept des Āyurveda auf einer typologisch und symptomatologisch orientierten Wahrnehmung des Patienten durch den Heilkundigen beruht, und belegt diese Thesen durch Originalquellen.

Diagnose und Therapie basieren im Āyurveda auf drei dynamischen Prinzipien, den *doṣas*, die die individuelle Konstitution eines Menschen bestimmen. Krankheit entsteht aus dem Ungleichgewicht der *doṣas* und kann durch fehlerhafte Erkenntnis, Ungleichgewicht bewirkende Sinneserfahrungen und zeitliche Einflüsse bewirkt werden. Deswegen bemüht man sich im Āyurveda um einen individuellen Zugang zum Patienten, bei dem der Therapeut durch seine persönliche Fähigkeit, den Patienten situativ zu erfassen, diesen auch aktiv am therapeutischen Prozeß beteiligt.

Krankheit beginnt nach dem Verständnis des Āyurveda mit einer falschen Sichtweise und entwickelt sich über falsche Handlungen, die Ungleichgewicht fördern. Die Störung ist dabei immer ein Anregungs- oder Unruhezustand, der beruhigt werden muß. Die aktive Gestaltung des Lebens, d.h. eine gesunde Lebensführung, wird als der Schlüssel zur Gesundheit angesehen und kann erst dann erreicht werden, wenn eine geistige Erkenntnis der Zusammenhänge der verschiedenen Einflüsse auf den Menschen gegeben ist. Für die Erhaltung des Lebens kann das āyurvedische Wissen beim Gesunden eingesetzt werden, indem er den Verhaltensregeln für den Gesunden folgt, und beim Kranken, indem Sorgfalt bei der Beruhigung der Krankheiten aufgebracht wird.

Im vorliegenden Werk von Dr. Mittwede wird anhand der klassischen Texte auch nachgewiesen, daß bereits vor ca. 2.000 Jahren auf empirischer Grundlage durch die Wahrnehmung von Sinnesqualitäten zwischen Diabetes mellitus Typ I und II unterschieden worden ist. Damit weist der Autor auf die paradiagmatische Bedeutung eines qualitativen Wissenschaftsverständnisses hin, was ihm besonders durch seine ausgezeichnete sprachliche und kulturgeschichtliche Kompetenz möglich wird.

In seinen Ausführungen leitet der Autor für den europäischen Leser verständlich ab, wie sich wissenschaftliches Denken und eine dazugehörige Methodik im alten Indien schrittweise aus den weltanschaulichen Axiomen heraus entwickelt haben. Wissen um gesunde Ernährung und Lebensweisenkonzepte lassen sich danach auch in unseren Kulturkreis übertragen und bieten deswegen allen in den Gesundheitsberufen tätigen Personen vielfältige Anleitungen bei der Arbeit mit den Patienten. Im Bestreben um eine ganzheitliche Medizin, die sich auch an geisteswissenschaftlichen Konzepten orientiert, ist dieses Werk ein unverzichtbarer Schlüssel zum Verständnis traditioneller indischer Kultur in der Auseinandersetzung mit individueller Harmonie und Gesundheit.

Prof. Dr. med. Klaus Jork
Frankfurt, im Winter 1997

1 Das Verstehen āyurvedischen Denkens

Das wissenschaftliche Denken – ein Überblicksdenken, ein Denken des Gegenstandes in seiner Allgemeinheit – muß sich in ein vorausgehendes „Es gibt" zurückversetzen, in die Landschaft, auf den Boden der sinnenfälligen Welt und der bearbeiteten Welt, wie sie in unserem Leben, für unseren Körper vorhanden sind, nicht für jenen möglichen Körper, den man, wenn man will, als eine Informationsmaschine betrachten kann, sondern für diesen tatsächlichen Körper, den ich den meinen nenne, diesen Wachtposten, der schweigend hinter meinen Worten und meinen Handlungen steht. Mit meinem eigenen Körper müssen die assoziierten Körper, die „anderen" erwachen, nicht als meine Gattungsgenossen, wie die Zoologie sagt, sondern als diejenigen, die mir im Umgang vertraut sind, mit denen ich im vertrauten Umgang zu einem einzigen, gegenwärtigen Sein stehe, wie niemals ein Tier zu denjenigen seiner Art, seines Lebensraumes oder seiner Umwelt gestanden hat. In dieser ursprünglichen Geschichtlichkeit wird das unbeschwerte und improvisierende Denken der Wissenschaft lernen, sich den Dingen als solchen und sich selbst zuzuwenden, es wird wieder Philosophie werden...

Maurice Merleau-Ponty [1]

Nach wie vor herrscht vielerorts die Meinung vor, daß sich Wissenschaft nur in unserem Kulturraum basierend auf dem Griechentum entwickelt hat. Dies ist aber nachweislich nicht richtig. Die Wissenschaftssysteme, die sich in anderen Kulturen entwickelt haben, müssen jedoch nicht unbedingt dem heute verbreiteten Wissenschaftsverständnis entsprechen. Dies bedeutet, daß sie auch nicht mit dessen Kriterien, d.h. einer ihrem Selbstverständnis nicht entsprechenden, fremden Meßlatte beurteilt werden dürfen. Aufgrund andersartiger kultureller Kontexte und Wertesysteme ist es sogar sehr wahrscheinlich, daß sich unterschiedliche Formen von Wissenschaft herausgebildet haben.

Wissenschaft erhebt den Anspruch, die den Menschen umgebende Wirklichkeit mehr oder weniger genau zu beschreiben und zu erklären. Aus unserer Perspektive erscheinen fremde Vorstellungen und Denksysteme oft als irrational und mythologisch. Umgekehrt wird vielleicht einer späteren Zeit oder einer anderen Kultur die heute vorherrschende Sicht als weltanschaulich beschränkt erscheinen.

Im heutigen Medizinsystem existieren mehrere Paradigmen nebeneinander, die sich gegenseitig ausschließen bzw. nicht richtig verstehen. Aus Sicht der Komplementärmedizin zeigt die besorgniserregende Zunahme von Resistenzen gegen Antibiotika den Fehler des herrschenden Paradigmas. Aus Sicht der sogenannten Schulmedizin zeigt die Tatsache, daß viele naturheilkundliche Ansätze nicht nach den üblichen Kriterien evaluiert sind, deren Unzulänglichkeit.

Die Tatsache, daß viele Forschungsaktivitäten mit Wirtschaftsinteressen verknüpft sind, führt zudem zu einer Vernachlässigung komplementärer Verfahren. Immerhin zeigen Trends, daß das Interesse an naturheilkundlicher Therapie immer mehr zunimmt, so daß die Ärzte auf diesen Bedarf reagieren müssen.

Die Beschäftigung mit einem bisher wenig erforschten Medizinsystem wie dem Āyurveda bedeutet eine wesentliche Erweiterung unseres begrenzten Sichtfeldes. Die traditionelle chinesische Medizin hat es immerhin geschafft, einen gewissen Eingang ins Hochschulsystem zu finden. In der Praxis unterstützen inzwischen viele Ärzte und Krankenkassen Akupunkturbehandlungen und andere Verfahren der chinesischen Medizin.

Die folgenden Untersuchungen sollen den Zugang zu einem der ältesten heilkundlichen

---

[1] Merleau-Ponty (1984, 14).

System der Menschheit eröffnen. Die teilweise frappierenden Parallelen zu uns bekannten naturheilkundlichen Systemen weisen auf eine übereinstimmende Sicht des Krankheitsgeschehens hin, welche kulturell übergreifend ist.

Es wird deutlich werden, daß sich aus den altindischen weltanschaulichen Vorstellungen heraus eine Methodik entwickelt hat, die in sich schlüssig und auch heute noch nachvollziehbar ist. Durch die intensivere Erforschung des Āyurveda könnte daher ein zusätzlicher diagnostischer und therapeutischer Nutzen entstehen.

Die ersten Untersuchungen über die āyurvedische Heilkunde reichen weit bis in das 19. Jahrhundert zurück. Trotzdem hat dieses Forschungsgebiet bisher keine ausreichende Beachtung gefunden.

Wenn man die Tatsache betrachtet, daß noch heute mehrere 100 Millionen Menschen durch den Āyurveda medizinisch versorgt werden, daß es allein in Indien ca. 200 Colleges und Ausbildungsinstitute für Āyurveda und ungefähr 200 000 Ärzte und Heilkundige gibt, die nach āyurvedischen Prinzipien arbeiten, kommt man vielmehr zu dem Ergebnis, daß bisher auf diesem Gebiet verhältnismäßig wenig getan worden ist, daß man sogar von einem vernachlässigten Bereich der Forschung sprechen kann, in dem einiges geleistet worden, aber noch fast alles zu tun ist.

So beklagt Meulenbeld zu Recht:

„Es mag sein wie es will, es kann nicht verleugnet werden, daß die Indische Medizin lange von Medizingeschichtlern und Sprachwissenschaftlern vernachlässigt worden ist, während die Repräsentanten der westlichen Medizin ihr immer nur wenig Aufmerksamkeit gewidmet haben und bis heute dabei geblieben sind. Auch wenn in den letzten Jahren Veränderungen zum Guten stattgefunden haben, sind diejenigen, die sich aktiv an der Erforschung der Indischen Medizin beteiligen, nur eine kleine Anzahl von Personen. Und außerdem sind sie in sehr verschiedenen Fachgebieten ausgebildet, wie die Teilnehmerliste dieser Konferenz zeigt.“[(2)]

Zur Vernachlässigung des Studiums der indischen heilkundlichen Traditionen tragen einerseits sachliche Gründe bei; denn für ein angemessenes Verständnis sind nicht nur Kenntnisse eines Fachgebiets, sondern oft von zwei oder noch mehr Disziplinen erforderlich, die nur selten in einer Person vereinigt sind. Aus diesem Grund wird betont, daß eine interdisziplinäre Zusammenarbeit verschiedener Fachrichtungen notwendig sei.

„Im Einklang mit dieser Vorliebe kann man Indische Medizin aus verschiedenen Blickwinkeln studieren: indologisch, philosophisch, anthropologisch ethnobotanisch pharmakologisch usw.“[(3)] *„Die Komplexität des Studiengebietes macht es nicht nur wünschenswert, sondern erfordert tatsächlich interdisziplinäre Zusammenarbeit.“*[(4)]

Die Wichtigkeit solcher Untersuchungen leuchtet dem Beobachter noch mehr ein, wenn er die teilweise sehr dürftigen Darstellungen der indischen Heilkunde in medizingeschichtlichen Lehrbüchern betrachtet.[(5)]

Die Nichtbeachtung dieses Fachgebiets hat aber außer der sachlichen Begründung noch eine andere Komponente, die ihre Basis in der geschichtlichen Entwicklung von Wissenschaft und Technik sowie der kolonialen Aneignung anderer Länder und Kulturen hat. Das vorwissenschaftliche Dogma, von welchem

(2) Meulenbeld (1984, 15).
(3) Meindersma (1984, 169).
(4) Meulenbeld (1984, 15); ebenso Labadie (1984, 211), Laping (1987a, 239 ff).
(5) Z.B. Eckart (1990).

viele frühe Untersuchungen des Āyurveda ausgegangen sind, kann man kurz folgendermaßen charakterisieren:

Es ist unmöglich, ja sogar undenkbar, daß sich Wissenschaft außerhalb unseres Kulturkreises selbständig ohne Rekursion auf griechisches Gedankengut entwickelt hat.

Die Tendenz der historisch-philologischen Denkweise, Übernahme- und Ursprungstheorien zu entwickeln, und die Auffassung, mit einer solchen Theorie eine Fragestellung vollständig zu erfassen, sind Ausdruck einer eindimensionalen Betrachtungsweise und verstellen den Blick für die inhaltliche Substanz, die innerhalb anderer kultureller Paradigmen gefunden werden kann.

Andererseits tritt uns die gleiche Tendenz von indischer Seite mit umgekehrtem Vorzeichen entgegen: Alles moderne Wissen und natürlich noch viel mehr ist demnach bereits in den alten Texten vorhanden.

Auch im Bereich der *Veda*-Interpretation gibt es in Indien die Tendenz, den Offenbarungscharakter dadurch zu erweisen, daß versucht wird, moderne technische Entwicklungen in den Texten aufzufinden. Ein Beispiel dafür ist das Werk Dayānand Sarasvatīs, der den Ārya Samāj 1875 als eine Bewegung zur Wiederherstellung der alten vedischen Kultur begründet hat.

Ein solches Vorgehen ist sicher gut zu verstehen und hat sich im Zuge des wachsenden Nationalgefühls in Indien und unter dem Druck der einströmenden westlichen Medizin als Rechtfertigungstheorie entwickelt. Es sollte insofern als eine Spiegelung unseres eigenen Vorgehens betrachtet werden.

Gleichzeitig war und ist die medizingeschichtliche Forschung teilweise heute noch von dem Prinzip bestimmt, die gegenwärtige Philosophie oder Konzeption von Wissenschaft in frühere Epochen hineinzuprojizieren oder alte heilkundliche Systeme mit modernen Maßstäben zu messen.[6] Diese Einstellung wurde insbesondere durch die großen Erfolge, die die technisch-medizinische Entwicklung zu verzeichnen hatte, gefördert und hat sich in einer weiteren vorwissenschaftlichen Hypothese niedergeschlagen, die man den geisteswissenschaftlichen Darwinismus nennen könnte. Sie geht von folgender Annahme aus:

Je weiter wir in der Geschichte zurückgehen, desto primitiver müssen die Vorstellungen der Menschen sein, die sie sich von der Welt und ihrem Leben gemacht haben.

Diese Einstellung führt zu entsprechenden Bewertungen außereuropäischer Traditionen oder einfach zu deren Vernachlässigung in der Forschung, für die z.B. die mangelnde Beachtung der indischen Philosophie innerhalb philosophischer Fachbereiche der Universitäten eine bezeichnende Illustration gibt. Die wirkliche Auseinandersetzung hat in diesem Bereich noch nicht einmal begonnen.

„Im allgemeinen ist die Beschreibung nichtwestlicher Wissenschaften, deren interner erkenntnistheoretischer Struktur usw. von Wissenschaftsphilosophen vernachlässigt worden. Eine adäquate Methodologie, diese zu studieren, ist bisher nicht entwickelt worden. Es ist wünschenswert, daß die Spezialisten in der Wissenschaftstheorie ihre ethnozentrische Einstellung aufgeben und sich Wissenschaftssystemen, die nicht dem westlichen Ideal entsprechen, mit angemessener Aufmerksamkeit zuwenden.“[7]

Durch unser eigenes Beeinflußtsein von dem gegenwärtig herrschenden wissenschaftlichen Paradigma stehen wir ständig in der Gefahr, Wertmaßstäbe darüber aufzustellen, was Wis-

[6] Vgl. Lichtenthaeler (1987, 53).
[7] Meulenbeld (1984, 16).

senschaft sei und was nicht, und die eigene Denkform für die einzig schlüssige zu halten. Deshalb stellt Meindersma in seiner differenzierten Betrachtung der Wissenschaftlichkeit des Āyurveda die berechtigte Frage:

„Sind Angehörige des westlichen Kulturkreises in der Lage – sogar wenn technische Schwierigkeiten ausgeräumt sind – indische Medizin zu beurteilen? [...] Und schließlich, hat die westliche Medizin einen Standard, mit dem sie indische Medizin „evaluieren" kann?"[(8)]

Wenn man sich der āyurvedischen Heilkunde angemessen nähern will, ist es also notwendig, sich im ersten Schritt von den besprochenen Prämissen bzw. Vorurteilen frei zu machen. Dies mag zwar eine an sich selbstverständliche Forderung sein, nichtsdestoweniger wird sie oft genug nicht beachtet. Wir gehen deshalb erst einmal von der These aus, daß die āyurvedischen Konzepte nicht besser oder schlechter als die modernen sind, sondern einfach nur anders.

Der einfühlsame Blick für das Anderssein anderer kultureller Wertesysteme hat sich in den letzten Jahren insbesondere im Bereich der Ethnologie entwickelt, d.h. auf unser Thema bezogen im Bereich der Ethnomedizin. Es ist dabei deutlich geworden, daß Gesundheit und Krankheit kulturell definierte Phänomene sind, die auf bestimmten weltanschaulichen Prämissen beruhen, welche in der Regel nicht hinterfragt werden, da sie dem einzelnen Mitglied eines kulturellen Zusammenhangs nicht bewußt sind. Die Betrachtung solcher Prämissen in einer anderen Kultur kann dabei den Blick für die Begrenzungen der eigenen Wirklichkeitswahrnehmung schärfen.

Die immer schneller werdende Entwicklung der modernen Medizin hat ohne Zweifel zu Erfolgen geführt, die niemand ernsthaft bestreiten kann. Gleichzeitig hat die zivilisatorische Entwicklung Lebensverhältnisse hervorgebracht, die den Menschen in einem beträchtlichen Umfang gefährden und beeinträchtigen.

Diese Kehrseite des Fortschritts hat die moderne Kulturkritik für andere kulturelle Paradigmen sensibilisiert, in deren Rahmen es teilweise gelungen ist, ein Gleichgewicht zwischen der menschlichen Lebensform und der natürlichen Umwelt für lange Zeit zu stabilisieren. Inzwischen ist deutlich geworden, daß auch in einer primitiven Gesellschaft eine gute Gesundheit aufrechterhalten werden kann:

„Neue medizinsche Gutachten über heute lebende afrikanische, indianische und australische Stämme geben uns sogar noch mehr überzeugende Beweise dafür, daß Gesundheit und Lebenskraft unter primitiven Verhältnissen und extrem harten klimatischen Bedingungen erlangt werden können. [...] Die Meban- und Chavantestämme leben in isolierten primitiven Dörfern mit begrenzten Nahrungsresourcen unter schwierigen klimatischen Bedingungen und außerhalb eines Kontaktes mit westlicher Technologie oder Medizin. Die Männer in beiden Stämmen waren extrem kräftig und besaßen eine ausgezeichnete Körperbeschaffenheit. Sie waren im wesentlichen frei von Zahnkaries, Bluthochdruck, Krebs und anderen degenerativen Erkrankungen, die in zivilisierten, reichen Ländern so verbreitet sind."[(9)]

Angesichts der zivilisatorisch bedingten Gesundheitsprobleme ist daher zu fragen, ob die Trends der technisch orientierten Medizin in eine Richtung gehen, die die gesundheitliche Situation der Bevölkerung tatsächlich noch entscheidend zu verbessern vermögen.

Hinderling weist zu Recht darauf hin, daß die moderne Betrachtung von Krankheit ein Er-

[(8)] Meindersma (1984, 169).
[(9)] Dubos (1977, 32).

klärungsmodell sei, welchem man genausogut andere gegenüberstellen könne:

„In dem uns von der neueren Schulmedizin geläufigen System werden Krankheiten bekanntlich auf Bakterien und Viren, d.h. Infektionen, auf Insuffizienzen der Lebensweise, auf biologische Fehlentwicklungen usw. zurückgeführt; man könnte dies ein technisch-biologisches Erklärungsmodell nennen. Wir wollen es aber nicht einfach ‚rational' nennen, weil auch die anderen Erklärungssysteme, wie wir sehen werden, auf der Basis ihrer Voraussetzungen durchaus ‚rational' sind.[10] *– Obwohl andersartig, dem alten hippokratisch/galenischen Erklärungssystem ähnlich und möglicherweise mit ihm dieselben Wurzeln teilend* [11], *können wir das Erklärungssystem durch das ‚Gleichgewicht der Elemente' bzw. die Störung dieses Gleichgewichts, das der Medizin der traditionellen Kräuterärzte in Thailand zugrunde liegt, derselben technisch-biologischen Kategorie zurechnen."*[12]

Die andere Kategorie von Erklärungsmodellen, die ebenfalls in sich schlüssig die Phänomene beschreiben, ist nach Hinderling die Herleitung der Krankheiten aus Gottheiten – Himmelsgottheiten, Erd- und Naturgottheiten, Geistern, Ahnengottheiten – und übelwollenden Menschen (d.h. Hexer, „Schadenzauberer" usw.).

Nach der Darstellung von Fallstudien beschreibt und analysiert Hinderling „Strukturaspekte des Krankseins". Bedenkenswert sind insbesondere seine Ausführungen zu den negativen Auswirkungen des Einflusses moderner Medizin in traditionellen kulturellen Umfeldern, insbesondere durch die Kommerzialisierung der pharmazeutischen Versorgung. Bei diesem Prozeß spielt der universale Geltungsanspruch moderner Medizin eine besondere Rolle.[13] Wohlbemerkt: Es geht dabei nicht um eine „Verteufelung" der sogenannten Schulmedizin, sondern um „eine wechselseitige Achtung und eine sinnvolle Kooperation der Systeme."[14]

Im Rahmen dieser Kategorisierung der Modelle gehören der Āyurveda, der bekanntermaßen auf der Elementelehre fußt, und die moderne Medizin sogar in eine Abteilung. Andere Medizinsysteme – selbst diejenigen, die auf den ersten Blick als vollständig irrational erscheinen – haben ihre jeweils eigene Logik und sind deshalb nicht von vornherein als unwissenschaftlich abzulehnen.[15]

Die Beobachtungen von Obeyesekere weisen sogar darauf hin, daß in einem anderen kulturellen Kontext die Richtlinien und Betrachtungsweisen der „humoralen" Heilkunde als schlüssig und die Vorgehensweise der modernen Medizin als unlogisch empfunden werden: *„Vielen Landbewohnern erscheint die westliche Medizin effektiv, aber irrational, wohingegen āyurvedische Verordnungen sich logisch aus einem gemeinsamen Fundus von Annahmen ergeben."*[16]

Es ist somit zumindestens in einem gewissen Umfang der kulturelle Bezugsrahmen, der entscheidet, wie eine bestimmte Form von Wissenschaft bewertet wird und ob sie einsichtig erscheint oder nicht. Dazu kommt noch der zeitliche Wandel innerhalb einer Kultur, der das Verständnis von Wissenschaft prägt und dazu führt, daß sich wissenschaftliche Paradigmen immer wieder verändern.[17]

---

(10) Vgl. dazu etwa Ackerknecht (1971).
(11) Vgl. Schipperges (1978, 235 ff).
(12) Hinderling (1981, 218 f).
(13) Vgl. Lesley (1976).
(14) Hinderling (1981, 293).
(15) Vgl. Das (1992, 163 f).
(16) Obeyesekere (1976, 225).
(17) Kuhn (1973).

In der Entwicklung der medizinischen Wissenschaft sind es insbesondere die Leib-Seele-Problematik und die bis heute anhaltende Ausklammerung des Subjektes aus der medizinischen Betrachtung, die Hinweise darauf geben, daß das herrschende medizinische Paradigma durch einen Wandlungsprozeß hindurchgeht.(18) Dies sollte uns zusätzliche Vorsicht in der Bewertung anderer Systeme gebieten.(19)

So kann man inzwischen feststellen, daß sich das Maschinenmodell vom Körper im westlichen Kulturkreis in der Bevölkerung immer mehr ausbreitet.(20) Ob dieses allerdings – angesichts der Vorstellung, beliebig Teile auswechseln zu können – die richtige Grundlage für gesundheitsbewußtes Verhalten bilden kann, ist zu bezweifeln.

Ein Beispiel für diese Trends in der modernen Medizin ist ein Thema aus dem Bereich der Ernährung, der traditionell zu einer gesundheitsorientierten Lebensführung gehört. In einer Metastudie, die die wissenschaftlichen Publikationen zum Thema „Gewichtsreduktion" im Zeitraum von 1982-1986 zum Gegenstand hat, fand Schoberberger folgende Prioritäten(21):

- Spezielle Diäten und Fastenkuren 35 %
- Chirurgische Verfahren 23 %
- Methoden der Verhaltensmodifikation 12 %
- Medikamentöse Therapien 11 %
- Psychotherapeutische Intervention 8 %
- Körperliche Aktivität 6 %
- Ernährungsunterricht 5 %

Einmal abgesehen von der komplexen Ätiologie der Adipositas in krankhaften Fällen, kann die langfristige Modifikation der Ernährungsgewohnheiten in den meisten Fällen als das angemessene Mittel der Behebung des Übergewichts gelten.(22)

Das medizinische Paradigma favorisiert aber offensichtlich an erster Stelle den Objektbereich (Diätkonzepte) und an zweiter Stelle bereits den operativen Eingriff, wozu insbesondere die Verkleinerung des Magens mit verschiedenen Methoden gehört. Es soll in keiner Weise behauptet werden, daß solche Forschungen nicht nützlich seien und in Einzelfällen nicht auch von der operativen Seite etwas getan werden könnte. Es geht aber darum, daß mit dieser Gewichtung bestimmte Erwartungen beim Patienten hervorgerufen werden. Die Operation macht den Körper des Menschen zu einem von ihm distanzierten Objekt, über das von außen verfügt und welches beliebig modelliert werden kann. Die Verantwortung für sich selbst – inklusive Körper – wird dagegen hintenangestellt.

Angesichts der starken Orientiertheit vieler āyurvedischer Ärzte in Indien an schulmedizinischen Konzepten ist doch zu fragen, warum diese überhaupt an den alten Konzepten der *doṣas* usw. festhalten, die teilweise bereits zu bloßen Lippenbekenntnissen verkommen sind.(23) Eine mögliche Antwort auf diese Frage kann in der Form gegeben werden, daß mehr oder weniger bewußt gespürt wird, daß diesen Vorstellungen ein anderes Paradigma zugrunde liegt als der modernen Medizin.

Wenn Sharma als Vertreter des Āyurveda betont, daß *svāsthya* – Gesundheit – angestrebt wird und nicht *arogya* – Freiheit von Krankheit –, dann weist dies genau in die angedeute-

(18) Vgl. zu der ganzen Problematik die wissenschaftstheoretischen Ausführungen von Uexküll (1986, 1279 ff) sowie die Einführung in die psychosomatische Medizin, vom gleichen Autor zusammen mit Wesiack verfaßt (1986, 1 ff). Zur Subjekt-Objekt-Spaltung vgl. insbesondere Scheurle (1984).

(19) Vgl. dazu auch Verbrugh (1975).

(20) Helman (1984, 12 ff).

(21) Schoberberger (1989).

(22) Schoberberger (1989, 142); Pudel (1991).

(23) Vgl. Lesley (1976).

te Richtung.[24] Mit dieser Unterscheidung ist nicht unbedingt gesagt, daß in den alten Texten diese Begriffe so unterschieden worden sind; vielmehr scheinen beide recht oft synonym gebraucht zu werden. Was Sharma aber meint, ist die Tatsache, daß *svāsthya* etwas anderes intendiert als das Nichtvorhandensein von pathologischen Analyseergebnissen.

Dem Maschinenkonzept des Körpers kann man das der ausgewogenen Kräfte gegenüberstellen, was nicht unbedingt identisch mit dem Gegebensein der Normwerte des Blutbildes ist.[25] Ausgewogenheit der Kräfte oder Gleichgewicht sind zwar Begriffe, die noch der Alltagssprache angehören. Innerhalb verschiedener Medizinsysteme besitzen sie jedoch unterschiedliche Bedeutungen. So kann man einerseits einen Befund oder andererseits eine Befindlichkeit in ihnen sehen.[26]

Die Benennung mit Befund oder Befindlichkeit stellt allein noch keine paradigmatische Unterscheidung her; denn der Kliniker kann natürlich sagen:

„Die Befunde lasse ich im Labor untersuchen, darüber hinaus frage ich den Patienten natürlich auch noch, wie es ihm geht und wie er sich fühlt."

Wenn dann noch etwas Psychosomatik dazu kommt, dann ist der Maxime einer humanen Medizin Genüge getan. Worauf mit dieser Bemerkung aufmerksam gemacht werden soll, ist folgendes:

Es geht nicht einfach nur darum, daß der objektive Zugang zum Patienten durch die subjektiven Aspekte, zu denen die Psychologie und Psychosomatik inzwischen Konzepte entwickelt haben, ergänzt werden.[27] Vielmehr stellt sich die Frage nach der grundlegenden Denkstruktur, von der aus ein wissenschaftliches System aufgebaut und in die Tat umgesetzt wird. Beispielhaft kann man dies an den Bewertungsmustern von Krankheiten deutlich machen:

Ob bestimmte Symptome, d.h. Veränderungen der Befindlichkeit, wahrgenommen oder wie sie gedeutet werden, hängt in ganz entscheidendem Maße von der Bewertung des Betroffenen, der sich in einem bestimmten Kulturzusammenhang befindet, ab. Foster und Anderson[28] unterscheiden deshalb zwischen

- illness (dem kulturellen Konzept) und
- disease (dem pathologischen Befund).

Pfleiderer arbeitet insbesondere die unterschiedliche Bewertung von Symptomkomplexen heraus, die sich nicht mit klinischen Befunden zur Deckung bringen läßt; dies bedeutet, daß z.B. der klinische Befund Tuberkulose oder (Hakenwürmer-)Anämie nahezu gleich häufig zu der Diagnose *sarti* (kalt) oder *kharo* (heiß) führt.[29] Ebenso kommt es umgekehrt vor, daß das Vorliegen einer Heiß- oder Kalt-Störung empfunden und diagnostiziert wird, ohne daß ein für den modernen Mediziner sichtbarer klinischer Befund vorliegt.

Man kann diese recht grobe duale Unterscheidung zwischen heiß und kalt als eine laienhafte Interpretation differenzierterer āyurvedischer Konzepte betrachten. Andererseits steht sie beispielhaft für einen Bezugsrahmen der Lebensorientierung, der genauso wie unsere wissenschaftlichen Erklärungsmodelle differenziert gebraucht werden kann.

Nordstrom zitiert eine Aussage, die ein einheimischer Therapeut in Sri Lanka als Kommentierung der dortigen politischen Unruhen

---

(24) Sharma (1985, 9).
(25) Helman (1984, 12 f).
(26) Zu dieser Unterscheidung vgl. Schipperges (1983, 16).
(27) Zur Arzt-Patient- Beziehung in der āyurvedischen Praxis vgl. Schmädel u. Hochkirchen (1987).
(28) Foster u. Anderson (1978, 40).
(29) Pfleiderer (1985, 93).

gibt.[30] Diese ist so eindrucksvoll, daß wir sie vollständig zitieren wollen:

„Wenn es viel Trauer gibt, dann werden viele Tränen im Körper gebildet, und zwar hauptsächlich im Kopf. Wenn die Tränen nicht fließen, dann verdichten sie sich zu Galle. Die Hitze des Zornes entflammt die Tränen, die sich zu Galle verdichten. Diese Galle mag wie Schleim wirken. Aber es ist hauptsächlich Galle. Aber diese Hitze ist überall im Innern. Sie trocknet die Tränen und verwandelt sie in Schleim und Galle, und dieser Schleim und diese Galle blockieren die Kanäle im Kopf und im Körper, hauptsächlich aber im Kopf. Das ist schlecht. Und genau das ist es, was diesen Jugendlichen passiert ist [die an den Tumulten beteiligt waren]. Schau Dir das Wetter an! Es ist kühl. Wir hatten in diesem Jahr mehr Regen als in allen anderen Jahren. Die Winde sind kühl. Die Friedensgespräche [zwischen den Tamilen und Singhalesen in Colombo] sind ebenso wie kühle Brisen. Aber das ist sehr schlecht. Es treibt die Hitze nach innen in den Körper. In die zentralen Kanäle des Körpers. Das ist sehr schlecht. Es blockiert die Kanäle. Wenn die Kanäle blockiert sind, kannst Du Dich nicht mehr besinnen. Damit es uns besser geht, müssen wir uns alle besinnen. Die Tamilen müssen sich besinnen. Die Singhalesen müssen sich besinnen. Was wir brauchen, ist ein trockener Reiz mit viel trockenem Wind. Die Leute müssen weinen und viel weinen, bis ihre Tränen dieses Land kühlen. Jetzt urinieren die singhalesischen Soldaten auf unsere Reisfelder. Das Reisfeld ist unser Gott. Urin ist heiß. Unser Land ist heiß. Diese Regenfälle verschleiern die Tatsache, daß dieses Land vor Hitze krank ist. Sie kühlen das Land nicht wirklich. Zuerst muß das Land kühler werden. Es muß sich wirklich abkühlen. Nur dann können die Menschen kühler werden. Um das Land wirklich abzukühlen, brauchen wir Tränen. Viele Tränen kühlen es. Dieses Land hat nicht genug geweint. Es ist heiß. Dieses Land ist krank."

Wir können uns nun fragen, was in diesen Aussagen eigentlich vorgetragen wird: Ist es eine medizinische Theorie? Oder eine soziologische? Haben wir Reminiszenzen alter magischer Zusammenhänge zwischen Wettergöttern und menschlichem Handeln vorliegen? Oder ist der Sprecher ein verkappter Psychotherapeut, der die aufgestauten Emotionen der Menschen lösen möchte?

Wir spüren, daß wir mit den Rastern an differentieller Analyse, die wir besitzen, den getroffenen Aussagen nicht unbedingt gerecht werden. Andererseits ist deutlich wahrzunehmen, daß die Aussagen selbst nicht etwa irrational oder undifferenziert sind, vielmehr beleuchten sie die Geschehnisse von verschiedenen Seiten, betrachten den einzelnen Menschen, das Wetter und das Land in ihren Wechselbeziehungen. Nordstrom findet dafür folgende Beschreibung:

„Diese Orientierung repräsentiert eine vielschichtige Annäherung an Sachverhalte von existentieller Natur. Jeder dieser phänomenologischen Bereiche ist essentiell, um das Sein zu definieren. Er macht aber nur Sinn in seinen bestimmenden Beziehungen zu den anderen Bereichen, mit denen er wahrnehmbar interagiert. Dies hat ein sich wechselseitig beeinflussendes Beziehungsgeflecht zur Folge, das in einer Dynamik existiert – dergestalt, daß jede Kategorie eine Kohärenz der Natur aufrechterhält, während sie zur gleichen Zeit durch die Wesensart und die Charakteristika der anderen dazu in Beziehung stehenden Prozesse und die Komposition des Ganzen definiert wird."[31]

---

[30] Nordstrom (1989, 969) zitiert aus V. Daniel. This land is sick. Paper presented at the American Anthropological Meetings, Washington D.C. 1985.

[31] Nordstrom (1989, 965). Vgl. auch Obeyesekere (1976, 208 ff) bezüglich der erweiterten Bedeutung von *doṣa* und Weck (1986) über den *bhūta*-Begriff auf Bali.

Es sollte sicher große Vorsicht angewandt werden, wenn man Beobachtungen der Gegenwart in die Vergangenheit zurückprojiziert. Die zitierten Aussagen liegen aber gar nicht so fern von der Art und Weise, wie in den Texten des klassischen Āyurveda verschiedene Phänomene, psychische und physische Symptome ohne richtige Abgrenzung nebeneinanderstehen.[32]

Die ethnomedizinischen Forschungen öffnen vielleicht den Blick dafür, wie man sich viele praktische Aspekte des Āyurveda im Altertum vorzustellen hat. Wenn man nur die textliche Seite betrachtet, die durch einen hohen Grad an Formalismus gekennzeichnet ist, kann die existentielle Seite der ganzen Unternehmung, d.h. die täglich durchgeführte Diagnose und Therapie, leicht vergessen werden. Aus der zeitlichen und kulturellen Distanz wirkt manches als philosophischer Überbau oder graue Theorie, was in Wirklichkeit Ausdruck eines aktiv gelebten Weltverständnisses ist und seine Wurzeln in einer konkreten Praxis hat.

Versuche, z.B. philosophische *Sāṃkhya-* oder *Vaiśeṣika*-Elemente aus den āyurvedischen Texten herauszudestillieren, mögen ideengeschichtlich sehr wichtig sein. Sie können aber den Eindruck fördern, daß theoretische Überlegungen für die Übernahme bestimmter Gedanken ausschlaggebend gewesen sind, so als ob jemand vor 1800 Jahren in seiner Schreibstube gesessen und sich überlegt hätte, aus welcher Philosophie heraus er seine Theorien entwickeln wolle.

Die Trennung zwischen „medizinischer Spekulation" und ärztlicher Praxis geht an der Realität insofern vorbei, als das, was mit Spekulation tituliert wird, ein in die Persönlichkeit und die betreffende Kultur integrierter Bezugsrahmen ist, der prinzipiell nicht mehr, aber auch nicht weniger Gültigkeit beanspruchen kann als jeder andere Bezugsrahmen.[33] Lesley betont deshalb:

„Natürlich kann man in den klassischen Texten der humoralen Medizin einige charakteristische Eigenschaften des klinischen Blicks finden, aber die Struktur der Konzepte in der humoralen Medizin beruht auf einer anderen Erkenntnislehre, einer Weltsicht, die in einem System der Korrespondenz gegründet ist."[34]

Angesichts der langen Zeitperiode, in der sich die āyurvedische Heilkunde entwickelt und weiter ausgestaltet hat, müssen wir selbstverständlich sehr vorsichtig sein, wenn einzelne Praktiken des heutigen Āyurveda mit den Textzeugen verglichen werden sollen.

In der ethnologischen Forschung werden diesbezüglich unterschiedliche Positionen vertreten, die einerseits mehr die Kontinuität, andererseits mehr die kulturellen Brüche betonen.[35] Besonders von indischer Seite wird selbstverständlich die Kontinuität stark betont, wie Meulenbeld richtig bemerkt.[36]

Im Kontext der Anpassung des Āyurveda an die veränderten Lebensverhältnisse seit dem 19. Jh. haben sich unter dem Einfluß der westlichen Medizin und der Entwicklung industrieller Produktionsweisen von Pharmazeutika zahlreiche Änderungen ergeben, die ebenfalls beachtet werden sollten.[37]

Gleichzeitig liegen in der ganzen gesellschaftlichen Bandbreite Erscheinungsformen des Āyurveda vor, die unterschiedliche Bezüge zur textlichen Überlieferung aufweisen:

---

(32) Bereits in der AHS sind solche auf uns ungeordnet wirkenden Reihungen und Themensprünge teilweise ausgeglichen. Aus heutiger Sicht wirkt dieser Text systematischer als CarS und SuS.
(33) Vgl. Ackerknecht (1986, 37), der eine solche Trennung vornimmt.
(34) Lesley (1988, 77).
(35) Lesley (1988).
(36) Meulenbeld (1984, 117).
(37) Lesley (1976); Meulenbeld (1984, 18); Zimmermann (1978).

- Diese können ganz fehlen bzw. indirekt vermittelt sein („Barfußdoktor").
- Sie können Ausdruck der modernen Interpretation des Āyurveda sein (College-Ausbildung).
- Sie können in der Nachfolge der traditionellen Gelehrsamkeit sehr eng sein. Die Interpretation wird dabei aber mehr oder weniger vom modernen Leben beeinflußt. Zusätzlich ist bei einer traditionsbewußten Orientierung zu fragen, auf welche Texte in der Praxis Bezug genommen wird und inwieweit diese Praxis tatsächlich den Angaben in den Klassikern entspricht.[38]

Insofern liegt für die Heilkunde eine Situation vor, die z.B. der Religion in ihren Grundzügen entspricht; denn auch dort reicht das Spektrum von Traditionen ohne schriftliche Überlieferung über Reformbewegungen, die das Alte uminterpretieren, bis hin zur traditionellen Lehrer-Schüler-Nachfolge *(guruparaṃparā)*, die ihre Wurzeln aber in verschiedenen Zeitepochen haben kann.

Um die historischen Bezüge des Āyurveda klären zu können, wird – wie verschiedene Autoren immer wieder betonen – eine philologische Grundlage benötigt, insbesondere wenn sich Forscher engagieren, die des Sanskrit nicht mächtig sind, also zuverlässige und genaue Übersetzungen benötigen.[39]

Die Geschichte der philologischen Āyurveda-Forschung hat Zysk in geographischer Differenzierung zusammengefaßt, wobei er zu folgender Schlußfolgerung kommt: *„Die Haupttraditionen der indologischen Forschung im Westen und im Osten haben seit dem 19. Jahrundert ein wechselndes Interesse an der Erforschung der Indischen Medizin gezeigt. Die Bemühungen sind fragmentarisch gewesen, und außer in Indien selbst hat es keine ununterbrochene und intensive Forschung gegeben. Nur einige Individuen mit speziellen Interessen oder spezieller Ausbildung hat dieser Forschungsbereich angezogen."*[40]

Neben der philologischen Erforschung der āyurvedischen Klassiker hat sich in Indien eine relativ breite empirische medizinische und pharmakologische Forschungstradition entwickelt, die sich auf āyurvedische Heilmittel oder Heilpflanzen bezieht. Auch physiotherapeutische Maßnahmen, u.a. verbunden mit *Yoga*-Praxis, sowie diagnostische Verfahren werden untersucht. Zwar stehen diese Forschungen in manchen Bereichen ganz unter dem Verdikt der modernen Medizin und sind deshalb methodologisch teilweise problematisch. Doch verdienen sie mehr Beachtung und Unterstützung, als sie bisher erhalten haben. Sie sind ein Teil der jetzt lebenden āyurvedischen Tradition, die versuchen muß, sich innerhalb der schnellen gesellschaftlichen Veränderungen zu behaupten.[41]

Ein hoffnungsvolles Zeichen ist es, daß neben der nach wie vor traditionalistischen Proklamierung āyurvedischen Gedankenguts erste Versuche unternommen werden, über den eigenen Traditionsbezug zu reflektieren und methodologisch die empirische Forschung zu hinterfragen.

So weisen Thatte und Dahanukar darauf hin, daß es im Āyurveda kein Paradigma nach dem Muster „Eine Krankheit – ein Heilmittel – eine Wirkung" gebe und man deshalb nach neuen Methoden der Evaluation Ausschau

---

(38) Vgl. Meulenbeld (1984, 17 f).

(39) Vgl. die berechtigte Kritik von Meulenbeld (1974, 1 f) an den bisher vorliegenden Übersetzungen. Vgl. auch Meulenbeld (1984).

(40) Zysk (1985, 261 ff).

(41) Zur Situation des Āyurveda in Indien vgl. die Arbeiten von Lesley 1976, 1988, Thatte u. Dahanukar (1989, 4 ff, 28 ff, 136 ff), Laping (1987b), Bhatia (1972), Pandey (1981, 193 ff). Zur Verbreitung des Āyurveda: Mazars (1990, 650 ff).

halten müsse.[42] Sie problematisieren gleichfalls die Methode des Extrahierens von Wirkstoffen aus āyurvedischer Sicht.[43] Ferner fordern sie einen neuen Trend in dieser Forschung, weg von den Einzelprüfungen hin zu konzeptioneller Arbeit.[44] Parikh et al. unterbreiten Vorschläge für eine Integration von Āyurveda, Homöopathie und moderner Medizin in Indien.[45]

Grundlage auch des heutigen Āyurveda sind die klassischen Werke der Tradition, in denen das in den vorhergehenden Jahrhunderten entwickelte heilkundliche Wissen zusammengestellt ist. Es sind Sammelwerke *(saṃhitā)*, die Materialien aus unterschiedlichen Epochen beinhalten. Außer den spezifisch medizinischen Aspekten wie z.B. den Rezepturen für Heilmittel enthalten diese Texte Passagen, die eher zum weltanschaulichen Bereich gerechnet werden, d.h. religiöse oder philosophische Gedanken vermitteln.

Die Grundkonzepte des Āyurveda, zu denen die Elemente *(mahābhūta)*, die vitalen Regulationsprinzipien *(doṣa)*, die körpertragenden Prinzipien *(dhātu)* u.a. gehören, haben ihre Wurzeln in Vorstellungen, die bis in die vedische Periode zurückreichen. Im Verlauf der Untersuchungen wird deutlich werden, daß sich bestimmte Gedankengänge wie ein roter Faden durch verschiedene Zeiten verfolgen lassen. Insofern liegt trotz allem Wechsel eine starke Kontinuität, ein bewahrendes Traditionsbewußtsein innerhalb der indischen Kultur vor.

Gleichzeitig soll gezeigt werden, wie sich schrittweise aus weltanschaulichen Voraussetzungen eine wissenschaftliche Methodik entwickelt hat, die später die Grundlage des āyurvedischen Systems bilden wird. Daß eine solche Systematik existiert, wird wohl von kaum einem der Forscher des Āyurveda bestritten. Meindersma betrachtet diese Frage von verschiedenen Seiten und formuliert als Kriterium:

„Für eine anwendungsbetonte Wissenschaft wie die Medizin reicht es aus, festzustellen, ob eine untereinander verbundene Struktur von Theorien existiert, aus der man Methoden ableiten kann, die in der medizinischen Praxis funktionieren.“[46]

Diese Methodik, die auf der genauen, nach bestimmten Kriterien arbeitenden sinnlichen Wahrnehmung beruht, ist wiederum selbst Ausdruck eines bestimmten Weltverständnisses zu einer bestimmten Zeit und damit kulturhistorisch bedeutsam. Dieser Prozeß wird anhand der allmählichen Herausbildung von Fachtermini besonders deutlich, die im Gesamtzusammenhang des Systems eine exakte und von anderen Kontexten differenzierte Bedeutung gewinnen.

Die einzelnen Begriffe und Themenkomplexe, die im folgenden behandelt werden, stehen zueinander in Wechselbeziehungen und werfen jeweils ihr eigenes Licht auf das Ganze, welches die Systematik des Āyurveda darstellt. Bei der Darstellung handelt es sich um den Versuch, eine Rekonstruktion des Entwicklungsweges der Āyurveda-Konzepte vorzunehmen, die nicht unbedingt dem tatsächlich stattgefundenen historischen Prozeß entsprechen muß, sich aber aus dem vorhandenen Material logisch ergibt.

Aufgabe der Untersuchungen soll es somit nicht sein, historische Herleitungen durchzuführen, sondern in unterschiedlichen Zusam-

---

(42) Thatte u. Dahanukar (1989, 135 u. 148).
(42) Vgl. dazu auch Thatte & Dahanukar (1986, 251) und Labadie (1984).
(44) Thatte u. Dahanukar (1989, 137); ebenso Laping (1985, 23). Vgl. auch Kurup (1983, 56), der eine größere Praxisorientierung der Forschung fordert.
(45) Parikh et al. (1984).
(46) Meindersma (1984, 170).

menhängen die vorliegenden Grundmuster und Denklinien herauszuarbeiten. In diesem Sinne kann man das Vorgehen als phänomenologisch bezeichnen.

Die Rekonstruktion des methodischen Vorgehens der Āyurvediker geht davon aus, daß eine Methodik existiert. So lächerlich dieser Satz klingen mag, behauptet er doch keine Selbstverständlichkeit. Wenn der paradigmatische Kontext nicht erfaßt wird, kann man den Eindruck gewinnen, man habe es beim Āyurveda mit einem scholastischen Lehrgebäude zu tun.

So spricht Ackerknecht von einer „Besessenheit an Nomenklaturen"[47], und Dasgupta formuliert:

„Sie tragen eine große Erfindungsgabe, diese Qualitäten künstlich mit allen möglichen Dingen zu kombinieren."[48]

Hoffmann hat für die vedischen Texte den hermeneutischen Grundsatz aufgestellt, daß jeder Satz einen Sinn haben müsse.[49] Auch dies ist eigentlich eine Selbstverständlichkeit, angesichts der Schwierigkeit der vedischen Texte und der Probleme ihrer Interpretation aber eine notwendige Aussage.

Im Fall des Āyurveda haben wir Schriften vor uns, die in erster Linie Lehrbücher einer jeweiligen Ärztetradition waren bzw. es noch immer sind. D.h., diese Texte wurden benutzt, um den angehenden Arzt in sein Wissensgebiet einzuführen, zu dem selbstverständlich auch die Praxis gehörte.[50]

Gleichzeitig bilden die Texte nicht den Beginn einer Tradition, sondern den Abschluß einer Entwicklung, die sich wahrscheinlich über mehrere Jahrhunderte erstreckt hat. Sie enthalten daher eine Fülle von divergentem Material, daß aber zu einem bestimmten Zeitpunkt als wertvoll und in den Gesamtzusammenhang passend empfunden worden sein muß. In Übereinstimmung mit der Überlieferungstradition selbst ist von einer späteren Redaktion der Sammlungen auszugehen. Die heute überlieferte Textgestalt tritt uns jedoch auch als ein Ganzes entgegen, welches synchron betrachtet werden kann. Dies schließt selbstverständlich die diachrone Betrachtung und die damit verbundene Herausarbeitung verschiedener historischer Textschichten nicht aus.

Bei einer unvoreingenommenen Lektüre der āyurvedischen Klassiker fallen sehr schnell einige stilistische Besonderheiten auf:

1. Es werden sehr viele Einteilungsraster erstellt, wie Ackerknecht an sich richtig bemerkt hat.
2. Es gibt viele lange Aufzählungen von Eigenschaften, Symptomen etc.
3. Die Sprache ist teilweise stark formalisiert, insbesondere bei Begriffsdefinitionen und Lehrsätzen.
4. Die Texte erwecken beim Leser teilweise einen unsystematischen Eindruck, der für die meisten Interpreten ein Indiz ihres kompilatorischen Charakters ist.

Eine Frage, die sich anhand dieser Beobachtungen aufdrängt, ist die folgende:

Hat der Charakter dieser Texte irgend etwas mit dem System der Heilkunde zu tun, das in ihnen entwickelt wird?

Ein weiteres Merkmal, das wir feststellen können, ist die Vielzahl von Rezepturen und Substanzen, die aufgezählt und im Kontext des Systems beschrieben werden. Zumindest von solchen Aussagen wird man normalerweise anzunehmen haben, daß sie auf einer empirischen Grundlage beruhen.

---

[47] Ackerknecht (1936, 39).
[48] Dasgupta (1928, 87). Gemeint sind die 20 Grundeigenschaften.
[49] Hoffmann (1975, 80).
[50] Filliozat (1964, XXI).

Schließlich war es auch damals schon das Ziel der ärztlichen Ausbildung, daß der angehende Arzt in die Lage versetzt wird, diagnostisch und therapeutisch tätig zu werden. Den guten Arzt zeichnet die Verbindung von theoretischem Wissen und praktischer Anwendung aus.[51]

Welche empirische Grundlage kann angesichts nicht vorhandener technischer Apparaturen angenommen werden? Die Antwort darauf ist ganz einfach zu geben:

Es ist die Wahrnehmung, die genaue Betrachtung dessen, was um einen Menschen herum existiert und in ihm selbst geschieht.

Die Fähigkeit, die Außenwelt und sich selbst wahrnehmen zu können, gehört zu den Grundgegebenheiten des menschlichen Daseins. Damit aber aus zufälligen Wahrnehmungen eine methodische Wahrnehmung wird, die wir mit dem Terminus „wissenschaftlich" benennen können, ist ein kulturelles Umfeld notwendig, das dieses begünstigt.

Versuchen wir in groben Zügen die Veränderungen der Vorstellungen durch die vedische Zeit hindurch zu verfolgen, um zu sehen, ob ein solches Umfeld gegeben war oder nicht:

Man kann sagen, daß, solange Gesundheit und Krankheit als Ausdruck des Götterwirkens empfunden wurden, kaum die Notwendigkeit bestand, andere Erklärungsmodelle weiterzuverfolgen.

Um in Kontakt mit den makroskopischen Mächten zu treten, sie gnädig zu stimmen usw., entwickelte sich die Opferwissenschaft zu immer differenzierteren und komplizierteren Formen. Damit trat der Mensch mit seinen Fähigkeiten und Aktivitäten mehr ins Blickfeld der Betrachtung.

Es wurde darüber nachgedacht, wie der Zusammenhang beschaffen sein könnte, der den Menschen mit den kosmischen Entitäten verbindet. Und es wurde bemerkt, daß das Handeln, welches sich im religiösen Ritual als so machtvoll erwies, auch einen Wert in sich selber darstellen müßte.

Berühmt ist der Abschnitt BĀU 3.2.13, in dem es um die Frage geht: Wenn sich nach dem Tod des Menschen alle seine Fähigkeiten wieder mit den ihnen zugehörigen makroskopischen Prinzipien verbinden, wo bleibt dann der Mensch? Über die Antwort konnte nur außerhalb der versammelten Gruppe gesprochen werden:

„Da gingen die beiden hinaus und hielten eine Unterredung. Und was sie sprachen, das sprachen sie eben über Handlung. Und was sie priesen, das priesen sie als Handlung."[52]

Wer hinausgeht und sich allein bespricht, tut das im allgemeinen, wenn es sich um einen wichtigen und neuen Gedanken handelt, der erst im vertrauten Kreis besprochen sein will. Was ist mit dieser Handlung *(karman)* gemeint, über die sich die beiden unterreden?

Gemeint ist die Erkenntnis, daß jede einzelne Person selbst der Handelnde und aktiv Gestaltende ist. – *„Wie die Wünsche des Menschen sind, so ist sein Entschluß. Wie sein Entschluß ist, dementsprechend handelt er"*, heißt es im gleichen Text wenig später.[53]

Wir wollen die Geschichte dieses Gedankens nicht weiter betrachten, wollen aber festhalten, daß dieser Gedanke es ist, der die Möglichkeit eröffnet, nach den Wirkungen des eigenen Handelns zu fragen und diese zu untersuchen, und damit der genauen Betrachtung des Lebens und seiner Umstände eine gebührende Motivation gibt.

---

[51] Vgl. CarS 1.10.18.

[52] BĀU 2.3.13: *tau hotkramya mantrayāṃ cakrāte tau ha yad ūcatuḥ karma haiva tad ūcatur atha yat praśaṁsatuḥ karma haiva tat praśaṁsatuḥ.*

[53] BĀU 4.4.5: *sa yathākāmo bhavati tat kratur bhavati yat kratur bhavati tat karma kurute.*

Was uns im Āyurveda – zumindestens als Ausdruck einer bestimmten Zeitperiode – entgegentritt, ist eine Kultur der Sinne, ein genaues Betrachten von Wirkungen, sichtbaren Symptomen, den Ausscheidungen des Menschen und seiner subjektiven Befindlichkeit.

Praktiken des Yoga, der rituellen Observanz, z.B. des Fastens, konnten den Blick für solche Wahrnehmungen schärfen. Sie waren gewissermaßen ein Experimentierbereich, in dem die eigenen Reaktionen und Empfindungen genauer beobachtet werden konnten.

Gleichzeitig galt die genaue Betrachtung aber auch dem Patienten. Vogel-Brauer hat z.B. für die Zahnheilkunde herausgearbeitet, daß viele der beschriebenen Einteilungen der Zahn- und Mundkrankheiten sich auf klinische Beobachtungen zurückführen lassen.[54] Es ist zu vermuten, daß der nicht zuzuordnende Teil nur deshalb nicht zuzuordnen ist, weil wir in Distanz zur lebendigen Tradition stehen und nicht, weil dieser keine Wahrnehmungsgrundlage besitzt.

Wir formulieren daher unsere hermeneutische Arbeitshypothese folgendermaßen:

> Solange keine gegenteiligen Fakten bekannt sind, gehen wir davon aus, daß jede Aussage der āyurvedischen Texte auf einer Wahrnehmung beruht.

Um im Zuge der kulturellen Entwicklung, der Staatenbildung, der Berufsdifferenzierung usw. der ärztlichen Praxis eine Grundlage zu geben, mußten die Wahrnehmungen geordnet und in ein System gebracht werden.

Es ist eine bekannte Tatsache, daß die klassischen Sammlungen *(saṃhitā)* des Āyurveda Elemente unterschiedlicher philosophischer Traditionen enthalten.[55] Man hat im Rahmen der historischen Forschung untersucht, aus welchen Quellen die Autoren wohl geschöpft haben müssen und in welche Traditionslinie sie sich einreihen lassen.

Man hat aber wenig danach gefragt, welche Funktion diese philosophischen Elemente für das āyurvedische System haben. Wenn man meint, daß die Āyurvediker Eklektiker gewesen seien, vernachlässigt man den Eigenwert, den die āyurvedische Systematik besitzt, und berücksichtigt nicht, daß sich die Wissenschaften bis heute philosophischer Denkmodelle bedienen, um ihre Strukturen aufzubauen.

Für die Entwicklungsgeschichte des Āyurveda kann primär von einer innerkulturellen Wechselwirkung der verschiedenen Wissensbereiche und Traditionen ausgegangen werden. Die āyurvedischen Ärzte, die an der Entwicklung des Systems mitgewirkt haben, waren selbst Mitglieder bestimmter religiöser oder philosophischer Traditionslinien. Sie waren gleichzeitig auf der Höhe des Kenntnisstandes ihrer Zeit und entfalteten auf dieser Basis Einteilungskategorien, die es ihnen ermöglichten, Wahrnehmungen zu ordnen, miteinander zu verbinden und sie in kausalen Zusammenhängen innerhalb eines Regelsystems zu betrachten.

Kraß formuliert könnten wir in diesem Zusammenhang sagen:

> Es gibt keine āyurvedische Theorie; es gibt nur eine Anordnung der Wahrnehmungen, für die verschiedene Einteilungsraster herangezogen werden: die Elemente, die Grundeigenschaften, die Emanationsstufen usw.

Um Wahrnehmungen miteinander verbinden zu können, ist das Erkennen von Gemeinsamkeiten und Verschiedenheiten notwendig. Stellt man gleiche Eigenschaften bei verschie-

[54] Vogel-Brauer (1964).

[55] Vgl. insbesondere Dasgupta (1975) sowie Comba (1987, 1990), die in ihren Arbeiten einen Überblick über die Literatur gibt.

denen Dingen fest, bildet man eine Gruppe, entwickelt gewissermaßen einen Typus, der sich in bestimmten Aspekten gleich verhält. In diesem Sinn ist das typisierende Vorgehen eine bezeichnende Eigenschaft der āyurvedischen Texte.

Wie heutzutage in der Täterfahndung ein Phantombild aus Einzelteilen, aus typischen Merkmalen konstruiert wird, so wurde durch das „Zusammendenken“ verschiedener Einteilungsraster das Phantombild einer bestimmten Befindlichkeit eines Menschen im Kontext seines Umfeldes entworfen.

Hier müssen wir auf einen weiteren Bezugspunkt des Āyurveda zu sprechen kommen, der in dem Wissensbereich zu finden ist, der zur damaligen Zeit am weitesten entwickelt war. Es ist die Grammatik *(vyākaraṇa)*, die zu den sechs Hilfswissenschaften des *Veda (Vedāṅga)* gehört. Inhaltlich konnte diese Wissenschaft kaum etwas zur Heilkunde beitragen, aber in einem anderen Bereich konnte sie Vorbild sein, nämlich im strukturellen Aufbau.

Der Formulierung der grammatischen Aphorismen *(sūtra)* von *Pāṇini* ist eine Tradition vorausgegangen, die die Sprache nach und nach immer genauer und differenzierter analysiert hat. *Pāṇini* bildet – wie die āyurvedischen Klassiker auch – den Höhepunkt einer Entwicklung, die durch genaue Wahrnehmung gekennzeichnet ist. Die genaue Kenntnis der Sprache und damit deren analytische Wahrnehmung setzt er voraus und baut sein System im wesentlichen *konstruktiv* auf, d.h., er gibt die Regeln an, die es erlauben, ein Wort aus seinen Teilen zusammenzusetzen.

Ferner werden Interpretationsregeln *(paribhāṣā)* gelehrt bzw. implizit einzelnen Regeln zugrundegelegt. Sie haben die Aufgabe, festzulegen, wie eine Regel zu verstehen ist. Schließlich beruhen seine Regeln auf dem *dhātupāṭha* (der Liste der Wortwurzeln) und dem *gaṇapāṭha,* der aus Wortlisten besteht, deren Glieder sich in bezug auf bestimmte Regeln gleich verhalten.

Wir können die strukturelle Verwandtschaft des Āyurveda mit der Grammatiktradition hier nur kurz andeuten; denn diese müßte in Einzelstudien genauer herausgearbeitet werden. Einige Aspekte sind aber so offenkundig, daß sie hier Erwähnung finden sollten.

Die Texte beginnen mit dem Abschnitt der Lehrsätze *(sūtrasthāna),* der in Kurzform die wichtigsten Grundlagen enthält, d.h. insbesondere ein Regelsystem gibt, welches in der Einzelbetrachtung des Patienten bei Diagnose und Therapie anzuwenden ist.

Wahrnehmung, die eigentlich etwas direkt Gegebenes darstellt, wird gewissermaßen *aus Einzelbausteinen konstruiert,* ebenso wie ein Wort aus seinen Einzelbestandteilen aufgebaut wird. Die einzelnen Dimensionen der Wahrnehmung, die jeweils eine Gliederung der Wirklichkeit nach bestimmten Kriterien erlauben, wie die Urelemente – die Sinne – die Eigenschaften, die vitalen Regulationsprinzipien *(doṣa),* die körpertragenden Prinzipien *(dhātu),* die Geschmacksrichtungen *(rasa),* sowie die Zeit stehen in genau definierten Beziehungen zueinander. In der Wahrnehmung selbst sind alle diese Prinzipien präsent und bilden in ihrer jeweiligen Anordnung einen Typus, der sich in bestimmter Hinsicht gleich verhält.

Das sind die Gruppen der Substanzen, der Heilmittel, der Eigenschaften, die einem *doṣa* zugeordnet sind, usw., welche dem *gaṇapāṭha* entsprechen.

Speziell bei *Caraka* lassen sich auch Interpretationsregeln *(paribhāṣā)* wahrnehmen. Im Text wird oft ein spezielles Thema behandelt und dann plötzlich auf eine allgemeine Regel übergegangen, die das Prinzip angibt, wie der Einzelfall zu verstehen sei. So sind viele Aspekte der *doṣa*-Lehre, die die Interpretationsregeln für den einzelnen Fall geben, jeweils am Ende der Kapitel 17-20 des *sūtrasthāna* zu finden.

Auch lassen sich in den Texten selbst eine ganze Menge kurze formelhafte Aussagen finden, die dem allgemein verbreiteten aphoristischen Stil *(sūtra)* entsprechen. Kennzeichen dieses Stils ist es, daß in möglichst kurzer Form zentrale Aussagen eines Lehrsystems vermittelt werden. Oftmals kann ein *sūtra* nur verstanden werden, wenn man die Kommentare bei der Interpretation berücksichtigt.

In diesem Licht werden die Eigenschaften der Texte etwas einleuchtender: Wir können die Reihungen und Aufzählungen, das Vorherrschen allgemeiner Regeln statt konkreter Einzelbeschreibungen, die teilweise sprunghafte Komposition als Elemente eines konstruktiven Vorgehens verstehen, das – wie es auch bei *Pāṇini* der Fall ist – schon zu Beginn die Kenntnis des ganzen Regelwerks voraussetzt.

Die Texte beschreiben keine individuellen Fälle, sondern konstruieren aus Mosaiksteinchen das Krankheitsbild, indem sie für verschiedene Bereiche zeigen, wie die Grundprinzipien konstelliert sind.

Meulenbeld bemerkt z.B., daß Blut-*pitta (raktapitta)* nicht zu irgendeinem modernen Krankheitsbild passen würde.[56] Gleiches trifft auf viele andere Krankheitsformen zu. Bei den Mundkrankheiten oder den Urinerkrankungen *(prameha)* werden viele verschiedene Leiden nebeneinander gestellt, die für unsere Sichtweise keinen direkten Zusammenhang besitzen. Intendiert ist in einem solchen Kontext nicht, daß getrennt zu betrachtende Krankheiten vorliegen, sondern daß gefragt wird:

> Welche Arten von Störungen können sich überhaupt in diesem Bereich zeigen?

Primär ist es dabei nicht wichtig, ob es sich um eigenständige Krankheiten oder um Sekundäreffekte anderer Leiden handelt. Was wir heute als Krankheit bezeichnen, existiert in dieser Form für den Āyurveda nicht; es gibt auf der Ursachenebene letztlich nur Veränderungen von *doṣa*-Dispositionen, die sich in verschiedenen Bereichen unterschiedlich zeigen konnten.

Mit einer solchen Aussage wollen wir eine Grundtendenz beschreiben, die aber nicht beinhaltet, daß diese Sichtweise konsequent angewendet worden ist. Besonders hervorstechende Leiden wurden teilweise einer Extrabetrachtung unterzogen. Aber z.B. für das Fieber ist es eben nicht so, daß wir eindeutig sagen können, diese oder jene Krankheit ist gemeint, vielmehr ist Fieber mit sehr vielen Krankheiten verbunden und zeigt sich in unterschiedlichen Formen, die Hinweise auf die zugrundeliegende Gesamtstörung geben können.

Anhand der Krankheiten sind wir bereits auf die terminologische Frage zugesteuert. Es ist davon auszugehen, daß mindestens jeder Begriff, der in den āyurvedischen Texten definiert wird, ein Fachbegriff ist.

Meulenbeld hat für die Übersetzung von medizinischen Texten einige Grundregeln aufgestellt[57]:

- Möglichst genaue Wiedergabe des Textes.
- Vorsicht bei der Übertragung auf moderne Termini.
- Pflanzennamen, sofern sie nicht eindeutig geklärt sind, unübersetzt lassen.
- Termini technici möglichst eindeutig und mit *einem* Äquivalent übersetzen.

Diese Vorgehensweise ist empfehlenswert, um möglichen Fehlinterpretationen der Texte vorzubeugen. Wir lassen aber einige Be-

[56] Meulenbeld (1974, 624).
[57] Meulenbeld (1974, 3 f).

griffe unübersetzt bzw. fügen regelmäßig das Sanskritwort in Klammern an, um falsche Assoziationen zu vermeiden und damit zu ermöglichen, sich nach und nach selbst ein Bild von der jeweils intendierten Bedeutung des Ursprungswortes zu machen; dazu gehören insbesondere *doṣa*[(58)], *vāta*, *pitta* und *kapha* (als Standardbezeichnungen der *doṣas*) und *dhātu*.

Für die problematischen Termini *mahābhūta* (Element), *rasa* (Geschmack) und *dravya* (Substanz) sowie für die Namen der Elemente geben wir Übersetzungen, dies aber unter der Voraussetzung, daß damit keine letztgültige Interpretation geliefert werden soll. Speziell bei den Elementen ist aber die durch die Übersetzung vermittelte Möglichkeit, ein Bild von der intendierten Realität zu entwickeln, von entscheidender Wichtigkeit.

Die Eigenschaften *(guṇa)* sind ebenfalls Fachtermini[(59)] und werden eindeutig wiedergegeben, auch wenn dies nicht immer ihrer Bedeutungsbandbreite und den mit ihnen verknüpften Assoziationen entspricht.

Ein wichtiges Ziel der Übersetzungen ist, daß der anschauliche Charakter der Texte möglichst klar erhalten bleibt, damit bei der Beschreibung eines Zusammenhangs ein Bild dessen entstehen kann, was die Wahrnehmungsgrundlage des Textes ist.

Wir haben daher weitgehend auf moderne anatomische und physiologische Übersetzungsäquivalente verzichtet, weil diese Teil eines anderen Paradigmas sind. Selbst bei so „einfachen" Begriffen wie Herz *(hṛdaya)* oder Magen *(āmāśaya)* stellt sich beim Studium der Texte der Eindruck ein, daß die Texte teilweise etwas anderes meinen als die Benennung eines spezifischen Organs.

Das angedeutete Regelsystem des Āyurveda erfordert für seine praktische Umsetzung auch eine bestimmte Form des Arbeitens, die wir in den Texten explizit formuliert finden. Der angehende Arzt wird immer wieder aufgefordert, *alle* Aspekte zu betrachten[(60)], welches in der Maxime gipfelt:

„Den Weisen dient die ganze Welt als Lehrer."[(61)]

Diese Regel wird in einem Abschnitt gegeben, der den Verhaltenskodex eines Āyurveda-Schülers beschreibt, und ist aus dem Geist der phänomenologischen Betrachtung der Dinge entstanden. Dementsprechend soll das Studium des Āyurveda immer weiter gehen, da dieser kein Ende hat.[(62)]

Der mythologische Ursprung des Āyurveda, der zu Beginn der Klassiker beschrieben wird, dient u.a. auch zur Erweisung der Ewigkeit dieses Lehrsystems. Die Begründung für diesen Sachverhalt wird fast am Ende des *sūtrasthāna* der CarS gegeben.[(63)] Die Argumente, die vorgebracht werden, beziehen sich u.a. auf die Wahrnehmung der Regelmäßigkeiten:

Das Feuer ist immer heiß, das Wasser flüssig. Wenn man eine schwere Substanz zu sich nimmt, wächst die Schwere, bei einer leichten die Leichtheit usw. *„Nicht ist irgendwann einmal der Strom des Lebens nicht dagewesen"*, heißt es zu Beginn des Abschnitts.[(64)]

---

(58) Gemeint ist dabei die enge Bedeutung im Sinne von *tridoṣa;* auch wenn *doṣa* sich auf das *tridhātu*-Konzept bezieht, schreiben wir regelmäßig *doṣa*.
(59) Mooss (1978, VIII).
(60) CarS 3.1.3; 3.4.10; 3.7.7 u.a.
(61) CarS 3.8.14: *kṛtsno hi loko buddhimatām ācāryaḥ.*
(62) CarS 3.8.14.
(63) CarS 1.30.27.
(64) CarS 1.30.27: *na hi nābhūt kadācid āyuṣaḥ santāno.*

Man kann in diesem Abschnitt natürlich die der *Vaiśeṣika*-Philosophie entlehnten Gedanken herauslesen, die sich insbesondere auf die Ewigkeit von Substanzen *(dravya)* beziehen. Man kann ihn aber gleichermaßen als Ausdruck einer phänomenologischen Betrachtung ansehen, die aussagen will, daß dieses Wahrnehmen nichts Künstliches, nichts der Welt etwas Neues Hinzufügendes ist, sondern Ausdruck existentieller Gegebenheiten, die einfach da sind und in ihrem So-da-Sein die Natur des Lebens ausmachen. *„Der Wahrnehmungsbegriff kann damit niemals enger als der Begriff des Daseins schlechthin sein."*[65]

Seinen terminologischen Niederschlag findet dieser Prozeß in der Aufführung von *yukti* als viertem Erkenntnismittel in der CarS: *„Die Definition* [von *yukti*] *nimmt die Idee einer Verbindung verschiedener Ursachen auf, die einen Effekt produzieren [bahukāraṇayogaja]."*[66]

Ein anderer Ausdruck für dieses methodische Vorgehen ist *parīkṣā* – die umfassende Betrachtung, die immer dann gefordert wird, wenn die Zusammenhänge z.B. zwischen Zeit, örtlicher Umgebung, Konstitution, augenblicklicher Befindlichkeit usw. betrachtet werden sollen. Auch die anderen Ableitungen von „*īkṣ* – betrachten", die in den Texten verwendet werden, weisen in diese Richtung.

Die umfassende Betrachtung findet ihr Gegenstück in der genauen Anschauung des Details. Sie hat ihre Wurzeln in einer Tradition der Sinneskultivierung und der Erfahrungsheilkunde. Durch den konstruktiven Aufbau der Texte werden diese Aspekte aber oftmals verhüllt, da nie das Individuelle, sondern immer nur der Typ im Blickfeld steht:

„Der Giftmischer hat einen trockenen und braunen Mund, verlegen schaut er um sich, unter Schwitzen und Zittern stolpert und gähnt er, erschrocken und ängstlich."[67]

Was da einem drittklassigen Schmierenroman entsprungen zu sein scheint, ist kein bestimmter Giftmischer, der sich unter diesen Vorzeichen auf alle Fälle verraten hätte. Es ist der Giftmischer schlechthin, dessen innere Haltung in der Begrifflichkeit körperlicher Symptome beschrieben wird. Wenn man unter diesem Blickpunkt die Texte studiert, die Beschreibungen von Landschaften, von Bodenbeschaffenheit, die Qualitäten des Arztes und des Patienten, die Eigenschaften eines Hospitals und seiner Mitarbeiter anschaut, beginnen sie zu leben und Ausdruck der Kondensierung vieler Einzelbeobachtungen in einer typischen Form zu sein.

Den Anspruch wissenschaftlicher Genauigkeit versucht diese Methode dadurch zu erfüllen, daß die Beobachtungsraster immer weiter ausdifferenziert werden, so z.B. ausgehend vom Geschmack *(rasa),* über die Kraft *(vīrya),* die Verdauungseigenschaft *(vipāka)* bis zur spezifischen Wirkung *(prabhāva).* Die Tatsache, daß fast regelmäßig Ausnahmen von den zu erwartenden Wirkungen aufgezählt werden, deutet auf die Beobachtungsgrundlage aller dieser Konzepte hin.

In seinem methodischen Vorgehen weist dieses Verfahren prägnante Übereinstimmungen mit der klassischen Homöopathie auf, die sich in Indien sehr schnell verbreitet hat.[68] Ein Grund für dieses wissenschaftsgeschichtlich interessante Faktum kann die empfundene Gemeinsamkeit mit der āyurvedischen Vor-

[65] Scheurle (1984, 37).
[66] Filliozat (1990, 35).
[67] AHS 1.7.12cd-13ab:
viṣadaḥ śyāvaśuṣkāsyo vilakṣo vīkṣate diśaḥ | | 12 | |
svedavepathumāṃstrasto bhītaḥ skhalati jṛmbhate |
Ebenfalls SuS 5.1.7. Wir geben die Übersetzung von Kirfel u. Hilgenberg, wo die Charakterisierung sehr schön getroffen ist.
[68] Lesley (1976).

gehensweise sein, auch wenn die beiden Systeme ansonsten zahlreiche Unterschiede zeigen.

Die beiden grundlegenden Konzepte des Heilens – Heilung durch das Gegenteil (Allopathie) und Heilung durch das Gleiche (Homöopathie) – lassen sich in den āyurvedischen Schriften auffinden.[(69)] Allerdings besitzt der Ausgleich eines *doṣas* durch die entgegengesetzten Eigenschaften mehr Bedeutung.

Um diese mit einigen Strichen skizzierten Aspekte des Āyurveda zur Darstellung zu bringen, mußte eine Form gewählt werden, die es ermöglicht, den Gedankengängen, die zum Aufbau des āyurvedischen Systems geführt haben, nachzugehen. Wir versuchen, uns somit in die Denkvoraussetzungen und Denkformen der damaligen Ärzte hineinzuversetzen und mit ihnen gemeinsam an einigen Grundkonzepten des Systems zu bauen.

Dafür ist es notwendig, die philosophischen Konzepte nicht als starre Lehrsätze zu betrachten, sondern als Denkformen, die angewendet wurden, um Wirklichkeit zu ordnen. Daß dies tatsächlich ein Anliegen der damaligen Philosophen gewesen sein muß, darauf weisen die Namen der in Frage kommenden Philosophiesysteme *(Nyāya, Vaiśeṣika, Sāṃkhya, Yoga),* die alle eine funktionale Komponente besitzen und auf teils mehr analytisch- differenzierende *(viśeṣa),* teils mehr synthetisierende *(yoga)* Vorgehensweisen beruhen.

Die Untersuchung der āyurvedischen Konzepte, die den ersten Teil des vorliegenden Buches einnimmt, orientiert sich eng an den textlichen Grundlagen. Entsprechend dem *sūtra*-Charakter einzelner Aussagen werden diese im Sinne von Regeln ernst genommen und als Grundlage für die Ausgestaltung des Systems betrachtet. Jeder Einzelaspekt nimmt eine bestimmte Position innerhalb des Gesamtzusammenhangs ein und erhält wiederum wie im hermeneutischen Zirkel seine definierte Bedeutung durch die Beziehungen, die ihn mit dem Ganzen verbinden. Dies bedingt, daß auch innerhalb der Untersuchungen einzelne Aspekte von verschiedenen Seiten beleuchtet werden und sich deren Eigenart teilweise umkreisend erschließt.

Um ein klares Bild zu erzielen, welches nicht von zu vielen Varianten und Lehrmeinungen der folgenden Jahrhunderte beeinträchtigt wird, haben wir uns bewußt auf die beiden ältesten Werke, nämlich die CarS und die SuS, konzentriert. In diesen Texten zeigt sich noch deutlich, wie der Prozeß der schrittweisen Ausbildung der Konzepte abgelaufen sein muß. Die Nähe zu historischen Vorstufen in der religiös-philosophischen Literatur ist dabei oft zu spüren.

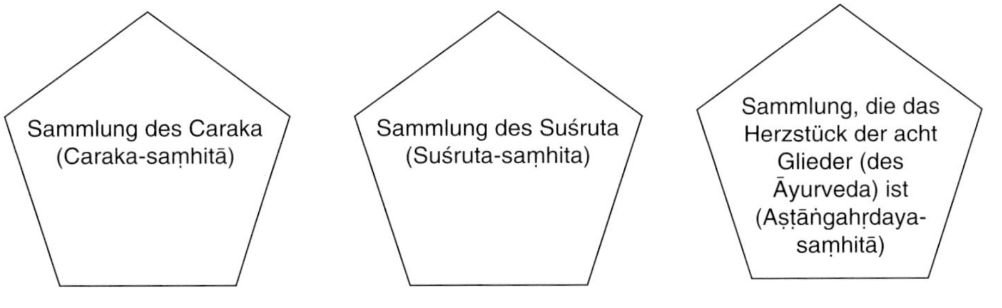

Abb. 1: Die drei großen klassischen Lehrbücher des Āyurveda (bṛhattrayī)

---

(69) Vgl. Stiegele (1955, 23).

Bereits die AHS zeigt Tendenzen einer Darstellungsweise, die so formalisiert ist, daß der Entwicklungsgang teilweise nicht mehr im gleichen Maße wie in den beiden anderen Texten spürbar ist. Auf andere Āyurveda-Texte wird nur sporadisch Bezug genommen.

Die Aussagen der Kommentare repräsentieren zwar vielfach die Sichtweise einer weit späteren Epoche, enthalten aber außerdem viel altes Material, welches den mündlichen Erläuterungen zu dem auswendig zu lernenden Lehrbuch entstammt. Die terminologischen Erklärungen, die dort gegeben werden, bestätigen oftmals das Bild einer eigenständigen āyurvedischen Methodik und wissenschaftlichen Theoriebildung.

Die āyurvedische Systematik wird in der Reihenfolge ihrer logischen Entwicklungsschritte rekonstruiert, die auch dem historischen Entstehungsprozeß zugrunde liegen könnten, aber nicht müssen. Ausgangspunkt ist dabei die Wahrnehmung *(pratyakṣa)* und ihre Bedeutung für verschiedene Aspekte des Āyurveda.

Darauf aufbauend wird anhand zweier Themen geprüft, ob sich die Praxisrelevanz des dargestellten methodischen Ansatzes zeigen läßt:

- Die Beschreibung des Eßverhaltens in seinen verschiedenen Ausformungen zeigt, daß der Grundgedanke, qualitativ und phänomenologisch vorzugehen, in diesem Bereich durchgehalten wird.
- Die Diagnose des Diabetes mellitus, die aus verstreuten Aussagen rekonstruiert wird, verdeutlicht, daß das typologische Denken ein wichtiges Kriterium für die Komposition der Texte gewesen ist. Für uns Zusammengehöriges erscheint an verschiedenen Stellen, wohingegen anscheinend Nichtzusammengehöriges in einem Kapitel miteinander verbunden wird.

Wir wollen nicht behaupten, daß die Deutung der Grundkonzepte des Āyurveda als Kategorien der Wahrnehmung die einzig mögliche ist, die aus den klassischen Texten eruiert werden kann. Wir glauben aber, daß die Tradition der Sinneskultivierung ihre deutlichen Spuren in den Texten hinterlassen hat und zumindest in einer bestimmten kreativen Phase der Entwicklung den Aufbau des Systems entscheidend geprägt hat.

Teil dieses Vorgehens ist die direkte Wahrnehmung des Patienten *und* der Vorgänge im eigenen Körper unter Einwirkung verschiedener Einflüsse, z.B. der Nahrung, der Aktivität, der Wetterveränderung, der Zeitqualität usw. Wesentliches Merkmal ist dabei die Betonung der dynamischen Veränderlichkeit, die sich im Kräftespiel offenbart und anatomische Gesichtspunkte teilweise zurücktreten läßt. Dieser Wesenszug ist gleichzeitig innerhalb des kulturellen Paradigmas Altindiens sichtbar und weist damit auf die Wechselbeziehungen unterschiedlicher Gesellschaftsbereiche hin.

Daß die genaue Wahrnehmung als essentielles Merkmal der āyurvedischen Methodik teilweise bis in die heutige Zeit hinein praktiziert worden ist, davon legt die Beschreibung des Großvaters von Mooss ein beredtes Zeignis ab:

„Er war für ungefähr 4 Stunden täglich sichtbar (6.00-10.00 Uhr morgens), und er horchte still und aufmerksam auf das, was jeder Patient zu sagen hatte. Kein Wort an ihn war verschwendet; denn er war ganz Aufmerksamkeit. Er war ein sehr achtsamer Mensch und hatte ein wunderbares Gedächtnis. Ein Besucher nach dem anderen erzählte seine Geschichte, bis sein Herz zufrieden war. Und die einzige Unterbrechung, die es für das Netz der Erzählungen eines jeden Besuchers gab, waren Fragen des Musu. Wenn er alle Besucher des Tages angehört hatte, schaute er seine Schüler an, die während seiner Sprechstun-

de zugegen waren, und zitierte – indem er sich auf jeden einzelnen Patienten bezog – den Text, der in dem betreffenden Fall Anwendung finden sollte. "[70]

1.1 Der weltanschauliche Hintergrund

Die Heilkunde befaßt sich mit dem irdischen Sein, den wahrnehmbaren Regungen des Körpers und der Seele, die ein Gleichgewicht oder Ungleichgewicht anzeigen. Damit gehört sie tendenziell eher zum weltlichen Wissen, obwohl der Heiler gleichzeitig auch Priester sein kann.

Bei der Beschäftigung mit Indien tritt oft der weltabgewandte Zug dieser Kultur in den Vordergrund, wodurch die Sinnenfülle vieler religiöser Traditionen übergangen oder in den Bereich der Volksreligion eingeordnet wird. Diese Auffassung hat – gerade wenn man die asketisch orientierten religiösen Praktiken betrachtet – sicher einen richtigen Kern. Vernachlässigt wird dabei aber, daß sich innerhalb des altindischen kulturellen Milieus auch Wissenschaftstraditionen gebildet haben, die sich sehr wohl mit der Sinnenwelt konkret auseinandersetzen.

Der Körper des Menschen hat in verschiedenen Kulturen und zu verschiedenen Zeiten unterschiedliche Wertungen erfahren. Ob für die Erreichung des höchsten Lebenszieles ein gesunder Körper nötig ist oder nicht, wird kontrovers beurteilt.

Wenn ein göttliches Wesen oder dessen Bereich ausschließlich als jenseitig, transzendent erfahren wird, wird im Gegensatz dazu die Welt und damit der Körper aus Fleisch und Blut eher negativ bewertet, da sie einer niedrigeren Seinsstufe angehören. Je stärker Gedanken der Präsenz des Göttlichen in der Welt, also seiner Immanenz, zum Tragen kommen, d.h. je stärker eine göttliche Kraft als innewohnend im Körper erfahren wird, desto eher kann der Körper als ein Instrument betrachtet werden, das für das Heilsgeschehen bedeutsam ist.

Eine wichtige Rolle unter den altindischen Wissenschaften spielt die Heilkunde, die unter dem Namen Āyurveda – das Wissen vom Leben bekannt ist. Die Grundzüge des in den ältesten überlieferten Werken dargestellten Systems sind eng mit philosophischen und religiösen Vorstellungen verknüpft.

Durch die Bezeichnung „*Veda* – Wissen“ für die Heilkunde wird der Zusammenhang mit dem offenbarten Wissen dokumentiert, welches auch Veda genannt wird. Die āyurvedischen Texte tragen die Bezeichnung „saṃhitā-Sammlung“, welches ebenfalls der Name für die vier Veden ist, die den Kern der Offenbarungsliteratur bilden. Der Heilkundige ist ein vaidya, ein Wissender, der durch seinen Bezug zum Wissen (veda) innerhalb der Gesellschaft Anerkennung genießt.

Die Heilkunde kann im altindischen Kontext als eine Hilfswissenschaft für das Erlösungsstreben betrachtet werden. Die Analyse der dem Āyurveda zugrundeliegenden Konzepte und deren Vorstufen in religiösen Texten wird zeigen, daß die Beziehung zwischen Veda und Āyurveda nicht nur eine oberflächliche ist.

Die Anwendung des heilkundlichen Wissens in der Lebenspraxis, für die wir als Beispiel die Ernährung gewählt haben, steht im Einklang mit bestimmten Maximen religiösen Lebens und weist auf ein gemeinsames anthropologisches Grundverständnis hin.

In der heutigen Zeit werden die Lebenspraxis und die Lebensumwelt immer stärker durch Wissenschaft und deren technische

[70] Zimmermann (1979, 14) zitiert aus dem Travancore State Manual. Zimmermann arbeitet in seinem Artikel insbesondere die Übertragung des Pflanzenkonzepts auf die Physiologie des Menschen heraus.

Umsetzung geprägt. Man macht sich dabei jedoch zu wenig bewußt, daß auch das aktuelle wissenschaftliche Denken auf bestimmten weltanschaulichen Grundlagen beruht.(71) Die eigenen Traditionen sind uns so selbstverständlich bekannt, daß wir eine Hinterfragung der zugrundeliegenden Denkstrukturen und der vorausgegangenen Bewußtseinsarbeit gar nicht mehr vornehmen. Insofern fällt es schwer, in bestimmten wissenschaftlichen Konzepten die zugrundeliegenden philosophischen oder religiösen Anschauungen zu erkennen.

Die Erkenntnis der modernen Physik, daß bestimmte Fragestellungen bestimmte Antworten implizieren, weist darauf hin, daß es eine kulturunabhängige Wissenschaft wahrscheinlich nicht gibt.(72)

Anhand einer Kulturtradition, die primär erst einmal fremd ist, fällt es sicher leichter, die Beziehungen zwischen einem wissenschaftlichen System und dessen weltanschaulichen Grundlagen zu verstehen und dabei gleichzeitig wahrzunehmen, wie sich innerhalb dieser Tradition ein Erkenntnisstreben entfaltet, welches über den Horizont seiner eigenen Wurzeln hinausreicht und damit im wahrsten Sinne des Wortes wissenschaftlich zu nennen ist.

Insofern bieten die folgenden Untersuchungen auch Material zu der Fragestellung, wie sich wissenschaftliches Denken und eine dazugehörige Methodik im alten Indien schrittweise aus den weltanschaulichen Axiomen heraus entwickelt haben. Zu beachten ist, daß sich diese alte Form der Wissenschaft von der heutigen unterscheidet und damit nicht einfach als vorwissenschaftlich abqualifiziert werden darf.

Die vedische Literatur bildet die älteste literarische Überlieferungsschicht der indischen Kultur; aus den Industalkulturen sind keine größeren zusammenhängenden Texte bekannt. Die Entstehungsgeschichte dieser Werke erstreckt sich über viele Jahrhunderte, letztlich sogar über mehrere Jahrtausende, da bis in die jüngere Geschichte hinein Weiterentwicklungen stattgefunden haben.

Traditionell wird die vedische Literatur in zwei Teile gegliedert:

- Die *śruti* – wörtlich „das Gehörte" – bezeichnet den Kanon der offenbarten Texte, d.h. Texte, die von den Sehern *(ṛṣi)* der Urzeit geschaut worden sind. Insofern sind sie nicht von Menschen geschaffen worden und bilden die Grundlage des *sanātana dharma,* des ewigen Gesetzes, welches innerhalb des Hinduismus auch heute noch als maßgeblich anerkannt wird.
- Die *smṛti* – wörtlich „das Erinnerte" – bezeichnet diejenigen Schriften, die auf der *śruti* aufbauen und diese näher erläutern. Sie sind von Menschen verfaßt worden, gelten aber häufig auch als göttlich inspirierte Texte.

Zur *śruti* gehören die sogenannten vier Veden, d.h. der *Ṛgveda, Sāmaveda, Yajurveda* und der *Atharvaveda* sowie die *Brāhmaṇas, Āraṇyakas* und *Upaniṣads.*

Der älteste Text ist die *Ṛgveda-saṃhitā,* die aus 1028 an verschiedene Gottheiten gerichtete Hymnen mit insgesamt ca. 10600 Versen besteht. Die große Wertschätzung, die dieser Text genießt, zeigt sich in der Tatsache, daß er nahezu ohne Varianten durch die mündliche Tradition bewahrt worden ist.(73) Im heutigen religiösen Leben spielen nur noch ein-

(71) So bezeichnet Verburgh (1975) das Menschenbild der modernen Medizin als eine vorwissenschaftliche Ideologie.
(72) Vgl. z.B. Silva u. Lochack (1974, 149 ff).
(73) Das Aufzeichnen vedischer Texte in Form von Handschriften ist ein kulturell spätes Phänomen in Indien. Der sakrale Charakter der Texte verbot geradezu das Aufschreiben, welches zu den profanen Tätigkeiten gezählt wurde.

zelne Verse des *Ṛgveda* eine Rolle, wobei von dieser Aussage die Familientraditionen, in denen die Rezitation weiterhin gepflegt wird, auszunehmen sind.

Die Sammlung *(saṃhitā)* des *Sāmaveda* besteht zum größten Teil aus Versen des *Ṛgveda*, allerdings in anderer Anordnung. Das Besondere am *Sāmaveda* sind die Melodien, die für die Rezitation der Verse verwendet werden.

Der *Yajurveda* ist wie die vorgenannten Veden in verschiedenen Versionen erhalten, die allerdings größere Unterschiede aufweisen. In den wahrscheinlich älteren Versionen des schwarzen *(kṛṣṇa) Yajurveda* wechseln sich die Opfersprüche und die dazugehörigen Erläuterungen (*Brāhmaṇa*-Abschnitte) ab; im weißen *(śukla) Yajurveda* sind diese voneinander getrennt. Im *Yajurveda* liegt wahrscheinlich die älteste Prosa des indogermanischen Sprachraumes vor.

Der vierte Veda ist der *Atharvaveda,* der einer etwas jüngeren Periode zugehört; denn die ersten drei Veden werden oft als die *trayī vidyā,* die dreifache Wissenschaft, bezeichnet. Er enthält 731 Hymnen mit ca. 6000 Versen sowie einige Prosaabschnitte. Die in der Sammlung des *Atharvaveda* enthaltenen Texte entstammen teilweise der ältesten vedischen Epoche, wurden aber in der älteren Zeit nicht dem vedischen Opfer direkt zugeordnet. Der Grund dafür wird deutlich, wenn man sich die Inhalte des *Atharvaveda* näher betrachtet; denn viele seiner Texte ähneln eher Zaubersprüchen und magischen Formeln als den oft von dichterischem Schwung getragenen Hymnen des *Ṛgveda,* die der Verehrung und dem Lobpreis der Götter dienen.

Die *Atharvaveda-saṃhitā* ist in der vedischen Periode die wichtigste Quelle für unser Wissen über die Heilkunde, die in der damaligen Zeit praktiziert wurde. Die Ursachen für Krankheiten wurden weniger in körperlichen Störungen gesehen, sondern auf von außen kommende Wesenheiten zurückgeführt. Diese konnten einerseits dämonischer Natur, andererseits göttlicher Natur sein. Letzteres traf insbesondere zu, wenn sich die betroffenen Menschen etwas zuschulden hatten kommen lassen und dafür bestraft werden sollten. Insbesondere *Varuṇa* als Hüter der göttlichen Weltordnung *(ṛta)* ist es, der des Menschen verborgene Taten sieht[(74)] und diesen mit Krankheit schlägt.

Grundlage für das Heilungsgeschehen ist in der Regel die Durchführung eines Rituals *(yajña),* zu dem einerseits immer die Rezitation einschlägiger Verses andererseits die Durchführung bestimmter Handlungen gehört. Die Strukturen dieser Rituale kann man in erster Linie dem späteren *Kauśika Sūtra* entnehmen. Einige Handlungen stellen dabei bereits therapeutische Verfahren dar, ein Beispiel dafür ist die Anwendung von Salben.[(75)] Die Verwendung verschiedener Heilkräuter spielt in den Ritualen ebenfalls eine Rolle, so ist die Anzahl der im *Atharvaveda* erwähnten Pflanzen sehr groß.

Heilungsprozesse werden auch in der Mythologie beschrieben. So wird im *Ṛgveda* von den beiden *Aśvins* berichtet, welche die Götterärzte und Helfer aus Notsituationen sind.[(76)] Aber auch anderen Gottheiten wie *Indra,* der in der *Caraka-saṃhitā* der Verkünder des Āyurveda ist, und *Rudra* wird die Fähigkeit zu heilen zugesprochen.[(77)]

---

(74) Vgl. z.B. ṚV 1.25 und AV 4.16.

(75) Vgl. AV 4.9.

(76) Vgl. ṚV 8.18.8 u.a.

(77) *Rudra* hat aber andererseits auch die Fähigkeit, Krankheiten zu erzeugen. Das Leiden, welches eine Gottheit schickt, kann offenbar auch nur diese wieder nehmen.

In dieser Epoche sind Heilkunde und Ritual noch so eng miteinander verknüpft, daß die Funktion des Arztes mit der des Ritualexperten eng verbunden ist. Jede der vier Sammlungen *(saṃhitā)* des Veda ist einem bestimmten Priester zugeordnet, der den Text seiner Familientradition auswendig zu lernen hat. Bei den größeren Opferhandlungen wirken verschiedene Priester zusammen und rezitieren die jeweils vorgesehenen Passagen.

Zur *śruti* gehören des weiteren die *Brāhmaṇas,* die *Āraṇyakas* und die *Upaniṣads,* die in unterschiedlicher Weise die *saṃhitā*-Literatur erläutern oder neue Gedanken entwickeln.

In den älteren *Brāhmaṇas* wird in erster Linie das Opferritual erklärt. Jeder Gegenstand, der verwendet wird, hat eine besondere symbolische Bedeutung und trägt damit zur Wirksamkeit des Rituals bei. Das menschliche Ritual ist eine Nachbildung der ersten göttlichen Opferhandlungen, die zur Schaffung der Welt geführt haben. Einfach gesagt werden die Beziehungen zwischen der Götterwelt, dem Menschen und dem Ritual auf dem Opferplatz beschrieben.

Über die *Āraṇyakas* als Zwischenstufe entwickeln sich die philosophischen Diskurse der *Upaniṣads,* die in der Regel Dialoge zwischen Lehrer und Schüler enthalten. In den älteren Texten nehmen diese Erörterungen ihren Ausgangspunkt oft noch im Ritual, lösen sich dann aber schrittweise immer mehr von diesem.

Die *Upaniṣads* bilden den Ursprung vieler Glaubensvorstellungen des späteren Hinduismus und sind noch heute von eminenter Bedeutung für das religiöse Bewußtsein in Indien. Man kann die *Upaniṣads* als Erlösungsschriften bezeichnen; denn ihr wesentliches Anliegen ist es, das Wissen um die göttliche Natur des menschlichen Selbst *(ātman)* darzulegen und damit einen Weg zur Befreiung *(mokṣa)* zu weisen.

Bereits zur *smṛti* gehören die *Vedāṅgas,* die Glieder des Veda, d.h. die sechs Hilfswissenschaften. Vier dieser Systeme befassen sich direkt mit der Sprache; denn wesentliches Ziel der Tradition mußte es sein, die Offenbarung richtig zu verstehen und diese in unveränderter Form zu bewahren. Ferner war die richtige Rezitation der Texte von entscheidender Wichtigkeit für die Wirkung der Opferhandlungen.

In der späteren Systematik gehören auch die klassischen „orthodoxen" Philosophiesysteme zur vedischen Literatur. Sie werden als *upāṅgas,* d.h. Unterglieder, bezeichnet. Gemeinsam ist ihnen die Anerkennung des Veda

Abb. 2: Die sechs Hilfswissenschaften (Vedāṅga)

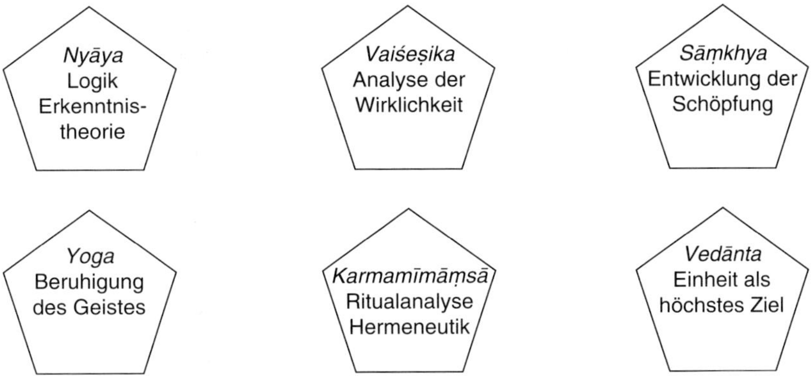

Abb. 3: Die sechs Sichtweisen der Wirklichkeit (darśana)

als Offenbarung. Unterschiedlich sind sie aber im Hinblick auf ihre weltanschauliche Perspektive und ihre Inhalte. Der Name *ṣaḍ-darśana,* die sechs Sichtweisen, der ebenfalls für diese Systeme benutzt wird, legt den Gedanken nahe, daß man in ihnen unterschiedliche Möglichkeiten gesehen hat, die Wirklichkeit philosophisch zu untersuchen. Darauf weisen auch die Namen der Systeme hin, die die Anwendung einer philosophischen Methodik in dem jeweiligen System implizieren:

Nyāya bedeutet Norm, Regel, Methode und befaßt sich mit der Logik und der Erkenntnistheorie, bildet also das Rüstzeug für alles Philosophieren schlechthin.

Vaiśeṣika ist eine Naturphilosophie, die die Wirklichkeit auf voneinander unterschiedene *(viśeṣa)* Grundkategorien zurückführt.

Beide Systeme haben mit dem Āyurveda bestimmte Konzepte gemeinsam, wobei diese weniger im Weltanschaulichen begründet sind, sondern sich eher auf methodische Vorgehensweisen und Begriffsdefinitionen beziehen.

Sāṃkhya ist im wesentlichen eine Lehre von der stufenweisen Entstehung der manifesten Welt, d.h. der Emanation, deren Ausgangspunkt das Spannungsverhältnis zwischen *puruṣa* (absoluter Geist) und *prakṛti* (Urnatur) bildet. Aus diesen entsteht über mehrere Zwischenstufen die materielle Welt der fünf Elemente *(mahābhūta).* Alle Schöpfungsprinzipien werden in dem System aufgezählt, insofern leitet sich dessen Name von dem Wort „*saṃkhyā* = Zahl“ ab.

Durch das Verständnis, wie sich die Schöpfung entwickelt hat, kann der Mensch wieder zu seinem Ursprung aufsteigen und damit die Erlösung erlangen, was das eigentliche Ziel des *Sāṃkhya* ist. Die *Sāṃkhya*-Philosophie hat innerhalb der indischen Religionsgeschichte neben dem *Vedānta* die größte Bedeutung erlangt. Aspekte dieses Systems finden sich in den *Upaniṣads,* der epischen Literatur, insbesondere der *Bhagavadgītā,* den *Purāṇas* und in vielen späteren theologischen Lehrgebäuden verschiedener Glaubenstraditionen.

Yoga ist eine praktisch orientierte Psychologie, die die Erfahrungen und Hindernisse auf dem Weg zur Befreiung beschreibt sowie die Methoden lehrt, die für diesen Weg förderlich sind. Weltanschaulich bildet die *Sāṃkhya*-Philosophie die Grundlage des *Yoga,* der als Ziel den Anfangspunkt allen Emanationsgeschehens hat, d.h. die Verbindung, Vereinigung *(yoga)* der disparaten Wirklichkeit mit dem absoluten Prinzip *(puruṣa)* anstrebt.

Die beiden folgenden Systeme heißen *Pūrvamīmāṃsā* und *Uttaramīmāṃsā*, bzw. *Karmamīmāṃsā* und *Vedānta*. *Mīmāṃsā* ist die genaue Betrachtung oder Untersuchung eines Gegenstandes.

Die *Karmamīmāṃsā* befaß sich mit dem rituellen Teil der vedischen Texte (*pūrva* = der vordere Teil; *karman* = die rituelle Handlung). In diesem System ist insbesondere das Verfahren entwickelt worden, ein Thema analytisch und interpretatorisch zu beleuchten und dadurch für die Ritualtexte ein hermeneutisches Verfahren zu entwickeln.

Der *Vedānta* befaßt sich mit dem philosophischen Teil, nämlich den *Upaniṣads* (*uttara* = der abschließende Teil; *Vedānta* = Ende, Ziel des Veda). Er bildet die religionsphilosophische Grundlage der Hauptströmungen des Hinduismus. In den verschiedenen Schulen, die sich innerhalb des *Vedānta* entwickelt haben, sind Kommentare zum Grundwerk, den *Vedāntasūtras* des *Bādarāyaṇa*, verfaßt worden.

Die drei Hauptrichtungen des *Vedānta* sind die Lehren von der Nichtzweiheit *(advaita)*, der bedingten Nichtzweiheit *(viśiṣṭādvaita)* und der Zweiheit *(dvaita)*, die das Verhältnis zwischen Gott und Mensch in unterschiedlicher Weise definieren und damit auch das Erlösungsziel in jeweils eigener Ausprägung beschreiben.

Die *Vedāntasūtras* und die *Upaniṣads* bilden zusammen mit der *Bhagavadgītā* die Dreiergruppe, die das systematische Fundament des Hinduismus darstellt. *(prasthānatraya)*

Eine weitere Gruppe der vedischen Literatur wird *Upaveda* – untergeordneter Veda, genannt.

Diese vier Wissensgebiete werden nach traditionellem Verständnis ebenso wie die *Vedāṅgas* der religiös-spirituellen Literatur zugerechnet. Die literarische Überlieferung des Veda umfaßt demnach nicht nur religiöse Schriften, sondern beinhaltet auch die Wissenschaften und die Künste. Dieser umfassende Charakter macht es noch heute schwer, den Hinduismus einfach als eine Religion zu beschreiben, da er z.B. mit dem Gesellschaftssystem aufs engste verknüpft ist.

Eine Parallele dazu stellt die Theologie im Mittelalter dar, die als die erste Wissenschaft betrachtet wurde, der die anderen dienen. Im Hinblick auf das Heilsstreben des Menschen erfüllen die Wissenschaften und Künste eine unterstützende Aufgabe, wie wir insbesondere beim Āyurveda sehen werden.

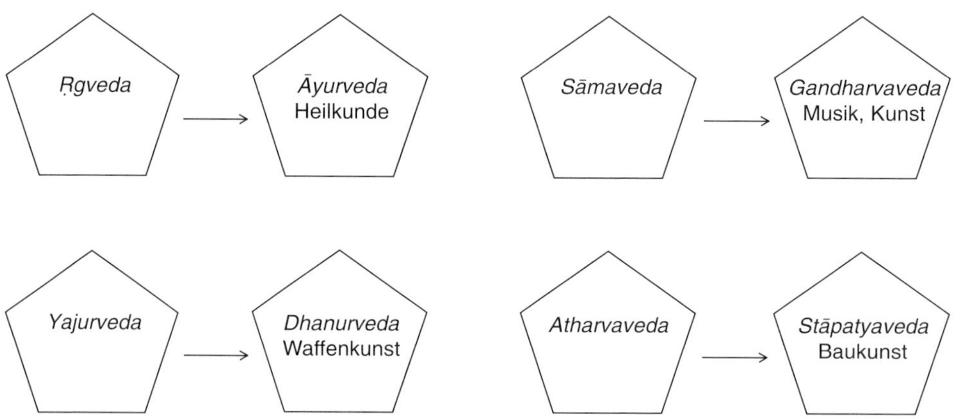

Abb. 4: Die zugeordneten Vedas (upaveda)

Die Beziehungen des Āyurveda zu den philosophischen und religiösen Schulen sind vielfältig. Zum einen werden weltanschauliche Themen innerhalb der āyurvedischen Tradition behandelt. Diese sind zwar nicht unbedingt ein direkter Bestandteil des āyurvedischen Systems, sind aber trotzdem in die Textsammlungen integriert worden. In ihrer Ausprägung repräsentieren sie spezifische Sichtweisen der Heilkundigen. Zum anderen geht es um die Verbindung, die zwischen den Konzepten des Āyurveda selbst und den religiös-philosophischen Anschauungen der damaligen Zeit besteht.

Die *Upavedas* sind nicht in Form von Einzelwerken überliefert, sondern beinhalten eine Vielzahl von Texten, die diesen zugerechnet werden. Die Āyurveda-Literatur, die sich im Verlauf von über zwei Jahrtausenden entwickelt hat, ist äußerst umfangreich und zum großen Teil noch kaum erforscht. Übersetzungen liegen nur von relativ wenigen Texten vor.

Entscheidend für die weitere Ausgestaltung der Heilkunde sind die ältesten überlieferten Werke, in denen bereits eine fertige Theoriebildung vorliegt. Aufgrund des Reichtums der in diesen Texten enthaltenen Materialien ist davon auszugehen, daß ihnen bereits eine lange Entwicklung vorausgegangen ist.

Es ist aber nicht nur die Einordnung der Āyurveda-Klassiker in die Kategorie *Upaveda,* welche sie mit dem Veda in Verbindung bringt. Vielmehr wird in den Texten selbst darauf hingewiesen, daß diese auf eine göttliche Offenbarung zurückzuführen sind. Die *Caraka-saṃhitā* beschreibt den Ursprung des Āyurveda im ersten Kapitel, also an prominenter Stelle des Textes:

In einer besonderen Situation der Menschheitsentwicklung, nämlich zu dem Zeitpunkt, als die ersten Krankheiten auftauchten und damit dem religiösen Streben der Menschen Hindernisse entgegensetzten, versammelte sich im Himālaya eine Gruppe von Weisen aus Mitgefühl mit den Wesen[78], um nach Lösungsmöglichkeiten zu suchen.

Die mit den Krankheiten verbundene Verkürzung der Lebenszeit sorgte außerdem dafür, daß der Zeitraum für die Erreichung des Heils als nicht mehr ausreichend empfunden wurde. Nach indischer Zeitrechnung, die zyklisch strukturiert ist, steht am Anfang das goldene Zeitalter *(kṛtayuga),* welchem dann drei weitere folgen. Gegenwärtig leben wir im dunkelsten Zeitalter *(kaliyuga),* in welchem die Menschen aufgrund ihres schlechten Verhaltens kürzer leben. Da nur noch ein Viertel der göttlichen Ordnung *(dharma)* aufrecht erhalten wird, beträgt auch die normale Lebensspanne nur ein Viertel der ursprünglichen, d.h. noch 100 Jahre im Vergleich zu 400 Jahren im *kṛtayuga. Manu* nennt in seinem Rechtsbuch die Freiheit von Krankheit als erstes Kennzeichen der Menschen im goldenen Zeitalter. Demnach müßte die Versammlung der Weisen zu Beginn des zweiten Zeitalters stattgefunden haben.[79]

Die Weisen erkannten, daß die Gesundheit die beste Grundlage für das Erreichen der vier Lebensziele

- Rechtschaffenheit *(dharma),*
- Nutzen *(artha),*
- Wunscherfüllung *(kāma),*
- Befreiung *(mokṣa)*

darstelle. In Ihrer Meditation schauten Sie, daß *Indra* derjenige sei, der ihnen das Mittel zur Überwindung der Krankheiten übermitteln könne. *Bharadvāja* fühlte sich berufen, den Gang zu *Indra* zu wagen und ihn in der Himmelswelt aufzusuchen. Dort befragte er den Götterkönig über das lange Leben *(āyus).*[80]

[78] CarS 1.1.3: *bhūteṣv anukrośam.*
[89] *Mānavadharmaśāstra* (1.83).
[80] *Āyus* wird in der Verbindung mit *veda* lautgesetzlich zu *āyur.*

Nach seiner Rückkehr übermittelte er das āyurvedische Wissen den versammelten Sehern, womit die menschliche Überlieferungsgeschichte beginnt. *Punarvasu,* der das Mitgefühl als das Höchste betrachtete *(maitrīpara),* lehrte den Āyurveda seinen sechs Schülern, die dieses Wissen jeweils in einem eigenen Lehrbuch *(tantra)* zusammenfaßten. Diese Texte wurden von den versammelten *ṛṣis* so positiv aufgenommen, daß der Lobpreis durch alle drei Welten ertönte. Die Götter sandten einen segenspendenden Wind, die Himmelsrichtungen waren von Glanz erfüllt, ein göttlicher Regen und Blumen kamen vom Himmel herab.[81]

Eines von diesen Lehrbüchern, das *Agniveśatantra,* bildet die Grundlage der *Caraka-saṃhitā,* welche in ihrer heutigen Form die Ergänzungen von *Caraka* beinhaltet und die redaktionelle Bearbeitung von *Dṛḍhabala* widerspiegelt.

In der *Suśruta-saṃhitā* wird der Ursprung des Āyurveda ebenfalls beschrieben: Auch hier ist es wieder eine Versammlung von Weisen, die sich Sorgen um die unter den Krankheiten leidende Menschheit machen. Sie scharen sich um ihren Lehrer *Divodāsa Dhanvantari,* den König von *Kāśi,* der eine Verkörperung des Höchsten der Unsterblichen *(amaravara)* ist.

Nach seiner Aussage ist der Āyurveda ein Unterglied *(upāṅga)* des *Atharvaveda.* Ursprünglich hatte der aus sich selbst existierende (Schöpfer) dieses Wissen in 100000 Versen, die in 1000 Kapitel gegliedert waren, beschrieben, noch bevor er die Wesen geschaffen hatte. Die kurze Lebensspanne und die geringe Geisteskraft der Menschen betrachtend faßte er aber den Text zusammen und gliederte ihn in acht Kapitel, die die Grundstruktur der *Suśruta-saṃhitā* bilden. *Suśruta* war der Sprecher der Schülergruppe

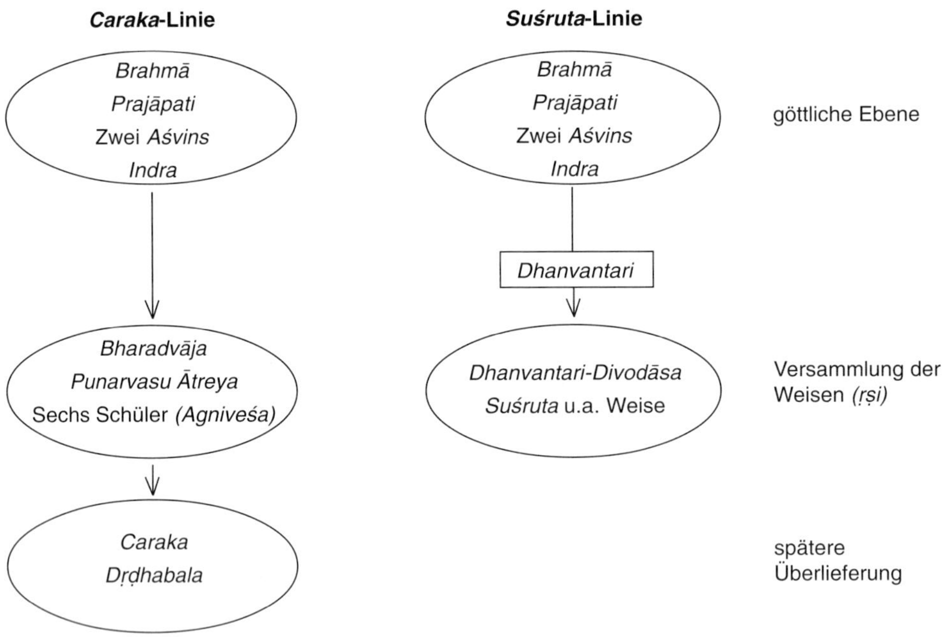

Abb. 5: Überlieferung des Āyurveda

[81] CarS 1.1.3-1.1.40.

und stellte an *Dhanvantari* die Fragen, um von ihm das entsprechende Wissen zu erhalten.[82]

Beide Darstellungen gehen übereinstimmend davon aus, daß es sich beim Āyurveda um ein göttliches Wissen handelt. Dieses wird in einer Tradition der Lehrer *(guruparaṃparā)* weiter übermittelt. In der *Caraka-saṃhitā* beginnt diese Lehrtradition bereits in der Götterwelt, was den Wert dieses Wissens noch betont. Für den Menschen aber mußte dieses komplexe Wissen vereinfacht werden.

Durch die Übernahme des vedischen Rituals für die Initiation des Schülers in das Studium des Āyurveda erhält die heilkundliche Tradition einen sakralen Charakter.[83] Der Schüler wird sich dessen bewußt, daß das heilkundliche Wissen sehr wertvoll und deshalb zu achten ist. Der Lehrer verdient Respekt, weil er mit dazu beigetragen hat, das Wissen unverfälscht von Generation zu Generation weiterzugeben. Dies gilt natürlich nicht nur für den Āyurveda, sondern auch für andere Wissengebiete der damaligen Zeit, insbesondere auch für die Kunst. Bis heute hat sich an dieser Tatsache nicht viel geändert.

Während der Feuerzeremonie anläßlich der Aufnahme des Schülers werden all diejenigen verehrt, die zur Offenbarung und Bewahrung des Āyurveda beigetragen haben, wobei *Caraka* die Traditionslinie der *Suśruta-saṃhitā* miteinbezieht. *Mantras* werden rezitiert für *Brahmā, Agni, Dhanvantari, Prajāpati,* die beiden *Aśvins, Indra*, die Seher *(ṛṣi)* und die Verfasser der Aphorismen *(sūtrakāra).* Danach folgt die erste Unterweisung des Lehrers, die hauptsächlich Verhaltensregeln und ethische Grundlagen vermittelt. Der Schüler soll diesen zustimmen und damit die Basis für den folgenden Unterricht schaffen, in dem er das Wissen erhält.

Am Anfang der Heilkunde steht in beiden Traditionslinien der Schöpfer selbst, der dadurch, daß er dieses Wissen weitergibt, eine fürsorgliche Rolle für die von ihm geschaffenen Geschöpfe übernimmt. Diese sind der Vielheit und damit widerstreitenden Kräften ausgesetzt und bedürfen des Heils und der Heilung; denn die Krankheiten behindern den religiösen Fortschritt der Menschen.

Die Verbindung zwischen Heilkunde und Weltschöpfungsprozeß zeigt sich auch in dem Mythos von der Quirlung des Milchmeeres, der in mehreren Varianten überliefert ist.[84]

Einst arbeiteten die Götter und Dämonen zusammen, um durch die Quirlung des Milchozeans den Unsterblichkeitsnektar zu erlangen. Sie benutzten dafür einen riesigen Berg als Quirl, den sie mit der Spitze nach unten auf eine Schildkröte stellten. Die Schildkröte *(kūrma)* gilt als die 2. Inkarnation *(avatāra)* von *Viṣṇu,* der als Welterhalter immer wieder in die irdische Welt hinabsteigt, um sie vom Unheil zu befreien. In der *Bhagavadgītā* ist es *Kṛṣṇa,* der als die 9. Herabkunft von *Viṣṇu* von sich sagt, daß er immer wieder auf der Welt erscheine, wenn die göttliche Ordnung *(dharma)* im Niedergang begriffen ist und das Unrecht *(adharma)* überhand nimmt.[85]

An dem Berg befestigten die Götter eine Schlange als Seil und begannen jeweils an einem Ende zu ziehen, um den Quirl in Bewegung zu versetzen. Während der langen Arbeit entstanden aus dem Ozean Sonne und Mond und andere Dinge, u.a. auch ein schreckliches Gift, welches von *Śiva* unschädlich gemacht wurde.

---

[82] SuS 1.1.3-6.
[83] CarS 3.8.8 ff.
[84] Vgl. Doninger O'Flaherty (1975, 336), die Beschreibung folgt *Mahābhārata* 1.15-17.
[85] *Bhagavadgītā* 4.7.

Abb. 6: „Quirlung“

Abb. 7: „Dhanvantari“

Schließlich war es soweit: *Dhanvantari* stieg aus dem Meer und hielt eine weiße Schale in den Händen, worin der Unsterblichkeitsnektar *(amṛta)* enthalten war.[(86)]

Die Zusammenarbeit der Götter und Dämonen wurde in diesem Augenblick schlagartig beendet, und ein Kampf um den Nektar entbrannte. Nur dadurch, daß *Viṣṇu* die betörende Gestalt einer schönen Frau (*Mohinī* – die Täuschende) annahm und die Dämonen mit seiner Schönheit betörte, gelang es, daß die Götter durch das Trinken des Nektars unsterblich wurden, die Dämonen aber nichts davon trinken konnten.

Einzig der Dämon *Rāhu* war in der Lage, etwas Unsterblichkeitsnektar *(amṛta)* zu trinken, da er die Gestalt eines Gottes angenommen hatte. Aber Sonne und Mond bemerkten dies und informierten *Viṣṇu,* der – noch bevor der Nektar den Magen erreichen konnte – dem Dämon den Kopf abschlug. Seit dieser Zeit verschlingt der unsterblich geworde-

[(86)] *Divodāsa Dhanvantari,* der Lehrer der SuS, gilt als Reinkarnation dieses *Dhanvantari* in einem späteren Zeitalter.

ne Kopf des Dämons *Rāhu* von Zeit zu Zeit den Mond (Neumond), um Rache zu nehmen.

In diesem Mythos ist es der Unsterblichkeitsnektar *(amṛta),* welcher entscheidend für das Heil ist. Da er vom Gott der Heilkunde gebracht wird, sozusagen dessen beste Gabe ist, erlangt damit auch alles, was noch zu seinem Wirkungsbereich gehört, eine Relevanz für das Streben des Menschen nach Befreiung. Die Einordnung des Āyurveda als integrativer Bestandteil der vedischen Offenbarung wird hier mythologisch gerechtfertigt.

Der Nektar als Inbegriff des Heilwissens bedeutet für den Menschen demnach, daß die konsequente Befolgung der āyurvedischen Gesundheitsregeln ein – wenn auch nicht direktes – Mittel zur Erlösung darstellt. Der vom Kreislauf von Geburt und Tod befreite Mensch ist also gleichzeitig der gesunde Mensch.

Ihre anthropologische Grundlegung erhält die Verbindung von Gesundheit und Erlösung insbesondere im āyurvedischen Konstitutionsbegriff *(prakṛti),* der terminologisch mit der Bezeichnung der Urnatur im *Sāṃkhya* übereinstimmt. Besonderes Kennzeichen der *prakṛti* ist, daß es sich bei ihr um einen Gleichgewichtszustand handelt.

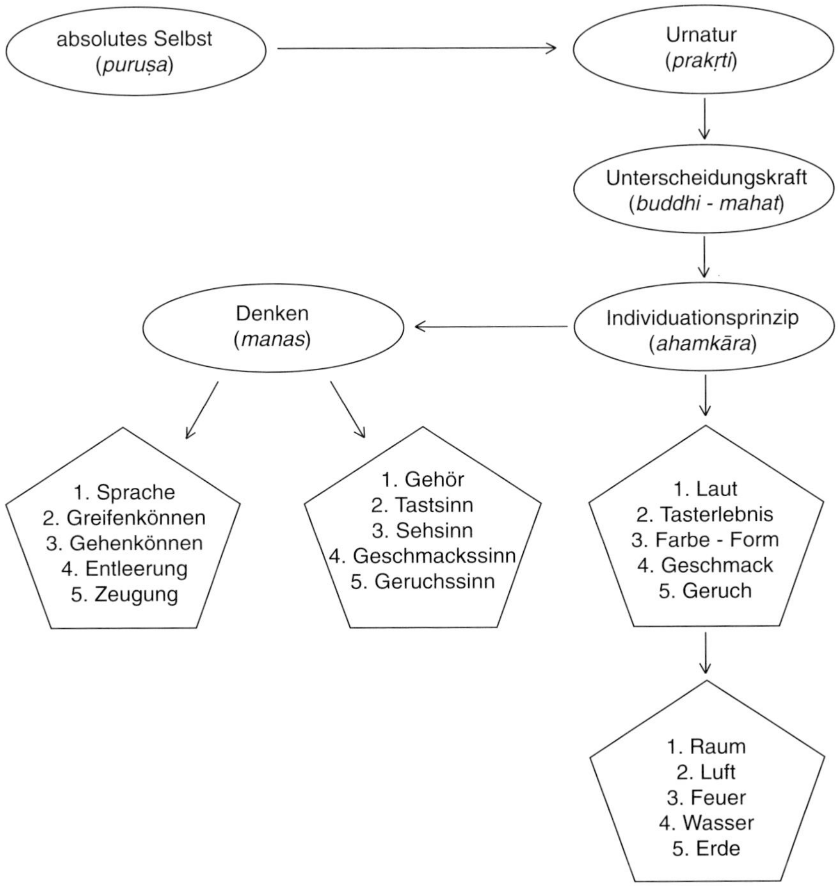

Abb. 8: Die Entfaltung der Welt im *Sāṃkhya*

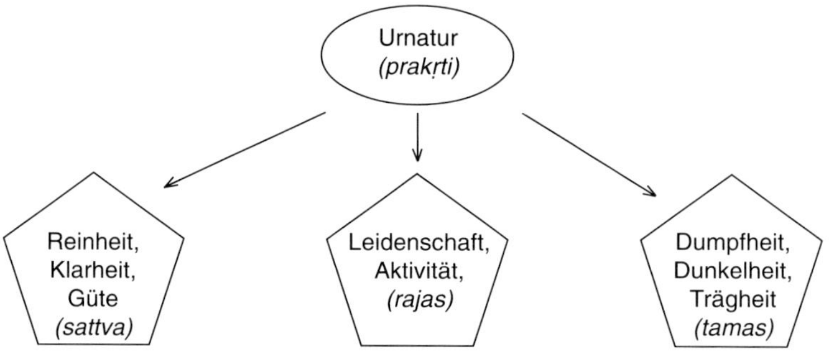

Abb. 9: Die drei grundlegenden Eigenschaften *(guṇa)* der Urnatur *(prakṛti)*

Prakṛti ist per definitionem der erste uranfängliche Zustand der Schöpfung, in ihr befindet sich noch alles im Gleichgewicht.[87] Die drei Grundkräfte *(guṇa)* Reinheit *(sattva),* Leidenschaftlichkeit *(rajas)* und Dunkelheit *(tamas)* treten noch nicht in Erscheinung, da sie sich in der *prakṛti* noch gegenseitig aufheben.

Alle aus der *prakṛti* entstehende Schöpfung ist ein Abfall von diesem Zustand der Harmonie. Die Eigenschaften, die in der Sāṃkhyakārikā der manifestierten Welt *(vyakta)* zugeordnet werden, sind: auf einer Ursache beruhend, vergänglich, endlich, veränderlich, vielfältig, abhängig, durch Kennzeichen *(liṅga)* faßbar, zusammengesetzt, untergeordnet. Das Unmanifeste *(avyakta)* hingegen wird durch das Gegenteil definiert.[88] Wenn nach einem langen Entwicklungsprozeß die materielle Welt der Elemente *(mahābhūta)* entstanden ist, hat endgültig die Dunkelheit *(tamas)* die Oberhand gewonnen[89]; denn nur diese verleiht ihr die notwendige Stabilität als gesonderte Existenzform.

Der Konstitutionsbegriff im Āyurveda bezeichnet ebenfalls einen Gleichgewichtszustand, der der Krankheit *(vikṛti)* entgegengesetzt ist. *Vikṛti* ist sprachlich betrachtet das Gegenteil von *prakṛti.* Das Grundanliegen aller āyurvedischen Therapie ist die Herstellung von Gleichgewicht, d.h. der Ausgleich von in Erscheinung tretenden Fehlern *(doṣa),* die geistiger und körperlicher Natur sein können.

Der *Yoga* lehrt den praktischen Weg zur Befreiung, die im *Sāṃkhya* theoretisch erörtert wird. Nach dem ersten Abschnitt der *Sāṃkhyakārikā,* der dem traditionellen Muster entsprechend das Thema eines Lehrwerkes definiert, ist das letzt-endliche Ziel des *Sāṃkhya* die Aufhebung des Leides *(duḥkha).*[90]

Konkret bedeutet dies im *Yoga* die Aufhebung aller Anregungszustände des Geistes[91], die die wahre Natur des Selbst überdecken und zur Bindung an die relative Vielfalt führen. Erst wenn der Geist ganz still geworden ist, das erkennende Bewußtsein in sich selbst ruht[92],

---

(87) Vgl. SāS 1.61, wo *prakṛti* als Gleichgewichtszustand der drei *guṇas* definiert wird: *sattvarajastamasāṃ sāmyāvasthā prakṛtiḥ* |

(88) SK 10.

(89) SK 54.

(90) Vgl. SāS 6.5.

(91) YS 1.2: *yogaś cittavṛttinirodhaḥ* |
„Yoga ist die Beruhigung der Anregungszustände des Geistes."

(92) YS 1.3: *tadā draṣṭuḥ svarūpe 'vasthānam* |
„Dann ruht das erkennende Bewußtsein in sich selbst."

kommt die ursprüngliche Freiheit des absoluten Selbst *(puruṣa)* wieder zum Vorschein. Dies ist das Erreichen eines Gleichgewichtszustandes, der dem uranfänglichen Schöpfungsbeginn entspricht. Der Evolutionsprozeß erreicht damit sein eigentliches Ziel.

Wie der Mond sich auf einer ruhigen Wasseroberfläche in unverfälschter Form spiegelt, wird die Unterscheidungskraft *(buddhi),* welche nur von Reinheit *(sattva)* bestimmt ist, zum klaren Spiegel des absoluten Selbstes.[93]

Innerhalb der Heilkunde wird *sattva* daher nicht unter die Fehler *(doṣa)* gerechnet, da es das höchstmögliche Gleichgewicht selbst verkörpert.[94] Insofern scheint es kein Zufall zu sein, daß der Geist im Āyurveda mit *sattva* bezeichnet wird. Aus der Sicht der Heilkunde gehört der Geist zu der Ursachenebene der Krankheiten. Wenn der Geist aber selbst von Ausgewogenheit bestimmt ist, kann er sich nicht mehr negativ auf den Körper auswirken. Die Benennung des Geistes mit *sattva* beschreibt somit den Idealzustand.

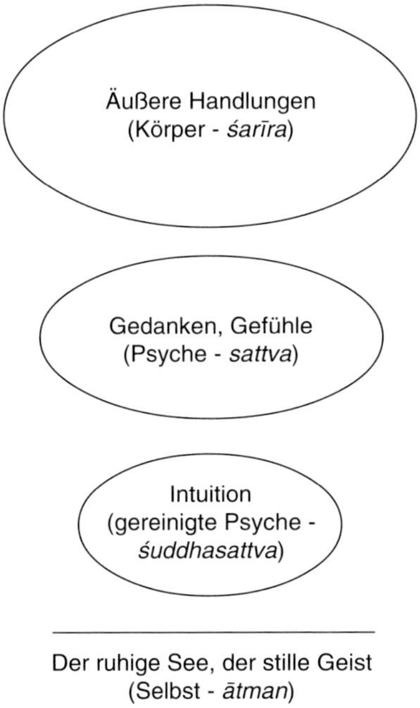

Abb. 10: Stufen der Aktivität

Der Zustand der Befreiung *(mokṣa)* und der Loslösung *(kaivalya)* ist dadurch zu erreichen, daß durch die entsprechende *Yoga*-Praxis die Hindernisse auf dem Weg beseitigt werden. YS 1.30 zählt unter vielen geistigen Hindernissen als erstes die Krankheit *(vyādhi)* auf und weist damit wiederum auf die Bedeutung der körperlichen Gesundheit für das Heilsstreben hin. Umgekehrt ist für ein rechtes Verständnis des Āyurveda die Gemütsruhe eine Vorbedingung, die einen Schüler für das Studium qualifiziert.[95]

Yoga und Āyurveda haben gemeinsam, daß sich beide mit den Regeln für die Lebensführung auseinandersetzen und konkrete Methoden lehren, wie das Gleichgewicht zu erreichen ist. Sie ergänzen sich, indem das eine System mehr den Geist, das andere mehr den Körper zum Thema hat.

Die Bedeutung, die die Gesundheit für die Befreiung besitzt, zeigt sich auch in der Art und Weise, wie der Entwicklungsweg des Menschen im Āyurveda beschrieben wird.

Die Inkarnation beginnt in der CarS mit dem Herabsteigen *(avakrānti)* der individuellen Seele *(jīva),* die durch ihre Verbindung mit dem Geist (*sattva*) den Impuls dazu erhalten hat.[96] Diese Beschreibung der Empfängnis setzt die Präexistenz der Seele vor der Geburt voraus und steht im Zusammenhang mit der Reinkarnationslehre.

Das Selbst *(ātman)* geht versehen mit vier sehr feinen Daseinsfaktoren *(bhūta)* von ei-

(93) Vgl. SāS 4.30.
(94) Die geistigen *doṣas* sind *rajas* und *tamas,* die körperlichen *vāta, pitta* und *kapha.*
(95) In CarS 3.8.8 wird „*praśānta* = zum inneren Frieden gelangt" als erste Qualität des Schülers aufgezählt.
(96) CarS 4.3.3

nem Körper in den anderen über.[97] Das Wort *bhūta* ist an dieser Stelle nicht einfach mit Element zu übersetzen. Vielmehr bezeichnet es die Tendenz, eine bestimmte körperliche Konstitution anzunehmen. Die 4 *bhūtas*, die das Selbst mitbringt, verbinden sich mit dreimal vier weiteren *bhūtas,* die sich von der Mutter, dem Vater und aus der Nahrung herleiten, um alle gemeinsam den Fötus aufzubauen.[98]

Die vergangenen Taten bilden die Ursache für eine Geburt in der einen oder anderen Form; denn: *„Das eigentliche Fundament und Charakteristikum der indischen Wiedergeburtslehre bildet die Karmantheorie."*[99]

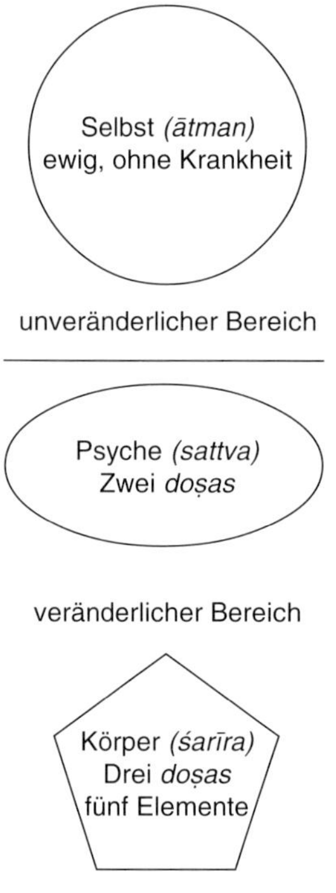

Abb. 11: Das Menschenbild des Āyurveda

Das Selbst als ewiger Persönlichkeitskern ist ohne eine göttliche Schau *(divyaṃ darśanam)* nicht zu erkennen und besitzt alle Eigenschaften, die seiner göttlichen Natur entsprechen.[100] Dazu gehört, daß es

- überall sein kann *(sarvaga),*
- alle Körper trägt *(sarvaśarīrabhṛt),*
- alles vollbringt *(viśvakarman),*
- alle Formen annimmt *(viśvarūpa),*
- die Basis des Bewußtseins ist *(cetanādhātu),*
- über den Sinnen steht *(atīndriya),*
- immer verbunden *(nityayuk)* und
- mit den Folgen der Handlungen assoziiert ist *(sānuśaya).*

In dem Begriff „immer verbunden" *(nityayuk)* steckt die Wurzel *yuj,* welche auch die Basis für das Wort *yoga* ist. Alle aufgezählten Eigenschaften außer der letzten zeigen, daß das Selbst einem Bereich angehört, der frei von Krankheit und damit dem Leiden enthoben ist. Einzig seine Verbindung mit den schicksalsmäßigen Folgen der Taten – *sānuśaya* heißt wörtlich „mit Reue versehen" – bringt dieses Selbst dazu, sich auf die irdische Ebene zu begeben und damit auch der Krankheit ausgesetzt zu sein.

Im Vers 39 des gleichen Kapitels werden die folgenden Fragen gestellt:

„Woher kommen die Krankheiten? Was ist die Beruhigung für diese? Was ist die Ursache für Freude und Leiden? Wie kommen die zur Ruhe gebrachten Störungen, die im Körper oder im Geist ihren Ausgangspunkt haben, nicht zurück?"[101]

Für diese Grundfragen werden Antworten gegeben, die ebenso in einem *Yoga*-Text oder

(97) CarS 4.2.3.
(98) CarS 4.2.26 und 33.
(99) Stietencron (1976, 119). Vgl. auch CarS 1.11.31-32.
(100) CarS 4.2.32.
(101) CarS 4.2.39:
rogāḥ kutaḥ saṃśamanaṃ kim eṣāṃ harṣasya śokasya ca kiṃ nimittam |
śarīrasattvaprabhavā vikarāḥ kathaṃ na śāntāḥ punar āpateyuḥ ||

einer religiösen Schrift stehen könnten. Sie zeigen aber in ihrer Ausgestaltung eine spezifische Sichtweise der āyurvedischen Ärzte.

Als Ursachen für die Krankheiten werden drei Aspekte aufgezählt:

- das Fehlgehen der Erkenntnis *(prajñāparādha),*
- die Ungleichgewicht bewirkenden Sinneserfahrungen *(viṣamā arthāḥ),*
- die sich verändernde Zeit *(pariṇāmakāla).*

Die Beruhigung wird erzielt, indem man für die Erkenntnis, die Sinnesobjekte und die Zeit den (harmonischen) Zusammenhang sorgfältig beachtet.[102] Krankheit beginnt bei einer falschen Sichtweise und entwickelt sich über falsche Handlungen, die das Ungleichgewicht fördern. Die Störung ist dabei immer ein Anregungs-, ein Unruhezustand, der beruhigt werden muß. Die Wurzel *„śam"* = „zur Ruhe kommen" wird in diesem Kontext standardmäßig verwendet.

Ebenso wie der Geist im Yoga zur Ruhe gebracht wird, werden die Störungen *(vikāra oder vikṛti),* die – wie bereits erwähnt – den Gegenbegriff zur *prakṛti* bilden, im Āyurveda beruhigt. Im *Yogasūtra* des *Patañjali* lautet der Fachbegriff für Anregung *vṛtti.* Diese Anregung des Geistes zu beruhigen ist das Ziel des *Yoga.* Da sich der Āyurveda mehr mit Aktivität befaßt, erhält dieser Begriff eine positive Bedeutung: *Vṛtti* und *anuvṛtti* werden im Kontext des gesundheitsbewußten Verhaltens verwendet.

Freude und Leid entstehen durch Einklang mit der ethischen Weltordnung *(dharma)* oder durch ihre Störung. Krankheiten können dann nicht wiederkommen, wenn ihnen die Grundlage entzogen ist, d.h. wenn das Selbst als ewiges Prinzip nicht mehr durch die Aktivitäten von Körper *(śarīra)* und Geist *(sattva)* überschattet wird.

Der Zustand der Befreiung ist demnach ein Zustand ohne Krankheit, da die vergänglichen Aspekte (Geist und Körper) des Menschen, in denen die Krankheit nur zu Hause sein kann, keine bestimmende Kraft mehr besitzen bzw. überhaupt nicht mehr vorhanden sind.

Wenn eine Inkarnation eingetreten ist, d.h. Geist und Körper existieren, möge man ständig im Vorfeld etwas gegen die Krankheiten tun. Demjenigen, der Herr über seine Sinne geworden ist, folgen die Krankheiten nicht nach, außer wenn das (karmische) Schicksal es zu einem bestimmten Zeitpunkt vorsieht.[103] Es reicht demnach nicht, nur im Gleichgewicht zu bleiben, sondern es muß aktiv bereits vorher etwas gegen ein drohendes Ungleichgewicht getan werden. Der im Sanskrit verwendete Begriff ist *„prati-karman* – die entgegengesetzte Handlung".

Fassen wir noch einmal die genannten Begriffsassoziationen zusammen:

- Selbst – ohne Krankheit,
- Inkarnation – Gefahr der Krankheit, körperlich wie geistig,
- Erlösung – Befreiung von Krankheit.

Die aktive Gestaltung des Lebens, d.h. eine gesundheitsbewußte Lebensführung, wird als Schlüssel zur Gesundheit angesehen. Diese kann aber nur erreicht werden, wenn eine Erkenntnis der Zusammenhänge der verschiedenen Einflüsse gegeben ist.

Die Ursache für Gleichgewicht und Ungleichgewicht ist immer ein Wechselspiel zwischen vergangenem und gegenwärtigem Tun *(daiva karman* und *pauruṣa karman).*[104] Um diese abstrakte Aussage zu konkretisieren, wird mit Vers 45 ein neuer Gedanke eingefügt: Die Krankheiten, die aus dem Wechsel der Jahreszeiten entstehen, können demnach dadurch

(102) CarS 4.2.40.
(103) Inhalt von CarS 4.2.41-43.
(104) CarS 4.2.44.

vermieden werden, daß man sich in der jeweils vorhergehenden Jahreszeit auf die kommenden Veränderungen einstellt. Auf das *karman* bezogen würde dies bedeuten: Derjenige, der im Vorfeld seine Disposition und deren zeitliche Aktivierungsmöglichkeit erkennt, kann das daraus eventuell resultierende Ungleichgewicht vermeiden und wird vom *karman* nicht in gleichem Maße betroffen wie jemand, der unvorbereitet in eine bestimmte Lebenssituation gelangt.

Insofern bedeutet für den āyurvedischen Arzt die schicksalsmäßige karmische Verstrickung der Seele, die zur Inkarnation führt, keine Prädestination aller Lebenserfahrungen, sondern eine Disposition, die durch richtiges Handeln hier *(iha karman)* ausgeglichen werden kann. Dies zeigen auch die Abschlußverse des Kapitels, die ausführlich beschreiben, daß derjenige, der richtig handelt, frei von Krankheiten wird.

Aufgabe des Menschen ist es daher, sein Leben bewußt zu gestalten und nach Zielen zu streben. Im religiösen Kontext werden vier Lebensziele genannt(105):

- Erfüllung von Wünschen *(kāma)*,
- Wohlstand *(artha)*,
- Rechtschaffenheit *(dharma)*,
- Befreiung *(mokṣa)*.

Demgenüber werden an anderer Stelle der CarS drei Lebensziele aufgezählt(106):

- das Streben nach Leben *(prāṇaiṣaṇā)*,
- das Streben nach Wohlstand *(dhanaiṣaṇā)*,
- das Streben nach der höchsten Welt *(paralokaiṣaṇā)*.

An erster Stelle steht das Streben nach Leben, welches die Grundlage für alles andere Streben darstellt; denn *„wenn das Leben verlassen wird, wird nämlich alles verlassen."*(107)

Für die Erhaltung des Lebens kann das āyurvedische Wissen eingesetzt werden, und zwar beim Gesunden, indem den Verhaltensregeln für den Gesunden gefolgt wird, und beim Kranken, indem Sorgfalt in der Beruhigung der Krankheiten aufgebracht wird.(108)

Mit dem Wunsch, das Leben zu erhalten und möglichst ein langes Leben zu haben, steht der Āyurveda im Gegensatz zum *Yoga*, wo zum Streben nach Befreiung vom relativen Dasein die Überwindung des Selbsterhaltungstriebes gehört.(109) Im YS gehört der Selbsterhaltungstrieb *(abhiniveśa)* zu den fünf Plagen *(kleśa)*, die anderen vier sind:

- Unwissenheit *(avidyā)*,
- Egoismus *(asmitā)*,
- Begierde *(rāga)*,
- Haß *(dveṣa)*.

Dieser Gegensatz ist aber letztlich nur ein scheinbarer; denn die körperbezogenen Aspekte vieler *Yoga*-Praktiken haben die Erhaltung der Gesundheit als Ziel und unterscheiden sich damit von körperverneinenden Askeseformen.

Die Freiheit ist die Freiheit von der Inkarnation, d.h. dem Zwang, sich erneut inkarnieren zu müssen; dies gilt sowohl für den *Yoga* als auch für den Āyurveda. Diese Freiheit kann aber paradoxerweise nur *im* inkarnierten Zustand erlangt werden. Und für das Streben nach der Befreiung ist die rechte Lebensführung zur Bewahrung der Gesundheit eine entscheidende Voraussetzung.

(105) Vgl. CarS 1.1.15 und Zimmer (1979, 44 ff).
(106) CarS 1.11.3.
(107) CarS 1.11.4: *prāṇaparityāge hi sarvatyāgaḥ* ।
(108) CarS 3.11.4: *svasthasya svasthavṛttānuvṛttiḥ, āturasya vikārapraśamane 'pramādaḥ.*
(109) Vgl. YS 2.3 und 2.9, zum letzteren *sūtra* auch den Kommentar von *Vyāsa*.

2 Durch Wahrnehmung zur richtigen Erkenntnis

Grundlage für wissenschaftliches Arbeiten ist eine Methodik, die für die Gewinnung von Erkenntnissen verwendet wird. Die Methodik wiederum beruht auf einer Erkenntnistheorie, die entweder stillschweigend zugrunde gelegt oder explizit formuliert wird. In Indien haben sich innerhalb der klassischen Philosophiesysteme, den sechs Sichtweisen *(darśana)*, unterschiedliche Konzepte herausgebildet, in denen insbesondere die Anzahl der akzeptierten Erkenntnismittel differiert. Die Anzahl und die Definition der Erkenntnismittel besitzt für das jeweilige System eine paradigmatische Gültigkeit und prägt damit philosophische Standpunkte, d.h. eine bestimmte Perspektive der Weltwahrnehmung.[1]

Abb. 12: Erkenntnismittel nach Caraka

Auch die āyurvedischen Textsammlungen enthalten Analysen und Aufzählungen der Erkenntnismittel. Die direkte Wahrnehmung *(pratyakṣa)* nimmt im Āyurveda unter den Erkenntnismitteln eine zentrale Rolle ein und ist naturgemäß eine der Hauptgrundlagen heilkundlichen Wirkens. Trotzdem wurde bisher zu wenig darauf geachtet, herauszuarbeiten, welche Wahrnehmungen die āyurvedischen Ärzte gehabt haben könnten und wie sie diese in den Texten formuliert haben.

In den philosophischen und religiösen Traditionen Indiens wurde bereits früh die Gültigkeit der sinnlichen Wahrnehmung hinterfragt und die an sich selbstverständliche Gegebenheit der Dinge in Frage gestellt.[2] Der praktisch tätige Heilkundige hingegen war ständig mit Patienten und deren Berichten über Symptome und Erkrankungen konfrontiert, mußte sich also ganz zwangsläufig mit der Frage nach der Zuverlässigkeit der Wahrnehmung – und zwar sowohl seiner eigenen als auch der des Patienten – auseinandersetzen, wenn er therapeutisch wirken wollte.

Er mußte für seine systematische Arbeit Kriterien entwickeln, die Beobachtungen klassifizieren konnten und damit dem rein subjektiven Ermessen enthoben waren. Und er mußte die Wahrnehmung selbst schulen, um seine persönliche Kompetenz zu erhöhen und den „klinischen Blick“ zu entwickeln.

Beide Aspekte wollen wir anhand einiger Textzeugen beleuchten, ohne allerdings damit eine vollständige Analyse von *pratyakṣa* im Āyurveda zu geben:

„Zweifach fürwahr ist alles (einteilbar), nämlich in seiend und nichtseiend[3]*; dieses (alles) ist in vierfacher Weise zu untersuchen:*

[1] Alle „orthodoxen“ sechs Systeme der Philosophie behandeln die Erkenntnismittel und erkennen diese in unterschiedlicher Anzahl an. In der Betrachtung der Unterschiede zwischen diesen Systemen werden aber meist die weltanschaulichen Aspekte in den Mittelpunkt gestellt, d.h. z.B. die Frage, ob an einen Gott geglaubt wird oder nicht. Wenig betrachtet wird allerdings, welche methodische Praxis hinter einer Erkenntnislehre stehen könnte und wie die Erkenntnislehre gesetzmäßig zu bestimmten philosophischen Aussagen führt.

[2] Vgl. z.B. auch die Argumente zur Beschränktheit der Sinne CarS 1.11.8.

[3] Cp paraphrasiert *asat* mit *viṣedhaviṣayapramāṇagamya* = „was durch Erkenntnismittel erfahrbar ist, aber keinen Objektcharakter besitzt“.

- Unterweisung durch einen Wissenden,
- direkte Wahrnehmung,
- Folgerung
- Berücksichtigung aller Einflüsse."[4]

„Dreifach fürwahr ist die Erkenntnis der verschiedenen Arten von Krankheiten: nämlich Unterweisung durch einen Wissenden, direkte Wahrnehmung und Folgerung."[5]

Beide Zitate entstammen der CarS, im ersten Text wird aber die Berücksichtigung aller Einflüsse *(yukti)* hinzugefügt. Dies entspricht nicht der üblichen Aufzählung von drei Erkenntnismitteln, wie sie im zweiten Text vorliegt.[6] Im Einklang mit Filliozat ist davon auszugehen, daß *yukti* von *Caraka* tatsächlich zu den Erkenntnismitteln gerechnet wurde. Die Weglassung von *yukti* an der anderen Textstelle läßt sich leicht aus dem Kontext begründen; denn die umfassende Betrachtung ist besonders in der Therapie notwendig, jedoch nicht, um entsprechend dem Lehrsystem *(āptopadeśa)* die Wahrnehmungen *(pratyakṣa)* zu deuten *(anumāna)*.[7]

Wie wir sehen werden, ist *yukti* oder der damit assoziierte Begriff *parīkṣā* – „umfassende Betrachtung" eine Besonderheit der āyurvedischen Systematik, die ein wesentlicher Schlüssel zum Verständnis der Texte darstellt. Viele Passagen, die dem Leser als blaß und nichtssagend erscheinen, gewinnen, wenn sie im Licht des Gesamtsystems *umfassend* betrachtet werden, an definitorischer Schärfe. Die Frage, ob man für den Āyurveda *yukti* als selbständiges Erkenntnismittel postulieren sollte oder nicht, ist für die späteren Kommentatoren entscheidend, aber wahrscheinlich nicht für die Vertreter der *Caraka*-Schule der älteren Zeit, bei denen die praktische Orientierung mehr im Vordergrund steht.

Im Ärztestand sind viele philosophische und religiöse Konzepte aufgegriffen und teilweise auch selbständig weiterentwickelt worden, nicht zuletzt, um auch gesellschaftliche Akzeptanz zu erreichen. Eine gewisse Zurückhaltung und Neutralität in weltanschaulichen Fragen zeigt sich aber an manchen Stellen der *saṃhitās* und ist auch Bestandteil der ärztlichen Ethik.

Das Erkenntnismittel „Unterweisung durch einen Wissenden" *(āptopadeśa)*, welches im Text genannt wird, bezeichnet normalerweise den Rückbezug auf eine religiöse oder philosophische Offenbarung oder Überlieferung, bedeutet also in der Regel eine weltanschauliche Bindung. Im Āyurveda ist dies aber nicht intendiert; denn im Text folgt die Bemerkung, daß für jemanden, der die Ausbildung abgeschlossen hat, nur noch die letzten beiden Erkenntnismittel Wahrnehmung und Schlußfolgerung notwendig seien.[8] In den allgemeinen Beschreibungen dieses Erkenntnismittels wird außerdem deutlich auf die Qualität eines Lehrers hingewiesen und nicht Bezug auf autoritative Schriften genommen.[9]

Eine Neutralität in philosophischen Fragen spricht auch aus folgender Formulierung, die eine Diskussion über den Ursprung des Selbst *(puruṣa)* und dessen Bezug zu den Krankheiten abschließt:

---

[4] CarS 1.11.17: *dvividham eva khalu sarvaṃ sac cāsac ca tasya caturvidhā parīkṣā āptopadeśaḥ pratyakṣam anumānaṃ yuktiś ceti.*
Yukti wird hier nicht mit „rationale Begründung" übersetzt; denn es meint die Einbeziehung aller Einflußfaktoren, die über den Prozeß der Folgerung aus einer Wahrnehmung hinausgeht.

[5] CarS 3.4.3: *trividhaṃ khalu rogaviśeṣavijñānaṃ bhavati tad yathā āptopadeśaḥ pratyakṣam anumānaṃ ceti.*

[6] Filliozat (1990, 33).

[7] Vgl. dazu Filliozat (1990, 35), der in seinem Artikel die Bedeutsamkeit dieses Ansatzes betont und richtig feststellt, daß man auch gegen Cp hier von einem eigenständigen Erkenntnismittel sprechen sollte.

[8] CarS 3.4.5: tasmād dvividhā parīkṣā jñānavatāṃ pratyakṣam anumānaṃ ca trividhā vā sahopadeśena.

[9] CarS 1.11.18-19; 3.4.4.

„Sprecht nicht so! Die eigentliche Realität (tattva) läßt sich nur schwer erkennen, wenn man auf eine Lehrmeinung zurückgreift.“[(10)]

Das āyurvedische Selbstverständnis beinhaltet also nicht den Rückgriff auf feststehende Dogmen und Lehrsätze, sondern zielt auf eine richtige Erkenntnis der Wirklichkeit.

Auch wenn die „Unterweisung durch einen Wissenden“ *(āptopadeśa)* das allgemeine Traditionsbewußtsein im indischen Kulturkreis widerspiegelt und deshalb sicher an erster Stelle der Erkenntnismittel steht, entbehrt die Begründung für die erste Position von *āptopadeśa* nicht einer gewissen Logik:

„Im Kontext dieser dreifachen Erkenntnisgruppe steht die Erkenntnis auf Grund von Unterweisung durch einen Wissenden an erster Stelle; danach folgt die genaue Betrachtung mittels Wahrnehmung und Folgerung. Was kann nämlich derjenige erkennen, der mittels Wahrnehmung und Folgerung das genau betrachtet, was nicht vorher gelehrt worden ist?“[(11)]

Die Unterweisung stellt also eine konstituierende Bedingung der Wahrnehmung dar; ohne Unterweisung können die Sinnesdaten nicht in einen kohärenten Zusammenhang gebracht bzw. teilweise überhaupt nicht wahrgenommen werden. Auch heute noch wird die Erlangung einer bestimmten Wahrnehmungsfähigkeit als ein wichtiges Ausbildungsziel betrachtet; dies wird jeder bestätigen können, der einmal versucht hat, in einem Mikroskop oder einem Fernrohr etwas zu erkennen, ohne eine entsprechende Erfahrung zu besitzen.

Die direkte Wahrnehmung *(pratyakṣa)* ist also nach Abschluß der Ausbildung der Ausgangspunkt āyurvedischer Praxis und wird dementsprechend genauer betrachtet, wobei die CarS zwei unterschiedliche Definitionen gibt:

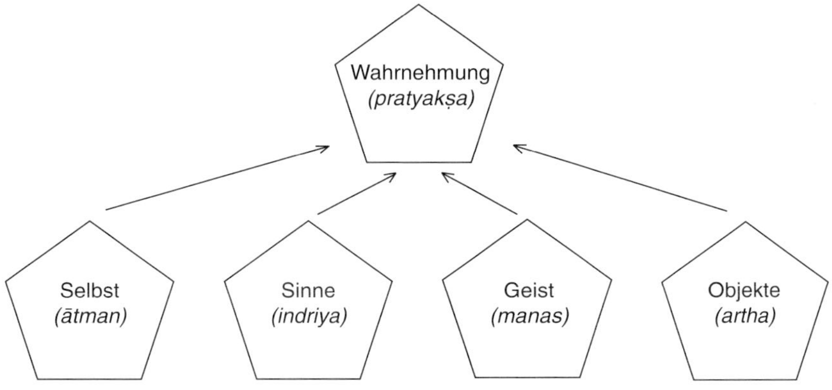

Abb. 13: Konstituierende Faktoren der Wahrnehmung

(10) CarS 1.25.26 cd: *maivaṃ vocata tattvaṃ hi duṣprāpaṃ pakṣasaṃśrayāt* ||
Vgl. auch SuS 3.1.14 und CarS 1.11.9: *śrutayaś caitā na kāraṇaṃ yuktivirodhāt.*
„Die religiösen Überlieferungen sind (in der Frage der Wiedergeburt – punarbhava) kein Beweismittel, da die umfassende Betrachtung (also die spezielle Methode der wissenschaftlichen Medizin) in ihnen nicht berücksichtigt wird.“

(11) CarS 3.4.5: *trividhe tv asmiñ jñānasamudaye pūrvam āptopadeśāj jñānaṃ tataḥ pratyakṣānumānābhyāṃ parīkṣopapadyate kiṃ hy anupadiṣṭaṃ pūrvaṃ yat tat pratyakṣānumānābhyāṃ parīkṣamāṇo vidyāt.*
Vgl. auch CarS 1.9.21, wo die *vidyā* an erster Stelle der Eigenschaften eines *vaidya* steht.

„Pratyakṣa wird der in der Gegenwart (sich aktualisierende), distinkte Unterscheidungsakt genannt, der aus dem Kontakt von Selbst, Sinnen, Geist und Objekten entsteht."[12]

„Pratyakṣa aber ist fürwahr das, was man selbst mit den Sinnen und dem manas erfährt."[13]

Damit weicht die CarS von den ansonsten mit dem Āyurveda in Verbindung gebrachten philosophischen Systemen ab, insofern in diesen Wahrnehmung als Kontakt zwischen den Sinnen und dem Objekt definiert wird.[14]

Man kann die Ergänzung von Geist *(manas)* und im ersten Fall von Selbst *(ātman)* als Ausdruck der Auffassung verstehen, daß es nicht um eine normal übliche „naive" Sinneswahrnehmung geht, sondern um ein bewußtes Sich-vor-Augen-Stellen der Sinnesdaten im Licht von definitiven Wahrnehmungskategorien.

Darauf weist auch der Ausdruck „Unterscheidungsakt" *(buddhi)* hin, welcher hier im Sinne eines aktiven Prozesses der Ausdifferenzierung zu verstehen ist, der über die bloße Wahrnehmung hinausgeht. Daß diese Deutung richtig ist, zeigt der Kommentar des Cp:

„Hier (in diesem System) wird mit dem Begriff pratyakṣa der Unterscheidungsakt bezeichnet, der die Gestalt der Frucht der Sinneswahrnehmung (pratyakṣaphala) besitzt, ganz ebenso (ergibt es sich) aus dem praktischen Sprachgebrauch. In der eigentlichen Bedeutung (ist) aber Wahrnehmung (pratyakṣa) (nur) das, woraus ein solcher Unterscheidungsakt entsteht, (nämlich) aus den Sinnen usw."[15]

Cp macht also deutlich, daß die von der CarS gegebene Definition nicht dem eigentlichen Wortsinn von *pratyakṣa* entspricht, der die bloßen Sinnesdaten bezeichnet. Vielmehr geht sie über diese Bedeutung hinaus und umfaßt den inneren Prozeß des Erkennens und Einordnens, der aber noch keine Schlußfolgerung ist, weil er sich unmittelbar auf die Gegenwart bezieht.

Auch wenn der Geist *(manas)* ansonsten häufig mit unter die Sinne gezählt wird[16] und man daraus noch keine spezifischere Form von *pratyakṣa* ableiten will, weist die Gesamttendenz doch in die Richtung, daß es hier um eine besondere Definition der Wahrnehmung geht.[17]

Pratyakṣa als eine distinkte Wahrnehmung innerhalb des āyurvedischen Systems verweist auf eine besondere Form der Wesenserkenntnis eines Objektes, welche die unterschiedlichen Dimensionen seiner Realität frei von subjektiven Projektionen aufleuchten läßt. Dieser Unterscheidungsakt erfordert eine spezielle Schulung, die eine Nähe zu *Yoga*-Traditionen aufweist.[18]

Das Kapitel der CarS, welches die zuerst zitierte Definition der Wahrnehmung enthält, beginnt mit einer Aufzählung der Lebensziele. Der Text statuiert, daß es drei Ziele für den Menschen gibt: das Streben nach Leben, Wohlstand und der höchsten Welt.[19]

---

(12) CarS 1.11.20:
ātmendriyamanorthānāṃ sannikarṣāt pravartate |
vyaktā tadātve yā buddhiḥ pratyakṣaṃ sā nirucyate ||
Vgl. auch CarS 1.8.12 und Mittwede (1995).

(13) CarS 3.4.4: *pratyakṣaṃ tu khalu tad yat svayam indriyair manasā copalabhyate.*

(14) Man vergleiche dazu z.B. NS 1.1.4 oder SK 5.

(15) *iha ca pratyakṣaphalarūpāpi buddhiḥ pratyakṣaśabdenābhidhīyate tathaiva lokavyavahārāt paramārthatas tu yato bhavatīndriyāder īdṛśī buddhis tat pratyakṣam.*

(16) Insbesondere im *Sāṃkhya*, wo *manas* als innerer Sinn betrachtet wird; vgl. Garbe (1917, 314 ff).

(17) Vgl. Cp. zu CarS 3.4.4 und CarS 1.8.4: *atīndriyaṃ punar manaḥ* und 1.8.6.

(18) Vgl. Mittwede (1995).

(19) CarS 1.11.3: *prāṇaiṣaṇā, dhanaiṣaṇā, paralokaiṣaṇā.* Vgl. zu diesem ganzen Abschnitt der CarS Filliozat (1990).

In der Anerkennung aller dieser Ziele wird aus ärztlicher Sicht versucht, einen Ausgleich zwischen religiösem und weltlichem Leben zu erzielen und das herauszuarbeiten, was günstig hier und in der anderen Welt ist.[20]

Die beiden Bestrebungen nach Leben und Wohlstand werden als ganz selbstverständlich betrachtet, was die lebensbejahende Grundhaltung des Verfassers veranschaulicht. In der folgenden Erläuterung des Strebens nach Wohlstand *(dhana)* wird auf den Wert verwiesen, den es hat, in rechtschaffener Weise in den gesellschaftlichen Prozeß integriert zu sein.

In der Begründung des dritten Aspektes, dem Streben nach der höchsten Welt, folgt eine Diskussion über Wiedergeburt *(punarbhava)*, in der versucht wird, die Richtigkeit des Reinkarnationskonzeptes zu erweisen. Dies geschieht insbesondere unter Zuhilfenahme der Erkenntnismittel der Logik und der Sinneserfahrung und ohne Rekurs auf heilige Schriften, da diese das Erkenntnismittel *yukti* nicht anwenden.[21]

Der *nāstika*-Standpunkt, der von Zufall ausgeht, wird abgelehnt, weil mit diesem auch das Kausalitätsprinzip zu Fall käme:

„Keine Untersuchung, nichts, was untersucht werden kann, keinen Handelnden und keine Ursache, keine Götter, Seher und siddhas, keine Handlung, keine Frucht der Handlung und nicht einmal ein Selbst gibt es für den nāstika, dessen Selbst von dem Zufallsgedanken getroffen worden ist. Das Ergreifen des nāstika-Standpunktes ist unter den zu Fall bringenden (Aktivitäten) das Schlimmste."[22]

Auch wenn der Text in seinem letzten Teil einen orthodoxen Eindruck macht, ist er doch bemerkenswert in seiner Komposition. Die ersten beiden Aspekte, nämlich die Untersuchung und das zu Untersuchende, sind die zentralen Elemente ärztlichen Handelns, welches ohne den Gedanken der Kausalität hinfällig würde. Es geht also dem Autor in erster Linie nicht um die Vermittlung eines weltanschaulichen Standpunktes, sondern um die Bewahrung der ärztlichen Praxis, die auf Gesetzmäßigkeiten beruht. – Schließlich mag auch die Besorgnis hineingespielt haben, daß mit dem Zufallsgedanken auch eine Sinnentleerung in das Leben eindringen und der Patient damit den Mut zu einer Sinn-vollen Lebensführung verlieren könnte.

So geht die Argumentation zur Darlegung der vier Erkenntnismittel über, mittels derer die Realität einer erneuten Geburt argumentativ herausgearbeitet wird.

Das Erkenntnismittel *anumāna* beruht auf dem Gesetz der Kausalität, indem es von der Wahrnehmung *(pratyakṣa)* einer Folge auf die vorhergehende Ursache zurückschließt.[23]

Im Kontext von *yukti* wird auf die Entwicklung des Kindes im Mutterleib verwiesen; dieses Wachstum wäre nicht möglich, wenn es nicht eine Kombination verschiedener Ursachen, nämlich der sechs *dhātus*[24], gäbe.[25]

---

[20] CarS 1.11.3: *hitam iha cāmuṣmiṃś ca loke samanupaśyatā.*

[21] CarS 1.11.9: *śrutayaś caitā na kāraṇaṃ yuktivirodhāt.*
Vgl. auch Filliozat (1993).

[22] CarS 1.11.14-15:
na parīkṣā na parīkṣyaṃ na kartā kāraṇaṃ na ca |
na devā, narṣayaḥ siddhāḥ karma karmaphalaṃ na ca || 14 ||
nāstikasyāsti naivātmā yadṛcchopahatātmanaḥ |
pātakebhyaḥ paraṃ caitat pātakaṃ nāstikagrahaḥ || 15 ||
Pātaka wird von Cp mit Brahmanenmord usw. *(brahmavadhādi)* paraphrasiert.

[23] CarS 1.11.21-22.

[24] CarS 4.1.16: die 5 Elemente und Bewußtsein *(cetanā)*.

[25] CarS 1.11.23-24. Vgl. Filliozat (1990, 35 f.) und Kapitel 4.3 der CarS, wo das Ergebnis der Diskussion über den Ursprung des Embryos *(garbha)* die Vielheit der Ursachen ist. Vgl. insbesondere CarS 4.3.14.

Pratyakṣa wird in zwei Bereiche aufgeteilt: die übersinnliche und die sinnliche Wahrnehmung.[26] Die übersinnliche Wahrnehmung ist in der Geschichte durch Persönlichkeiten bezeugt, die große Seher *(maharṣi)* waren und die entsprechende Qualifikation besaßen.[27] Sie dient somit nur der historischen Beglaubigung der zu beweisenden These, d.h. der Annahme der Wiedergeburt.

Nun folgt die Begründung der These durch sinnliche Wahrnehmung *(pratyakṣa)*:

„Auch die direkte Wahrnehmung führt zur Annahme (von punarbhava): Kinder, die Mutter und Vater unähnlich sind, Unterschiede in bezug auf Hautfarbe, Stimme, Gestalt, Charakter, Intelligenz und Schicksal bei gleicher Abstammung, Geburt in einer höheren oder niedrigeren Familie, das Diener- oder Herrschersein, ein glückliches oder unglückliches Leben, Ungleichheit der Lebensspannen, Erlangung (der Wirkung) einer Handlung (bereits) hier, das Verhalten, daß, ohne es gelernt zu haben, geweint, von der Brust getrunken, gelacht, sich gefürchtet wird usw., das Vorkommen von (bestimmten) Zeichen (am Körper), ein Unterschied im Ergebnis bei gleicher Handlung, Begabung oder Nichtbegabung für eine bestimmte Tätigkeit, Erinnerung an eine (frühere) Geburt, (die sich in dem Empfinden ausdrückt:) ‚hier komme (ich) wieder her, nachdem (ich schon oft) von dort gekommen bin', das angenehme oder unangenehme Berührtsein (verschiedener Menschen) bei Anblick der gleichen (Person, Sache etc.).“[28]

Die vorgetragenen Beobachtungen sind in zweierlei Hinsicht interessant:

Zum einen beleuchten sie das Verhältnis von Wissenschaft und religiöser Tradition und zeigen, wie ein kulturelles Paradigma (die Wiedergeburt) mit rationaler Begründung (durch Anwendung von Wahrnehmung und Schlußfolgerung) in ein wissenschaftliches System integriert wird. In dieser Hinsicht kann die vorgetragene Argumentation der CarS als Spiegel für die kulturellen Voraussetzungen des modernen Wissenschaftsverständnisses sensibilisieren. Die Kulturbedingtheit auch der sogenannten objektiven Wissenschaften wird insbesondere von Wissenschaftskritikern immer wieder hervorgehoben.

Zum anderen werfen die angeführten Beispiele ein Licht auf die ärztliche Praxis, die lebensbegleitend mit einer Vielzahl von Menschen und Schicksalen konfrontiert war und in dem Konzept der Wiedergeburt ein Erklärungsmuster vorfand, welches die Widersprüchlichkeiten des Lebens, an welche die meisten Punkte anknüpfen, glätten konnte. Die Vielzahl der Beispiele für das Erkenntnismittel *pratyakṣa* ist ein Zeichen für die Bemühung, frei von weltanschaulichen Voraussetzungen zu argumentieren und die genaue

---

[26] CarS 1.11.29 formuliert hinsichtlich der übersinnlichen Wahrnehmung: „mit göttlichen Augen gesehen habend“ *(divyacakṣubhir dṛṣṭvā)*. Cp erklärt *divya* mit *atīndriyārthadarśin* – Gegenstände sehend, die jenseits der Sinnesfähigkeiten liegen, und *cakṣus* mit *samādhirūpaṃ jñānam* – Erkenntnis, die eine Erscheinungsform der Versenkungserfahrung ist.
Die Formulierung der CarS weist eine große Nähe zu BhG 11.8 *divyaṃ dadāmi te cakṣuḥ* auf und wirkt altertümlicher als die technische Formelsprache der YS. Die Erklärung von Cp verweist auf die Beziehungen zu *Yoga*-Traditionen.

[27] Die Eigenschaften der Seher beinhalten einerseits ethische Aspekte wie die Freiheit von Anhaftung, Abneigung und Gier, andererseits Fähigkeiten, die sich durch *Yoga*-Praxis entwickeln, wie ein ungestörtes Funktionieren des Geistes und der Unterscheidungskraft.

[28] CarS 1.11.30: *pratyakṣam api copalabhyate mātāpitror visadṛśāny apatyāni tulyasaṃbhavānāṃ varṇasvarākṛtisattvabuddhibhāgyaviśeṣāḥ pravarāvarakulajanma dāsyaiśvaryaṃ sukhāsukham āyuḥ āyuṣo vaiṣamyam iha kṛtasyāvāptiḥ, aśikṣitānāṃ ca ruditastanapānahāsatrāsādīnāṃ pravṛttiḥ lakṣaṇotpattiḥ karmasādṛśye phalaviśeṣaḥ medhā kvacit kvacit karmaṇy amedhā jātismaraṇam ihāgamanam itaś cyutānām iti samadarśane priyāpriyatvam.*

Beobachtung in der ärztlichen Praxis einzusetzen. Die besondere Hervorhebung von *pratyakṣa* weist auf die Eigenständigkeit der Heilkunde und die methodologische Bedeutung dieses Erkenntnismittels hin.

Die Einführung der Erkenntnismittel in der CarS erfolgt über ein Thema, welches traditionell der Religion zuzuordnen ist und Gegenstand des Zweifels sein kann.[29] Auch die Konzepte der Heilkunde wie z.B. die Lehre von den *doṣas* weisen über die naive Wahrnehmung als alleiniges Erkenntnismittel hinaus, da deren Realität der ungeschulten Wahrnehmung nicht zugänglich ist. Wenn aber die Erkenntnismittel bei einem noch strittigeren Thema zu verläßlichen Ergebnissen führen, ist deren Validität auch für die Heilkunde gesichert. Dies betont der Vers, welcher der Definition aller Erkenntnismittel folgt:

„Dies ist die umfassende Untersuchung; es gibt keine andere, durch welche alles untersucht wird. Und so wird das Seiende und das Nichtseiende[30] *untersucht. Durch diese (umfassende Untersuchung wird deutlich): Es gibt die Wiedergeburt.“*[31]

Die direkte Wahrnehmung erfolgt über die Vermittlung der Sinne, deren Bedeutung wir im folgenden nachgehen wollen. Die Sinne sind nicht nur als Erkenntnismittel im Āyurveda bedeutsam, sondern auch als Verursacher von Krankheiten erkannt worden. Diese Sicht hatte ihre Wurzeln einerseits in *Yoga*-Praktiken, die zu einem großen Teil darauf ausgerichtet waren, die Sinne in ihrer Funktionsweise zu beeinflussen.

Andererseits war der Arzt selbst derjenige, der sich einer genauen Wahrnehmung befleißigte und dadurch 1. die Fehler, die seine Patienten machten, klarer wahrnehmen und 2. selbst fühlen konnte, daß der richtige Gebrauch der Sinne das Befinden nachhaltig beeinflußte.

Wie aus der oft zitierten Beschreibung der Ursachen von Krankheiten hervorgeht, werden Krankheiten im klassischen Āyurveda als Folgen von falschem Verhalten und falschen Gewohnheiten betrachtet:

„Der falsche, nicht stattfindende und übermäßige Gebrauch der Zeit, der Unterscheidungskraft, der Sinne und der Objekte ist die dreifältige Zusammenfassung der Ursachen, die die Krankheiten, welche zwei Wirkungsfelder (physisch und psychisch) haben, (erzeugen).“[32]

Ganz abgesehen davon, daß es sich bei dieser Erklärung um eine rein rationale Begründung für das Entstehen von Krankheiten handelt, ist der Zusammenhang mit den religiös-philosophischen Traditionen bedeutsam. Konzeptionell liegt diesem Gedanken die Möglichkeit des Menschen zugrunde, frei zu handeln und damit auch für sich selbst verantwortlich zu sein. Die Entstehung von Leiden, aber auch von Freude und Gesundheit erzeugt er selbst durch richtiges bzw. falsches Verhalten.

Die zu starke, zu schwache und falsche Benutzung der Sinnesobjekte wird in CarS 1.11.37 genauer ausgeführt und im Hinblick auf die einzelnen Sinne erläutert. Das Mei-

---

[29] CarS 1.11.6: *saṃśayaś cātra.*

[30] Rückbezug auf CarS 1.11.17.

[31] CarS 1.11.26:
eṣā parīkṣā nāsty anyā yayā sarvaṃ parīkṣyate ∣
parīkṣyaṃ sad asac caivaṃ tayā cāsti punarbhavaḥ ∣∣ 26 ∣∣

[32] CarS 1.1.54:
kālabuddhīndriyārthānāṃ yogo mithyā na cāti ca ∣
dvayāśrayāṇāṃ vyādhīnāṃ trividho hetusaṃgrahaḥ ∣∣ 54 ∣∣
Zum falschen Gebrauch der Sinne aus der Sicht eines modernen āyurvedischen Arztes vgl. Srikantha Murthi (1988, 20 ff).

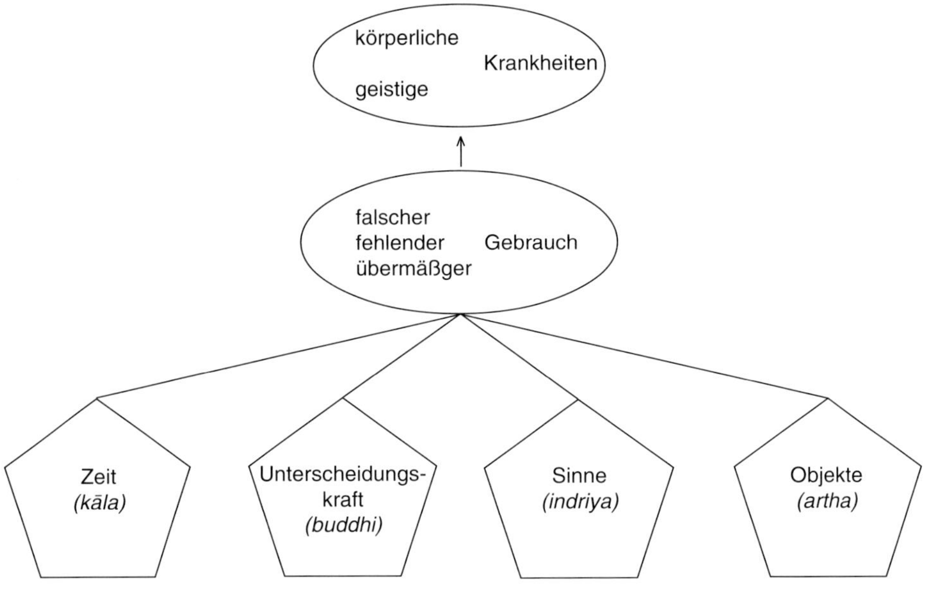

Abb. 14: Ursachen von Krankheiten nach Caraka

den von Extremen ist dabei ein wesentlicher Faktor. Im Kapitel über die Sinne wird dieser Gedanke weiter vertieft:

„Um die nicht von Krankheit heimgesuchten Sinne zusammen mit dem Geist von Krankheit freizuhalten, muß man dabei durch folgende Mittel für den Zustand ihres eigenen Gleichgewichts (prakṛti) sorgen, nämlich durch die zuträgliche Verbindung zwischen den Sinnen und den Sinnesobjekten, durch das richtige Aufklären (des Charakters) der Handlungen, nachdem man (diese) mittels der Unterscheidungskraft immer wieder in rechter Weise betrachtet hat, sowie durch die Pflege dessen, was (den Tendenzen) des Ortes, der Zeit, der Konstitution und den Eigenschaften entgegengesetzt ist (d.h. diese ausgleicht).“(33)

Die Wirkung des durch Erkenntnisprozeß und Gewohnheitsbildung erzielten richtigen Verhaltens *(sadvṛtta)* wird zweifach gefaßt, und zwar werden Gesundheit *(ārogya)* und Beherrschung der Sinne *(indriyavijaya)* als positive Folgen genannt.(34)

Die einzelnen im 8. Kapitel des *sūtrasthāna* der CarS aufgeführten Verhaltensregeln, die eine Vielzahl von verschiedenen Aspekten aus den Bereichen der religiösen, sozialen, ethischen, präventiven und teilweise auch magischen Pflichten umfassen, können sicher auf unterschiedliche Quellen zurückgeführt werden, entscheidend ist an dieser Stelle der Grundsatz, daß nicht nur der Arzt, sondern auch die Patienten Betrachtungen über den Gebrauch der Sinne anstellen sollten und daß eine solche Bewußtwerdung einen wesentli-

(33) CarS 1.8.17: *tatrendriyāṇāṃ samanaskānām anupataptānām anupatāpāya prakṛtibhāve prayatitavyam ebhir hetubhiḥ tad yathā sātmyendriyārthasaṃyogena buddhyā samyag avekṣyāvekṣya karmaṇāṃ samyakpratipādanena deśakālātmaguṇaviparītopāsanena ceti.*

(34) CarS 1.8.18: *tad dhy anutiṣṭhan yugapat saṃpādayaty arthadvayam ārogyam indriyavijayaṃ ceti.*
„Wenn man das nämlich praktiziert, erfüllt man zwei Zwecke gleichzeitig: Gesundheit und Beherrschung der Sinne.“

chen Faktor āyurvedischer Gesundheitserziehung darstellt.[35]

Im Kontext des *Yoga* scheint in analoger Form ein Verfahren der genauen Sinnesbeobachtung entwickelt worden zu sein[36], wobei es dort allerdings mehr um die Entfaltung der „übernatürlichen“ Fähigkeiten *(siddhi)* geht.

Hinsichtlich seiner weltanschaulichen Ausrichtung hat der ärztliche Standpunkt eine Mittelposition zwischen dem Sensualismus und der Transzendenzbezogenheit. Beide Haltungen sind aus der Sicht des Āyurveda Extreme, die zu einem Ungleichgewicht führen müssen. Im Gleichgewicht zu sein heißt aber, beide Welten zu sehen und im Leben zu berücksichtigen.[37]

Es ist bemerkenswert, daß sich mit dieser Einstellung das āyurvedische Konzept von Gesundheit bis in die Weltanschauung hinein fortsetzt. Es ist daher aus diesem und anderen Gründen eher unwahrscheinlich, daß sich der Āyurveda in Asketenkreisen entwickelt haben soll und ihm sekundär orthodoxe Philosophie aufgepfropft worden sei, wie Zysk meint.[38]

Vielmehr sind im Kontext der Theoriebildung diejenigen philosophischen Konzepte übernommen bzw. selbständig entwickelt worden, welche die ärztliche Praxis unterstützen konnten. Und es wird gerade in der Ausübung ihrer Tätigkeit gewesen sein, daß die *vaidyas* mit Patiententypen, die verschiedene weltanschauliche Anschauungen vertraten, konfrontiert gewesen sind und sich daraus ihre eher neutrale Position entwickelt haben.

Wie bereits erwähnt ist sich der Autor der CarS der Begrenztheit und Vorläufigkeit der Sinneserfahrung bewußt und nimmt damit Abstand vom philosophischen Standpunkt der Materialisten, die die Wahrnehmung als einziges Erkenntnismittel zulassen.[39]

Zusätzlich stellt die systematische Ausformulierung der āyurvedischen Theorie, d.h. die gedankliche Ausgestaltung und Ordnung der durch die Sinne erfahrenen Daten, ein starkes Motiv dar, von der Sinneswahrnehmung als alleinigem Erkenntnismittel Abstand zu nehmen:

„Die Sinneswahrnehmung umfaßt nur einen kleinen Bereich; groß ist der Bereich des Nichtwahrnehmbaren[40]*, der durch Überlieferung, Folgerung und umfassende Betrachtung erkannt werden kann. Und die Sinne, sofern man durch sie zur Wahrnehmung kommt, sind selbst nicht wahrnehmbar.*“[41]

Das erste Argument steht im Einklang mit dem *Sāṃkhya*-Hintergrund des Āyurveda und weist auf die Realität von *avyakta* hin.[42] Der

(35) Vgl. die zwar teilweise etwas eigenwilligen, nichtsdestoweniger im Ansatz interessanten Arbeiten von Lobo, der āyurvedische Konzepte in neuinterpretierter Form für die Gesundheitsbildung fruchtbar machen will.

(36) Vgl. YS 1.35 und den dazugehörigen Kommentar von *Vyāsa,* der auf die Entfaltung der Sinnesfähigkeiten durch die Ausrichtung der Aufmerksamkeit auf verschiedene Körperpunkte hinzielt. Betont wird dabei die Wichtigkeit, ein Objekt direkt, so wie es ist, wahrzunehmen.

(37) CarS 1.30.24: *lokam imam cāmuṃ cāvekṣamāṇasya.*

(38) Zysk (1990).

(39) Vgl. Meindersma (1990), der zu dem klaren Ergebnis kommt, daß *Caraka* nicht in die Linie der Materialisten *(lokāyata)* zu rechnen sei. Dabei betont Meindersma ebenfalls die Mittelstellung, die der Āyurveda zwischen den weltanschaulichen Extremen einnimmt.

(40) Vgl. die oben zitierte Stelle CarS 1.11.17; der Bereich des Nichtwahrnehmbaren kann auf den Aspekt von *asat* verweisen.

(41) CarS 1.11.7: *pratyakṣaṃ hy alpam analpam apratyakṣam asti yad āgamānumānayuktibhir upalabhyate yair eva tāvad indriyaiḥ pratyakṣam upalabhyate tāny eva santi cāpratyakṣāṇi.*

(42) *Avyakta* – wörtl. „das Nichtoffenbare“ – ist ein anderer Name für die Urnatur *(prakṛti),* also für den Anfangspunkt des Emanationsprozesses. Die Formulierung der CarS, daß der Bereich des Nichtwahrnehmbaren groß sei, kann sich auf verschiedene Emanationsstufen beziehen.

Hinweis auf die Tatsache, daß z.B. das Auge sich selbst nicht sehen kann, aber alles andere sieht, kann konkret als existentielle Erfahrung verstanden werden, ist aber letztlich eingebettet in die Unterscheidung zwischen Sinnesorgan und Sinnesfähigkeit, die im *Sāṃkhya* geläufig ist. Die Sinnesfähigkeit gehört demnach bereits einer feineren, nicht grobmateriellen Existenzebene an und ist deshalb nicht direkt wahrnehmbar. Man muß aber von der Tatsache, daß Wahrnehmungen vorhanden sind, auf ihre Existenz schließen.

Zusätzlich führt die CarS im folgenden Abschnitt aus, daß man auch ganz empirisch die Begrenzung der Sinne erfahren kann, und verweist dabei auf Aspekte der Entfernung und Größe sowie auf Sinnestäuschungen.

Mit dieser Kritik der Sinneswahrnehmung, welche man als Ausdruck eines wissenschaftlichen Erkenntnisstrebens betrachten kann, wird deutlich, daß derjenige, der die Begrenzung der Sinne kennt und benennt, auch bewußt versucht haben muß, diese zu verwenden.

Die besondere Definition der Sinneswahrnehmung in der CarS, die wir kennengelernt haben, spricht für eine besondere Funktion dieses Erkenntnismittels im System-Ganzen, die sich von der naiven Wahrnehmung unterscheidet. In den einzelnen Schritten der Theoriebildung – angefangen bei den Eigenschaften bis hin zu den *doṣas* – wird die Wahrnehmung aus Einzelbausteinen konstruiert und restrukturiert, so daß der Schüler des Āyurveda durch die Ausbildung in die Lage versetzt wird, das theoretisch Gelernte sinnlich konkret zu erfahren.

Im Laufe der Jahrhunderte, die der Fixierung der Sammlungen von *Suśruta* und *Caraka* vorausgegangen sind, hat sich ein reiches Erfahrungswissen entwickelt, welches mit der Kultivierung der genauen Wahrnehmung und Betrachtung einhergegangen ist.(43) Letzteres wollen wir im weiteren Fortgang genauer ausführen.

2.1 Die Bedeutung der Wahrnehmung in der ärztlichen Ausbildung

Grundsätzlich ist anzunehmen, daß der Student des Āyurveda von einem praktizierenden Arzt unterrichtet worden ist und daß der Student ab einem gewissen Zeitpunkt seiner Ausbildung bei der Behandlung assistiert hat.(44) Dies scheint schon allein aus wirtschaftlichen Erwägungen sehr wahrscheinlich zu sein.

Die Textsammlungen stellen die Lehrbücher der praxisorientierten Ausbildung dar und vermitteln daher nur ein recht unvollständiges Bild des Studiums. Enthalten sind in ihnen die grundlegenden Merkverse, die für die Ausübung des Berufes notwendig waren und sind.

Der Abschluß der Ausbildung beinhaltete nicht nur eine Kenntnis und ein Verständnis des Lehrbuches, sondern verlangte, daß man die Behandlungsmethoden aus eigener Anschauung und Praxis kannte und auch weitervermitteln konnte.(45)

(43) Meulenbeld (1987, 2): „*Das indische Medizinsystem ist in den klassischen Sammlungen (saṃhitā) von Caraka und Suśruta niedergelegt, die es als eine göttliche Offenbarung betrachten. Es handelt sich dabei nicht um einen frühen Typ von Medizin, sondern um das Ergebnis einer langen Entwicklung.*“

(44) Zum theoretischen Unterricht vgl. SuS 1.4.5. Auch bei der Wahl des Lehrers war ein wichtiges Kriterium, daß dieser genügend praktische Erfahrung haben mußte *(paridṛṣṭakarman);* vgl. CarS 3.8.4. Zum Unterricht vgl. auch Mazars (1978, 56 ff).

(45) SuS 1.10.2: *adhigatatantreṇopāsitatantrārthena dṛṣṭakarmaṇā kṛtayogyena śāstraṃ nigadatā,* vgl. auch CarS 1.9.6; CarS 1.10.18.

Der Sinn der Lehrbücher mußte erfaßt und das System im Gesamtzusammenhang verstanden werden:

„Auch wenn der Arzt verschiedene Lehrbücher studiert, kann er deren Sinn doch nicht ohne eine umfassende Sicht des Gesamtsystems verstehen, ebenso(wenig) wie (man) Reichtümer ohne ein günstiges Schicksal (erlangt). “[36]

Bemerkenswert ist auch, daß der Student nicht auf ein Lehrbuch verpflichtet, sondern sogar aufgefordert wurde, andere zu Rate zuziehen. Aus verständlichen pädagogischen Gründen sollte aber zuerst ein Lehrbuch richtig beherrscht werden.[47]

Selbst das zu erzielende Textverständnis scheint nicht auf eine rein grammatische und syntaktische Klarheit beschränkt gewesen zu sein, sondern den Bezug zur Praxis impliziert zu haben, wie der folgende Vergleich zeigt:

„Wer nämlich nicht richtig das Lehrbuch und dessen Bedeutung kennt, kann die Behandlung nicht durchführen, ebenso wie der blinde Maler kein Bild malen kann. “[48]

Śāstrārtha (Bedeutung des Lehrbuches) kann hier auf den Praxisbezug der Lehrinhalte hinweisen, d.h. auf den Objektbereich der Wahrnehmungen – denn *artha* bedeutet gleichzeitig auch Objekt – und auf die Fähigkeit der empirischen Verifikation, die durch die Ausbildung geschult werden mußte, so daß der

Abb. 15: „Lehre“

[46] CarS 8.12.48:
adhīyāno'pi śāstrāṇi tantrayuktyā vinā bhiṣak |
nādhigacchati śāstrārthān arthān bhāgyakṣaye yathā ||48 ||
In diesem Vers kann man zumindest einen Teil des hermeneutischen Zirkels vorfinden, nämlich daß die Einzelheit nicht ohne eine Kenntnis der Gesamtheit zu verstehen ist.

[47] SuS 1.4.5-6.

[48] CarS 6.30.340:
yo hi samyaṅ na jānāti śāstraṃ śāstrārtham eva ca |
na kuryāt sa kriyāṃ citram acakṣur iva citrakṛt ||340 ||

Arzt in der Lage war, die typologischen Beschreibungen[(49)] und andere Aspekte des Systems in der Realität aufzufinden und mit den gelernten Versen zu verbinden.[(50)]

Nach der Ausbildung wurde eine kontinuierliche Praxis für notwendig erachtet, um die gelernten Fähigkeiten nicht wieder zu verlernen: *„Der Arzt, der praktisch behandelt, der ist Arzt; die anderen aber sind Diebe.“*[(51)] Die CarS faßt die Voraussetzungen einer erfolgreichen Therapie zusammen:

„Wer das Lehrbuch vollständig studiert und dessen Bedeutung gründlich durchdenkt und wer, ohne vom ärztlichen Wissen abzuweichen (so mit Cp), ständig praktiziert, der wird zu einem Glücks- und Lebensspender der Menschen und wächst in Willensfestigkeit, Erinnerungsvermögen, Unterscheidungskraft und Tugendhaftigkeit.“[(52)]

Gleichzeitig wurde dem Arzt empfohlen, sich ständig in seinen Fähigkeiten weiterzuentwickeln.

„Weil bei der Behandlung die drei (anderen) Pfeiler auf dem Arzt ruhen, soll dieser ständig darum bemüht sein, seine Eigenschaften zu vervollkommnen.“[(53)]

Damit behält die praktische Erfahrung als Korrektiv und Ergänzung des gelernten Stoffes eine lebenslange Bedeutung.

SuS 1.4.5 werden die Grundprinzipien des Systems (*dravya, rasa, guṇa, vīrya, vipāka, doṣa, dhātu, mala* usw.) als fein *(sūkṣma)* bezeichnet, welches von Bhishagratna mit „extremely difficult to classify“ wiedergegeben wird.[(54)] Auch wenn dies eine mögliche Interpretation ist, klingt doch das *Sāṃkhya*-Konzept an, in dem *sūkṣma* eine feinstoffliche Realität bezeichnet. Diese stellt in bezug auf die sichtbaren Phänomene eine Ursachenebene dar, weil sie in der Emanation auf einer früheren Stufe steht. Das Selbstverständnis der SuS weist darauf hin, daß es bei den Grundkonzepten des Āyurveda nicht unbedingt um offensichtliche Entitäten geht, sondern um Klassifizierungen, die, um einsehbar zu werden, eben einer speziellen Schulung der Wahrnehmung bedürfen.

Auch wenn diese Aussagen über die ärztliche Qualifikation, denen man eine Fülle von Material über die ärztliche Ethik hinzufügen könnte[(55)], sicher genauso eine idealistische Überhöhung darstellen wie Formulierungen heutiger Lehrbücher, wird doch eines ganz deutlich:

Die Umsetzung des Wissens der *śāstras* in die Praxis und die Fähigkeit des Arztes, genau wahrzunehmen, werden sehr hoch bewertet. Als essentielle Bestandteile des Lehrsystems müssen diese Aspekte demnach bei der Textdeutung berücksichtigt werden. Das ist um so wichtiger, wenn man bedenkt, daß die Lehrbücher selbst einen sehr formelhaften Charakter besitzen und für den nicht aus der lebenden Tradition kommenden Leser eher eine theoretische Ausrichtung aufweisen.

(49) Vgl. dazu Kap. 5.4.3.

(50) Vgl. die Bemerkung SuS 1.4.3-4, wo der Schüler, der den Sinn (den Objektbereich = *artha*) der Lehrbücher nicht erfaßt hat bzw. nicht richtig darüber unterrichtet worden ist, mit einem Esel verglichen wird, der als Last Sandelholz trägt und dessen Duft nicht genießen kann.

(51) SuS 1.4.8 cd: *yaḥ karma kurute vaidyaḥ sa vaidyo'nye tu taskarāḥ* | | 8 | |
Vgl. auch Hartmann (1978, 567 f).

(52) CarS 8.12.51:
idam akhilam adhītya samyag arthān vimṛśati yo'vimanāḥ prayoganityaḥ |
sa manujasukhajīvitapradātā bhavati dhṛtismṛtibuddhidharmavṛddhaḥ | | 51 | |

(53) CarS 1.9.25:
cikitsitena trayaḥ pādā yasmād vaidyavyapāśrayaḥ |
tasmāt prayatnam ātiṣṭhed bhiṣak svaguṇasampadi | | 25 | |

(54) Suśrutasaṃhitā (1963, 33).

(55) Vgl. z.B. Jolly (1901, 20 ff).

2.2 Wahrnehmung in der Diagnose

Das diagnostische System des Āyurveda ist komplex, da es auf der Anwendung verschiedener Wahrnehmungskategorien beruht, die miteinander kombiniert werden können. Im Rahmen der typologischen Betrachtungen werden wir darauf näher eingehen und an dieser Stelle nur die Grundzüge darstellen.

Für die praktische Untersuchung galten unterschiedliche Schemata; erwähnt werden insbesondere:

- Sehen, Berührung und Befragung,(56)
- Benutzung aller 5 Sinne und Befragung.

Bezüglich der Sinneswahrnehmungen gibt die SuS Beispiele: das Hören des durch *vāta* angeregten Blutes; das Fühlen der Hitze und Kühle des Körpers sowie der Konsistenz der Haut; das Sehen der allgemeinen Statur und Haltung, der Körperkraft und Farbveränderungen usw.; das Schmecken bei *prameha*-(Harn-)Störungen; das Riechen bei einer Wunde. Die Befragung umfaßt räumliche, zeitliche und soziale *(jāti)* Umstände des Patienten, Neigungen, Schmerzen, Stärke, Verdauungskraft, etc.(57)

Damit wird klar ausgesagt, daß ein direkter Kontakt zum Patienten die Grundlage des diagnostischen Prozesses darstellt. Der Zugang zum Patienten ist ein individueller, und es kommt darauf an, diese individuelle Disposition genau zu betrachten und in allen Aspekten anzuschauen:

„Aufgrund der Verschiedenheit der Körper (-konstitutionen) und aufgrund der Instabilität gibt es kein (feststehendes) Maß für die doṣas, dhātus und malas.“(58)

Der Arzt hat es also immer wieder mit neuen Patienten und neuen Situationen zu tun, darf dabei aber nicht in die Routine kommen, ähnliche Fälle gleich zu klassifizieren; vielmehr soll er sich der Einmaligkeit eines jeden situativen Zusammenhanges bewußt sein.

Zu diesem In-Augenschein-Nehmen treten im Hinblick auf therapeutische Gegebenheiten im Rahmen der umfassenden Betrachtung *(yukti)* eine Vielzahl von Faktoren:

„In bezug auf Ort, Zeit, Maß, Angemessenheit oder Nichtangemessenheit kann die richtige Anwendung derselben in einem Fall heilsam sein, im anderen Fall (d.h. bei nicht richtiger Anwendung) (schädlich) sein.“(59)

Auch genügt es nicht, die allgemeinen Regeln für die medizinische Verschreibung zu kennen:

„Der Arzt, der die Indikationen allein kennt und dementsprechend behandelt, ohne die Einflüsse von Ort usw. zu berücksichtigen,

---

(56) AHS 1.1.22 ab:
darśanasparśanapraśnaiḥ parīkṣate rogiṇam |
Zur Diagnose allgemein vgl. Mazars (1978, 56 ff); auch Ackerknecht (1986, 38) betont die Differenziertheit der Diagnose im Āyurveda.

(57) Vgl. dazu SuS 1.10.4 f., wo das Dreierschema der Diagnose zitiert und definitiv abgelehnt wird.
Zur differenzierten Betrachtung von Einzelaspekten des Behandlungsprozesses vgl. CarS 3.8.68 ff.; diese Abschnitte enthalten eine Fülle von Einzelfaktoren für eine genaue Diagnose, die unter verschiedenen Gesichtspunkten durchgeführt werden kann.
Die in der späteren Zeit etablierte Systematik gibt Kurup (1983, 53): 1. Puls, 2. Urin, 3. Faeces, 4. Zunge, 5. Auge, 6. Hören, 7. Berühren, 8. Statur, Körperbau *(ākṛti)*.

(58) SuS 1.15.37:
vailakṣaṇyāc charīrāṇām asthāyitvāt tathaiva ca |
doṣadhātumalānāṃ tu parimāṇaṃ na vidyate || 37 ||

(59) CarS 6.30.293:
deśakālapramāṇānāṃ sātmyāsātmyasya caiva hi |
samyagyogo'nyathā hy eṣāṃ pathyam apy anyathā bhavet || 293 ||

geht fehl; denn die Unterschiede in bezug auf Alter, Kraft und Körper(-konstitution) werden für zahlreich gehalten.“[(60)]

Der Heilerfolg hängt also nicht allein von der Auswahl eines Mittels ab. Vielmehr geht es um eine Gesamtwahrnehmung der Person und aller Umstände, die diese betreffen. Im Rahmen der Diagnose ist eine solche Analyse durchzuführen und dementsprechend die Behandlung zu strukturieren.

Es geht auch nicht nur um die isolierte Betrachtung eines einzelnen Krankheitsbildes, sondern um das Erkennen der zugrundeliegenden Gesamtbefindlichkeit eines Menschen; dies wird im Rahmen der *doṣa*-Theorie genauer ausgeführt:

„*Wer (als Arzt) den Namen einer Krankheit nicht kennt, möge nie verlegen sein; denn in bezug auf die Namen aller Krankheiten gibt es keine feststehende Basis. Es ist eben ein doṣa, der durch verschiedenartige Faktoren erregt worden ist, und nachdem er zu anderen Standorten hingelangt ist, verursacht er viele krankhafte Veränderungen.*“[(61)]

Aus dem Text spricht deutlich das Verständnis, daß es einen Unterschied zwischen dem Namen einer Erkrankung, der von dem spezifischen, deutlich sichtbaren Krankheitsbild ausgeht, und dem Verständnis der *doṣa*-Lehre gibt, die die Gesamtgestimmtheit erfaßt. Es reicht für den Behandelnden eben nicht aus, wenn er den Namen der manifest gewordenen Erkrankung nennen kann. Vielmehr muß er wissen, auf welcher Grundlage diese beruht, um von dort aus mit seiner Tätigkeit zu wirken:

„*Deshalb möge man zügig den Behandlungsplan entwickeln, nachdem man die die Krankheit konstituierenden Grundprinzipien, die veränderten Standorte (der doṣas) und die verschiedenen (Einfluß-)faktoren unterscheidend wahrgenommen hat. Die sehr feinen Verhältnisse betrachtend, die jeweils einzeln das gestörte Körperprinzip, den Ort, die Zeit, das Verdauungsfeuer, die individuelle Konstitution, den allgemeinen Gesundheitszustand, die psychische Disposition, die Neigung (d.h. das Empfinden, was von dem Patienten als zuträglich empfunden wird) und auch den Ernährungszustand betreffen, strauchelt man als jemand, der bei der Bestimmung der doṣas und der Heilmittel von diesen (Faktoren) ausgeht, bei der Behandlung unter keinen Umständen.*“[(62)]

[(60)] CarS 6.30.320 cd-321 ab:
yogair eva cikitsan hi deśādyajño ´parādhyati || 320 ||
vayobalaśarīrādibhedā hi bahavo matāḥ |

[(61)] AHS 1.12.64-65:
vikāranāmākuśalo na jihrīyāt kadācana |
na hi sarvavikārāṇāṃ nāmato ´sti dhruvā sthitiḥ || 64 ||
sa eva kupito doṣaḥ samutthānaviśeṣataḥ |
sthānāntarāṇi ca prāpya vikārān kurute bahūn || 65 ||
Vgl. zu dieser Textstelle auch Das (1992, 161). Gleichzeitig wird natürlich eine genaue Diagnose angestrebt; vgl. CarS 2.1.6:
tasyopalabdhir nidānapūrvarūpaliṅgopaśayasaṃprāptitaḥ.
„*Kenntnis einer (Krankheit) (erlangt man) auf Grund der Ätiologie, der Vorstadien, der Symptome, der Vorlieben (des Patienten) und des Ausbruchs (der Krankheit).*“

[(62)] AHS 1.12.66-68:
tasmād vikāraprakṛtīr adhiṣṭhānāntarāṇi ca |
buddhvā hetuviṣeśāṃṣ ca śīghraṃ kuryād upakramam || 66 ||
dūṣyaṃ deśaṃ balaṃ kālam analaṃ prakṛtiṃ vayaḥ |
sattvaṃ sātmyaṃ tathāhāram avasthāś ca pṛthag vidhāḥ || 67 ||
sūkṣmasūkṣmāḥ samīkṣyaiṣāṃ doṣauṣadhinirūpaṇe |
yo vartate cikitsāyāṃ na sa skhalati jātucit || *68* ||

Die Analyse, die hier dargestellt wird, steht modernen medizinischen Diagnosemethoden, bei denen es gerade um die genaue Erfassung von quantifizierbaren Befunden, Erregern etc. geht, fern.

Sie findet aber ihre Parallele in naturheilkundlichen Systemen, speziell der Homöopathie:

„Der vorurtheillose Beobachter, – die Nichtigkeit übersinnlicher Ergrübelungen kennend, die sich in der Erfahrung nicht nachweisen lassen, – nimmt, auch wenn er der scharfsinnigste ist, an jeder einzelnen Krankheit nichts, als äußerlich durch die Sinne erkennbare Veränderungen im Befinden des Leibes und der Seele, Krankheitszeichen, Zufälle, Symptome wahr, das ist, Abweichungen vom gesunden, ehemaligen Zustande des jetzt Kranken, die dieser selbst fühlt, die die Umstehenden an ihm wahrnehmen, und die der Arzt an ihm beobachtet. Alle diese wahrnehmbaren Zeichen repräsentieren die Krankheit in ihrem ganzen Umfange, das ist, sie bilden zusammen die wahre und einzig denkbare Gestalt der Krankheit.“[63]

Eine homöopathisch orientierte Anamnese umfaßt möglichst vollständig die gesamte Krankengeschichte des Patienten, dessen familiäres und soziales Umfeld, Veränderungen der Befindlichkeit bezogen auf Tages- und Jahreszeiten, seine Reaktionen auf Umwelteinflüsse, Einfluß verschiedener Aktivitäten und Körperpositionen, psychische Disposition usw.[64]

Es wird also wie im klassischen Āyurveda auf eine Fülle von Faktoren geachtet, die oberflächlich betrachtet kaum etwas mit dem Krankheitsbild zu tun haben, die aber von beiden Systemen für relevant gehalten werden.

In der umfassenden Betrachtung, wie sie im Rahmen der āyurvedischen Diagnose vollzogen wird, zeigt sich die praktische Anwendung des Erkenntnismittels Berücksichtigung aller Einflüsse *(yukti),* welches wir bereits als spezifisch für die *Caraka*-Tradition kennengelernt haben.

Auch der Begriff der Untersuchung selbst – *parīkṣā* – weist auf diesen Aspekt hin, setzt er sich doch aus *īkṣ* = sehen, wahrnehmen und *pari* = rings, ringsum zusammen.

Will man zu einer abschließenden Beurteilung kommen, inwieweit eine solche beobachtende, phänomenologische Diagnose zu verläßlichen Ergebnissen führt, wird man sehr vorsichtig zu Werke gehen müssen. In jedem Fall wäre es voreilig, der modernen Diagnoseform von vornherein einen größeren Stellenwert beizumessen.[65]

2.3 Die Kenntnis der Heilmittel

Der reiche Erfahrungsschatz in bezug auf Heilpflanzen und andere Substanzen, der im Laufe der Jahrhunderte, insbesondere auch nach Formulierung der klassischen Lehrwerke, angesammelt worden ist, ist schon früh in das Blickfeld der Āyurveda-Forschung gerückt, und man hat in diesem sogar den eigentlichen Wert der altindischen Heilkunde sehen wollen.

Die Bedeutsamkeit der richtigen Kenntnis und Einordnung einer Pflanze oder einer anderen Substanz wird in den Texten stark betont. Heilmittelkenntnis hat sicher in einer erfahrungsheilkundlichen Praxis ihren Ursprung, wurde aber im Kontext des Āyurveda systematisiert und vermutlich auch ausgebaut,

[63] Hahnemann (Ausgabe 1987, 65).
[64] Vgl. Dorcsi (1970, 53 ff).
[65] Vgl. Schipperges (1983, 45).

worauf die in die Hunderte gehende Zahl der verwendeten Substanzen mit recht großer Sicherheit schließen läßt.(66)

Kenntnis von Pflanzen ist wohl nur durch praktisches Umgehen mit ihnen zu erlangen, zumindest wenn noch keine standardisierten Rezepturen vorhanden sind; daher war dieser Bereich in besonderem Maße geeignet, die Wahrnehmung auszubilden.

„Wie ein Gift, wie ein Schwert, wie ein Feuer oder wie ein Donnerkeil wirkt ein (pflanzliches) Heilmittel, das nicht genau erkannt ist. Wenn man es aber genau erkannt hat, wirkt es wie Unsterblichkeitsnektar. Wenn nun ein unbekanntes Heilmittel im Hinblick auf die drei Aspekte Name, Form und Eigenschaften untersucht worden ist, kann es trotzdem eine schädliche Wirkung entfalten, wenn es in falscher Weise angewendet wird."(67)

Der Arzt unterscheidet sich von dem bloßen Pflanzenkenner(68) insofern, als er die therapeutischen Eigenschaften einer Substanz kennt bzw. untersuchen kann. Der Schlüssel für diese genauere Kenntnis ist die Systematik von

- **Eigenschaft** (elementare Disposition, vgl. Kap. 3),
- **Form**, die auf individuelle Einflüsse (Bodenbeschaffenheit, Klima, Himmelsrichtung etc.) hinweist, und schließlich
- **Name**, der für die Verbindung mit den Erfahrungen früherer Pflanzenkenner notwendig ist.(69)

Die Methode der Untersuchung wird folgendermaßen beschrieben:

„Unter den Getreiden, Fleischarten, Früchten und Kräutern, die aufgrund ihrer nicht zu ermessenden Anzahl hier nicht aufgeführt sind, möge derjenige, der eine gute Unterscheidungskraft besitzt, die Substanz unter Berücksichtigung des Geschmacks und der Eigenschaften, die auf die Elemente verweisen, bestimmen."(70)

Grundlage der Aussagen, die in den Texten getroffen werden, ist also das Testen des Geschmacks(71), wobei man sicher mit entsprechender Vorsicht zu Werke gegangen ist, um Vergiftungen zu vermeiden. Die Aussage des zitierten Textes besitzt regelhaften Charakter und ist Bestandteil des Abschnitts der Lehrsätze *(sūtrasthāna)*, kann also Gültigkeit für das ganze Lehrwerk beanspruchen. Die Methode des Geschmackstests wird sicher auch von den Vorgängern und Autoren der Text-

(66) Rāy u. Gupta (1980) geben eine Zusammenstellung der in der CarS genannten Substanzen, für die SuS vgl. Ray et al. (1993). Bei der Identifikation mit botanischen Namen ist große Vorsicht angebracht; gleiches gilt für die Angaben bei Kirfel (1941) im Anhang. Sehr vorsichtig geht Meulenbeld (1974) zu Werke, insbesondere, weil er die späteren Traditionen sehr genau studiert hat.

(67) CarS 1.1.124-125:
yathā viṣaṃ yathā śastraṃ yathāgnir aśanir yathā |
tathauṣadham avijñātaṃ vijñātam amṛtaṃ yathā || 124 ||
auṣadhaṃ hy anabhijñātaṃ nāmarūpaguṇais tribhiḥ |
vijñātaṃ cāpi duryuktam anarthāyopapadyate || 125 ||

(68) CarS 1.1.120: Ziegen-, Schaf- und Kuhhirten sowie andere Waldbewohner.

(69) Vgl. CarS 1.1.121-123, wo insbesondere die Bedeutung der richtigen Anwendung *(yoga)* im Einzelfall für eine vollständige Kenntnis der Pflanzen betont wird.

(70) SuS 1.46.331:
dhānyeṣu māṃseṣu phaleṣu caiva śākeṣu cānuktam ihāprameyāt
ākhādato bhūtaguṇaiś ca mattvā tad ādiśed dravyam analpabuddhiḥ || 331 ||
Die Bezeichnung *analpabuddhi* (mit guter Unterscheidungskraft versehen) kann darauf hinweisen, daß nicht jeder Arzt solche Arzneimittelprüfungen durchgeführt hat, sondern nur diejenigen, die die Fähigkeit der genauen Unterscheidung besaßen oder entwickelt hatten.
In CarS 1.27.330 wird empfohlen, daß man den Rat der lokalen Experten suchen soll, wenn man auf Substanzen trifft, die nicht im Lehrbuch beschrieben sind.

(71) Vgl. Kap. 6.

sammlungen praktiziert worden sein, zumindest wird dies für die vorgetragenen Ergebnisse in Anspruch genommen.

Im Rahmen der kategorialen Bestimmung der Substanzen wurden ebenfalls Schemata entwickelt, die die Wirkungen und die zu berücksichtigenden Einflußfaktoren genauer beschreiben sollten, so im folgenden Abschnitt der SuS:

„Durch diese Beschreibung (der Qualitäten der Elemente) wird deutlich gemacht, daß jede beliebige Substanz in der Welt den Charakter verschiedener Heilmittel besitzen kann. Wenn man von dieser Tatsache ausgeht, wird man die jeweilige spezifische Verwendbarkeit und den Nutzen genau betrachten und die mit ihren innewohnenden Kräften und Eigenschaften versehenen Substanzen zur Wirksamkeit bringen. Während diese wirken, das ist die Zeit; was sie bewirken, das ist ihre Funktion; wodurch sie wirken, das ist ihre Kraft; wo sie wirken, das ist ihr Wirkungsbereich; wie sie wirken, das ist ihre (spezifische) Qualität; was sie (als Zustand) hervorbringen, das ist ihre Frucht.“[(72)]

Im Rahmen der umfassenden Betrachtung, die in der āyurvedischen Tradition gepflegt wird, erscheint es nur logisch, daß allen Substanzen Heilkraft zugeschrieben wird, da jede Substanz durch ihre Eigenschaften einen Aspekt im Konzert des Wirkungsgefüges verkörpert.[(73)]

Damit diese These nicht zu einem Relativismus führt, der die spezifische Qualität einer Substanz außer acht läßt, führt die SuS eine weitere Differenzierung ein, und zwar teilt sie die Substanzen in drei Kategorien ein:

- nur heilsame *(ekāntahita)* wie Wasser, Ghee, Milch, Reisbrei usw.,
- nur schädliche *(ekāntāhita)* wie Feuer, ätzende Stoffe, Gift und falsche Kombinationen von Substanzen, die dem Gift gleich sind,
- sowohl heilsame als auch schädliche wie Mittel, die spezifische *doṣa*-Wirkungen entfalten, d.h. für den einen *doṣa* ausgleichend, für den anderen aber nicht zuträglich wirken.[(74)]

Man kann Kategorisierungen wie diese und viele andere[(75)] natürlich als leere Schemata oder als einen speziellen Ausdruck des scholastischen Brahmanismus betrachten. Wir dürfen uns aber nicht darüber hinwegtäuschen, daß wir die Struktur und die Inhalte der zu den Texten gehörenden praktischen Unterweisungen nicht kennen. Die in den klassischen Werken gegebenen Regeln und Einteilungen weisen aber eindeutig darauf

---

(72) SuS 1.41.5: *anena nidarśanena nānauṣadhībhūtaṃ jagati kiṃcid dravyam astīti kṛtvā taṃ taṃ yuktiviṣeśam artham cābhisamīkṣya svavīryaguṇayuktāni dravyāṇi kārmukāṇi bhavanti; tāni yadā kurvanti sa kālaḥ yat kurvanti tat karma yena kurvanti tad vīryaṃ yatra kurvanti tad adhikaraṇaṃ yathā kurvanti sa upāyaḥ yan niṣpādayanti tat phalam iti.*
Wie in diesem Abschnitt wird man auch in anderen Textstellen Bezüge zur grammatischen Terminologie finden; hier mit Hinblick auf die Akkusativ- und Lokativbeziehung. – Vgl. zu diesem Abschnitt CarS 3.8.68 ff.

(73) Vgl. mit SuS übereinstimmend:
AHS 1.9.10 bcd:
... jagaty evam anauṣadham |
na kiñcid vidyate dravyaṃ vaśān nānārthayogayoḥ ||10 ||
CarS 1.26.12: *anenopadeśena nānauṣadhibhūtaṃ jagati kiṃcid dravyam upalabhyate tāṃ tāṃ yuktim arthaṃ ca taṃ tam abhipretya.*
CarS und SuS stehen sich textlich sehr nahe; insofern können sie als Varianten des mündlichen Überlieferungsstromes betrachtet werden.

(74) SuS 1.20.3-4. Man kann den Widerspruch in der SuS zwischen dieser und der vorher zitierten Aussage natürlich auch als Ausdruck der Kompilation werten. Es erscheint aber wiederum nicht ausgeschlossen, daß beide Aussagen in einem komplementären Verhältnis gesehen wurden.

(75) Vgl. z.B. Jolly (1901, 25) zu den Kategorien der Heilmittel oder den Zubereitungen (1901, 29-30).

hin, daß diese formelhaften Aussagen auf eine heilkundliche Praxis zu beziehen sind, in die der junge Arzt mittels eines Lehrbuches eingeführt wurde.

Wie in vielen anderen Bereichen auch scheint die wahrscheinlichste Annahme bezüglich der Entwicklung des ganzen Systems diejenige zu sein, daß man von einem wechselseitigen Prozeß der Beeinflussung von Theorie und Praxis ausgeht, von dem die textliche Fixierung der āyurvedischen Klassiker gewissermaßen nur eine Momentaufnahme darstellt. Ganz abgesehen von der Zusammenstellung von Materialien unterschiedlicher Traditionslinien, die innere Widersprüche der Texte bedingen können, vermitteln die Diskussionen nicht den Eindruck eines starren Theoriegefüges, sondern einer von der Praxis inspirierten Arbeit am System.

Die im Āyurveda entwickelten Kategorien verfolgen einen praktischen Zweck, nämlich dem Schüler eine Vorstellung des medizinischen Arbeitens zu vermitteln und durch die Anwendung von Ordnungsmustern dessen Wahrnehmung bzw. auch die des praktizierenden Arztes zu schulen und ihn immer wieder auf die individuelle Differenzierung der einzelnen Substanz oder des Krankheitsprozesses aufmerksam zu machen. Dazu gehört die Aussage der CarS im Kapitel über die allgemeinen Lebensregeln, daß man seine eigene individuelle Konstitution ständig betrachten und im Bewußtsein haben möge.(76)

Die Wahrnehmung wird von *Caraka* in den Bereich der Selbst- und der Sinneswahrnehmung *(ātmapratyakṣa* und *indriyapratyakṣa)* aufgeteilt. Selbstwahrnehmung bezeichnet dabei die eigenen Empfindungen, Sinneswahrnehmung die Erfahrung der Sinnesobjekte wie Ton usw.(77) Ebenso gegliedert wird der Zweck des āyurvedischen Studiums beschrieben: Zum einen dient es der Beseitigung der eigenen Fehler, zum anderen der Erkenntnis der Fehler anderer.(78)

Man ging offenbar von der Möglichkeit aus, daß der aufmerksame Arzt, der sich selbst kannte, im Gleichgewichtszustand der *prakṛti* bleiben und dadurch zu einem Vorbild für andere werden konnte. Gleichzeitig könnte eine Rolle spielen, daß die Wahrnehmungsfähigkeit im gesunden Zustand naturgemäß besser ist.

Diagnose und Substanzerkenntnis waren so mit der Wahrnehmung der eigenen Befindlichkeit verwoben; d.h., der Heilkundige durfte sich selbst nicht von der Befolgung der āyurvedischen Prinzipien ausschließen, wenn er erfolgreich tätig sein wollte.

Nur wer seine Befindlichkeit genau wahrnehmen konnte, war in der Lage, in einem unspezifischen Symptom das erste Aufkeimen eines Krankheitsbildes zu erkennen. Damit war die Möglichkeit gegeben, bereits vor dem Ausbruch einer Krankheit Gegenmaßnahmen zu ergreifen. Dies geschah insbesondere durch entsprechende praktische Hinweise zur Verhaltensmodifikation, die gegeben wurden, bevor das Gleichgewicht endgültig gekippt war. Die Sensibilisierung für die eigenen Reaktionen auf interne und externe Veränderungen des Gleichgewichts war somit für die Entwicklung der Lehre von den Vorstadien der Krankheiten *(pūrvarūpa)* mitverantwortlich.(79)

---

(76) CarS 1.8.27: *prakṛtim abhīkṣṇaṃ smaret.*

(77) CarS 3.8.39: *tatrātmapratyakṣāḥ sukhaduḥkhecchādveṣādayaḥ śabdādayas tv indriyapratyakṣāḥ.*

(78) CarS 3.8.7: *svadoṣaparihārārtham, paradoṣapramāṇārtham.*

(79) Vgl. SuS 1.21.19 ff; CarS 2.1.6; Dasgupta (1928, 84), Udupa (1977, 161); Srikantha Murthi (1988, 9 ff).

3 Polare Eigenschaften beschreiben die Wirklichkeit

Das Streben vieler religiöser und philosophischer Traditionen des alten Indien zielt auf eine Überwindung der vielheitlichen Welt, der Welt der Gegensatzpaare. Der Weise ist frei von den Dualitäten, er wird nicht berührt von Hitze und Kälte, von Freude und Leid usw.

Die Aufmerksamkeit der Āyurvediker wendet sich – ganz im Gegensatz zu der beschriebenen Tendenz – eben diesen polaren Gegensätzen zu und benutzt diese für eine Einteilung der erfahrenen Welt. Die Eigenschaften der Dinge inhärieren den Substanzen[1] und werden an diesen wahrgenommen. Sie sind das, was die einzelnen Substanzen unterscheidet und deren adäquate Einordnung ermöglicht.

Wenn man das āyurvedische System überschaut, d.h. die Konzepte von *mahābhūta, doṣa, rasa* usw. in ihren wechselseitigen Beziehungen betrachtet, wird man feststellen, daß es die Eigenschaften sind, die das verbindende Element zwischen diesen verschiedenen Größen darstellen.

Dem Begriff der Eigenschaft *(guṇa)* wohnt ein wertender Aspekt inne, der sich insbesondere im Bereich des Rechts *(dharmaśāstra)* entfaltet hat. Auch in den āyurvedischen Sammlungen wird der Begriff der Eigenschaft *(guṇa)* öfters im Sinn von guter Eigenschaft *(sadguṇa)* benutzt und dem Fehler *(doṣa)* gegenübergestellt.

Trotzdem überwiegt bei den Grundeigenschaften des Āyurveda der wertfreie Anteil; leicht oder schwer sind nicht grundsätzlich positiv oder negativ zu beurteilen, sondern erhalten ihren Wert durch die jeweils gegebenen Rahmenbedingungen.

Wahrnehmungspsychologische Untersuchungen z.B. im Bereich der Wahrnehmung von Farben haben deutlich gemacht, daß Eigenschaften keine objektiven Größen sind und ihre Benennung von einer Vielzahl von Faktoren beeinflußt werden kann. Insbesondere die subjektiven Bewertungsmaßstäbe des Beobachters, die sich aus vorherigen Erfahrungen gebildet haben, spielen in den Prozeß der Qualifizierung eines Objektes oder eines Zustandes hinein.[2]

Dies mag mit ein Grund dafür sein, daß im modernen naturwissenschaftlichen Denken die Quantifizierung eine solch große Rolle spielt und das Sichberufen auf subjektiv bewertete Eigenschaften als ungenau und unwissenschaftlich betrachtet wird. Nichtsdestoweniger spielt in der empirischen Praxis gerade der Medizin das klinische Erscheinungsbild und dessen qualitative Bewertung eine bedeutende Rolle. Der Erfahrungsschatz bereits beobachteter Fälle und die Reflektion darüber stellen nach wie vor eine entscheidende Qualifikation auch des modernen Arztes dar.

In der āyurvedischen Tradition ging man davon aus, daß das Beobachtungsvermögen so geschult werden kann, daß man über dieses zu verläßlichen Bewertungsmaßstäben kommt. Diese wiederum erfüllen die Funktion, die Aufmerksamkeit stärker auszurichten und ein klareres Bild des Phänomens entstehen zu lassen.

Solche Einteilungskategorien dienen als Code zur Verständigung der Heilkundigen und können Bestandteil einer Theorie werden, die al-

---

[1] VS 1.1.16; CarS 1.1.51.

[2] Vgl. z.B. Kretschmer (1977, 11).

lerdings einen grundlegend anderen Charakter als eine rein quantitativ orientierte Theorie aufweist.

Das klare Bild einer Eigenschaft zeigt sich in der Erfahrung von Polaritäten, von Endpunkten eines Eigenschaftskontinuums, die in krassem Gegensatz zueinander stehen.[3] Eine dieser Polaritäten ist die von heiß und kalt, die eine so große Verbreitung besitzt, daß man annehmen muß, sie sei schon früh in verschiedenen Kulturen als Erklärungsmuster unterschiedlicher Erfahrungen verwendet worden.[4]

Gerade weil die Eigenschaften Gegenstand individueller Bewertung sind, ist es nicht verwunderlich, daß sich im Āyurveda unterschiedliche Schemata entwickelt haben. Große Anerkennung hat das Schema von 20 Eigenschaften gewonnen, welches in abgewandelter Form in den klassischen Texten zu finden ist:

„Dieses sind die Eigenschaften der den Körper tragenden Prinzipien, wie sie in ihrer Zahl als angemessen betrachtet werden, und zwar: schwer und leicht, kalt und heiß, fettig und trocken, mild und intensiv, starr und beweglich, weich und hart, klar und trübe, glatt und rauh, fein und grob, fest und flüssig.“[5]

schwer *(guru)*	leicht *(laghu)*
kalt *(śita)*	heiß *(uṣṇa)*
fettig *(snigdha)*	trocken *(rūkṣa)*
mild *(manda)*	intensiv *(tīkṣṇa)*
starr *(sthira)*	beweglich *(sara)*
weich *(mṛdu)*	hart *(kaṭhina)*
klar *(viśada)*	trübe *(picchila)*
glatt *(slakṣṇa)*	rauh *(khara)*
fein *(sūkṣma)*	grob *(sthūla)*
fest *(sāndra)*	flüssig *(drava)*

Abb. 16: Die zehn Eigenschaftspaare nach Caraka

AHS 1.1.18 werden nur 10 Eigenschaften aufgezählt, da man sich deren Gegenteil selbst herleiten kann; diese sind in der Reihenfolge etwas abweichend von der CarS: *„Schwer, mild, kalt, fettig, glatt, fest, weich, starr, fein und klar.“*[6]

---

(3) Zur Wahrnehmung von Polaritäten vgl. Sharma (1976, 43); Bodenstedt (1983, 251).

(4) Zur Heiß-kalt-Kategorisierung vgl. Knecht (1975, 1139 ff); Helman (1984, 27); Pfleiderer u. Bichmann (1985, 92 ff). Obeyesekere (1976, 224) untersucht die Interpretation von asiatischen Ärzten, die gleichzeitig die modernen Konzepte kennen. Mooss (1978, VIII) weist richtig darauf hin, daß es sich bei dem Begriffspaar heiß-kalt um āyurvedische Fachtermini handelt, die man nur sehr schwer übersetzen könne. Gegen Kirfel (1951) wird man davon auszugehen haben, daß im kulturellen Umkreis von Indien der āyurvedische Einfluß bestimmend geworden und bei medizinischen Laien sekundär weitergebildet worden ist; vgl. z.B. Weck (1986).

(5) CarS 4.6.10: *tatreme śarīradhātuguṇāḥ saṃkhyāsāmarthyakarāḥ tad yathā gurulaghuśītoṣṇasnigdharūkṣamandatīkṣṇasthirasaramṛdukaṭhinaviśadapicchilaślakṣṇakharasūkṣmasthūlasāndradravāḥ.*
Meulenbeld (1987, 8) gibt für CarS vielleicht aus Versehen eine etwas andere Folge an. – Die Bezeichnung „den Körper tragendes Prinzip“ *(śarīradhātuguṇa)* könnte darauf hinweisen, daß die Systematik der Eigenschaften auf der Basis von Selbstbeobachtung entstanden, d.h. in ihr das Erlebnis der Körperlichkeit in verschiedenen Zuständen zusammengefaßt worden ist. Zu diesen Zuständen gehört insbesondere die Erfahrung der Nahrungsaufnahme und ihrer Auswirkung, wie von *Caraka* im weiteren ausgeführt wird. – Ein beträchtlicher Anteil der *guṇas* läßt sich dem taktilen Erleben zuordnen, welches nach CarS 1.11.38 alle anderen Sinne durchdringt und dem daher eine besondere Bedeutung zugemessen wird.

(6) AHS 1.1.18:
gurumandahimasnigdhaślakṣṇasāndramṛdusthirāḥ |
guṇāḥ sasūkṣmaviśadā viṃśatiḥ saviparyayāḥ || 18 ||

In der SuS wird der Wirkungsaspekt der Eigenschaften betont, Dieser führt gleichzeitig die praktische Relevanz des *guṇa*-Konzeptes vor Augen:

„Des weiteren werde ich den Wirkungsbereich der Eigenschaften erläutern.

Durch ihre Wirkungen nämlich können die Eigenschaften, die in verschiedenen Substanzen ihren Standort haben, erschlossen werden. (514)

Kälte ist erfrischend, unbeweglich machend und überwindet Ohnmacht, Durst, Schwitzen und Brennen; Hitze ist diesen Wirkungen entgegengesetzt, zudem besitzt sie als spezielle Wirksamkeit das Reifmachen (pācana – dies kann in bezug auf Nahrung, Geschwüre usw. oder Erweichung von Verhärtungen verstanden werden). (515)

Fettigkeit bewirkt Schmierung, Weichheit und verleiht Kraft und Farbe. Trockenheit ist diesen Wirkungen entgegengesetzt und besitzt als besondere Wirksamkeit das Erzeugen von Unbeweglichkeit und Rauhheit. (516)

Undurchsichtigkeit signalisiert eine belebende, kräftigende und zusammenfügende Wirkung, es fördert kapha und ist schwer; Klarheit ist das Gegenteil davon und wirkt Schleim aufsaugend und wundheilend. (517)

Intensität (Schärfe) wirkt brennend, verdauungsfördernd und erzeugt Fließen. Milde ist dessen Gegenteil. Schwere bewirkt Trägheit, Verschleimung und Kraft, ist sättigend und Substanz aufbauend. (518)

Leichtigkeit ist dem entgegengesetzt, wirkt aktivierend und wundheilend. Die ersten zehn (Eigenschaften) sind ihrer (allgemeinen) Wirkung nach beschrieben worden, zusammen mit ihren jeweils unterscheidenden Wirkungen. (519)

Nun werde ich die anderen zehn, d.h. drava usw. erläutern. Höre mir gut zu! Flüssigkeit wirkt befeuchtend, Festigkeit ist grob und wirkt bindend (verstopfend). (520)[7]

Ślakṣṇa – so wisse man – entspricht Undurchsichtigkeit, ebenso wie karkaśa der Klarheit entspricht. (Deshalb werden diese anscheinend nicht extra gezählt.) Der gute Geruch ist angenehm, fein, den Appetit anregend und mild. (521)

Der schlechte Geruch ist das Gegenteil davon und bewirkt Beklemmung und Ekel. Beweglichkeit ist als abführend (ausgleichend) bekannt, Trägheit – so wird gelehrt – wirkt stabilisierend. (522)[8]

Durchdringung meint, daß der ganze Körper erfüllt und Verdauung zuwege gebracht wird. Ausbreitung ist ein trennender Prozeß und kann die Verbindungen der dhātus lösen. (523)

---

[7] SuS 1.46.514 ff:
ata ūrdhvaṃ pravakṣyāmi guṇānāṃ karmavistaram |
karmabhis tv anumiyante nānādravyāśrayā guṇāḥ || 514 ||
hlādanaḥ stambhanaḥ śīto mūrcchātṛṭsvedadāhajit |
uṣṇas tadviparītaḥ syāt pācanaś ca viśeṣataḥ || 515 ||
snehamārdavakṛt snigdho balavarṇakaras tathā |
rūkṣas tadviparītaḥ syād viśeṣāt stambhanaḥ kharaḥ || 516 ||
picchilo jīvano balyaḥ sandhānaḥ śleṣmalo guruḥ |
viśado viparīto ´smāt kledācūṣaṇaropaṇaḥ || 517 ||
dāhapākakaras tīkṣṇaḥ srāvaṇo mṛdur anyathā |
sādopalepabalakṛd gurus tarpaṇabṛṃhaṇaḥ || 518 ||
laghus tadviparītaḥ syāl lekhano ropaṇas tathā |
daśādyāḥ karmataḥ proktās teṣāṃ karmaviśeṣaṇaiḥ || 519 ||
daśaivānyān pravakṣyāmi dravādīṃs tān nibodha me |
dravaḥ prakledanaḥ sāndraḥ sthūlaḥ syād bandhakārakaḥ || 520 ||

[8] Ḍalh erklärt *yātrākara* mit: *śarīrasthāyitvād dehasya yātrāṃ vartanaṃ karoti.*

Schnellwirkend meint, daß sich (eine Substanz) aufgrund von Schnelligkeit ausbreitet wie Öl, das ins Wasser gelangt. Feinheit aber ist dadurch bekannt, daß sie aufgrund ihres Feinseins in die feinen Kanäle strömt. (524)

Auf diese Weise sind die 20 Eigenschaften in richtiger Weise verdeutlicht worden."[(9)]

Aus dem Text ist ersichtlich, daß in der SuS die ursprüngliche Struktur der zehn Gegensatzpaare zugunsten einer konkreteren Beschreibung therapeutischer Wirkungen *(karma)* verlassen worden ist. Dies kann mit der chirurgischen Ausrichtung des Textes zusammenhängen, z.B. kann der Geruch bei der Beurteilung des Zustandes einer Wunde sehr wichtig sein, ebenso wie im akuten Fall die schnelle Wirksamkeit von Substanzen ein Kriterium ist, das beachtet werden sollte.

Die Aussage, daß über die Wirkung die Gegenwart einer Eigenschaft erschlossen werden kann, weist darauf hin, daß die Eigenschaft zu einer grundlegenderen Ursachenebene gehört. Die der Wahrnehmung direkt zugänglichen Wirkungen können durch Untersuchung und Befragung erkundet werden.

Der Text als Ganzes macht deutlich, daß mit den Eigenschaften konkret gearbeitet worden ist und man sie sowohl diagnostisch als auch therapeutisch als Beschreibungskategorien verwendet hat.

Man wird die teilweise selbstverständlich wirkenden Zuordnungen (Flüssigkeit wirkt befeuchtend) nur würdigen können, wenn man sich klar macht, daß mit den Eigenschaften und ihren Charakterisierungen ein semantisches Beziehungsfeld aufgebaut wird, welches mit den praktischen Erfahrungen gekoppelt ist. Dieses ermöglicht ein genaues Beschreiben der Veränderung von Zuständen, die z.B. durch die Einnahme einer Substanz erzeugt werden, und entspricht eher der Beschreibung eines Arzneimittelbildes in der Homöopathie als der chemischen Analyse von Substanzen in der naturwissenschaftlich orientierten Medizin.[(10)]

Man hat manchmal der āyurvedischen Heilkunde vorgeworfen, sie habe noch keine klare Scheidung zwischen Körperlichem und Geistigem getroffen, Dieses Unterscheidung ist an vielen Textstellen aber überhaupt nicht intendiert, da sich ein *doṣa* sowohl auf der körperlichen als auch auf der psychischen Ebene zeigen kann. Das Gesamtbild einer Störung wird gerade dadurch ermittelt, daß beide Ebenen im Zusammenhang betrachtet werden. Grundlegend ist eine bestimmte Störung des Kräftegleichgewichts, welche sich in körperlichen und geistigen Symptomen zeigen kann.

Die Eigenschaften wohnen den Substanzen *(dravya)* inne, welche explizit in belebte und unbelebte aufgeteilt werden.[(11)] Dementsprechend werden auch die Eigenschaften in verschiedene Reihen aufgeteilt:

---

(9) SuS 1.46.521 ff:
ślakṣṇaḥ picchilavaj jñeyaḥ karkaśo viśado yathā |
sukhānubandhī sūkṣmaś ca sugandho rocano mṛduḥ || 521 ||
durgandho viparīto ´smād dhṛllāsārucikārakaḥ |
saro ´nulomanaḥ prokto mando yātrākaraḥ smṛtaḥ || 522 ||
vyavāyī cākhilaṃ dehaṃ vyāpya pākāya kalpate |
vikāsī vikasann evaṃ dhātubandhān vimokṣayet || 523 ||
āśukārī tathāśutvād dhāvaty ambhasi tailavat |
sūkṣmas tu saukṣmyāt sūkṣmeṣu srotaḥsv anusaraḥ smṛtaḥ || 524 ||
guṇā viṃśatir ity evaṃ yathāvat parikīrtitāḥ | (525 ab)

(10) Vgl. Köhler (1982, 30).

(11) „Substanzen" mit und ohne Bewußtsein. CarS 1.1.48 cd:
sendriyaṃ cetanaṃ dravyaṃ nirindriyam acetanam || 48 ||

„Die sich auf die Sinnesobjekte beziehende Reihe schwer (guru) usw.,
Unterscheidung,
die mit Bemühung (prayatna) endende
und die mit früher (para) beginnende Reihe
gelten als die Eigenschaften."[(12)]

Man kann in diesen Gruppen der Eigenschaften verschiedene Bereiche erkennen, die für die ärztliche Praxis jeweils spezifisch bedeutsam gewesen sind. Die einzelnen Gruppen verweisen auf äußere (*guru* usw.), innere (*buddhi* sowie *prayatnāntāḥ*) und instrumentale, d.h. beide verbindende Aspekte *(parādayaḥ)*. Eine einzelne Eigenschaftsreihe wird durch einen ihnen zugeordneten Anwendungsbereich definiert.

Kommen wir nun zu den 20 Grundeigenschaften zurück und betrachten diese für sich, so ist zu berücksichtigen, daß sie sich in analoger Weise verstehen lassen, wie die Eigenschaften an sich aufgeteilt sind:

1. Sie beschreiben einen quantitativen Aspekt, z.B. die Schwere und Leichtigkeit betrachtet als ein Verhältnis zwischen Gewicht und Volumen.
2. Sie beschreiben einen funktionalen Aspekt, z.B. die Schwere und Leichtigkeit betrachtet in bezug auf die Möglichkeit der Verdauung eines Nahrungsmittels.
3. Sie beschreiben einen qualitativen Aspekt, z.B. die Schwere und Leichtigkeit betrachtet im Sinne einer Beschreibung der subjektiven Befindlichkeit.

Versucht man, das Konzept der Eigenschaften rein quantitativ zu verstehen, wird einem dieses als an den Haaren herbeigezogen oder primitiv vorkommen. Machen wir uns aber bewußt, daß alle drei Aspekte in der Beschreibung z.B. eines Symptomkomplexes gemeint sein können, wird der phänomenologische Zugang zum Krankheitsgeschehen wesentlich deutlicher.

Die Sprache der āyurvedischen Texte wirkt zwar sehr technisch und bedient sich einer Vielzahl von streng definierten Fachtermini. Andererseits besitzen viele Begriffe eine semantische Breite, die über unser heutiges Sprachempfinden hinausreicht.

Allerdings kennen wir speziell bei den Eigenschaftswörtern auch heute noch die verschiedenen Bedeutungswertungen. Insbesondere bei dem Paar „schwer-leicht" kann man feststellen, daß außer dem selbstverständlich vorhandenen quantitativen der funktionale Aspekt in der Ernährungsmedizin eine Verwendung finden kann. Außerdem klassifizieren viele Menschen Nahrungsmittel aufgrund ihres subjektiven Empfindens und Erlebens als schwer und leicht. Dieses hat allerdings nicht immer eine sachliche Grundlage, sondern beschreibt – undifferenziert angewendet – eine Vielzahl von Befindlichkeiten, ebenso wie die Heiß-kalt-Kategorie im asiatischen Raum.[(13)]

Eigenschaften können den Nachteil ihrer begrifflichen Unschärfe dadurch wettmachen, daß man sie an Beispielen definiert. Dadurch kann ein unmittelbares erlebnismäßiges Verständnis gewonnen werden, was mit einer Eigenschaft gemeint ist.

[(12)] CarS 1.1.49:
sārthā gurvādayo buddhiḥ prayatnāntāḥ parādayaḥ |
guṇāḥ proktāḥ ... || 49 ||
Die Reihe *para* wird in CarS 1.26.29 ff ausgeführt und trägt die Bezeichnung „Mittel zum Erfolg" *(siddhyupāya)*, sie umfaßt die notwendigen Aspekte einer Therapie, bei der Substanzen verwendet werden. Die Reihe *prayatna* bezieht sich auf CarS 4.1.72, wo ähnlich dem *Vaiśeṣika* die Symptome beschrieben werden, die auf die Existenz des *paramātman* hinweisen.

[(13)] Vgl. zu diesem Aspekt insbesondere Pfleiderer u. Bichmann (1985, 92 ff), die darauf hinweisen, daß die Heiß-kalt-Bewertung bei Krankheiten oft nicht mit ärztlich diagnostizierten pathologischen Befunden zur Deckung zu bringen ist.

So ist es gut vorstellbar, daß während der āyurvedischen Ausbildung mit den Einteilungskategorien konkret geübt wurde, indem Patienten unter Zuhilfenahme der Eigenschaftspaare aus verschiedenen Blickwinkeln betrachtet wurden. Die SuS vermerkt speziell, daß die Eigenschaften anhand der Entfaltung ihrer Wirkung genau bestimmt werden sollten, d.h. daß die Eigenschaft einer Substanz nicht als etwas direkt schon Gegebenes empfunden wurde, sondern im Verlauf der praktischen Anwendung zu bestimmen war.

Weiterhin ist für das Verständnis der Eigenschaften noch zu berücksichtigen, daß viele charakterisierende Wörter des Sanskrit Bedeutungsnuancen besitzen, die sowohl substantiell (1.) als auch psychisch (2.) zu verstehen sind, so im zitierten Abschnitt der SuS:

- *sneha* = 1. Fettigkeit, 2. Zuneigung;
- *upalepa* = 1. Verschleimung, 2. Abstumpfung.

Ebenso wie Porkert für die chinesische Medizin darauf hingewiesen hat, daß man dieser nur gerecht wird, wenn man den Bildcharakter in der Beschreibung symptomatischer Erscheinungen angemessen berücksichtigt[14], gilt auch für die Āyurveda-Texte in einem gewissen Maße, daß sie bildhaften Charakter besitzen und dementsprechend verstanden und gedeutet werden sollten. Jede Nennung einer Eigenschaft erzeugt somit ein Gesamtbild dessen, was alles mit dieser Eigenschaft benannt werden kann. Gleichzeitig entsteht durch die Verbindung mit oder Trennung von anderen Eigenschaften ein semantisches Gefüge, welches für ein bestimmtes Element oder einen *doṣa* charakteristisch ist.

Wir haben gesehen, daß der Eigenschaftsbegriff einerseits eine statische Komponente besitzt, andererseits in der SuS direkt mit dynamischer Wirksamkeit verknüpft wird. In den Āyurveda-Klassikern wird diese Wirksamkeit als ein Beurteilungskriterium eigener Art eingeführt. Wie bei den Eigenschaften ist es allerdings zu unterschiedlichen Auffassungen gekommen, die in der späteren Tradition Fortsetzung und Weiterentwicklung gefunden haben.[15] Die einzelnen Standpunkte werden in der CarS vorgestellt:

„Einige sind der Meinung, daß Wirksamkeit (vīrya) achtfältig sei, nämlich mild und intensiv, schwer und leicht, geschmeidig und trocken, heiß und kalt. Einige stehen auf dem Standpunkt, daß (vīrya) zwiefältig sei, nämlich kalt und heiß. Vīrya aber ist das, wodurch die Aktivität ausgeführt wird, ohne vīrya kann nichts bewirkt werden, alle Aktivität wird von vīrya bewirkt. “[16]

Die CarS führt an dieser Textstelle einen allgemeinen Begriff von *vīrya ein,* der Teil eines Kausalitätsprinzips zu sein scheint. Im Kontext der 6 Geschmacksrichtungen *(rasa)* kommt sie aber wieder auf das Zweierprinzip zurück.[17]

---

(14) Porkert (1982, 88).

(15) Vgl. Meulenbeld (1987, 11 ff), der verschiedene Konzeptionen von *vīrya* im Kontext der pharmakologischen Wirkung diskutiert.

(16) CarS 1.26.64-65:
mṛdutīkṣṇagurulaghusnigdharūkṣoṣṇaśītalam |
vīryam aṣṭavidhaṃ kecit, kecid dvividham āsthitāḥ || 64 ||
śītoṣṇam iti vīryaṃ tu kriyate yena yā kriyā |
nāvīryaṃ kurute kiṃcit sarvā vīryakṛtā kriyā || 65 ||
Die Auffassung von den 8 *vīryas* erscheint in SuS 1.41.11, wobei dort die Paare: *śītoṣṇa, snigdharūkṣa, mṛdutīkṣṇa, picchilaviśada* erscheinen. Bemerkenswert ist auch die Aufzählung von 6 Qualitäten der Nahrung in SuS 6.64.56, nämlich *śītoṣṇa, snigdharūkṣa, dravaśuṣka.*
Die zweifache Konzeption von *vīrya* findet sich in AHS 1.1.17 u.a.; vgl. auch AHS 1.9.12 ff, wo aus CarS die 8 *vīryas* in anderer Reihenfolge zitiert werden. Gleichzeitig werden auch die anderen Standpunkte wiedergegeben, ohne daß eine Entscheidung getroffen wird.

(17) CarS 1.26.45.

Meulenbeld bemerkt, daß Einigkeit darüber, welche Qualitäten zu den *vīryas* gehören, nie erreicht worden sei.[18] Diese Einigkeit ist angesichts der Vielfalt der medizinischen Schulen, von denen wir für den indischen Kulturraum auszugehen haben, auch nicht für jeden Aspekt zu erwarten.

Die qualitative Wahrnehmung läßt sich immer nur bis zu einem gewissen Grad objektivieren; und so spricht gerade die Tatsache, daß in den vorliegenden Texten keine Entscheidung getroffen wird – wo man doch ansonsten oft sehr um eindeutige Stellungnahmen zu einzelnen Fragekomplexen bemüht war und sich von anderen Schulen gern abgrenzte –, dafür, daß hier ein methodisches Prinzip vorliegen muß, d.h. eine Arbeitsmethode, die darauf ausgerichtet war, daß der lernende bzw. praktizierende Arzt einen Bezugsrahmen entwickelte, mittels dessen er die vorliegenden Phänomene einordnen konnte.

Dieser Bezugsrahmen konnte unterschiedliche Aspekte und Einteilungskategorien aufnehmen, besaß aber eine einheitliche Stütze, die besagte, daß die Eigenschaften nichts Akzidentelles seien, sondern gesetzmäßig den Zugang zum Seienden eröffnen konnten. Sie sind somit Ausdruck eines Sachverhaltes, der einer individuellen, differenzierten Deutung bedarf und deshalb immer auch Ausnahmen hervorbringt.[19]

Von allen *vīrya*-Konzepten scheint die Heiß-kalt-Dichotomie die älteste zu sein; denn sie findet sich – wie bereits erwähnt – weit verbreitet in verschiedenen Kulturen. Dabei scheint eine besondere Verbindung zur Nahrung zu bestehen, die besonders oft mit heiß und kalt bzw. wärmend und kühlend, anfachend und beruhigend bezeichnet wird, je nachdem, wie man den Akzent der Eigenschaften setzt.

Die Erfahrung dieser Qualitäten ist sicher für alle Klimazonen eine ganz Existentielle, die sich für Ordnungsschemata anbietet: Der Mensch erfährt sich selbst als warm und fühlt die Temperaturschwankungen der Jahreszeiten, von Tag und Nacht; der Fastende fröstelt, und dem, der gegessen hat, wird warm. Im Fieber wird die Hitze zu stark, in der „Erkältung" konnte die Kühle nicht ausgehalten werden usw.

SuS 1.1.22 führt feurig *(āgneya)* und mondartig *(saumya)* als eine grundlegende Einteilungskategorie alles Seienden ein und weist damit auf die kosmischen Ursprünge des Heiß-kalt-Konzeptes hin, die in der vedischen Periode ihre Wurzeln haben. In der Polarität der Geschlechter zeigt sich ebenfalls diese Zweiheit: Der Same (*śukra*) ist kalt, das Blut der Frau *(śoṇita)* ist heiß, obwohl es aus dem kühlen Chylus *(rasa)* gebildet worden ist; deshalb ist die Leibesfrucht *(garbha) agnīṣomīya,* d.h,. sie besitzt feurige und mondartige Eigenschaften.[20]

Solche Zuordnungen folgen zumeist den methodischen Grundlagen, d.h. der Zuordnung der Eigenschaften zu den Elementen usw., wie es auch in diesem Fall ist. Wenn keine Fakten dagegen sprechen, sollte davon ausgegangen werden, daß die Zuordnung von Eigenschaften oder Wirkungen immer auf bestimmten Wahrnehmungen beruht. Daß das Auffinden dieser Wahrnehmungen nicht immer ganz leicht ist, befreit nicht von der Aufgabe, danach zu suchen und davon auszugehen, daß eine bestimmte Textpassage zur Zeit der Abfassung bzw. der Redaktion als medizinisch sinnvoll und praktisch relevant empfunden worden ist.

---

(18) Meulenbeld (1987, 12).

(19) Vgl. CarS 1.26.45 ff u.a.

(20) Vgl. SuS 1.14.7. Das feurige Prinzip *(agni)* ist kosmisch mit der Sonne *(sūrya),* das kühlende, flüssige Prinzip mit dem Mond *(soma)* assoziiert.

4 Die Elemente – Urformen des Seins

Mit der Frage nach den Elementen ist gleichzeitig die Frage nach dem Ursprung der āyurvedischen Heilkunde und deren Beziehung zur griechischen gestellt. Aus historischer Perspektive sind Übernahmetheorien in beide Richtungen vorgetragen worden. Die These, daß die griechische Heilkunde von der indischen abstamme, findet sich bei den meisten indischen sowie einigen anderen Autoren. Als Vertreter der umgekehrten Auffassung kann Vogel gelten, der auf einige Vorgänger verweist.[(1)]

Kirfel hat die These vorgetragen, daß beide Systeme auf eine gemeinsame Quelle, nämlich ein vorgeschichtliches mediterranes Kulturzentrum, zurückgingen, in welchem die Dichotomie von Wasser-Feuer, bzw. Schleim-Galle entwickelt worden sei.[(2)]

Filliozat geht eher von einer wechselseitigen Beeinflussung in voralexandrinischer Zeit aus und arbeitet für die indische Seite die vedischen Ursprünge insbesondere unter Betonung der Lehre von den Lebenshauchen *(prāṇa)* heraus. Die Priorität scheint bei ihm eher auf indischer Seite zu liegen.[(3)]

Betrachtet man die Parallelen in bezug auf die Elemente, die *doṣa-* und die Säftelehre usw., muß man mit Filliozat und Vogel feststellen, daß die Parallelen zum Corpus Hippocraticum nicht so deutlich sind wie diejenigen zu Platons Timaios. In dem letztgenannten Text sind allerdings so viele Prinzipien nahezu identisch mit den āyurvedischen Lehren (die drei „Säfte", die sechs Geschmäcker, die acht Eigenschaften, die zu den *vīryas* in Beziehung zu setzen sind, u.a. mehr), daß in Übereinstimmung mit den genannten Autoren ein Zufall auszuschließen ist.[(4)]

Gegen Kirfels Theorie hat Vogel zu Recht Stellung bezogen, und zwar mit dem Argument, daß sich solch genaue Übereinstimmungen kaum aus einem prähistorischen Ursprung herleiten lassen.[(5)]

Dem ist hinzuzufügen, daß die von Kirfel angenommene ursprüngliche Zweiheit der Elemente für die āyurvedische Tradition auf recht schwachem Boden steht; denn die von ihm angeführten Textpassagen lassen sich in ausreichender Form mit dem *vīrya*-Prinzip erklären und bedürfen nicht der Annahme von ursprünglich zwei *doṣas*. Die āyurvedische Lehre von den zwei geistigen *doṣas* (Leidenschaft und Dumpfheit – *rajas* und *tamas)* in Kontrastierung zum ausgleichenden *sattva*-Prinzip, findet ihre ganz natürliche Erklärung in der Identifikation von *sattva* mit Tugend, Reinheit, Güte usw., die in *Sāṃkhya-Yoga*-Kreisen vorlag. Vor diesem Hintergrund, dem sicher auch Rechtstexte *(dharmaśāstra)* angehören, war eine Bewertung von *sattva* als *doṣa* kaum möglich.

Die von Kirfel angeführte Heiß-kalt-Dichotomie auf Bali[(6)] ist dort eingewoben in das Konzept der fünf Elemente *(pañcamahābhūta),* also sicher erst sekundär durch indischen Einfluß aus einer Popularisierung der philosophischen und medizinischen Lehren entstanden.[(7)]

---

(1) Vogel (1956, 5).
(2) Kirfel (1948, 1951).
(3) Filliozat (1964); unterstützend Lienhard (1979, 9).
(4) Zum Vergleich der beiden Lehren: Esser (1934, 601); zur griechischen Elementelehre vgl. Seeck (1964).
(5) Vogel (1956,4-7).
(6) Weck (1986, 2 ff).
(7) In eine ähnliche Richtung tendiert auch Vogel (1956, 4).

Schließlich wird der gesamte vedische Hintergrund, in dem Feuer, Wind und Wasser gleichermaßen eine bedeutende Rolle spielen, von ihm nicht berücksichtigt, obwohl ihm die Arbeit von Filliozat vorgelegen hat, in der die terminologischen Bezüge zwischen vedischen und āyurvedischen Schriften in einem Teilbereich klar herausgearbeitet werden.

Grundsätzlich ist zu fragen, ob die Vorstellung von zwei oder drei Elementen, die Kirfel für die Ursprüngliche hält, nicht im Gegenteil ein entwickelteres Konzept darstellen könnte, das eine größere Abstraktion erfordert. Zwar haben wir im religiösen Bereich sehr früh eine Polarisierung in gut-böse, hell-dunkel, yin-yang etc. vorliegen, in die oft auch die Wertung von Gesundheit und Krankheit hineingenommen wird. Eine solche Dualität gehört aber einer anderen Sphäre an als die Zurückführung der materiellen Welt auf wenige Grundprinzipien.

Es wird bei diesem Fragenkomplex schwer sein, eine sichere und eindeutige Antwort zu finden, zumal die historische Realität oft von wechselseitigen Beeinflussungen geprägt ist.

Die Elemente und die ihnen zugeordneten Eigenschaften sind Beschreibungsformen für Wirklichkeit, denen existentielle Erfahrungen zugrundeliegen. Analoge Vorstellungen können sich deshalb unabhängig voneinander entwickelt haben. Dieses Prinzip schließt andererseits die Übernahme von Konzepten nicht aus. Vielmehr ist es als motivierender Faktor für Prozesse interkulturellen Austausches zu betrachten, d.h., wir können in vielen Fällen davon ausgehen, daß ein Vorstellungskomplex einer anderen Kultur nur dann aufgegriffen wird, wenn er offene Fragen beantworten, existentielle Erfahrungen deuten oder bestimmte Bedürfnisse der übernehmenden Kultur erfüllen kann.

Wir wollen nun den Formenkreis der Elemente in seinen indischen Vorstufen genauer betrachten, indem wir von den vedischen Quellen, insbesondere den älteren *Upaniṣaden* ausgehend die Entwicklungslinie zu den āyurvedischen Konzepten klarer herausarbeiten. Letztere Texte sind zwar wahrscheinlich einige Jahrhunderte später in ihrer Fixierung, enthalten aber teilweise recht altes Material, welches den vedischen Gedanken nicht sehr fern zu stehen scheint.

Zusätzlich zu der Darstellung von Filliozat[(8)] wollen wir einige weitere Grundlinien nachzeichnen, wie sich das Konzept der Elemente entwickelt hat. Dabei geht es im wesentlichen um die Erfassung der strukturellen Anordnung, die häufig eine größere Kontinuität besitzt als einzelne inhaltliche Details.

In der ṛgvedischen Zeit stehen die verschiedenen Gottheiten *(deva)* im Mittelpunkt des Interesses und der Verehrung. Diese werden personhaft erlebt und dementsprechend beschrieben. Bereits in spätṛgvedischer Zeit richtet sich die Aufmerksamkeit mehr auf den ersten Ursprung, den *einen* Gott.[(9)] Dabei tritt die Individualität der *devas* zurück, und andere Wesenheiten kommen ins Blickfeld, insbesondere solche, die eine Rolle im Kultus spielen, die göttliche Rede[(10)], die Opfergabe *(dakṣinā)*[(11)], die Opferwagen *(havirdhāna)*[(12)], die Preßsteine[(13)] u.a.

Gleichzeitig erscheinen Hypostasierungen von menschlichen Aspekten, der Glaube *(śraddhā)*[(14)], die Erkenntnis *(samjñāna)*[(15)],

---

(8) Filliozat (1964).
(9) ṚV 10.121, 10.129.
(10) ṚV 10.125.
(11) ṚV 10.107.
(12) ṚV 10.13.
(13) ṚV 10.76, 10.94.
(14) ṚV 10.151.
(15) ṚV 10.191.

der Lebenshauch *(prāṇa)*[16], das Verlangen *(kāma)*[17]. Oder man denke an die Hymne der Erde[18] oder die Hymnen der Zeit im AV[19].

In den *Brāhmaṇas* setzt sich diese Entwicklung fort, insbesondere da man bestrebt ist, die Wirksamkeit der Opferhandlungen *(yajña)* zu untersuchen. Dies geschieht unter den Vorzeichen einer Assoziierung von menschlichen und kosmischen Realitäten mit den Handlungen und Utensilien des Opfers.

Die ältesten *Upaniṣaden* knüpfen fast nahtlos an diese Betrachtungen an, bieten aber Versuche einer Systematisierung, die sich teilweise oder ganz vom Opfergeschehen lösen und Ausdruck eines Erkenntnisstrebens sind, welches in ganz besonderer Weise archaisch und philosophisch zugleich wirkt. Das eine höchste Prinzip tritt wieder in den Mittelpunkt, welches als kosmischer Urgrund mit dem wirkmächtigen Wort, *brahman,* identifiziert wird. Gleichzeitig wendet sich die Blickrichtung der Aufmerksamkeit nach innen, und hinter der Vielzahl von Kräften, Gedanken und Empfindungen wird als menschlicher Wesenskern das Selbst *(ātman)* erkannt.

Viele Begriffe – auch noch in den *Upaniṣaden* – sind eigentlich keine abstrakten Begriffe in unserem heutigen Sinn, sie sind Wesenheiten, die als solche empfunden und erlebt werden: Der Urgrund des Seins *(brahman)* denkt, spricht und handelt[20], der Lebenshauch *(prāṇa)* ruft die Pflanzen[21], die Zeit *(kāla)* fährt auf einem Wagen[22], die Wahrheit und die Unwahrheit entschließen sich, ihren Standort zu wechseln[23], die Opferfeuer treten als Lehrer auf[24] usw.

Man kann spüren, daß wir es hier mit Größen zu tun haben, die zwischen der personhaften Auffassung und einer Universalie stehen, die an einer Textstelle schon fast Idee oder Abstraktion geworden sind, dann aber direkt wieder als eine handelnde Person auftreten, die neben uns stehen könnte. Und man kann von dieser Gedankenbewegung ausgehend verstehen, warum das Selbst *(ātman)* und der Urgrund *(brahman)* als etwas so Neues empfunden worden sind; denn sie waren die ersten Prinzipien, die man schrittweise aller Gegenständlichkeit entkleidete und gewissermaßen als reine Idee vor sich sah.

In kurzer Form läßt sich so das gedankliche Klima charakterisieren, in dem sich die Lehre von den Elementen entwickelt hat. Erde, Wasser, Feuer und Luft (bzw. Wind) sind als wirkende Gottheiten erlebt und in den vedischen Texten beschrieben worden, und auch das *ākāśa*-Konzept als Himmel oder weiter Raum deutet sich bereits an.

Im klassischen Kontext der Substanzen *(dravya)* der *Vaiśeṣika-* Philosophie stehen die Elemente im Zusammenhang mit anderen Begriffen, nämlich Zeit, Richtung, Selbst und Geist.[25] In diesem Text ist der Abstraktionsprozeß bereits weitgehend vollzogen. Bemerkenswert ist aber, daß auch die den Elementen beigesellten Begriffe in den kosmologischen Beschreibungen der älteren Texte vorhanden sind und dort eine wesenhafte Bedeutung für den Weltprozeß haben.

---

(16) AV 11.4.
(17) AV 9.2.
(18) AV 12.1.
(19) AV 19.53, 19.54.
(20) Z.B. in der *Kena-Upaniṣad.*
(21) AV 11.4.3.
(22) AV 19.53.1.
(23) ŚB 2.3.5.7 ff.
(24) ChāndU 4.10 ff.
(25) Vgl. VS 1.1.5.

In den älteren *Upaniṣaden* zeigt sich – ebenso wie in den *Brāhmaṇas* – die Tendenz, bei der Beschreibung grundlegender Wirkkräfte im Kosmos oder im Individuum Reihen zu bilden. Bei diesen Reihen wird deutlich, daß sich noch keine feste Zahl und Reihenfolge der Elemente herausgebildet hatte. Auch welches Prinzip zu den Elementen dazugehörte oder nicht, war Schwankungen unterworfen. Das jeweilige Vorhandensein oder Nichtvorhandensein bestimmter Begriffe läßt sich oft aus dem Kontext oder der Gesamtintention des Textes erklären. Trotzdem ist es interessant, diese Reihen einmal aus dem Zusammenhang herauszuschneiden und einander gegenüberzustellen; denn dadurch lassen sich die einzelnen Schritte bis zur feststehenden späteren Form der Elementelehre klarer erkennen. In den zu den ältesten *Upaniṣaden* gehörenden ChāndU und BĀU finden sich u.a. die folgenden Reihungen:

Erde *(pṛthivī)* – Feuer *(agni)* – Luftraum *(antarikṣa)* – Sonne *(āditya)* – Himmel *(dyauḥ)*[26]

Erde *(pṛthivī)* – Luftraum *(antarikṣa)* – Himmel *(dyauḥ)* – Richtung *(dik)* – Ozean *(samudra)*[27]

Feuer *(agni)* – Wind *(vāyu)* – Sonne *(āditya)* – Mondstation *(nakṣatra)* – Mond *(candramaḥ)*[28]

Feuer *(agni)* – Wasser *(āpaḥ)* – Nahrung *(anna)*[29]

Sonne *(āditya)* – Mond *(candra)* – Blitz *(vidyut)* – Raum *(ākāśa)* – Wind *(vāyu)* – Feuer *(agni)* – Wasser *(āpaḥ)* – Spiegel *(ādarśa)* ....[30]

Der übliche Kontext, in dem sich diese Aufzählungen befinden, ist die Erklärung der Entstehung der Schöpfung; dies ist auch in AU 1.1.3 ff der Fall: Dort wird zunächst ein Urzustand beschrieben, der durch die Aspekte Himmelswasser *(ambhaḥ)* – Lichtstrahl *(marīcī)* – Tod *(mara)* – irdisches Wasser *(āpaḥ)* gekennzeichnet ist, diese werden im folgenden mit Bezug auf die bekannten drei Welten Himmel, Luftraum und Erde erklärt.[31] Danach heißt es:

„Er (der ātman) überlegte: Das sind nun die Welten, ich will Weltenhüter (für diese) erzeugen. Aus den Wassern holte er einen puruṣa und festigte ihn. Diesen erwärmte er, und von dem so erwärmten öffnete sich ein Mund wie bei einem Ei.“[32]

Auch hier sind mit Wasser und Feuer (Erwärmung), welches im Vedischen dem Mund zugeordnet ist, zwei Elemente vorhanden. Daraus entstehen makroskopische Prinzipien, die jeweils mit individuellen Aspekten in ein Beziehungsverhältnis gesetzt werden:

Feuer *(agni)*	Mund	Rede
Wind *(vāyu)*	Nase	Hauch
Sonne *(āditya)*	Augen	Sehen
Himmelsrichtungen *(diśaḥ)*	Ohren	Hören
Kräuter und Bäume *(oṣadhivanaspatayaḥ)*	Haut	Haare
Mond *(candramaḥ)*	Herz	Geist
Tod *(mṛtyu)*	Nabel	*apāna*
Wasser *(āpaḥ)*	Glied	Samen

(26) ChāndU 2.2.1 und umgekehrt 2.2.2.
(27) ChāndU 2.17.1.
(28) ChāndU 2.20.1.
(29) ChāndU 6.4.1.
(30) BĀU 2.1.2 ff; vgl. auch ChāndU 7.1-26 u.a.
(31) Die Übersetzung der vier Begriffe folgt der üblichen Bedeutung. Die AU gibt für diese eine eigene Erklärung.
(32) AU 1.1.3-4: *sa īkṣateme nu lokā lokapālān nu sṛjā iti* | *so ´dbhya eva puruṣaṃ samuddhṛtyāmūrchayat* || (3) *tam abhyatapat tasyābhitaptasya mukhaṃ nirabhidyeta yathāṇḍam* |

Die AU folgt hier in lockerem Anschluß der Hymne an das kosmische Urwesen *(puruṣa-sūkta)*, ṚV 10.90, welches auch in der Folgezeit bis hin zur *Purāṇa*-Literatur anregend für kosmogonische Gedankengänge geblieben ist.

In dieser Zusammenstellung zeigt sich bereits deutlich, daß Mikro- und Makrokosmos nicht mehr in einer Form zusammengestellt werden, die dem Opfer *(yajña)* untergeordnet ist, sondern daß unabhängig davon eine allgemeine Ordnungsstruktur aufgebaut wird, die auf Erfahrungen beruht, die innerhalb des profanen Bereichs nachvollzogen werden können:

Aus dem Mund kommt die Rede, die von dem warmen, feuerhaften Atem getragen wird; aus der Nase kommt die Atemluft *(prāṇa)* in kühlerer Form, sie riecht den vom Wind herbeigebrachten Duft; die Ohren hören, wo sich im Raum etwas befindet; die Haare wachsen auf der Haut wie Bäume und Pflanzen auf der Erde; der Geist *(manas)* als Träger des Bewußtseins ist im Herzen, (der Mond wird in vielen Texten mit dem *manas* verbunden); der Nabel ist als empfindlicher Bereich mit dem Tod assoziiert; der nach unten gehende Hauch *(apāna)* kann ebenfalls den Tod bringen, wenn er zu stark ist; das Glied ist mit dem Samen verbunden, der wässriger Natur ist.

Solche Zuordnungen finden sich bereits in den *Brāhmaṇas;* sie werden in den *Upaniṣaden* aber weiter ausgebaut. Neben der Frage nach dem Ursprung des Kosmos tritt zusätzlich die Frage nach den menschlichen Fähigkeiten in den Mittelpunkt. Wie die AU zeigt, sind diese noch nicht alle in abstrakten Begriffen gefaßt; denn statt des Tastens werden die Haare, die natürlich auch eine Rolle beim Tasten spielen, genannt. Unterschieden wird aber schon zwischen dem Sinnesorgan und der Sinnesfähigkeit, eine Aufteilung, welche später in der ausgebildeten *Sāṃkhya*-Philosophie von Bedeutung sein wird.

Im *Śatapatha-Brāhmaṇa* wird von einem Streit zwischen dem Gedanken und der Rede berichtet, die sich uneinig darüber sind, wer von beiden die Priorität besitzt. Dieser Mythos zeigt deutlich den Wunsch nach einer Einordnung und Klassifizierung der Fähigkeiten – den Wunsch, den Ursprung all dieser Aspekte zu erkennen.[33]

In verschiedenen Varianten werden die Aktivitäten des Menschen beschrieben oder in Bezug zu kosmischen Prinzipien gesetzt. Ebenso tauchen die Elemente in immer neuer Anzahl und in immer neuen Reihenfolgen auf. Die später fixierten Konzepte sind in dieser Zeit noch im Fließen befindlich, die Analogieketten werden mal von der einen, mal von der anderen Seite angeschaut und dementsprechend umgruppiert. Es wird nach einem Schlüssel, nach einer klaren Systematik gesucht. Kurzum, es findet ein ein Prozeß statt, der den Aktivitäten der Vorsokratiker teilweise ähnelt.

Aus all diesen Variationen schält sich nach und nach eine Reihenfolge heraus, wie sie in TU 2.1 erscheint:

„Aus diesem, genau aus diesem Selbst (ātman) ist der Raum (ākāśa) geworden, aus dem Raum (ākāśa) der Wind (vāyu), aus dem Wind (vāyu) das Feuer (agni), aus dem Feuer (agni) die Wasser (āpaḥ), aus den Wassern (āpaḥ) die Erde (pṛthivī), aus der Erde (pṛthivī) die Kräuter (oṣadhayaḥ), aus den Kräutern (oṣadhayaḥ) die Nahrung (anna), aus der Nahrung (anna) die Person (puruṣa); das ist eben dieser puruṣa, der aus Nahrungssaft besteht (annarasamaya).“[34]

Es wird hier deutlich, daß eine folgerichtige Kette aufgebaut worden ist: Schöpfung be-

[33] ŚB 1.4.5.8 ff.

[34] TU 2.1: *tasmād vā etasmād ātmana ākāśaḥ saṃbhūtaḥ, ākāśād vāyuḥ, vāyor agniḥ, agner āpaḥ, adbhyaḥ pṛthivī, pṛthivyā oṣadhayaḥ, oṣadhībhyo ´nnam, annāt puruṣaḥ, sa vā eṣa puruṣo ´nnarasamayaḥ.*

ginnt in den himmlischen (leichten und lichten) Bereichen, die mit Raum *(ākāśa)* assoziiert sind und führt bis zum manifesten irdischen Bereich; Erde *(pṛthivī)* bringt vegetatives Wachstum hervor; denn sie hat sich aus dem Flüssigen heraus verfestigt, vegetatives Wachstum erzeugt Nahrung, und Nahrung ermöglicht menschliches Leben.

Mit dem Begriff *puruṣa* ist der Ausgangsbegriff *ātman* eng verbunden, so daß sich das Bild des Kreises aufdrängt. Die Entwicklung hat ihren Zielpunkt erreicht, der die Verwirklichung des Ursprungszustandes (Erkenntnis des *ātman*) ermöglicht.

Noch nicht so klar ist AU 1.4.3, wo als die fünf Elemente *(pañca mahābhūtāni):* Erde *(pṛthivī)* – Wind *(vāyu)* – Raum *(ākāśa)* – Wasser *(āpaḥ)* – Lichter *(jyotiṃṣi)* genannt werden, aber doch ein Zeichen für die Verfestigung der Fünfzahl gegeben wird.

Die umgekehrte Reihenfolge – nur um ein paar Glieder erweitert – enthält die Lehre des *Yājñavalkya*[35]:

Erde *(pṛthivī)* – Wasser *(āpaḥ)* – Feuer *(agni)* – Wind *(vāyu)* – Sonne *(āditya)* – Himmelsrichtungen *(diśaḥ)* – Mond *(candra)* – Blitz *(vidyut)* – Donner *(stanayitnu)* – Raum *(ākāśa)* – Gesetz *(dharma)* – Wahrheit *(satya)* – Mensch *(mānuṣa)* – Selbst *(ātman).*

Bei dieser Belehrung liegt ein anderer Kontext vor, es geht nicht um einen Schöpfungsprozeß, sondern darum, die Aufmerksamkeit des Zuhörers auf das Selbst *(ātman)* zu richten. Dies geschieht in einer stufenweisen Folge, beginnend mit dessen gröbster Manifestation. Durch die Ergänzungen der Reihe wird das Assoziationsfeld deutlich, in dem sich Raum *(ākāṣa)* befunden hat; dies ist eindeutig der himmlische Bereich, der zusätzlich mit geistigen Begriffen wie Gesetz und Wahrheit in Verbindung steht.

In der letztgenannten Reihenfolge sind die Elemente im *Vaiśeṣika* u.a., in der davor genannten im *Sāṃkhya* u.a. klassisch geworden. Dem *Sāṃkhya* ist ganz deutlich der Charakter einer Emanationslehre erhalten geblieben, die ihre Wurzeln in den vedischen Schöpfungsmythen besitzt. Das *Vaiśeṣika*-System schaut gewissermaßen von außen auf die Elemente und beginnt mit dem Gröbsten von ihnen.

Auch in den späteren *Upaniṣaden* sind die fünf Elemente bereits zur stehenden Wendung geworden:

„Wer der Tugend des Yoga hingegeben ist, deren Wesen fünffach ist, nämlich Erde, Wasser, Feuer, Luft und Raum (pṛthivī-ap-tejo-´nila-kha), dessen aus Yoga-Feuer bestehender Körper wird nicht von Krankheit, Alter und Tod betroffen.“[36]

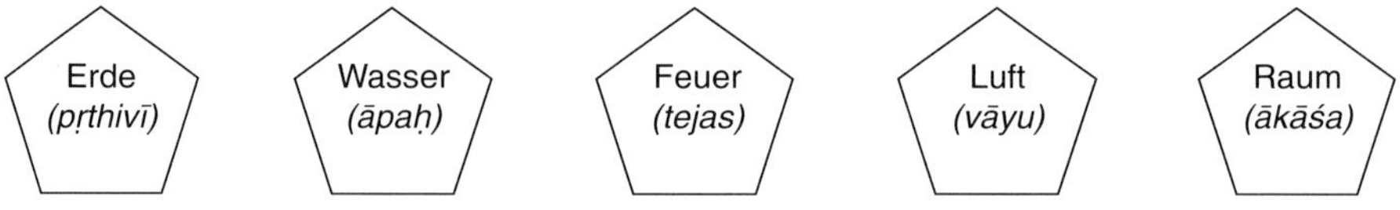

Abb. 17: Die fünf Elemente im klassischen Āyurveda

(35) BĀU 2.5.1 ff.

(36) ŚvetU 2.12:
pṛthivyaptejo ´nilakhe samutthite pañcātmake yogaguṇe pravṛtte |
na tasya rogo na jarā na mṛtyuḥ prāptasya yogāgnimayaṃ śarīram || 12 ||
Vgl. auch die spätere MaitrU 6.4, wo die Reihenfolge der Elemente wieder umgekehrt ist. ŚvetU bevorzugt im *Yoga*-Kontext das Gehen vom Groben zum Feinen, wohingegen MaitrU den Emanationsgedanken unter dem Bild des umgekehrten Baumes vorträgt.

Ein wichtiger Grund dafür, daß diese Reihe der fünf Elemente vor allen anderen den Sieg davon tragen konnte, ist das sich im gleichen Zeitraum verfestigende Konzept der fünf und später dann zehn Sinne. Diese wurden nach Vorstadien verschiedener Reihenfolgen[37] parallel zu den fünf Elementen angeordnet, so daß eine Entsprechung entstand, die ganz entscheidend für die späteren Zeiten werden sollte.

Auf der Ebene der philosophisch-religiösen Betrachtung hatte sich den upaniṣadischen Lehrern die Einheit von Mikro- und Makrokosmos in neuer Weise offenbart. Diese drückte sich in der Erkenntnis aus, daß das Prinzip des Selbst *(ātman),* welches den Ursprung aller menschlichen Fähigkeiten darstellt, nicht verschieden ist von dem Prinzip, welches den verschiedenen kosmischen Kräften zugrunde liegt, dem *brahman.*

Parallel zu dieser Erkenntnis schälte sich eine Entsprechung auf der Ebene der Vielheitlichkeit heraus, die Entsprechung der Sinne und der Elemente. Damit konnte Erkenntnis durch die Sinne zu einem systematischen Mittel werden, um Wissen über die Welt zu erlangen.

Schneider hat die gedankliche Ausrichtung der upaniṣadischen Philosphen nicht unpassend eine „subjektsbezogene Naturphilosophie" genannt.[38] Wir wollen diesen Begriff aber nicht als Gegensatz zu einer objektsbezogenen Naturphilosophie verstanden wissen, die Schneider dem entgegenstellt, sondern interpretieren ihn als eine Beschreibung des methodischen Ansatzes, der in der Folgezeit für die Entwicklung eines Wissenschaftsverständnisses wirksam geworden ist, das sich u.a. in der āyurvedischen Heilkunde ausgedrückt hat.

Der Gedanke, daß mit den Sinnen nichts Akzidentielles, sondern Wesenhaftes wahrgenommen werden kann, daß durch die Sinne die Qualitäten des Seienden erfahrbar sind, daß die mittels direkter Wahrnehmung erkannten Elemente die grundlegenden Emanationen des Selbst *(ātman)* – oder wie auch immer in verschiedenen Systemen der Ursprung der Elemente bezeichnet wurde – sind, dieser Gedanke konnte die genaue Betrachtung der Welt begründen und rechtfertigen, konnte den Gegenpol zu dem Entrinnenwollen aus dem Bereich der Dualität bilden und zur Betrachtung eben dieser Gegensätze führen.

4.1 Die Elemente im Āyurveda

Die beschriebenen Akzente der Elementelehre werden in den ärztlichen Traditionen in einer Weise fortgeführt, die dem *Sāṃkhya*-Denken verwandt ist.[39] Dabei steht der Emanationsgedanke einer stufenweisen Entwicklung aus der Urnatur (*prakṛti*), deren manifestierter Endpunkt Erde (*pṛthivī*) darstellt, im Mittelpunkt.

„Die Substanz ist von den Geschmäckern (rasa) usw. das Bedeutendste; diese haben nämlich in ihr ihre Grundlage. Die (Substanz) aber konstituiert sich aus den fünf Elementen. Sie tritt ins Dasein, indem sie die Erde zu ihrer Grundlage macht."[40]

Substanz *(dravya)* als existentielle Entität benötigt das Erdelement, um sinnlich sichtbar in Erscheinung zu treten, geboren zu werden. Erst mit diesem letzten Schritt ist der Manifestationsprozeß abgeschlossen. Bemerkenswert ist die Erwähnung des Geschmacks

(37) BĀU 2.4.11; PraśU 4.4 u.a.
(38) Schneider (1961, 1).
(39) Vgl. insbesondere Dash (1971, 3 ff); Dasgupta (1975) und Comba (1987, 45).
(40) AHS 1.9.1:
dravyam eva rasādīnāṃ śreṣṭhaṃ te hi tadāśrayāḥ |
pañcabhūtātmakaṃ tat tu kṣmām adhiṣṭhāya jāyate ||1||

(rasa) hier am Anfang des Kapitels über Substanzerkenntnis, was auf die praktische Anwendung des Geschmacksinnes zur Bestimmung von Pflanzen hinweist.

Das Konzept der Elemente (*mahābhūta*) wird ebenso wie das der sogenannten feinstofflichen Elemente *(tanmātras)* mit den Sinnen eng verknüpft. In den Texten der *bṛhattrayī* erfolgt die Behandlung der Elemente in zwei Abschnitten, einmal jeweils im Kapitel über den Körper *(śarīrasthāna),* das den anthropologischen Hintergrund der Heilkunde darstellt[(42)], und einmal in den Kapiteln, in denen die Substanzerkenntnis behandelt wird.[(41)] Beide Male geht es in jeweils spezifischer Weise um die sinnliche Aktivität: Im *śarīrasthāna* wird die Erkenntnismöglichkeit der Außenwelt aus der Conditio humana ganz allgemein abgeleitet; das andere Mal geht es um die konkrete Begründung und Beschreibung der Substanzerkenntnis, die wesentlich für die ärztliche Praxis ist.

Innerhalb der emanativen Stufenfolge ergibt sich mit zunehmender Manifestation eine zunehmende Beteiligung der Sinne (s. Abbildung).

Diese Aufteilung erfolgt einheitlich in den Grundtexten[(43)] und läßt sich sicher auf konkrete Beobachtungen zurückführen: Den Wind kann man fühlen und hören, aber nicht sehen. Das Feuer kann man zwar hören, fühlen und sehen, aber es ist geschmacklos; denn Hitze läßt Flüssigkeit verschwinden, im Fieber geht auch der Geschmackssinn etwas verloren. Alles Schmecken beruht auf dem flüssigen Milieu im Mund, und bei zu großer Trockenheit vergeht auch der Geschmack. Das Feuer ist auch geruchlos, wenn es klar brennt. Ein stehendes Gewässer, in dem andere Stoffe gelöst sind, beginnt zu riechen. Ggf. setzen sich die Stoffe ab und werden sichtbar, bieten also somit einen Beweis, daß das Erdelement den Geruch verursacht hat. Wenn das Lebensfeuer erloschen ist und der Körper kalt wird, beginnt er zu riechen, die Erdnatur tritt wieder deutlicher hervor.[(44)] Selbst die Zuordnung Raum - Klang besitzt entsprechende sinnliche Exemplifikationen: Das räumliche Volumen bestimmt den Klang einer Trommel, und beim Sprechakt werden unterschiedliche Räume erzeugt, um verschiedene Laute hervorzubringen. In den vedischen Texten über Phonetik *(Prātiśākhya)* waren

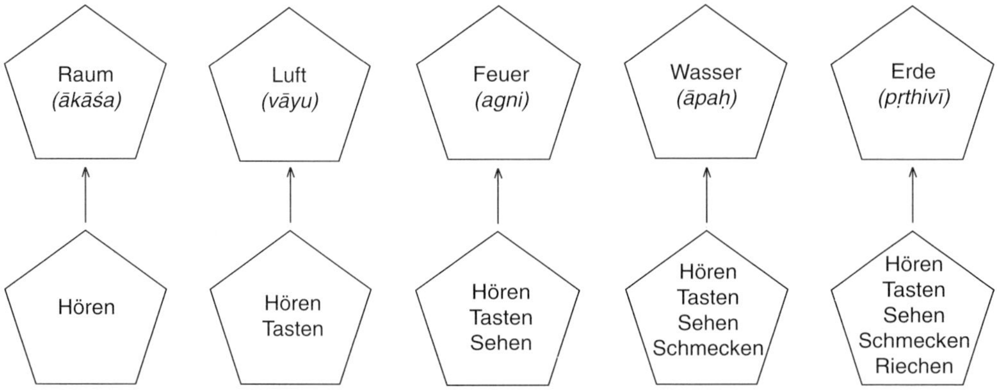

Abb. 18: Die Beziehung zwischen den Elementen und den Sinnen

(41) SuS 3.1, CarS 4.1, AHS 2.3.

(42) SuS 1.42, CarS 1.26, AHS 1.9.

(43) SuS 1.42.3, CarS 4. 1.27-28, AHS 2.3.2.

(44) Rau (1986, 10) beschreibt die Elementetheorie mit Blick auf physikalische Phänomene; für die Assoziierung mit den Sinnen zitiert er ebenfalls einen āyurvedischen Text, nämlich CarS 1.1.27-28.

durch Selbstbeobachtung genaue Regeln entwickelt worden, wie weit der Mund bei bestimmten Lauten geöffnet sein sollte[45], wodurch eine klare Beziehung zwischen Raum *(ākāśa)* und Klang gegeben war. Mit der Übersetzung „Raum" für *ākāśa* soll nicht ausgeschlossen werden, daß dieser auch substantiell als ein feiner Äther vorgestellt worden ist. Der Aspekt des Raumes dominiert aber sicher gegenüber dem der Substanz, insbesondere in den āyurvedischen Texten, wie wir sehen werden. Selbstverständlich ist mit der Übersetzung „Raum" auch nicht das moderne physikalische Verständnis des Raums intendiert.

Gleichzeitig spielen bei der Zuordnung *ākāśa*-Hören religiös-philosophische Gedankengänge eine Rolle. Die Vorstellung eines göttlichen, wirkmächtigen Wortes *(brahman, mantra)* war schon früh entwickelt worden und wurde später insbesondere in der *Pūrvamīmāṃsā* philosophisch beleuchtet. Das ewige Wort mußte dementsprechend im ewigen unteilbaren *ākāśa* angesiedelt werden.[46]

In dieser Weise lassen sich eine Vielzahl von Beobachtungen machen, die die Natur der einzelnen Elemente und ihre Beziehung zu den Sinnen verdeutlichen. Bei den angeführten Beispielen handelt es sich um Erfahrungen, die ohne Schwierigkeiten der damaligen Lebensumwelt zuzuordnen sind. Viele dieser Beispiele lassen sich in dem Sinn verstehen, daß die Wahrnehmung des eigenen Körpers bei der Bildung der Zuordnungen eine große Rolle spielt. So zeigt sich beispielsweise auch in unserer Sprache, wie differenziert Schmerzwahrnehmungen charakterisiert werden können: stechend, brennend, pochend, auf- und abflauend, dumpf, schneidend, scharf, diffus, ausstrahlend, ziehend, usw. Es bedarf dabei keiner großen Phantasie, diese Empfindungen den Elementen zuzuordnen, wie es im Āyurveda geschehen ist, und damit ein Einteilungsraster für die Beurteilung eines Schmerzes zu gewinnen.[47]

Der moderne praktische Arzt benutzt ebenfalls Schemata, mit denen er, wenn er Praxiserfahrung besitzt, relativ schnell Zuordnungen zu bestimmten Krankheitsbildern treffen kann, allerdings hat er darüber hinaus die Möglichkeit der Objektivierung der vermuteten Befunde.

Bei genauer Betrachtung wird deutlich, daß die Wahrnehmung von Qualitäten und Nuancen – also das, was gemeinhin auch als klinischer Blick bezeichnet wird – auch heute noch in der ärztlichen Praxis angewendet und von Patienten wertgeschätzt wird. Die Fähigkeit zu solcher Wahrnehmung ist jedoch von der letzten zur jetzigen Ärztegeneration weiter verlorengegangen. Das qualitative Verfahren verlangt wesentlich mehr persönliche Kompetenz des Arztes, kann aber vielleicht zu Erfolgen führen, die über den rein technischen Zugang hinausreichen, da es in der genauen Betrachtung vieler auf den ersten Blick unbedeutender Einzelheiten bestimmten Krankheitsphänomenen gerechter werden kann.

In der Forschung hingegen geht es fast ausschließlich um quantifizierbare Daten und deren Erhebung mit immer verfeinerteren Methoden. Auch wenn niemand die Erfolge dieser Methodik leugnen wird, werden deren Grenzen in der ärztlichen Praxis selbst vielen Ärzten immer bewußter.

Um nun zu einer diagnostischen Wahrnehmung zu gelangen, bedarf es differenzierterer Einteilungskategorien. Im Kontext der Elemente in den Āyurveda-Klassikern erfolgte diese weitere Differenzierung durch die Zuordnung von Eigenschaften. Solche Zuord-

---

(45) Vgl. z.B. TP 2.12 ff.

(46) Vgl. Mishra (1936, 168 ff).

(47) Über Schmerz vgl. Nanal (1981).

nungen finden sich ebenfalls in den philosphischen Texten.[48] Wer allerdings jeweils die gebende oder nehmende Seite gewesen ist, läßt sich aufgrund der Datierungsprobleme und insbesondere wegen der unvollständigen Quellenlage nur schwer entscheiden.

Im methodischen Zusammenhang ermöglichen diese Beobachtungsraster genauere Diagnosen:

„Zu Raum (antarikṣa) gehören: Klang, der Hörsinn, die Summe aller Hohlräume und (deren) spezifische Ausformungen (die Körperkanäle usw.). Zu Wind gehören: Berührung, Berührungssinn, die Gesamtheit aller Bewegungen (im Körper), die (äußerlich sichtbare) Aktivität des ganzen Körpers und Leichtigkeit. Zu Feuer gehören: Gestalt, Sehsinn, Farbe, Erhitzung, Glanz, Verdauung, Verstimmung, Intensität[49] und Stärke. Zu Wasser gehören: Geschmack, Geschmackssinn, die Gesamtheit aller Flüssigkeiten, Schwere, Kühle, Geschmeidigkeit und Samen. Zu Erde gehören: Geruch, Geruchssinn, die Gesamtheit alles Formhaften und Schwere.“[50]

„Dabei haben als Grundelement den Raum: Klang, Hörsinn, Leichtigkeit, Feinheit, Unterscheidung. (Dabei haben) als Grundelement die Luft: Berührung, Berührungssinn, Rauhheit, Antrieb, Verschiebung der dhātus und die zum Körper gehörige Bewegung. (Dabei haben) als Grundelement das Feuer: Gestalt, Sehsinn, Glanz, Verdauung und Hitze. (Dabei haben) als Grundelement das Wasser: Geschmack, Geschmackssinn, Kühle, Weichheit, Geschmeidigkeit und Feuchtigkeit. (Dabei haben) als Grundelement die Erde: Geruch, Geruchssinn, Schwere, Stabilität und Form.“[51]

Die beiden Textpassagen zeigen deutlich, daß das Konzept der Elemente mit konkreten Beobachtungen angereichert worden ist. Besonders bemerkenswert ist die Begriffsbildung in der SuS: *„die Gesamtheit aller Hohlräume, Bewegungen, Flüssigkeiten und zu Form gewordenen (Aspekte)“*, die das Anliegen der Bildung eines allgemein anwendbaren Bezugsrahmens deutlich macht. Einzig beim Feuer fehlt der Begriff „Gesamtheit“[52], was bei der sonstigen Stringenz verwunderlich ist. Dafür ist dort die Zahl der genannten Eigenschaften am größten.

Mit diesen Formulierungen ist ein wichtiger Schritt getan worden, die Elemente nicht mehr nur in ihrer konkreten sinnlichen Repräsentation im Makrokosmos sondern im Sinne eines allgemeinen Einteilungsprinzips zu betrachten, das im Rahmen einer medizinischen Theorie benutzt werden kann.

Es handelt sich bei einem Element somit um einen Sammelbegriff, der jeweils verschiedene Phänomene umfaßt. Dies wird besonders deutlich beim Wind, bei dem es nicht mehr um den empfundenen Lufthauch, sondern um ein Prinzip der Bewegung und der Veränderung geht.

Bereits in den vedischen Beschreibungen des Feuers *(agni)* ist ein hervorstechendes Merk-

(48) Vgl. z.B. VS 2.1.2 ff.

(49) Ḍalh: *āṣukriyā* – „schnelle Aktivität“.

(50) SuS 3.1.19: *āntarikṣāḥ śabdaḥ śabdendriyaṃ sarvacchidrasamūho viviktatā ca vāyavyās tu sparśaḥ sparśendriyaṃ sarvaceṣṭāsamūhaḥ sarvaśarīraspandanaṃ laghutā ca taijasās tu rūpaṃ rūpendriyaṃ varṇaḥ santāpo bhrājiṣṇutā paktir amarṣas taikṣṇyaṃ śauryaṃ ca āpyās tu raso rasendriyaṃ sarvadravasamūho gurutā śaityaṃ sneho retaś ca pārthivās tu gandho gandhendriyaṃ sarvamūrtasamūho gurutā ceti.*

(51) CarS 4.1.12: *tatrāsyākāśātmakaṃ śabdaḥ śrotraṃ lāghavaṃ saukṣmyaṃ vivekaś ca vāyvātmakaṃ sparśaḥ sparśanaṃraukṣyaṃ preraṇaṃ dhātuvyūhanaṃ ceṣṭāś ca śārīryaḥ, agnyātmakaṃ rūpaṃ darśanaṃ prakāśaḥ paktir auṣṇyaṃ ca, abātmakaṃ raso rasanaṃ śautyaṃ mārdavaṃ snehaḥ kledaś ca pṛthivyātmakaṃ gandho ghrāṇaṃ gauravaṃ sthairyaṃ mūrtiś ceti.*
Man vergleiche auch AHS 2.3.1 ff.

(52) Zum āyurvedischen Konzept des Feuers vgl. Meulenbeld (1974, 437) und Dash (1971).

mal, daß es in sehr verschiedenen Formen erlebt und beschrieben worden ist. Dies geschah noch in einer ganz bildhaften, assoziierenden Form. In diesem āyurvedischen Text werden aber Allgemeinbegriffe geschaffen, die einen Standard für die Einordnung von Sinnesdaten darstellen.

Die CarS bietet fast übereinstimmend die wichtigen Zentralbegriffe, fügt der Beschreibung der SuS aber noch einige Eigenschaften zu und verstärkt damit die Konkretheit des Elementekonzeptes.

Neben diesen Ansätzen zur Theoriebildung bestehen die eher religiösen Motive im erweiterten Kontext der Elementelehre weiter. So werden in SuS 3.1.7, nachdem die Manifestationen der Urnatur *(prakṛti)* in Übereinstimmung mit der *Sāṃkhya*-Lehre dargestellt werden, die Gottheiten aufgezählt, die verschiedenen Aspekten des Menschen zugeordnet sind:

„Der diesen (aufgeführten Manifestationen) jeweils zugeordnete Objektbereich wird der auf die Elemente bezogene (adhibhūta) genannt; das zu einem selbst Gehörige ist der auf das Selbst bezogene Aspekt (adhyātma); der auf die Gottheiten bezogene Aspekt (adhidaivata) wird nun erläutert: Zur Unterscheidungskraft (buddhi) gehört der Schöpfer (brahmā), zum Ichbewußtsein (ahaṅkāra) gehört der Herr (īśvara), zum Denken (manas) gehört der Mond (candramaḥ), die Himmelsrichtungen (diśaḥ) sind dem Gehör zugeordnet, zur Haut gehört der Wind (vāyu), der Sehkraft ist die Sonne (sūrya) zugeordnet, dem Geschmackssinn die Wasser (āpaḥ), zum Geruchssinn gehört die Erde (pṛthivī), zur Rede gehört das Feuer (agni), zu den Händen gehört der Götterkönig indra, zu den Füßen gehört der Erhalter (viṣṇu), zum Ausscheidungsorgan gehört mitra, zum Geschlechtsorgan der Herr der Wesen (prajāpati).“[53]

Der Abschnitt verknüpft ohne Übergänge ältere und neuere Entwicklungslinien. Neben den typisch vedischen Gottheiten treten *brahmā, īśvara* (wohl = *śiva*) und *viṣṇu* auf, die Zuordnung von *agni* - Rede (Mund) und *sūrya* - Sehkraft (Auge) entspricht nicht der Systematik der 5 Elemente *(pañca mahābhūta)*, sondern gehört noch der vedischen Einteilung an. Das alte Interpretationsschema *adhiyajña, adhyātma, adhidaivata* wird abgewandelt und in Richtung einer Sinnestheorie mit *Sāṃkhya*-Grundlage gelenkt.

Die göttliche Natur des Feuers wird auch ansonsten noch empfunden:

„Der im Bauch befindliche erhabene agni, der göttliche Herr, der die Nahrung kocht, ist es, der aufgrund seiner Feinheit die Nahrungssäfte aufnimmt; nicht kann man (diesen) direkt erkennen.“[54]

„Der, der einen gesammelten Geist hat, möge beständig dem inneren agni mit Brennstoff in Form von geeignetem Essen und Trinken opfern, ohne dabei das Maß und die Zeit zu vernachlässigen.“[55]

Im Kapitel über die *doṣas* werden wir uns mit der Frage beschäftigen, ob diese substantiell

(53) SuS 3.1.7: *svaḥ svaś caiṣāṃ viṣayo ´dhibhūtaṃ svayam adhyātmam adhidaivatam atha buddher brahmā ahaṅkārasyeśvaraḥ manasaś candramāḥ diśaḥ śrotrasya tvaco vāyuḥ sūryaś cakṣuṣaḥ rasanasyāpaḥ pṛthivī ghrāṇasya vāco ´gniḥ hastayor indraḥ pādayor viṣṇuḥ pāyor mitraḥ prajāpatir upasthasyeti.*
Zum Mikro-Makrokosmos-Konzept im Kontext des Āyurveda und seiner Vorstufen vgl. Filliozat (1953, 142); Sharma (1989 b, 17).

(54) SuS 1.35.27:
jāṭharo bhagavān agnir īśvaro ´nnasya pācakaḥ I
saukṣmyād rasān ādadāno vivektum naiva śakyate II 27 II

(55) CarS 1.27.345:
hitābhir juhuyān nityam antaragniṃ samāhitaḥ I
annapānasamidbhir nā mātrākālau vicārayan II 345 II

oder nicht substantiell zu verstehen sind. *Pitta* wird dabei mit *agni* identifiziert. Obwohl *agni* ansonsten oft in sinnlichen Kategorien beschrieben wird, macht der Text aus der SuS gerade deutlich, daß dieser einer feineren Existenzebene zuzuordnen ist. Die ursprünglich göttliche Natur der Elemente mag insofern auf das *doṣa*-Konzept eingewirkt haben.

„Wer beständig das Opferfeuer unterhält und dem inneren agni geeignete (Nahrungsmittel) opfert, der ist Tag für Tag darin begriffen, die auf das brahman bezogenen (mantras) leise zu sprechen und (Gaben) zu spenden.

Die Krankheiten kommen kontinuierlich bis in die Zukunft hinein nicht zu demjenigen, der weiß, was zuträglich in bezug auf Essen und Trinken ist, der beständig mit der höchsten Wirklichkeit verbunden ist.“[(56)]

Die in den *Brāhmaṇas* begonnene und in den *Upaniṣaden* vollendete Internalisierung des Opfers wird im vorliegenden Text physiologisch gedeutet und mit Prinzipien einer gesunden Lebensführung verbunden. Hinsichtlich seines Ursprungs kann dieser Text klar auf die vedischen Konzepte zurückgeführt werden. Gleichzeitig stellt sich aber die Frage nach der Intention dieses Abschnittes im Kontext āyurvedischer Lehren: Primär ist nicht die Vermittlung philosophischer Erkenntnisse bezweckt, vielmehr geht es um eine aus dem kulturellen Kontext stammende Motivierung zum richtigen Handeln. Es ist nicht unwahrscheinlich, daß es sich um Merkverse handelt, die für die Belehrung der Patienten verwendet wurden.

Asketischen Tendenzen in Richtung auf einen Nahrungsentzug wird eine klare Absage erteilt. Vielmehr geht es um das rechte Maß und die rechte Zeit der Nahrungsaufnahme. Wird dem *agni* nicht ausreichend Brennstoff angeboten, kommt es zum Ungleichgewicht. Im ersten Zitat wird ferner auf die feine Natur *(saukṣmya)* des verdauenden Feuers hingewiesen und damit der Anschluß an die feinstoffliche Ebene *(tanmātra)* gesucht.

Das Emanationsprinzip, das, wie wir sagten, von unmanifesteren, feineren Wirklichkeitsebenen bis zu den groben, sichtbaren Entitäten führt, wird immer wieder als Erklärungsmodell herangezogen, wenn es um die Klärung des Verhältnisses zwischen Geistigem und Körperlichem bzw. um die Entstehung des Menschen geht:

„Er entfaltet sich nach und nach im Mutterleib durch die Nahrungssäfte, die von der Mutter kommen, zusammen mit den Elementen (mahābhūta), die den Samen als Grundlage haben, und den feinen (Elementen), die eine Seele (sattva)[(57)] *begleiten.“*[(58)]

„Mit vier sehr feinen Daseinsfaktoren versehen geht (das Selbst) mit der Schnelligkeit des Geistes von einem Körper zum anderen, und zwar aufgrund der Tatsache, daß es die Natur der Handlung besitzt; nicht aber kann man dessen Gestalt ohne eine göttliche Schau sehen.“[(59)]

---

(56) CarS 1.27.346-347:
āhitāgniḥ sadā pathyāny antaragnau juhoti yaḥ |
divase divase brahma japaty atha dadāti ca || 346 ||
naraṃ niḥśreyase yuktaṃ sātmyajñaṃ pānabhojane |
bhajante nāmayāḥ kecid bhāvino ’py antarād ṛte || 347 ||

(57) *Sattva*, welches sonst oft für die psychische Disposition eines Menschen steht, meint hier die mit einer solchen ausgestattete individuelle Seele.

(58) AHS 2.1.2:
bījātmakair mahābhūtaiḥ sūkṣmaiḥ sattvānugaiś ca saḥ |
mātuś cāhārarasajaiḥ kramāt kukṣau vivarddhate || 2 ||

(59) CarS 4.2.31:
bhūtaiś caturbhiḥ sahitaḥ susūkṣmair manojavo deham upaiti dehāt |
karmātmakatvān na tu tasya dṛśyaṃ divyaṃ vinā darśanam asti rūpam || 31 ||

Die Sinneserlebnisse gehören prinzipiell – wie sonst auch im *Sāṃkhya* – der feinen *(sūkṣma)* Ebene der feinstofflichen Elemente *(tanmātras)* an; d.h., die Sinne eröffnen eben nicht nur die Wahrnehmung der sichtbaren, unterschiedenen Gegenstände *(viṣaya)*, sondern vermitteln zugleich den Zugang zu den essentiellen Grundstrukturen. Diese drükken sich in den Mischungen der feinstofflichen Elemente *(tanmātras)* aus, die nach einigen *Sāṃkhya*-Lehren die grobstofflichen Elemente *(mahābhūta)* bilden.[60] Nicht zugänglich für die Sinne ist aber die Dimension des Selbst.

Zimmermann bemerkt, daß die Āyurvediker eigentlich kaum Wissen über Anatomie gehabt hätten, weil deren Konzepte sich nicht mit heutigen Erkenntnissen verifizieren ließen.[61] Von einer internen Analyse des Systems ausgehend könnte man etwas überspitzt formulieren, daß es auch gar nicht das Interesse gewesen ist, Anatomie zu beschreiben, sondern vielmehr Zusammenhänge aufzuhellen, die der feinen *(sūkṣma)* Ebene angehören.

Es ist nicht als unwahrscheinlich zu betrachten, daß diejenigen, die dem *Sāṃkhya* ähnliche Konzepte vertraten, auch mit *Yoga*-Lehrern in Kontakt gekommen sind. Die im Kontext der täglichen Routine empfohlenen Übungen und die ethischen Gedanken innerhalb der Āyurveda-Klassiker weisen gleichermaßen auf Beziehungen zum *Yoga* hin und können die Konzeptbildung hinsichtlich der Physiologie beeinflußt haben.

Zu solchen Erfahrungen der feinstofflichen Ebene gehören vielleicht auch die Schatten der Elemente, die mit verschiedenen Farbnuancen in der AHS geschildert werden.[62] Diese weisen sehr wahrscheinlich wiederum auf yogische Wahrnehmungen hin und erinnern an tantrische Konzepte, in denen die Farbsymbolik stark entwickelt worden ist.[63]

Wie Kirfel richtig bemerkt hat, ist die Fünfzahl der Elemente für eine Vielzahl von Reihungen im Āyurveda richtungsweisend gewesen.[64] Dies liegt sicher mit daran, daß das Konzept der Elemente als Grundlage der Sinneswahrnehmung gelten konnte, was auch klar formuliert wurde:

„Der Mensch ergreift mit einem Sinn das jeweils diesem zugehörige Objekt. Da ist eine Verbindung (zwischen beiden) aufgrund der Tatsache, daß beide einen gemeinsamen Ursprung haben. Nicht kann durch den einen (Sinn) ein anderes (Objekt) wahrgenommen werden, das ist eine Tatsache."[65]

In dieser paradigmatischen Formulierung wird der sinnesbezogene Charakter der Elemente ganz deutlich. Die existentielle Tatsache, daß jedem Sinn ein ihm eigener Objektbereich zugeordnet ist und er andere Bereiche nicht erfahren kann, spricht für die grundlegende Verschiedenheit eben dieser Objektbereiche. Insofern stellen die Elemente eine natürliche Ordung dar, die von jedem Menschen nachvollzogen werden kann.

Die Substanzerkenntnis beruht auf der Struktur und der Qualität der Sinne, wobei naturgemäß die Erde den Ausgangspunkt darstellt, wie wir am Anfang des Kapitels anhand von AHS 1.9.1 bereits gesehen haben.

Erde steht für das Prinzip, welches äußere sichtbare Manifestation in Form einer Sub-

---

(60) Vgl. z.B. SuS 3.1.4.

(61) Zimmermann (1979, 15)

(62) Kirfel u. Hilgenberg (1941) versehen diese Textstelle (AHS 2.5.46 ff) mit einem Fragezeichen.

(63) Andere Parallelen zwischen tantrischen und medizinischen Konzepten bietet Filliozat (1964, 234 ff).

(64) Kirfel (1976, 176 ff, 254 ff).

(65) SuS 3.1.15:
indriyeṇendriyārthaṃ tu svaṃ svaṃ gṛhṇāti mānavaḥ |
niyataṃ tulyayonitvān nānyenānyam iti sthitiḥ || 15 ||

stanz erst ermöglicht; damit wird deutlich, daß Erde *(pṛthivī)* mit der Vorstellung des Stofflichen verbunden ist, wohingegen der Substanzbegriff *(dravya)* selbst in seiner allgemeineren Bedeutung auf etwas Wesenhaftes, nicht mehr auf andere Größen Zurückführbares verweist.

Nach der Diskussion über die *rasas* in der CarS werden die 20 Grundeigenschaften den 5 Elementen zugeordnet, um für die Substanzen eine weitere Einteilungskategorie zu besitzen; dabei wird wieder mit der Erde begonnen:

„Zuerst aber will ich vor allem darlegen, was mit der Einteilung der Substanzen gemeint ist. Alle Substanz in diesem (engeren) Sinn besteht aus den fünf Elementen; sie ist bewußtseinstragend oder unbewußt. Deren Eigenschaften sind Klang usw., schwer (guru) usw. mit flüssig (drava) als letztem (Glied der Aufzählung); die Wirkung wird fünffach mit Erbrechen (vamana) usw. bezeichnet.

Dabei gehören zur Erde die Substanzen, die schwer, rauh, hart, mild, starr, klar, fest, grob sind und Geruchseigenschaft in besonderem Maße besitzen, deren Wirkungen sind: Zunahme, Verdichtung, Schwere und Stabilität.

Zu Wasser gehören (die Substanzen), die flüssig, geschmeidig, kalt, mild, weich, trübe sind und Geschmackseigenschaft in besonderem Maße besitzen; deren Wirkungen sind: Befeuchtung, Anhaftung, Verbindung, Zerfließen, Erweichung und Erquickung.[(66)]

Zu Feuer gehören (die Substanzen), die heiß, intensiv, fein, leicht, trocken, klar sind und Formeigenschaft in besonderem Maße besitzen; deren Wirkungen sind: Brennen, Verdauen, Glänzen, Strahlen und Färben.

Zu Wind gehören (die Substanzen), die leicht, kühl, trocken, rauh, klar, fein sind und Berührungseigenschaft in besonderem Maße besitzen; deren Wirkungen sind: Trocknung, Abnahme, Bewegung, Klärung, Erleichterung.

Dem Raum wesenseigen sind (die Substanzen), die weich, leicht, fein, glatt sind und Toneigenschaft in besonderem Maße besitzen; deren Wirkungen sind: Erweichung, Aushöhlung und Erleichterung.“[(67)]

Der Aufbau der einzelnen Abschnitte dieses Textes ist in sich schlüssig und regelmäßig; die jeweils typischste Eigenschaft wird an den Anfang gestellt, andere folgen in teilweise hierarchisch deutlich absteigender Folge; gleiches gilt für die Wirkungen.[(68)]

Nach diesem Abschnitt folgt in allen drei *saṃhitās* die Aussage, daß aus dieser Darstellung ersichtlich sei, daß es keine Substanz gibt, die nicht zu einem Heilmittel werden könne – unter der Bedingung, daß sie mit umfassender Abwägung und einem spezifischen Ziel benutzt werde.[(69)] Damit wird die

---

[(66)] CarS 1.26.10-11: *agre tu tāvad dravyabhedam abhipretya kiñcid abhidhāsyāmaḥ* | *sarvaṃ dravyaṃ pāñcabhautikam asminn arthe, tac cetanāvad acetanaṃ ca, tasya guṇāḥ śabdādayo gurvādayaś ca dravāntāḥ karma pañcavidham uktaṃ vamanādi.* (10)
tatra dravyāṇi gurukharakaṭhinamandasthiraviśadasāndrasthūlagandhaguṇabahulāni pārthivāni tāny upacayasaṅghātagauravasthairyakarāṇi dravasnigdhaśītamandamṛdupicchilarasaguṇabahulāny āpyāni tāny upakledasnehabandhaviṣyandamārdavaprahlādakarāṇi (11)

[(67)] CarS 1.26.11. *uṣṇatīkṣṇasūkṣmalaghurūkṣaviśadarūpaguṇabahulāny āgneyāni tāni dāhapākaprabhāprakāśavarṇakarāṇi. laghuśītarūkṣakharaviśadasūkṣmasparśaguṇabahulāni vāyavyāni tāniraukṣyaglānivicāravaiśadyalāghavakarāṇi mṛdulaghusūkṣmaślakṣṇaśabdaguṇabahulāny ākāśātmakāni tāni mārdavasauṣiryalāghavakarāṇi.*
Man vergleiche AHS 1.9.5 ff und SuS 1.41.1 ff.

[(68)] Vgl. für die charakteristischen Haupteigenschaften der Elemente CarS 4.1.29-30, wo diese alle auf den Tastsinn bezogen werden.

[(69)] Vgl. z.B. CarS 1.26.12.

Gültigkeit dieser Zuordnungen zu einem allgemeinen Prinzip erhoben, welches man folgendermaßen formulieren kann:

An den Substanzen kann man unterschiedliche Eigenschaften beobachten; diese Eigenschaften sind gesetzmäßiger Ausdruck von Grundelementen, aus denen alle Substanzen bestehen und die auch die Grundlage der sinnlichen Wahrnehmung bilden.

Natürlich läßt sich nun fragen, in welchem Ausmaß es mit einem solchen Einteilungsraster möglich ist, zu exakten Beschreibungen von Einzelsubstanzen zu kommen und dadurch gesicherte Aussagen über die Wirkung einer Substanz zu erschließen. Zu berücksichtigen ist in diesem Zusammenhang, daß die Beziehung zwischen den Elementen und den Grundeigenschaften ein erstes Beschreibungsraster darstellt und daß gleichzeitig noch andere Kriterien benutzt werden, um die Wirkung zu bestimmen(70), so daß – Beherrschung des Systems vorausgesetzt – ein komplexes Wirkungsgefüge von verschiedenen Betrachtungsmodi entsteht, mit dem eindeutig die Wirkung einer Substanz beschrieben werden könnte.

Im Kontext dieser Aussagen ist es wahrscheinlich nicht zutreffend, die empirische Grundlage des Āyurveda hauptsächlich in den Beobachtungen zu sehen, die der Wirkungskategorie „spezifische Wirkung" *(prabhāva)* zugeordnet sind.(71) *Prabhava* bezeichnet letzten Endes Ausnahmen von den regelhaft zu erwartenden Wirkungen, die sich aus den Eigenschaften einer Substanz ergeben. Es ist schwer vorstellbar, daß damals Regeln formuliert worden sein sollen, deren Eintreffen man nicht beobachtet hat. Vielmehr spricht die Statuierung von Ausnahmen gerade für die empirische Basis der Regeln. Auf jeden Fall geben uns die Textzeugen selbst Aufschluß, daß das beschriebene Verfahren in einigen Bereichen Anwendung gefunden hat:

In einer Betrachtung über das Blut (an dieser Stelle ist insbesondere das Menstrualblut gemeint) und dessen Transformation aus der Lymphe *(rasa)* referiert die SuS folgende Lehrmeinung:

„Das Blut des Lebens besteht aus den fünf Elementen, sagen andere Lehrer; fleischiger Geruch, Flüssigkeit, Färbung, Beweglichkeit, Leichtigkeit, diese Eigenschaften werden als zu den Elementen Erde usw. zugehörig betrachtet und hier im Menstrualblut(72) wahrgenommen."(73)

Im Zusammenhang mit der Entstehung des Menschen spielt das Blut als Lebensträger eine ganz besondere Rolle. Der Kommentator *Ḍalhaṇa* erklärt den Begriff *jīvarakta* folgendermaßen:

„Der Begriff jīvarakta meint, daß das Blut dem Leben gleich ist. Warum? Weil das Blut im lebenden Körper wahrgenommen und im toten Körper nicht wahrgenommen wird. Jīvarakta entspricht aber trotzdem nicht der Lebenskraft."(74)

Die bedeutende Rolle des Blutes wird mit dem Konzept der Elemente begründet: Alle Elemente sind durch Eigenschaften am Blut wahrnehmbar; deshalb ist es möglich, daß dieses alle Elemente gleichermaßen enthaltende Blut auch den aus 5 Elementen bestehenden Körper mit aufbauen kann.

(70) Vgl. Meulenbeld (1987); Sharma (1976).

(71) Meulenbeld (1987, 4).

(72) *Śoṇita* wird entsprechend der Konvention übersetzt, verdiente aber eigentlich eine genauere Untersuchung im Hinblick auf seine Bedeutung.

(73) SuS 1.14.8-9:
pāñcabhautikaṃ tv apare jīvaraktam āhur ācāryāḥ ||8 ||
visratā dravatā rāgaḥ spandanaṃ laghutā tathā |
bhūmyādīnāṃ guṇā hy ete dṛśyante cātra śoṇite ||9 ||

(74) *jīvaraktam iti jīvatulyaṃ raktam, kutaḥ jīvaccharīre raktadarśanāt, mṛtaśarīre cādarśanāt, na tu jīvaraktam oja iti.*

Weitere Anwendungen erfährt das vorliegende Einteilungsschema in der Beschreibung von Bodenqualitäten[75] in der Vorstellung, daß die 5 Elemente von 5 zugehörigen Feuern verdaut werden[76] u.a.

Wir haben anhand einiger wichtiger Textzeugen die Ausgestaltung der Vorstellungen von den Elementen verfolgt und dabei festgestellt, daß man den Übergang von fließenden Reihungen bis zu einer Systematik und schließlich dem Aufbau einer eigenständigen Theorie nachverfolgen kann. Inwieweit Einflüsse von außen eingewirkt haben, läßt sich aus dem vorhandenen Material heraus kaum entscheiden. Fest steht auf alle Fälle, daß ein solcher Einfluß nicht zwingend angenommen werden muß, vielmehr die späteren Konzeptionen in den meisten Fällen Fortführungen von bereits vorher Angelegtem sind.

Zudem wird niemand leugnen können, daß den Elementen, in welcher Zahl und Benennung sie auch vorliegen mögen, existentielle Erfahrungen zugrunde liegen. Die Menschen früherer Zeiten waren den Naturmächten noch wesentlich stärker ausgeliefert, als dies beim modernen Menschen der Fall ist. Insofern ist auch anzunehmen, daß die Erlebnisse mit den Naturgewalten viel intensiver gewesen sind.[77]

Solche Erfahrungen haben die Vorstellungskraft des Menschen bereits sehr früh angeregt und in vielerlei Weise bei der Entwicklung von religiösen und philosophischen Konzepten Pate gestanden, insofern sind die Elemente in den meisten Kulturen zentrale Konzepte für die Beschreibung von Wirklichkeit geworden.

Wenn man die Elemente als eine bloße Vorwegnahme naturwissenschaftlicher Konzepte wie z.B. der physikalischen Aggregatzustände betrachtet und in diesen eine vorwissenschaftliche Entwicklungsstufe sieht, die die exakte Realität noch nicht so klar hat fassen können, wird man deren bild- und erlebnishaftem Charakter nicht gerecht. In diesem Sinne ist auch das Streben der Vorsokratiker nach dem Auffinden des Urelementes, aus welchem alles entstanden ist, eine Suche nach einer wesenhaften Wirklichkeit und nicht eine rational bestimmte Analyse, die kausal den Ursprung der Welt erfassen will.

Viele altindische Textpassagen weisen darauf hin, daß die abstrakte Begrifflichkeit und die personhafte Auffassung der Elemente nicht unbedingt als widersprüchlich empfunden worden sind.

Ebenso wie viele mythologische Motive, die in unendlichen Variationen und Wiederholungen über den ganzen Erdball verbreitet sind, kann man die Elemente als Manifestationen von Archetypen beschreiben.

Dieser Deutungsansatz, wie er insbesondere in der Psychologie Carl Gustav Jungs herausgearbeitet worden ist, lokalisiert den Ursprung des Elementekonzeptes im Bereich des Unbewußten, dem die Archetypen entstammen. Das Unbewußte wird nicht rational kontrolliert, sondern bildet den Nährboden für die bewußten Fähigkeiten des Menschen, insofern kann es als ein naturhafter Bereich beschrieben werden:

„Dort findet sich gleichsam der vorbewußte Aspekt der Dinge auf der ‚animalischen' oder instinktiven Stufe der Psyche."[78] Die Archetypen sind selbst unanschaulich, weil *„unsere Bewußtseinsprozesse selber von den Archetypen bedingt sind. Die Archetypen stellen*

[75] SuS 1.36.4.

[76] Z.B. AHS 2.3.59.

[77] Lobo (1987, 131 f) leitet etwas einseitig die Elementelehre des Āyurveda aus lebensbedrohlichen Erfahrungen her. Solche Erfahrungen haben sicher auch eine Rolle gespielt, die Texte schweigen jedoch über eine solche Herleitung, betonen zumindest in der vedischen Epoche die erhabene, machtvolle Natur der Elemente bzw. der entsprechenden Gottheiten in positivem Sinne.

[78] Franz (1980, 15).

dadurch eine unbewußte objektive Realität dar, welche sich zugleich auch wie eine subjektive, also wie eine bewußte verhält. "[(79)]

Die Doppelnatur der Elemente, daß sie dem Betrachter gleichzeitig persönlich und universal-abstrakt erscheinen, läßt ihren archetypischen Charakter erkennen. Insofern ist die Zurückführung der Elemente auf rationale Konzepte, z.B. daß es sich bei Erde, Wasser und Luft um eine frühe Erkenntnis der Aggregatzustände fest, flüssig und gasförmig handelt, eine Reduktion ihres eigentlichen Charakters. Ebenso verkörpert auch das Feuer nicht das Energieprinzip der Physik, auch wenn sich im Feuer wesentliche Aspekte dieses Konzeptes wahrnehmen lassen.

Auch die Zahl der Elemente ist bedeutsam, worauf schon Kirfel hingewiesen hat.[(80)] Im Anschluß an chinesische und alchemistische Vorstellungen betrachtet Franz die Fünf als zentrierte Vier (wie auf dem Würfel) und verweist auf die „*Quinta Essentia, welche nicht als ein fünftes zu den vier üblichen Elementen hinzutritt, sondern die meist feinstofflich-geistig gedachte Einheitssubstanz der vier Elemente darstellt, entweder von Anfang an in denselben vorhanden und extrahiert oder durch Zirkulation der vier Elemente ineinander hergestellt.* "[(81)]

Diese Charakterisierung des fünften Elementes paßt genau auf das Raumelement *(ākāśa)*, das qualitativ aus den anderen Elementen herausfällt. In der klassischen Philosophie des *Vaiśeṣika* ist der Raum allgegenwärtig und unteilbar – im Gegensatz zu den anderen Elementen, denen eine zusammengesetzte Natur zugeschrieben wird.

Das Besondere an der āyurvedischen Elementelehre ist, daß der archetypische Hintergrund zwar respektiert und beibehalten, auf diesem aber eine Sinnestheorie aufgebaut wird, die nicht nur archetypisch vorgegeben ist, sondern in der konkreten Formung der Sinnesorgane auch empirisch vorliegt. Oder anders formuliert: Durch das Gegebensein der 5 Sinne sind gleichzeitig die 5 Objektbereiche der Sinne bestimmt, dieses sind die Elemente.

Die Gültigkeit des Elementekonzeptes ist somit Teil eines anthropozentrischen Wissenschaftsverständnisses, in welchem nicht die Behauptung aufgestellt wird, die Wirklichkeit an sich objektiv zu erfassen, wie sie ist. Vielmehr bilden die Elemente, da sie auch den Menschen in seiner körperlichen Realität konstituieren, eine subjektive Erfahrungstatsache, die durch die gleiche Sinnesausstattung der Menschen einen objektiven Charakter erhält.

Die Philosophen der damaligen Zeit waren sich andererseits der quantitativen Beschränktheit der Sinne und der Täuschungsmöglichkeiten über die Sinneswahrnehmung sehr bewußt, so daß sich dieses anthropozentrische Wissenschaftsverständnis sicher nicht als naiv abqualifizieren läßt. Der moderne Mensch, der mittels technischer Hilfsmittel die Reichweite der Sinneswahrnehmung ins Große und Kleine ausgedehnt hat, bewahrt in weiten Bereichen nach wie vor den festen Glauben, daß ihn dieser Erkenntnisweg zu verläßlichen Ergebnissen führen kann.

Auch wenn das vorherrschende Paradigma der Wissenschaft, welches auf eine reine Objektivität abzielt, in vielen Bereichen ins Wanken gekommen ist, fordert der nach wie vor dominierende Rationalismus die Reaktion des Unbewußten in Gestalt des Irrationalismus heraus. Somit scheint die heutige Situation sowohl aus āyurvedischer wie aus tiefenpsychologischer Sicht durch ein Vorherrschen der Extreme gekennzeichnet zu sein, die sich gegenseitig bedingen.

Auch in der Medizin stehen sich die Vertreter der Schulmedizin und die der Naturheil-

(79) Franz (1980, 20).
(80) Kirfel (1976, 176 ff, 254 ff).
(81) Franz (1980, 114).

kunde bzw. der sogenannten „Alternativmedizin" unversöhnlich gegenüber. Der Glaubenskrieg, der dabei über die ausgehobenen Gräben hinweg geführt wird, ähnelt in vielem mittelalterlichen Verhaltensweisen der Ketzerverfolgung.

Das Konzept der Elemente weist auf die hippokratischen Wurzeln unseres Medizinsystems zurück. Eine qualitative und damit dem Menschen entsprechende Betrachtungsweise wird inzwischen vielfach gerade im Bereich der Medizin gefordert. Das āyurvedische Denken könnte in dieser Hinsicht anregend wirken.

Die Ärzte der damaligen Zeit waren der Überzeugung, daß der bewußte qualitative Umgang mit der Sinneswahrnehmung zu verläßlichen Ergebnissen führen kann, wenn eine entsprechende Schulung stattgefunden hat. Dabei ist aber die persönliche Kompetenz des Arztes in besonderem Maße gefordert.

Aufgrund der Strukturveränderungen im Gesundheitswesen und der wachsenden Nachfrage der Patienten haben viele Mediziner begonnen, sich anderen Heilmethoden zuzuwenden. Wenn dies nicht eine Modewelle bleiben oder oberflächlich betrieben werden soll, müssen die Forschung und die Fortbildung in diesen Bereichen intensiviert werden, um dem Anspruch gerecht zu werden, der in vielen traditionellen Medizinsystemen an die Qualifikation des Heilkundigen gestellt wird.

5 Die *doṣas* – ein zentrales Konzept des Āyurveda

Wohl kaum eine Darstellung des āyurvedischen Lehrsystems, sei sie nun wissenschaftlicher oder populärwissenschaftlicher Art, beginnt nicht mit einer Beschreibung der Lehre von den drei *doṣas* bzw. *dhātus*.(1) Unter den Termini technici, von denen es bekanntermaßen sehr viele im Sanskrit gibt, rufen kaum andere soviel Verlegenheit hervor wie die Benennungen der *doṣas* mit *vāta, pitta* und *kapha* oder anderen Namen.(2)

Bezüglich der Frage, was eigentlich mit den *doṣas* gemeint sei, finden sich verschiedene Erklärungen und Deutungsversuche:

- In europäischen Veröffentlichungen wird oft auf die griechische Humoralpathologie verwiesen, so daß *vāta*, *pitta* und *kapha* mit „Wind, Galle und Schleim" übersetzt werden.(3) Die *doṣas* werden in diesem Zusammenhang als Körpersäfte betrachtet. Diese Form der Betrachtung wird teilweise auch von indischen Autoren übernommen.(4)
- Eine andere Möglichkeit stellt die wörtliche Übersetzung von *doṣa* mit „Fehler" dar, die aufgrund des pathologischen In-Erscheinung-Tretens der *doṣas* sicher gerechtfertigt ist. Andererseits wird der Begriff *doṣa* sehr oft im Sinn von *tridhātu,* d.h. im Sinn von drei körpertragenden Prinzipien, benutzt. Man muß also davon ausgehen, daß das *doṣa*-Konzept mit der wörtlichen Übersetzung allein nicht angemessen erfaßt wird.(5)
- Die dynamische Komponente, die im *doṣa*-Konzept steckt, ist der Ausgangspunkt weiterer Übersetzungsversuche. Diese weisen zwar sicher in die richtige Richtung, lassen es aber an definitorischer Schärfe vermissen.(6)
- In indischen Veröffentlichungen wird oftmals überhaupt keine Erklärung gegeben und so getan (oder auch nicht?), als wüßte man schon, was unter den *doṣas* zu verstehen sei. Dazu zählen insbesondere die propagandistisch orientierten oder die traditionell geprägten Arbeiten. Einerseits kann es sich um Lippenbekenntnisse handeln, die dem Traditionsbewußtsein der Autoren entsprechen; andererseits kann angenommen werden, daß die Autoren überhaupt keine Notwendigkeit sehen, den Begriff zu hinterfragen, da er natürlich zu ihrem kulturellen Wertesystem gehört.
- Identifikationen der *doṣas* mit Begriffen der modernen Medizin sind eine weitere Möglichkeit, sich mit diesem āyurvedischen Konzept auseinanderzusetzen. Dazu gehören die zahlreichen endokrinologischen Zuordnungen, die insbesondere in der auf Dwarakanath u.a. aufbauenden Schule weiterentwickelt worden sind.(7) Bemerkens-

(1) Meulenbeld (1984, 119) bemerkt richtig, daß selbst indische Autoren sich sehr oft auf die *doṣa*-Lehre konzentrieren, statt andere Themenbereiche aufzuarbeiten, die gleichfalls bedeutende Faktoren des āyurvedischen Systems darstellen.

(2) Kirfel (1976, 363) nennt die *doṣas* „gewisse Potenzen" und gesteht damit seine Ratlosigkeit ein.

(3) Jolly (1901, 39); Esser (1934, 600); Vogel (1959, 1), Vogel-Brauer (1964), Emmerick (1986, 188); u.v.a.

(4) Z.B. Thatte u. Dahanukar (1986, 248).

(5) Müller (1939, 290 ff); Meulenbeld (1974, 469): morbific entity.

(6) Thatte u. Dahanukar (1986, 288; 1989, 40 ff): regulator of all functions; Lechner-Knecht: (1978, 172): vitale Funktionen.

(7) Dwarakanath (1967). Vgl. auch Srikantha Murthy (1987, 3 u. 39 ff): *„Dies sind Stoffe, welche die hauptsächlichen Aktivatoren aller Funktionen des Körpers sind."* und Bhatia (1972, 19): *„three nutrient substances"*.

wert ist auch Subramanya Sastri, der in seiner sonst eher traditionellen Linien folgenden Arbeit *vāta* mit dem Nervensystem, *pitta* mit Enzymen, Vitaminen und Hormonen und *kapha* mit dem Protoplasma in Verbindung bringt.[8] Solchen Identifikationen liegt mit großer Wahrscheinlichkeit ein Rechtfertigungsdruck gegenüber der westlichen Medizin zugrunde. Allerdings soll damit nicht die Möglichkeit abgestritten werden, daß zwischen den āyurvedischen und den modernen Beschreibungen des Körpers eine Beziehung bestehen könnte. Diese Beziehung ist aber, wie deutlich werden wird, auf keinen Fall eine, die man als Identifikation beschreiben könnte.
- Im Bereich der Ethnomedizin werden die *doṣas* als eine Art soziokultureller Bezugsrahmen beschrieben, der dem einzelnen Mitglied einer Kultur die Orientierung in seiner Lebensumwelt ermöglicht.[9]
- Schließlich wird von mehreren Seiten Kritik an der traditionellen Übersetzung im Sinne der Säftetheorie geübt.[10] In diesen Kontext gehören die phänomenologischen Deutungsansätze. So betrachtet Shiv Sharma die *doṣas* als einen „physikalisch-physiologisch-psychologisch-organischen Phänomenkomplex".[11]

In der weit verstreuten Literatur über Āyurveda gibt es sicher noch weitere Deutungen und Erklärungen hinsichtlich der *doṣas*. Auch finden sich oft unterschiedliche Gewichtungen, die mal mehr die physiologische Seite, mal mehr den makroskopischen Ursprung der *doṣas* herausarbeiten.

Die Tatsache, daß so viele Deutungsversuche vorhanden sind, zeigt, daß es sich bei den *doṣas* um etwas handeln muß, was nicht so direkt greifbar und offensichtlich ist wie übliche Sinnesdaten. Vielmehr haben wir es mit Fachtermini zu tun, die einer genaueren Betrachtung bedürfen und wahrscheinlich erst eine kohärente Bedeutung gewinnen, wenn man sie innerhalb des Systems betrachtet, zu dem sie gehören. Die vorgebrachten Erklärungen sind oftmals eher Ausdruck des wissenschaftlichen Hintergrundes, der einen Autor geprägt hat, als eine genaue Analyse dessen, was die āyurvedischen Klassiker tatsächlich mit den Begriffen *doṣa, vāta, pitta* und *kapha* intendieren.

In einem anderen Bereich, nämlich der altindischen Sprachwissenschaft und den Grammatiktraditionen, ist es sehr früh zu einer äußerst differenzierten Begriffsbildung gekommen, was zu einer großen Wertschätzung und Anerkennung seitens der Philologie geführt hat. Dies liegt insbesondere daran, daß in den altindischen Texten sehr exakte Beschreibungen von sprachlichen Phänomenen vorliegen und daß sich deren Beschreibungskategorien teilweise als fruchtbar für die Entwicklung der modernen Sprachwissenschaft herausgestellt haben. Dies weist darauf hin, daß es innerhalb des damaligen kulturellen Paradigmas sehr wohl möglich war, genaue Beobachtungen in einem System zu ordnen.

Im Kontext des Āyurveda ist die terminologische Forschung bisher zu sehr vernachlässigt worden. Dies mag teilweise daran liegen, daß dazu in der Regel eine interdisziplinäre Betrachtungsweise notwendig ist, welche in der Vergangenheit zu wenig umgesetzt wurde. Außerdem ist dazu erforderlich, die Konzepte des Āyurveda ernst zu nehmen und sie

[8] Subramanya Sastri (1977, 163 ff).
[9] So spricht Lesley (1988, 9) von den *doṣas* als einer funktionellen Orientierung.
[10] Weckerling (1929, 19 ff); Kirfel u. Hilgenberg (1941, 2); Mazars (1983, 32); Majumdar (1989, 180).
[11] Shiv Sharma (1979, 18). Vgl. auch Kurup (1983, 51): basic constituent complexes in the physiological system: motion, energy and inertia; Ranade (1986, 15): Prinzipien der Bewegung – der Wärme, des Lichts und der Umwandlung – der Kälte und der Kohäsion. Auch der begeisterte Weckerling (1929) betont bereits den philosophischen Hintergrund des *doṣa*-Konzeptes.

innerhalb ihres paradigmatischen Kontextes zu betrachten. Zusätzlich mag das Überlegenheitsgefühl angesichts der Erfolge der modernen medizinischen Entwicklung dazu beigetragen haben, die āyurvedische Theorie – sofern man überhaupt von einer solchen sprechen sollte – gar nicht ernsthaft hinsichtlich ihrer praktischen Umsetzbarkeit zu prüfen, diese in den Bereich der Spekulation zu verweisen und damit vom eigentlichen medizinischen Anliegen zu trennen.

Meulenbeld ist einer der ersten gewesen, der begonnen hat, das *doṣa*-Konzept durch die Geschichte hindurch zu verfolgen und einer

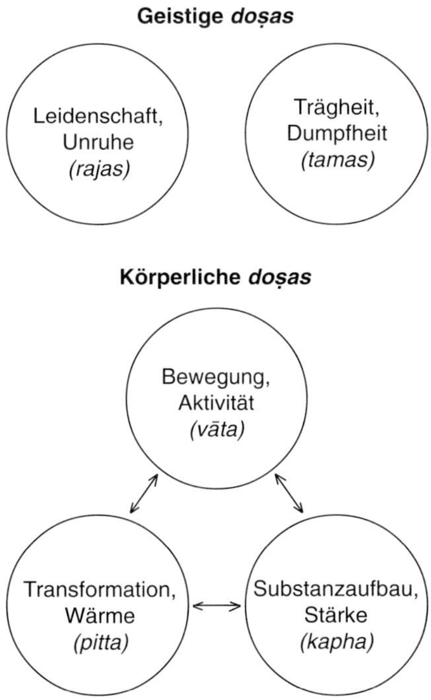

Abb. 19: Die doṣas nach Caraka

möglichen terminologischen Klärung näher zu kommen. Er differenziert zuerst zwischen der weiteren Bedeutung, die pathologische Zustände im allgemeinen benennt, und der engeren Bedeutung, die sich auf die drei bekannten *doṣas* sowie teilweise noch auf die geistigen *doṣas rajas* und *tamas* bezieht. Im folgenden untersucht er dann drei definitorische Kategorien:

1. die Fähigkeit, alle Konstituenten des Körpers, die *dūṣya* (störbar) sind, zu stören;
2. die Fähigkeit, Prozesse zu initiieren, die zur Manifestierung einer Krankheit führen;
3. die Fähigkeit, eine Konstitution zu dominieren.

Die vorsichtige Schlußfolgerung von Meulenbeld ist, daß die Faktoren 2 und 3 einen *doṣa* von einem *dhātu* unterscheiden.[12] Deutlich wird dabei insbesondere, daß die historische Entwicklung zu unterschiedlichen Lehrmeinungen bezüglich der Frage geführt hat, welcher Faktor einen *doṣa* zu einem *doṣa* macht, d.h. eindeutig den *doṣa*-Begriff von anderen abgrenzt.

Neben der *doṣa*-Theorie hat es auch andere Konzepte gegeben, um physiologische Prozesse zu beschreiben. Diese haben teilweise Spuren in der *bṛhattrayī* hinterlassen; man denke z.B. an die Frage, wie Blut zu bewerten sei.[13] Nach dem heutigen Kenntnisstand kann gesagt werden, daß die *doṣa*-Theorie bereits im dritten vorchristlichen Jahrhundert existierte[14] und zur Zeit der klassischen Texte bereits zu einer solchen Bedeutung gelangt war, daß ihre Vormachtstellung – zumindestens dem Lippenbekenntnis nach – bis heute erhalten geblieben ist; denn wie in anderen Bereichen der indischen Kultur auch wurden

[12] Meulenbeld (1990).

[13] Bereits im Bower-Manuskript wird das Blut als ein *doṣa* erwähnt, aber auch in der *bṛhattrayī* an einigen Stellen, insbesondere in der SuS, der durch die chirurgische Ausrichtung das Blut besonders wichtig sein mußte; vgl. Jolly (1901, 41).

[14] Filliozat (1964, 174); Rau (1986, 27). Indische Autoren verlegen den Ursprung der *doṣa*-Theorie teilweise in die ṛgvedische Zeit zurück; vgl. z.B. Subramanya Sastri (1977, 7).

neue Gedanken eher in Form von Neuinterpretationen als von Antithesen vorgetragen.[15]

Bei der Darstellung der *doṣas* wollen wir wie bei den Eigenschaften und den Elementen die Frage beleuchten, wie sich einerseits aus einem philosophisch-weltanschaulichen Hintergrund und andererseits aus konkreten Wahrnehmungen eine Theorie hat aufbauen können, die zumindestens in den Augen ihrer Benutzer zu verläßlichen Diagnosen und darauf aufbauenden Therapieansätzen führen konnte.

Geistesgeschichtlich baut die *doṣa*-Lehre auf zwei Fundamenten auf, auf den Elementen und den drei grundlegenden Eigenschaften *(guṇa)* der Urnatur *(prakṛti),* die einen Bestandteil der *Sāṃkhya*-Philosophie darstellen.[16]

Bei den *guṇas* ist der Bezug zum *doṣa*-Konzept deutlich; denn zwei der Grundeigenschaften wurden bekanntermaßen als *doṣas* eingeordnet, die den geistigen Bereich betreffen.[17] *Sattva* hingegen, welches schon in sich die Ausgewogenheit verkörpert, wurde im Einklang mit der Bewertung des *Sāṃkhya/Yoga* als positiver Wert akzeptiert. Der zahlenmäßige Unterschied zwischen geistigen und körperlichen *doṣas* wurde offensichtlich nicht als störend empfunden. Andererseits hat die *kapha*-Konstitution hinsichtlich ihrer Stabilität eine ähnlich positive Konnotation wie *sattva.*

Wir wollen nun versuchen, die Gedanken nachzuvollziehen, die zu der Ausgestaltung des *doṣa*-Konzeptes aus der Elementelehre geführt haben könnten:

Mit den Elementen und der Wahrnehmung ihrer Grundeigenschaften hatte man ein Erklärungsmodell für die Verschiedenheit der Substanzen gewonnen, aber noch nicht den Unterschied zwischen lebenden und nichtlebenden Entitäten erklärt, die in der Wahrnehmung unterschiedliche Verhaltensweisen zeigten: *„Dravya (Substanz – was hier allerdings kaum als Übersetzung paßt) mit Sinnesorganen ist bewußt, ohne Sinnesorgane ist es ohne Bewußtsein."*[18]

Die hier vorgenommene Aufteilung in zwei verschiedene Arten von *dravya* paßt nicht zu der ansonsten üblichen Aufteilung von *dravya* nach dem *Vaiśeṣika*-Schema (5 Elemente, Selbst, Geist, Zeit und Raum), welches im ersten Halbvers zitiert wird. Im Anschluß an Vers 47, wo es heißt, daß das Zentrum des Āyurveda die mit Bewußtsein ausgestattete Person sei, wird deutlich, daß es sich hierbei um eine spezifisch ärztliche Vorstellung handelt.

Für das unterschiedliche Verhalten mußte irgendetwas verantwortlich sein, was im lebenden Körper vorhanden, im toten aber abwesend war. Es konnte aber, da ja schon feststand, daß alles aus den 5 Elementen *(pañca mahābhūta)* bestehen müsse, nichts von diesen völlig Getrenntes sein, mußte also in irgendeiner Weise auf diesen aufbauen.

In der Betrachtung von Lebendigem zeigt sich als eines der hervorstechendsten Merkmale Bewegung bzw. Wachstum; Bewegung bei Tieren und Menschen, Wachstum bei Pflanzen. Nichtbelebte Gegenstände jedoch ändern sich für die normale Alltagserfahrung nur, wenn Einflüsse von außen direkt einwirken.

Von den 5 Elementen gab es zwei, die eher statisch waren, nämlich Raum *(ākāśa)* und Erde *(pṛthivī),* wohingegen Wind *(vāyu),* Feuer *(agni)* und Wasser *(āpaḥ)* direkt als bewegt erfahren werden konnten.

[15] Diese Tendenz, die aus der Philosophie hinreichend bekannt ist, trifft auch für die medizinische Entwicklung zu; vgl. Meulenbeld (1974, 1).

[16] Kirfel (1941, 2).

[17] Z.B. CarS 1.1.57.

[18] CarS 1.1.48 cd: *sendriyaṃ cetanaṃ dravyaṃ nirindriyam acetanam* ǀǀ48ǀǀ

Wie Filliozat deutlich gezeigt hat, kann man Vorläufer der *doṣas* in den vedischen Texten auffinden.[19] Er hat dies speziell an der Lehre von den fünf Lebenshauchen *(prāṇa)* herausgearbeitet, die in den *Upaniṣaden* entwickelt wurde und das Windprinzip als im Körper des Menschen gegenwärtig verdeutlichte.

In ähnlicher Weise läßt sich dies für das Feuer nachvollziehen. Schon früh wurde klar, daß das Feuer nicht nur in der Außenwelt, im Makrokosmos, wirkt, sondern auch mikrokosmische Züge besitzt. Im Kontext ritueller Betrachtungen, und zwar in Form des verinnerlichten Opfers, z.B. des *prāṇāgnihotra,* wird von der Gegenwart des Feuers im Menschen ausgegangen. Auch die Flüssigkeit im Körper hat zu ähnlich gelagerten Betrachtungen geführt.

So lag es rein aus den historischen Bezügen heraus sehr nahe, Wind, Feuer und Wasser als Grundlage für die Beschreibung dynamischer Vorgänge im Körper anzunehmen.[20] Als innerkörperliche Faktoren boten sich diese drei Elemente geradezu an, um auch das Vorhandensein von Lebendigkeit zu erklären.

Anhand einiger Kernaussagen aus den āyurvedischen Texten sollen diese Zusammenhänge verdeutlicht werden. Der makroskopische Bezug der *doṣas* ist nach wie vor spürbar und zeigt die Nähe zur vedischen Überlieferung:

„Dabei ist das Selbst der Wesenskern von vāyu, das Feurige von pitta, das Flüssige (bzw. Mondartige) von kapha.“[21]

Da es hier um den Ursprung der Prinzipien geht, steht *vāta* an erster Stelle und nimmt auch insofern eine Sonderposition ein, als er eine physiologische Repräsentation des Selbst ist und dadurch – wie wir sehen werden – einen etwas anderen Charakter als die anderen *doṣas* besitzt.

Der nächste Abschnitt stellt die Beziehung zwischen Gottheiten und *doṣas* zusätzlich auf der funktionalen Ebene her:

„Ebenso wie soma, sūrya und anila die Welt durch schöpferische, verarbeitende und verteilende Tätigkeit aufrechterhalten, halten kapha, pitta und vāta den Körper aufrecht.“[22]

Der Bezug zwischen makrokosmischem und mikrokosmischem Element wird in beiden Zitaten deutlich hergestellt, wobei im zweiten Text die jeweils zugeordnete Aktivität schon klar von der innerkörperlichen Betrachtungsweise ausgeht und den Gottheiten nur noch lose entspricht. Der makroskopische Hintergrund des *doṣa*-Konzeptes machte es

---

(19) Filliozat (1964, 173 ff).

(20) Vgl. Filliozat (1964, 54 ff), der bis in die indoiranische Zeit zurückgehend Textbelege aufführt. Man vergleiche ebenfalls Rau (1986, 218 ff), der in seiner Beschreibung der Naturbeobachtung im alten Indien von eben diesen drei genannten Prinzipien ausgeht, die alle gleichermaßen in den vedischen Texten betont werden. Die Versuche, jeweils ein Prinzip als das wichtigste herauszuarbeiten, wie z.B. Hertels Feuerlehre, dürfen als gescheitert angesehen werden.

(21) SuS 1.42.5: *tatra vāyor ātmaivātmā pittam āgneyaṃ śleṣmā saumya iti* ǀ
Ḍalh interpreteriert den auf *vāyu* bezogenen Ausdruck anders: *vāyuto vātotpattir ity arthaḥ „Aus vāyu entsteht vāta, das ist der Sinn.“* Bhishagratna übersetzt dementsprechend mit „self-origined principle“. Der Emanationsgedanke des *Sāṃkhya* scheint aber hier deutlich hereinzuspielen; vgl. Garbe (1917, 284 ff). *Vāta* als das leichteste und feinste ist ein Ausdruck des Selbst und wirkt im Körper als Agens des Selbst.

(22) SuS 1.21.8:
visargodānavikṣepaiḥ somasūryānilā yathā ǀ
dhārayanti jagad dehaṃ kaphapittānilās tathā ǀǀ 8 ǀǀ
Soma entspricht dem Flüssigen, *sūrya* dem Feurigen, *anila* dem Wind. Ḍalh erklärt *visarga* (schöpferisch) mit *sarjanaṃ balasya* – das Entstehenlassen der Kraft, *ādāna* (verarbeitend) mit *grahaṇaṃ balasya* – das Ergreifen der Kraft und *vikṣepa* (verteilend) mit *śītoṣṇādīnāṃ vividhāprakāreṇa preraṇam* – das In-Bewegung-Setzen von Kälte und Hitze usw. auf verschiedene Weise. – Hier, wo es um die Erhaltung des Körpers geht, steht *kapha* an erster Stelle der Reihung.

leicht, diese als universale Grundprinzipien aller körperlichen Aktivitäten zu beschreiben:

„Vāta, pitta und kapha allein sind die Ursachen für das Entstehen des Körpers. Durch diese, wenn sie nicht ins Ungleichgewicht gekommen sind,[(23)] *die unten, in der Mitte und oben ihren Platz eingenommen haben, wird dieser Körper aufrechterhalten wie ein Haus durch drei Pfeiler; und deshalb nennen einige ihn (den Körper) tristhūṇa (der, der drei Pfeiler besitzt). Wenn diese aber ins Ungleichgewicht kommen, sind sie die Ursachen für den Untergang. Durch diese eben mit dem Blut als viertem existiert der Körper kontinuierlich vom Zeitpunkt des Entstehens, in der Zeit des Bestehens bis zum Untergang.“*[(24)]

Der Bezug zu kosmischem Geschehen wird hier durch die Zeit hergestellt; denn das Leben des Menschen wird analog zum Lebenszyklus des Universums beschrieben. Gleichzeitig wird deutlich gemacht, daß die Gegenwart der *doṣas* mit dem lebenden Körper verknüpft ist, wie wir bereits postuliert haben. *„Beständig sind die drei, vāta, pitta und kapha, im Körper der einen Lebenshauch tragenden Wesen gegenwärtig. Als im Ungleichgewicht oder im Gleichgewicht befindlich möge sie der Weise erkennen“*, heißt es in der CarS.[(25)]

Die Verwendung der Wurzel *budh* (unterscheiden, erkennen) in diesem Vers ist ein Hinweis auf die Fähigkeit des Weisen, die *doṣas* direkt zu erfahren. Der Weise ist derjenige, der die āyurvedische Schulung der Wahrnehmung durchlaufen hat.

Schöpfung, Erhaltung und Untergang der Welt finden ihre Parallele in der menschlichen Existenz, die ebenfalls von drei Prinzipien bestimmt wird[(26)], mit dem Unterschied allerdings, daß die Schöpfung ins Dasein tritt, wenn ein Ungleichgewicht der drei *guṇas* der *prakṛti* zum Tragen kommt[(27)], wohingegen der Körper dem Untergang entgegengeht, wenn das Gleichgewicht gestört ist. Für den lebensbejahenden Arzt steht allerdings die Möglichkeit, daß sich der Mensch im Gleichgewicht befinden kann, im Vordergrund. Aus der makroskopischen Sichtweise spricht eher eine negative Bewertung der Schöpfung, die in Darstellungen der altindischen Philosophie häufig weit stärker betont wird, als es sachlich angemessen ist. Die Schöpfung ist ein Heraustreten aus dem Gleichgewicht, welches im Uranfang vorhanden war. Diese Aussage muß nicht automatisch im Sinne einer negativen Bewertung der Welt verstanden werden, sondern kann genauso gut als eine positive Qualifizierung des ursprünglichen Zustandes (*prakṛti*) betrachtet werden.

Daß das Blut hier – wie auch sonst öfters bei Suśruta – als viertes Prinzip erscheint, ist von Vogel in dem Sinn gedeutet worden, daß ursprünglich vier *doṣas* angenommen worden sind.[(28)] Kirfel hingegen betrachtet im Kontext seiner Ursprungstheorie gerade das Blut als sekundäre Ergänzung.[(29)] Geht man rein von der Textgestalt dieses Abschnittes aus, ist

---

(23) Ḍalh erläutert *avyāpanna* mit *prakṛtistha.*

(24) SuS 1.21.3: *vātapittaśleṣmāṇa eva dehasaṃbhavahetavaḥ* | *tair evāvyāpannair adhomadhyordhvasanniviṣṭaiḥ śarīram idaṃ dhāryate ´gāram iva sthūṇābhis tisṛbhiḥ, ataś ca tristhūṇam āhur eke* | *ta eva ca vyāpannāḥ pralayahetavaḥ* | *tad ebhir eva śoṇitacaturthaiḥ saṃbhavasthitipralayeṣv apy avirahitaṃ śarīraṃ bhavati* || 3 ||

(25) CS 1.18.48:
nityāḥ prāṇabhṛtāṃ dehe vātapittakaphās trayaḥ |
vikṛtāḥ prakṛtisthā vā tān bubhutseta paṇḍitaḥ || 48 ||

(26) Man vergleiche Ranade (1994, 33), der *brahmā, viṣṇu* und *śiva* mit *pitta* (Transformation), *kapha* (Erhaltung) und *vāta* (Zerstörung) in Verbindung bringt.

(27) Vgl. z.B. SK 16.

(28) Vogel (1959, 34).

(29) Kirfel (1951, 14).

die Dreierstruktur der *doṣas* als gegeben anzusehen. Dieser wird explizit das Blut als vierter Faktor hinzugefügt. Dies muß keine sekundäre Ergänzung sein, sondern kann als eine ursprüngliche Erweiterung des Konzeptes innerhalb dieser Traditionslinie des Āyurveda betrachtet werden, die sachlich bedingt war. Wenn man den wundheilenden Schwerpunkt der SuS und speziell auch dieses Kapitels betrachtet, scheint die Erwähnung des Blutes als vierten Faktor nicht verwunderlich. Man wird doch anzunehmen haben, daß insbesondere das Schlachtfeld ein Tätigkeitsbereich der ersten Chirurgen gewesen ist und daß ein großer Blutverlust mit letalem Ausgang schon früh beobachtet worden sein muß. Dies im Sinne einer Ursprungstheorie zu werten, verdeckt den Blick dafür, daß das Blut aus medizinischen Gründen dazugekommen ist. Vom makrokosmischen Standpunkt ausgehend, gilt das Blut hier nicht einfach als vierter *doṣa*.

Die Umkehrung der makroskopischen Verhältnisse innerhalb des Körpers zeigt sich insbesondere in der Lehre von den Standorten der *doṣas*, die besagt, daß *vāta* seinen Sitz unten, *pitta* in der Mitte und *kapha* oben hat.[30]

Wenn man also fragt:

Warum können die lebenden Wesen sich bewegen?
Warum fließen aus einer Wunde Blut und Lymphe? usw.,

dann erhält man im Kontext dieser Betrachtungsweise als Antwort:

Weil das Leichte nach unten gegangen ist und das Schwere nach oben; denn dadurch kann das Leichte das Schwere bewegen.

In diesem Zusammenhang wird der Prozeß der Verdauung mit dem Kochen verglichen[31] und dadurch das Wirkungsgefüge, welches sich zwischen oberen und unteren Prinzipien entfaltet, weiter erläutert. Für diesen komplizierten physiologischen Prozeß wird also ein Erklärungsmodell herangezogen, welches dem Menschen gegenwärtig war, seitdem er gelernt hatte, mit dem Feuer umzugehen:

„Wir wollen nun im weiteren Fortgang die Standorte von kapha erklären: dort (Zeigegeste) ist der Behälter der unverdauten Nahrung (Magen); aufgrund der (folgenden) Tatsachen wird die vierfache Nahrung[32] *in den Behälter aufgenommen:*

weil er sich oberhalb des Behälters des Feuers befindet,
weil er eine diesem (dem Feuer) entgegengesetzte Natur besitzt,
weil das Feuer (naturgemäß) nach oben geht, – wie es beim Mond in bezug auf die Sonne ist.[33]

Und dort wird sie mit den zum Wasser gehörigen Eigenschaften versehen und befeuchtet. So wird die zerkleinerte (Nahrung) wieder zusammengefügt und wird in richtiger Weise gar.“[34]

Ḍalhaṇa erläutert die Eigenschaft des Feuers, daß es nach oben geht *(ūrdhvagatitvāc ca tejasaḥ):*

---

[30] Vgl. CarS 1.20.8 und Kirfel (1951, 13).

[31] Mazars (1990, 639).

[32] D.h., das Feuer der Sonne geht nach oben zum Mond und bringt das Wasser dorthin; zu der Position des Mondes oberhalb der Sonne nach vedischer Vorstellung vgl. Klaus (1985, 52 ff, 106f, 116 ff), man vergleiche insbesondere ChāndU 5.10.1 ff. Der Vergleich bezieht sich außerdem ganz allgemein auf die Gegensätzlichkeit der beiden: Vom Mond kommt der Regen, die Sonne saugt die Feuchtigkeit auf. Dies ist eine Vorstellung, die im Kontext der Jahreszeiten im Āyurveda bedeutsam geworden ist (z.B. CarS 1.6.4 ff). Vgl. auch Rau (1986, 9).

[33] Vgl. dazu SuS 6.65.40: *bhakṣyaṃ bhojyaṃ lehyaṃ peyam.*

[34] SuS 1.21.12: *ata ūrdhvaṃ śleṣmasthānāny anuvyākhyāsyāmaḥ | tatra āmāśayaḥ pittāśayasyopariṣṭāt tatpratyanīkatvād ūrdhvagatitvāt tejasaḥ, candra iva ādityasya, caturvidhasyāhārasyādhāraḥ sa ca tatraudakair guṇair āhāraḥ praklinno bhinnasaṃghātaḥ sukhajaro bhavati || 12 ||*

„Damit soll folgendes ausgedrückt werden: Wenn nämlich der Behälter der unverdauten Nahrung (weit) unterhalb der beiden unteren Rippenbögen läge, dann würde aufgrund der Tatsache, daß das Wasser nach unten gegangen wäre, eine Gegensatzfreiheit eintreten; das Feuer aber, welches ohne Gegensatz wäre, würde den Körper verbrennen. Nachdem er nun durch unmittelbare Anschauung erwiesen hat, daß sich der Behälter von kapha oberhalb des Behälters von pitta befindet, erweist er dies nun auch durch den Vergleich, indem er sagt: wie beim Mond in bezug auf die Sonne.“[35]

In dem Verhältnis zwischen *kapha* und *pitta* findet das Prinzip, daß das Schwere oben und das Leichte unten ist, seine Anwendung und erklärt den Verdauungsprozeß. Hitze strebt nach oben und benötigt, damit sie nicht zerstörerisch wirkt, einen Gegenpart, die kühlende Flüssigkeit. Es ist somit ein sensibles Gleichgewichtsverhältnis, das die Beziehung zwischen diesen zwei Grundprinzipien beschreibt. Ist die Flüssigkeit zu stark, wird das Feuer gelöscht. Ist die Flüssigkeit zu schwach, verbrennt das Feuer den Körper; deshalb spielt im Kontext der pathologischen Veränderungen die Verdauung bzw. deren mangelhafte Funktion eine so große Rolle. Dies bedeutet nach dieser Anschauung nicht nur, daß die Nahrungssubstanz nicht assimiliert werden kann – was in unserem Verständnis des Körpers eher dominiert. Vielmehr ist das Unverdaute *(āma)* Ausdruck einer Störung im Zusammenwirken der Kräfte, die als kosmische Prinzipien eine große Macht besitzen. Sind diese im Menschen gestört, fällt der Mensch aus der Ordnung heraus und wird krank.

Außerdem muß es der sinnlichen Wahrnehmung widersprüchlich erscheinen, anzunehmen, daß es im Menschen Feuer gibt, obwohl es nicht sichtbar ist. Das Gleichgewichtsgefüge zwischen Feuer und Wasser löst diesen Widerspruch auf und erklärt zudem, wie es zu einer richtigen Verdauung kommen kann. Daß es sich nicht um ein tatsächliches Feuer im Körper handelt, war den Āyurvedikern selbstverständlich bewußt; es ging ihnen um das Urelement des Feurigen, welches sich in seinen Eigenschaften zeigen konnte, insbesondere natürlich in der Wärme des Körpers.

Um das Bild noch einmal zu verdeutlichen: In den Topf mit Flüssigkeit werden die zerkleinerten Zutaten gegeben und gekocht; von unten her facht der Blasebalg des Windes den Prozeß an. Das Ergebnis ist die verdaute Nah-

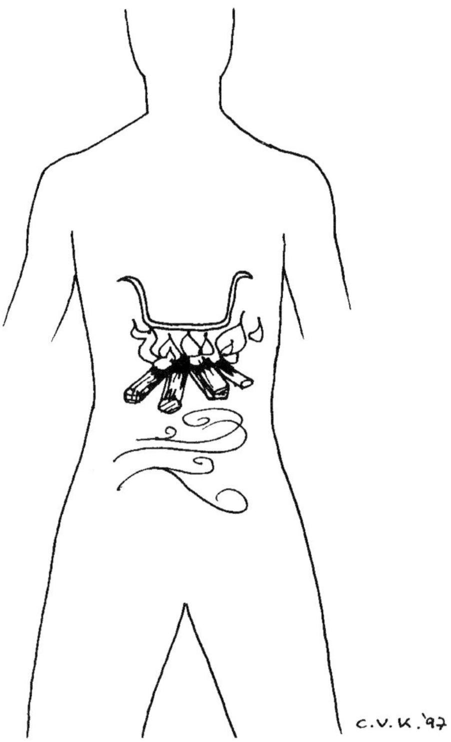

Abb. 20: „Feuer“

[35] Ḍalh zu SuS 1.21.12: *etenaitad uktaṃ bhavati yadi hi pārśvayor adho vāmāśayo bhavet tadodakasyādhogāmitvān nispratyanīkatvaṃ tataś ca nispratyanīko 'gniḥ śarīram eva dahed iti | pratyakṣeṇa pittāśayasyopari kaphāśayaṃ sādhayitvā, upamānenāpi sādhayann āha candra ivādityasyeti.*

rung, bei der sich die Flüssigkeit und die Nahrungsstückchen zu einer einheitlichen Masse wieder verbunden haben.

Zum Antagonismus zwischen Wasser und Feuer tritt als drittes Prinzip der Wind hinzu, dessen besondere Stellung wir kurz beleuchten wollen:

„Das volle Leben ist vāyu;[36] *vāyu ist Kraft; der Träger der einen Körper besitzenden (Wesen) ist vāyu. Vāyu ist die Welt, dieses alles; und vāyu ist der Herr, der gepriesen wird."*[37]

Ähnlich wird *vāyu* auch im Kapitel 1.12 der CarS beschrieben und dort sogar als allumfassende Gottheit gepriesen. In der dort vorliegenden Diskussion über die Natur von *vāyu* wird die Problematik zwischen Weltanschauung und Wissenschaft deutlich. Der Lobpreis auf die universale Natur von vāyu wird nämlich von einer kritischen Bemerkung des Weisen Marīci kommentiert. Und zwar fragt er, was die Bedeutung dieser Rede in bezug auf das unterscheidende Erkenntnisstreben wäre und ob diese der Wissenschaft der Ärzte angemessen sei.[38] Sein Einwurf zeigt, daß das Selbstverständnis des Autors von einer eigenständigen Wissenschaft der Heilkunde *(bhiṣagvidyā)* ausgeht, die sich von dem eher religiös gestimmten Preisen von *vāyu* als Gottheit unterscheidet.

Die auf den Einwurf folgende Antwort von Vāryovida, dem Propagierer des *vāyu*, bewegt sich wieder innerhalb der auch sonst üblichen āyurvedischen Argumentation und betont, welche fundamentale und schnell sich auswirkende Bedeutung für das körperliche Gleichgewicht *vāyu* habe und daß der Arzt dieses Prinzip deshalb genau kennen müsse.

Im Gegensatz zu Filliozat[39] ist die Diskussion der weisen Seher *(ṛṣi)* über die Bedeutung von *vāyu*, in der verschiedene Standpunkte vertreten werden, nicht als eine Repräsentation unterschiedlicher Traditionslinien zu betrachten. Das griechische Vorbild paßt hier nicht, weil die ganze Diskussion lehrhaft aufgebaut ist und nur dazu dient, die *doṣa*-Lehre darzustellen. Die Hypothese unterschiedlicher Traditionen, die Wind, Wasser oder Feuer für das Grundlegende halten, paßt nicht zu den Reihungen der *Upaniṣads*, die wir bei der Betrachtung der Elemente kennengelernt haben.

Vielmehr zeigt sich der lehrhafte Charakter des Abschnittes deutlich durch die Namen der *ṛṣis*, die hier ihre Standpunkte vertreten: *Vāryovida* ist eindeutig, wie auch Filliozat bemerkt[40], der Kenner des Windes *(vāyorvida), Marīci* (Lichtstrahl) der Vertreter der Feuerlehre, *Kāpya* durch Klangetymologie der Vertreter der zum Wasser gehörigen *(āpya)* Lehre. Die verschiedenen Standpunkte werden also von den drei *doṣas* selbst vertreten; und es ist der feurige *Marīci*, der den weit ausholenden *Vāryovida* brüsk unterbricht. (Anspielung auf die Reaktionsweise der Konstitutionstypen.) Schließlich scheint es auch nicht völlig ausgeschlossen zu sein, daß *Ātreya* als Verteter der Lehre von den drei *doṣas* mit *tri* assoziiert worden ist.

In der ṛgvedischen Epoche nehmen *vāyu* und *vāta* als makroskopische Gottheiten keine besonders herausgestellte Position ein.[41] Als belebendes Prinzip im Menschen erlangt der Wind (d.h. *prāṇa*) aber bereits in den *Brāhmaṇas* eine große Bedeutung.[42]

---

[36] Wortspiel zwischen *vāyuḥ* und *āyuḥ*.

[37] CarS 6.28.3:
vāyur āyur balaṃ vāyur vāyur dhātā śarīriṇām |
vāyur viśvam idaṃ sarvaṃ prabhur vāyuś ca kīrtitaḥ ||3||

[38] CarS 1.12.9: *kim arthasyāsya vacane vijñāne vā sāmarthyam asti bhiṣagvidyāyām.*

[39] Filliozat (1964, 203).

[40] Filliozat (1964, 199).

[41] Vgl. z.B. Oldenberg (1923, 227 ff).

[42] Vgl. Kap. 4.

Dies hängt insbesondere mit der in vielen Kulturen verbreiteten Vorstellung des Zusammenhangs zwischen Seele und Hauch zusammen[43], die in dem ersten und natürlich auch dem letzten Atemzug eines Menschen, der „seine Seele aushaucht", ihre stark ins Auge fallende empirische Grundlage besitzt.

Der bereits zitierte Text SuS 1.42.5, der *vāta* als physische Repräsentation des Selbst betrachtet, greift bereits auf Gedankengänge der *Upaniṣaden* zurück, in denen das Selbst zwar als nichtaktiv, aber gleichzeitig als das eigentliche Subjekt aller Handlungen beschrieben wird. *Vāta* stellt in diesem Zusammenhang das aktivierende Prinzip dar, welches stellvertretend für das Selbst alle Prozesse im Körper in Gang bringt.

Die besondere Stellung von *vāta* zeigt sich auch in der Komposition der SuS, die in Kapitel 1.21 die Standorte von *pitta* und *kapha* beschreibt, diejenigen von *vāta* aber abtrennt und erst im Kapitel 2.1 behandelt.

Der Grund für diese formelle Abtrennung wird deutlich, wenn wir die konkreten Eigenschaften der drei Prinzipien näher betrachten.

5.1 Die *doṣas* als funktionelles Regelsystem

„Pitta ist intensiv, flüssig, nach Fleisch riechend, dunkel oder auch gelb, heiß und besitzt einen scharfen Geschmack, wenn es gestört (vidagdha) ist, einen sauren (Geschmack)."[44]

„Śleṣman (kapha) ist weiß, schwer, fettig, trübe und kalt; er ist bekannt als süß im ungestörten Zustand, im gestörten aber als salzig."[45]

„Dieser (vāyu) ist die Ursache für Bestand, Entstehung und Zerstörung der Wesen. Als ein sinnlich nicht Wahrnehmbarer[46] *ist seine Aktivität (doch) sichtbar (und zeigt sich als): Trockenheit, Kälte, Leichtigkeit, Rauhheit. Er ist durchdringend, mit den zwei Eigenschaften*[47] *ausgestattet und besitzt in großem Maß (die Eigenschaft) rajas."*[48]

Die drei Textausschnitte nehmen funktional im Textzusammenhang die gleiche Position in der Beschreibung der *doṣas* ein und machen damit deren unterschiedliche Qualitäten deutlich. Die Grundeigenschaften sind der Beschreibung der Elemente entnommen, die jeweils einem *doṣa* zugeordnet sind.[49]

---

[43] Diese Seite von *vāta* rückt auch Lechner-Knecht (1978, 173) in den Mittelpunkt ihrer Betrachtungen.

[44] SuS 1.21.11:
pittaṃ tīkṣṇaṃ dravaṃ pūti nīlaṃ pītaṃ tathaiva ca |
uṣṇaṃ kaṭurasaṃ caiva vidagdhaṃ cāmlam eva ca || 11 ||

[45] SuS 1.21.15:
śleṣmā śveto guruḥ snigdhaḥ picchilaḥ śīta eva ca |
madhuras tv avidagdhaḥ syād vidagdho lavaṇaḥ smṛtaḥ || 15 ||

[46] Ḍalh: *adṛśyamūrtiḥ*; Srikantha Murthy (1988, 40) interpretiert *adṛśya* als „nicht für das bloße Auge sichtbar", ebenso wie viele andere indische Autoren, die auf den Beweis einer Kenntnis der mikroskopischen Bakterien, Substanzen oder Zellen durch die āyurvedischen *ṛṣis* zielen. – Es dürfte selbstverständlich sein, daß dies an der vom System intendierten Bedeutung vorbeigeht. Nach CarS 1.12.3 ist *vāta asaṅghātavat* (ohne Masse) und *anavasthita* (ohne Ruhe).

[47] Ḍalh: *śabda* und *sparśa*.

[48] SuS 2.1.7-8 ab:
sthityutpattivināśeṣu bhūtānām eṣa kāraṇam |
avyakto vyaktakarmā ca rūkṣaḥ śīto laghuḥ kharaḥ || 7 ||
tiryaggo dviguṇaś caiva rajobahula eva ca |
Zur Beschreibung der Qualitäten vgl. CarS 1.1.59 ff, 1.12.4 und AHS 1.1.11 f.

[49] *Vāta*: Raum und Luft; *pitta*: Feuer und Wasser; *kapha*: Wasser und Erde.

Die Beschreibungen von *pitta* und *kapha* weisen dabei deutlich auf eine ihnen zugrundeliegende Sinneswahrnehmung von Substanzen hin.(50) Dagegen wird bei *vāta* dessen Nichtwahrnehmbarkeit ausdrücklich betont. Diese Aussage sollte ernst genommen werden, da kaum ein Grund vorstellbar ist, warum nicht eine konkrete Beschreibung gegeben werden sollte. Kirfel u.a. haben deshalb schon richtig bemerkt, daß die Übersetzung des Wortes *doṣa* durch „humor" eigentlich nicht adäquat sei, und zwar insbesondere wegen der andersartigen Natur von *vāta*.(51)

Der gesamten Struktur des Emanationsprozesses entspricht diese Auffassung von *vāta* als Repräsentation des *ātman* im Physischen. Sie ist deshalb als konstitutioneller Teil des Theoriengebäudes zu betrachten.

Das *kapha*-Prinzip ist durch seine Herleitung vom Wasser- und Erdelement zunächst einmal als etwas Substantielles aufzufassen. Wie steht es aber nun mit *pitta*, welches aus den gegensätzlichen Prinzipien Wasser und Feuer zusammengesetzt ist? Sinnliche Repräsentation dieser Doppelnatur ist die Gallenflüssigkeit, die in ihren Eigenschaften der angeführten Beschreibung, aber nicht unbedingt der ganzen Natur von *pitta* entspricht. Die SuS gibt deshalb im gleichen Kapitel eine terminologische Erklärung:

„*Diesbezüglich (der doṣa-Lehre) mag man wissen wollen: Ist agni etwas anderes als pitta oder entspricht etwa agni dem pitta? Dazu kann (folgendes) gesagt werden: Es wird fürwahr nicht die Erfahrung gemacht, daß agni etwas anderes als pitta ist. Aufgrund der feurigen Natur, die sich bei pitta in Form von Brennen, Verdauen usw. zeigt, wird ein feuerhaftes Verhalten an den Tag gelegt (und festgestellt): (Es ist) das innere Feuer. Wir sehen, daß pitta nichts Getrenntes von agni ist, aus folgenden Gründen: 1. Wenn die feurigen Eigenschaften geschwunden sind, können sie durch die Anwendung von Substanzen, die eben diese gleichen Eigenschaften haben, (wieder hervorgerufen werden). 2. Wenn die (feurigen Eigenschaften) überhand genommen haben, können sie durch die Anwendung von kühlenden Behandlungsmaßnahmen (gedämpft werden). 3. Die Überlieferung (bestätigt ebenfalls die feurige Natur von pitta).*"(52)

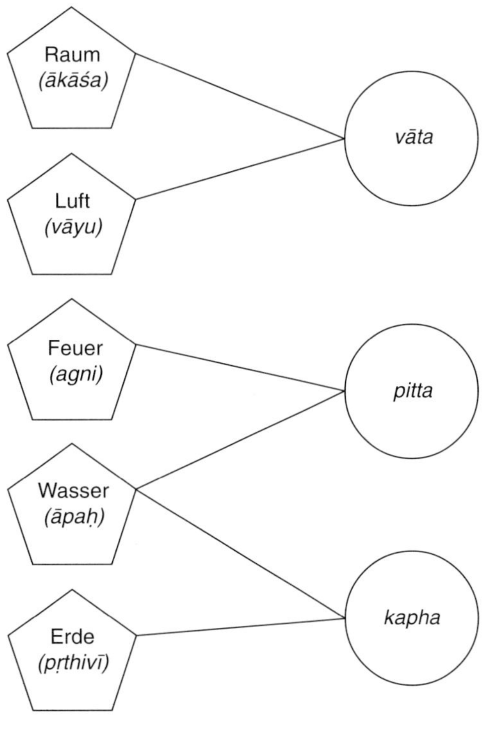

Abb. 21: Die Beziehung zwischen den Elementen und den doṣas

(50) Vgl. Vogel (1956, 13), der die vier *humores* der hippokratischen Medizin auf die Wahrnehmung der Eigenschaften des Blutes zurückführt; eine These, über deren Berechtigung bezüglich der griechischen Heilkunde hier nicht geurteilt werden kann, die aber dem Aufbauprinzip der *doṣas* widerspricht.

(51) Kirfel (1941, 2).

(52) SuS 1.21.9: *tatra jijñāsyaṃ kiṃ pittavyatirekād anyo´gniḥ āhosvit pittam evāgnir iti | atrocyate na khalu pittavyatirekād anyo ´gnir upalabhyate, āgneyatvāt pitte dahanapacanādiṣv abhipravartamāne ´gnivad upacāraḥ kriyate ´ntaragnir iti kṣīṇe hy agniguṇe tatsamānadravyopayogāt ativṛddhe śītakriyopayogāt āgamāc ca paśyāmo na khalu pittavyatirekād anyo ´gnir iti ||9 ||*

Eine solche Erläuterung wird für *kapha* nicht gegeben, da dessen Eigenschaften offensichtlich als so deutlich empfunden wurden, daß auf eine solche verzichtet werden konnte. Die Sonderstellung von *vāta* haben wir schon erwähnt; zudem stehen *vāta* und *kapha* in einem klaren polaren Verhältnis. Offensichtlich aber muß damals schon während des Lehrbetriebes die Notwendigkeit empfunden worden sein, speziell den *pitta*-Begriff näher zu erläutern, der – eben weil er sowohl Eigenschaften von *vāta* als auch von *kapha* aufwies – eine Mittelstellung innehatte, die einer genaueren Betrachtung bedurfte. Der spezielle Zweck scheint folgender zu sein:

Durch die konkrete Wahrnehmbarkeit der Gallenflüssigkeit war die Möglichkeit gegeben, diese mit *pitta* zu identifizieren, was aber der terminologischen Intention nicht entsprochen hätte; deshalb wird eindeutig formuliert: *pitta* ist *antar-agni*, das innere Feuer.

Wir sind davon ausgegangen, daß für die Beschreibung des Lebendigen Prinzipien herangezogen wurden, die seinem Bewegungscharakter gerecht werden. Der aktive Charakter solcher Prinzipien war gleichfalls gefordert, um zu erklären, wie der Mensch von einem gesunden in einen kranken Zustand kommen kann. Dies steht im Gegensatz zu älteren dämonologischen Erklärungsmodellen, die dualistisch orientiert waren, d.h. bei denen man davon ausging, daß Krankheiten durch von außen kommende böse Kräfte initiiert und durch andere helfende Kräfte besiegt werden.[53] Jetzt sieht man keinen prinzipiellen Unterschied zwischen Gesundheit und Krankheit mehr; denn beide sind eine Ausdrucksform der Bewegung der *doṣas*:

„Die Aktivität, die wahrgenommen wird, ist zweifach: in ausgewogener oder gestörter Weise.“[54]

Der Ausdruck „der Natur entsprechend“ *(prākṛtī)*, der so oder in ähnlicher Form[55] oft für „gesundes Funktionieren“ steht, weist auf zwei Aspekte des Bildes hin, das man sich von von Gesundheit gemacht hat: zum einen auf die zugrundeliegende *Sāṃkhya*-Lehre bezüglich der Urnatur *(prakṛti)*, deren drei Grundeigenschaften im Urzustand noch im Gleichgewicht sind, zum anderen auf die individuelle Konstitution eines Menschen, die ebenfalls und nicht zufällig mit *prakṛti* bezeichnet wird.[56]

Die drei charakteristischen Grundfunktionen der *doṣas* sind als schöpferisch *(visarga)*, verarbeitend *(ādāna)* und verteilend *(vikṣepa)* definiert worden[57], welche dem Beobachten der Nahrungsverarbeitung zu entstammen scheinen:

Zuerst ist es *kapha*, welcher die Nahrung befeuchtet und für den Körper verwertbar macht, dann ist es *agni*, der sie kocht und dabei vollständig transformiert, und als letztes ist es *vāta*, der die Nahrung im Körper verteilt.

---

[53] Zysk (1985, 8).

[54] CarS 1.17.115 (cd): *gatiś ca dvividhā dṛṣṭā prākṛtī vaikṛtī ca yā* | | 115 | |

[55] Z.B. CarS 1.18.48 cd: *vikṛtāḥ prakṛtisthā vā tān bubhutseta paṇḍitaḥ* | | 48 | |
„Diese (drei *doṣas*), die gestört oder ausgewogen sein können, möge der ausgebildete (Arzt) genau zu unterscheiden wünschen.“
CarS 3.1.5: *doṣāḥ punas trayo vātapittaśleṣmāṇaḥ, te prakṛtibhūtaḥ śarīropakārakā bhavanti vikṛtim āpannās tu khalu nānāvidhair vikāraiḥ śarīram upatāpayanti.*
„Doṣas sind drei: vāta, pitta und śleṣman. Wenn sie zu einer prakṛti geworden sind, werden sie zu Erhaltern des Körpers; wenn sie ins Ungleichgewicht gekommen sind, quälen sie den Körper mit vielerlei Störungen.“
In diesem Text klingt ganz deutlich die Formung einer individuellen Konstitution aus den *doṣas* heraus an, dementsprechend kann der Heilungsprozeß als eine Rückkehr in den ursprünglichen Gleichgewichtszustand aufgefaßt werden.

[56] Vgl. dazu den nächsten Abschnitt.

[57] SuS 1.21.8.

Alle Funktionen sind aus der konkreten Beobachtung erschließbar, dies trifft selbst auf die Verteilung zu; denn sie kann noch mittelbar aus der Erfahrung gewonnen werden, wenn man den Einfluß des Vorhandenseins oder Fehlens von Nahrung auf das Körpergewicht betrachtet; so zeigt sich eine Gewichtszunahme an den verschiedensten Körperstellen, die Nahrung muß also irgendwie dorthin gekommen sein. Auch subjektiv ist z.B. bei Mangelernährung fehlende Muskelkraft oder beim Fasten das Zittern in den Knien zu erleben.

Die *doṣas* als allgemeine Beschreibungskategorien mußten nun auf die verschiedenen Phänomene angewendet werden, um genauer diagnostizieren und behandeln zu können; dafür bot sich die bereits vorhandene Lehre von den fünf Lebenshauchen *(prāṇa)* im Kontext von *vāta* als weitere Differenzierung an[58], der man eine ebensolche für *agni* und *kapha* angliederte. Der Grundgedanke war dabei folgender: Überall dort, wo Eigenschaften als Ausdruck der Gegenwart eines Elementes oder mehrerer Elemente wahrgenommen werden konnten, mußten auch die entsprechenden aktiven Prinzipien wirksam sein.

Mit diesem Schritt treten wir endgültig in den Bereich selbständiger Theoriebildung innerhalb der āyurvedischen Heilkunde ein, die zwar ihre Wurzeln in den bestehenden Grundvorstellungen hat, von der wir aber annehmen, daß diese aus ärztlicher Praxis heraus mit konkreten Wahrnehmungen gefüllt worden sind.

„Nun werden wir das Kapitel über die Einteilung der doṣas darlegen“, sprachen *Ātreya* und die anderen großen Seher:

„Der Standort von vāta ist der Darmbereich, Hüfte, Schenkel, Gehörsinn, Knochen, Tastsinn und dort (Zeigegeste) insbesondere der Darmbereich.

Der Standort von pitta ist der Nabel, der Magenbereich, der Schweiß, Lymphe[59]*, Blut, rasa, Sehkraft und Tastsinn; der Nabel hier (Zeigegeste) insbesondere.*

Der Standort von kapha ist der Brustbereich, der Hals, der Kopf, die rechte Lunge, die Gelenke, der Magenbereich, rasa, Fett, Geruchs- und Geschmackssinn, in besonderem Maße der Brustbereich.“[60]

Die einzelnen Standorte der *doṣas* sind hinsichtlich der Sinnesfähigkeiten genau im Einklang mit der ursprünglich gegebenen elementaren Verbindung und befolgen die bereits beschriebene Anordnung in oben und unten. Gleichzeitig deuten sie schon die Hauptfunktionen der Einzel-*doṣas*, die im folgenden ausgeführt werden, an. Abgesehen von ihren Standorten bewegen sich die *doṣas* aber überall im Körper:

---

(58) Vgl. insbesondere Filliozat (1964).

(59) Aruṇ: *lasīkā: jalasādṛśī* – dem Wasser ähnlich;
Hem: *syād rasamalo jalaprāyastvagāṣrayaḥ*.
Es kann Schlackenstoff des Nahrungssaftes oder das Reservoir an Wasser, welches sich ständig in der Haut befindet, gemeint sein.

(60) AHS 1.12.1 ff:
athāto doṣabhedīyādhyāyaṃ vyākhyāsyāmaḥ ।
iti ha smāhur ātreyādayo maharṣayaḥ ।
pakvāśayakaṭīsakthiśrotrāsthisparśanendriyaṃ ।
sthānaṃ vātasya tatrāpi pakvādhānaṃ viśeṣataḥ ।।1।।
nābhir āmāśayaḥ svedo lasīkā rudhiraṃ rasaḥ ।
dṛk sparśanaṃ ca pittasya, nābhir atra viśeṣataḥ ।।2।।
uraḥkaṇṭhaśiraḥklomaparvāṇy āmāśayo rasaḥ ।
medo ghrāṇaṃ ca jihvā ca kaphasya sutarām uraḥ ।।3।।
Vgl. CarS 1.20.8.

„Vāta, pitta und śleṣman bewegen sich im ganzen Körper und bewirken im ganzen Körper als angeregte oder nichtangeregte (Prinzipien) wohltuende oder störende Effekte. Wenn sie sich im natürlichen Zustand befinden, wirken sie wohltuend in Form von Wachstum, Kraft, Farbe, Erfülltheit, usw; wenn sie aber in einen gestörten Zustand geraten sind, erzeugen sie unangenehme Effekte und tragen die Bezeichnung Störungen.“[(61)]

Der Ausdruck *vikārasaṃjñakāni* – „die Bezeichnung Störung tragend“ – deutet an, daß es sich nicht um eine wesenhaft andere Realität handelt, sondern um eine bloße Benennung, die nur deshalb vollzogen wird, um den Charakter, den die *doṣas* angenommen haben, angemessen zu beschreiben.

CarS 1.17.112 beschreibt für die *doṣas* 3 x 3 Arten der Bewegung: Verminderung, Gleichmäßigkeit und Anwachsen; nach unten, nach oben und durchquerend (horizontal) (ähnlich VS 1.1.7); im Leib, in den Extremitäten und in den Gelenken zwischen den Knochen, die vitale Punkte *(marman)* sind.[(62)]

Der dynamische, bewegliche Charakter, der ansonsten hauptsächlich *vāta* vorbehalten ist, wird also auf alle *doṣas* übertragen. Der ganze Körper ist von Lebendigkeit durchdrungen, die sich konkret in Form von Wärme, Kraft und Aktivität zeigt.

„Von pitta, welches Hitze ist, wird das Kochen in den Menschen bewirkt; wenn aber pitta angeregt ist, erzeugt es viele Störungen. In ausgewogenem Zustand ist kapha Kraft, gestört wird er Schlackenstoff genannt. Er wird im Körper als Lebenskraft (ojas) betrachtet, oder er wird als Übel[(63)] *bezeichnet. Alle Aktivität geschieht durch vāta; deshalb ist er als Lebenshauch der atmenden Wesen bekannt; aber durch diesen besonders entstehen die Krankheiten, und durch diesen wird blockiert.“*[(64)]

Hitze, Kraft und Bewegung stellen das Gefüge geordneten Funktionierens der Physiologie dar; bemerkenswert ist dabei, daß für den gesunden Zustand keiner der drei *doṣas* einen Substanzcharakter besitzt und daß für den gestörten Zustand nur *kapha* ein solcher zugeschrieben wird.

Diese Beschreibung entspringt der Auffassung, daß die *doṣas* die Ursache *(hetu)* für ausgewogene oder unausgewogene Funktionen des Körpers darstellen. Sie gehören damit nicht der Ebene der bloßen Effekte *(kārya)* an, die nach *Sāṃkhya*-Lehre eine Manifestation der Ursache sind und bereits vorher in dieser existieren.[(65)] Gleichzeitig weist ihr Ursachencharakter auf eine der Urnatur *(prakṛti)* analoge Funktion hin und deutet ihre Nichtwahrnehmbarkeit an:

„Aufgrund der Feinheit wird die (Urnatur – prakṛti) nicht wahrgenommen, nicht aufgrund ihrer Nichtexistenz. Aufgrund der Tatsache, daß etwas eine Wirkung ist, wird es wahrgenommen, nämlich die Unterscheidungskraft (mahat – buddhi usw.) Und das ist eine Wir-

---

(61) CarS 1.20.9: *sarvaśarīracarās tu vātapittaśleṣmāṇaḥ sarvasmiñc charīre kupitākupitāḥ śubhāśubhāni kurvanti, prakṛtibhūtāḥ śubhāny upacayabalavarṇa- prasādādīni, aśubhāni punar vikṛtim āpannā vikārasaṃjñakāni* ||9 ||

(62) Zu den *marmans* vgl. Fedorova (1984).

(63) Cp: *duḥkhahetutvāt pāpmā* – es heißt *pāpmā*, weil es das Leiden verursacht.

(64) CarS 1.17.116-118:
pittād evoṣmaṇaḥ paktir narāṇām upajāyate |
tac ca pittaṃ prakupitaṃ vikārān kurute bahūn || 116 ||
prākṛtas tu balaṃ śleṣmā vikṛto mala ucyate |
sa caivaujaḥ smṛtaḥ kāye sa ca pāpmopadiśyate || 117 ||
sarvā hi ceṣṭā vātena sa prāṇaḥ prāṇināṃ smṛtaḥ |
tenaiva rogā jāyante tena caivoparudhyate || 118 ||

(65) Vgl. SK 9.

kung, was der prakṛti zugleich ähnlich und unähnlich ist."[66]

Mit Blick auf die *prakṛti* gehören die *doṣas* wie alle anderen Manifestationen (*mahat* usw.), die im *Sāṃkhya*-System gelehrt werden, zu der Effektebene; deshalb sind sie grundsätzlich auch erkennbar, d.h. kein Gegenstand der Spekulation, sondern in klar definierten Eigenschaften erscheinend. Gleichzeitig bilden sie für die Veränderungen des körperlichen Funktionierens die Ursache und sind nicht direkt substantiell faßbar, insofern sind sie der *prakṛti* einerseits ähnlich, andererseits unähnlich.

In einer Betrachtung über die verschiedenen Aspekte des Wortes *(śabda)* in der CarS wird diese Einordnung der *doṣas* deutlich:

„*Bezüglich (der Einteilung von śabda) meint die Bezeichnung ‚eine wahrgenommene Bedeutung habend' (dṛṣṭārtha) folgendes: Durch die drei Ursachen gelangen die doṣas in Aufregung; durch sechs Maßnahmen beruhigen sie sich wieder. Wenn die Situation gegeben ist, daß Hören usw. vorhanden sind, dann ist auch ein Ergreifen des Wortes usw. möglich.*"[67]

Dies heißt, es ist möglich, die Bedeutung des Wortes richtig aufzufassen, d.h. das Wort mit einer Sinneswahrnehmung zu verbinden. Der Kommentator Cakrapāṇidatta führt dazu aus:

„*Dṛṣṭārtha meint eine Wortbedeutung, die verifiziert werden kann und damit zum Bereich der durch Erkenntnismittel erschließbaren (Entitäten) gehört.*[68]

Die *doṣas* gehören also zum verifizierbaren, erkennbaren Bereich. Es wird aber nicht behauptet, daß die *doṣas* selbst gesehen werden, sondern es wird nur gesagt, daß deren Anregung und Beruhigung wahrgenommen wird. Ihre Zustände und Verhältnisse sind an vielerlei Symptomen erkennbar, und damit läßt sich ihre Existenz einwandfrei erweisen.

Da aber die Wirkung schon in der Ursache vorhanden ist, kann die Wirkung auch mit dem Namen der Ursache bezeichnet werden; denn sie ist wesensmäßig mit ihr verbunden. Dies ist aus systematischer Sicht der Grund dafür, daß die *doṣas* in den āyurvedischen Texten mal ganz substantiell-konkret und dann wieder funktionell-ursächlich beschrieben werden.

Auch wenn es sicher möglich ist, solche unterschiedlichen Beschreibungen historisch als Ausdruck einzelner Stadien der Theorieentfaltung zu betrachten, sind sie nichtsdestoweniger Ausdruck eines besonderen Kausalitätsverständnisses. Die unterschiedlichen Beschreibungen erfüllen für das Gesamtsystem eine besondere Funktion, nämlich die der Anwendbarkeit des Funktionskomplexes *doṣa* auf unterschiedliche Realitätsebenen.

Bestimmte pathologische Exkrete des Körpers haben sicher zur Bildung des *doṣa*-Konzeptes beigetragen. Mit der Vorstellung der Allgegenwart der *doṣas* innerhalb des Körpers und auch außerhalb in der Natur, die letztlich der *guṇa*-Lehre nachgebildet ist, ist die Säftelehre verlassen worden. Der Weg führte damit zu einem Funktionsgefüge von Kräften, das in spezifischer Weise die Prozesse, die sich am lebenden Organismus zeigen, beschreiben soll. Die philosophischen Wurzeln der *doṣa*-Lehre sind kein Argument gegen diese, ebenso wie die Atomlehre der griechischen Philosophen kein Argument gegen die Atomlehre der Physik ist.

---

(66) SK 8: *saukṣmyāt tadanupalabdhir nābhāvāt, kāryatas tadupalabdhiḥ, mahadādi tac ca kāryaṃ prakṛtivirūpaṃ sarūpaṃ ca* | |

(67) CarS 3.8.38: *tatra dṛṣṭārtho nāma tribhir hetubhir doṣāḥ prakupyanti ṣaḍbhir upakramaiś ca praśāmyanti sati śrotrādisadbhāve śabdādigrahaṇam iti.*

(68) *dṛṣṭārtha iti pramāṇāntaropalabdhiyogyārthaḥ.*

Die Standorte der *doṣas* haben wir bereits kennengelernt; der nächste Schritt ist nun, die Funktionen zu beschreiben, die an diesen Standorten als Ausdruck elementarer Dynamik wahrnehmbar sind. Wir werden dabei vorsichtig versuchen, konkrete Beobachtungen, die zu einer *doṣa*-Funktion geführt haben könnten, zu benennen. Auch wenn dabei einige Fragen offen bleiben, erweisen sich doch viele Zuordnungen als nachvollziehbar.

„Aufgrund seiner Teilung in prāṇa usw. besitzt vāyu eine fünffache Natur. *Der **prāṇa** geht hier (Zeigegeste) zum Kopf, bewegt sich im Brust- und Halsbereich, ist die funktionelle Basis für das Unterscheiden, das Herz, die Sinnesfähigkeiten und das Bewußtsein, bewirkt Einspeichelung, Niesen, Erbrechen, Atmung, das Eintreten der Nahrung.*	Entsprechend seiner Grundnatur wird *vāyu* den meisten geistigen Aktivitäten zugeordnet; bezüglich des Bewegungsaspektes im Körper gibt es den obersten Funktionsbereich ***(prāṇa),*** der einerseits eine nach außen gehende Tendenz in Form der Sinnesaktivitäten, des Niesens, Ausatmens und Erbrechens und andererseits ein empfangendes Prinzip für die Nahrung, die Atemluft und die Sinneseindrücke darstellt.
*Der Brustbereich ist der Aufenthaltsort von **udāna,** er kann sich in der Nase, im Nabel oder der Kehle bewegen und bewirkt Spracherzeugung, Bemühung (Artikulation?), innere und äußere Stärke, Farbe, und Gedächtnis.*	Der ***udāna*** befindet sich der Beschreibung nach etwas tiefer und besitzt im Grundtenor eine Assoziation mit vitaler Kraft, die man naturgemäß z.B. mit einem breiten Brustkorb assoziieren kann; dazu gehört auch die stützende Funktion dieses Bereiches für die Stimme.
*Der **vyāna** ist im Herzen beheimatet, als ein sehr schneller bewegt er sich im ganzen Körper; alle Aktivitäten der verkörperten Wesen wie Gehen, Beugen und Aufrichten, Öffnen und Schließen der Augen usw. sind in der Regel mit diesem verbunden.*	Dem ***vyāna*** ist eindeutig der ganze Funktionsbereich des dem Willen zugänglichen Bewegungsapparats zugeordnet. Da das Selbst, welches als das eigentliche Agens betrachtet wird, seinen Sitz im Herzen hat, muß auch der *vyāna* dort beheimatet sein.
*Der **samāna** hat seinen Sitz in der Nähe des Feuers und bewegt sich überall im Unterleib; er ergreift die Nahrung, kocht sie,*[69] *prüft sie und scheidet (das als nicht nützlich Empfundene) wieder ab.*	Der ***samāna*** ist der Verdauung zugeordnet, erfüllt in bezug auf Nahrung eine prüfende Funktion wie der Vorkoster am Königshof, ist also derjenige, der das Ergebnis des Kochprozesses beurteilt und bestimmt, was vom Körper aufgenommen und was ausgeschieden wird.

[69] Aruṇ: pacati: *agnisandhūkṣaṇād bhaktakāra iva.*
Aufgrund dessen, daß er das Feuer anfacht, ist es so, als wenn er (am Kochen) einen Anteil hätte.

*Der **apāna** bezeichnet die nach unten gehende Bewegung; er bewegt sich im Anus, in der Blase, im Glied und den Schenkeln, bewirkt das Austreten von Samen, Menstrualblut, Faeces, Urin und Fötus.*"[70]

Der ***apāna*** vertritt alle Funktionen der Abtrennung vom Körper, die nach unten gerichtet sind; damit sind die sichtbaren (z.B. der Arme und Beine), fühlbaren (z.B. der Darmperistaltik) oder zu erschließenden Bewegungen (z.B. der Übergang der Nahrung vom Darm in den Körper) beschrieben.

Moderne Autoren beziehen *vāta* oft auf das Nervensystem[71], merken dabei aber nicht, daß sie an dem eigentlichen Charakter von *vāta* vorbeigehen. Wenn man einen Bezug zum Nervensystem herstellen will, kann man allenfalls sagen, daß das moderne Konzept des Nervensystems etwas in ganz anderer Weise beschreibt, was im Āyurveda teilweise unter die Kategorie *vāta* fällt. Ein auch in den Texten *vāta* zugeordneter Bereich ist der des Schmerzes.[72]

[70] AHS 1.12.4 ff:
prāṇādibhedāt pañcātmā vāyuḥ prāṇo ´tra mūrdhagaḥ I
uraḥkaṇṭhacaro buddhihṛdayendriyacittadhṛk II 4 II
ṣṭhīvanakṣavathūdgāra-niḥśvāsānnapraveśakṛt I
uraḥ sthānam udānasya nāsānābhigalāṃś caret II 5 II
vākpravṛttiprayatnorjābalavarṇasmṛtikriyaḥ I
vyāno hṛdi sthitaḥ kṛtsnadehacārī mahājavaḥ II 6 II
gatyapakṣepaṇotkṣepanimeṣonmeṣaṇādikāḥ I
prāyaḥ sarvāḥ kriyās tasmin pratibaddhāḥ śarīriṇām II 7 II
samāno ´gnisamīpasthaḥ koṣṭhe carati sarvataḥ I
annaṃ gṛhṇāti pacati vivecayati muñcati II 8 II
apāno ´pānagaḥ śroṇibastimeḍhrorugocaraḥ I
śukrārtavaśakṛnmūtragarbhaniṣkramaṇakriyaḥ II 9 II

[71] Z.B. Bhatia (1972, 19), Subramanya Sastri (1977, 162).

[72] Vgl. Nanal (1981, 162 ff).

„Pitta ist fünffach: *Dort (Zeigegeste) in die Mitte gegangen zwischen dem Magen und dem Darmbereich, (ist das pitta), welches aufgrund dessen, daß es die feurigen Eigenschaften entfaltet, sein Flüssigsein aufgibt, obwohl es die Natur der fünf Elemente besitzt. Durch seine Tätigkeit des Kochens wird es als Feuer bezeichnet. Es kocht die Nahrung und teilt das Wesentliche und die Ausscheidung, so daß sie getrennt sind. Das dort befindliche (Feuer) fördert die übrigen Formen von pitta durch das Übermitteln von Kraft, es ist unter dem Namen pācaka bekannt.*	Das Verdauungsfeuer sitzt unter dem „Topf" des Magens und trägt alle fünf Elemente in sich, da es auch alle fünf Elemente verdauen muß. Obwohl dies der Fall ist, überwiegt die feurige Natur so stark, daß es den substantiellen Charakter von Wasser *(āpaḥ)* aufgibt; dies weist wiederum darauf hin, daß es nach dem Selbstverständnis des Textes nicht richtig ist, *pitta* mit der Gallenflüssigkeit zu identifizieren, auch wenn diese einen Ausgangspunkt für das *pitta*-Konzept dargestellt haben mag. Bevor also *samāna* die Nahrung genau prüft, inwieweit sie aufgenommen werden soll, hat *pācaka* schon eine erste Teilung vorgenommen.
Das pitta, welches im Magenbereich seinen Sitz hat, wird rañjaka genannt, weil es den rasa färbt.	Es ist schlüssig, daß das Verdauungsfeuer eine zentrale Position im *agni*-Funktionskomplex einnimmt; es gibt aber noch andere Erscheinungsformen des Feuers: Daß hinter der Färbung und Wärme des Blutes die Feuernatur stehen muß, ist leicht einzusehen und hat in der Kulturgeschichte viele Parallelen.
Das pitta, das ins Herz gegangen ist, heißt sādhaka, weil es durch Unterscheidung, Intelligenz und Ich-Gefühl das erstrebte Ziel erreichen läßt.	Hinter *sādhakāgni* und seiner Verbindung mit dem Herzen stehen Erfahrungen, die mehr mit dem Gefühlsbereich zu tun haben, mit dem Schmerz über Nichterreichtes, der dann fühlbaren Beklemmung des Herzens, dem Stich, der ins Herz gehen kann usw.[73]
(Das pitta), welches in der Sehkraft sich befindet, heißt ālocaka, weil es die Formen erhellt.	Das Auge war bereits in der vedischen Zeit mit *sūrya* (und teilweise auch mit *candra*) verbunden worden; es ist das Auge, welches das Licht wahrnimmt, es ist aber auch das Auge, welches selbst als strahlend oder matt empfunden werden kann.

[73] Interessant wäre zu untersuchen, inwieweit sich diese und andere Angaben āyurvedischer Texte mit psychosomatischen Befunden zur Deckung bringen lassen. Unspezifische Befindlichkeitsstörungen nehmen in den letzten Jahren beträchtlich zu, ohne daß klare Ursachen für diese gefunden werden können. Diese Störungen ließen sich über das *doṣa*-Konzept gegebenenfalls besser beschreiben und therapieren.

Das in der Haut befindliche (pitta) heißt bhrājaka, weil es ein Strahlen (Glänzen) der Haut verursacht.“[74]

Daß die Haut mit dem Feuer verbunden wird, besitzt seine sinnliche Grundlage in dem leichten Glanz, der an der Haut wahrgenommen wird. Vielleicht liegt aber auch ein Bezug zu der Vorstellung vor, daß von bestimmten Menschen (z.B. Helden, Heiligen oder Göttern) ein Glanz ausgehen kann. Die vedische Lichtsymbolik und der christliche Heiligenschein bieten diesbezüglich reiches Anschauungsmaterial.

Ebenso wie man beim bewegenden *vāyu* davon ausgehen konnte, daß er sich überall im Körper bewegen kann, wird auch die Körperwärme überall gefühlt und als Ausdruck von *agni* empfunden; besonders augenscheinlich ist das Feurige aber in den beschriebenen Phänomenen.

„Der Śleṣman ist auch fünffach:

Der in der Brust befindliche erfüllt eine stützende Funktion – aufgrund eigener Kraft im Kreuzbein, – aufgrund der Kraft, die in der Nahrung liegt, in bezug auf das Herz[75] *und stützt alle übrigen Standorte von kapha durch die Wirkkraft des Wassers*[76]*; deshalb wird er avalambaka genannt.*

Wiederum steht einer der fünf Aspekte im Mittelpunkt; als wichtigste Eigenschaft des Substantiellen wird hier das Stützen betrachtet. Die Aufrechte, die im Kreuzbein ihre Wurzel hat, die Stütze, die der Brustkorb selbst darstellt und die Nährung, die allverbreitend sich im nahezu überall im Körper wahrnehmbaren flüssigen Element zeigt, machen den Charakter von *avalambaka* aus.

---

(74) AHS 1.12.10 ff:
pittaṃ pañcātmakam tatra pakvāmāśayamadhyagam ׀
pañcabhūtātmakatve ´pi yat taijasasaguṇodayāt ׀׀ 10 ׀׀
tyaktadravatvaṃ pākādikarmaṇānalaśabditam ׀
pacaty annaṃ vibhajate sārakiṭṭau pṛthak tathā ׀׀ 11 ׀׀
tatrastham eva pittānāṃ śeṣāṇām apy anugraham ׀
karoti baladānena pācakaṃ nāma tatsmṛtam ׀׀ 12 ׀׀
āmāśayāśrayaṃ pittaṃ rañjakaṃ rasarañjanāt ׀
buddhimedhābhimānādyair abhipretārthasādhanāt ׀׀ 13 ׀׀
sādhakaṃ hṛdgataṃ pittaṃ rūpalocanataḥ smṛtam ׀
dṛkstham ālocakaṃ tvaksthaṃ bhrājakaṃ bhrājanāt tvacaḥ ׀׀ 14 ׀׀

(75) Das feinste „Produkt“ der Transformationskette der Nahrung ist *ojas* – Lebenskraft, die ihren Sitz im Herzen hat.

(76) Das Flüssige ist der Aspekt, der bei *kapha* als allgegenwärtig erfahren werden konnte. Wo der Mensch sich auch verletzt und empfindend darunter leidet, tritt Flüssigkeit aus; die Haare und Nägel hingegen sind trocken.

Der im Magenbereich sich befindende ist der kledaka, weil er die Nahrung befeuchtet. *Der im Geschmack sich befindende heißt bodhaka, weil er die Geschmäcker unterscheidet.*	Dieses Flüssige ist insbesondere in einigen speziellen Bereichen des Körpers wahrnehmbar, nämlich im Magen anhand der Befeuchtung der Nahrung, im Mund, dessen feuchtes Millieu dem Schmecken der Nahrung dient, und in den Augen, die, sollten sie einmal nicht ausreichend befeuchtet sein, als schmerzhaft brennend (durch das dort sich befindende *pitta*) empfunden werden.
Der im Kopf befindliche heißt tarpaṇa, weil er die Augen nährt.	Das Beispiel des Auges zeigt, wie die gleichzeitige Gegenwart von zwei oder allen Prinzipien in einem Körperteil benutzt werden kann, um das richtige Funktionieren oder Funktionsstörungen als Verlust des Gleichgewichts dieser an sich widerstreitenden Aspekte beschreiben zu können.
Der in den Gelenken sich befindende heißt śleṣaka, weil er die Gelenke zusammenfügt.“[77]	Wie die Riemen das Joch mit dem Wagen verbinden, halten die Gelenke den Körper zusammen, um mit einem alten vedischen Bild zu sprechen.[78] Sind diese nicht richtig geschmiert, beginnt der Wagen zu knarren und zu ächzen, ebenso wie beim Menschen in den Gelenken Geräusche hörbar werden können. Also muß auch in den Gelenken *kapha* vorhanden sein, um deren einwandfreie Bewegung zu gewährleisten.

[77] AHS 1.12.15 ff:
śleṣmā tu pañcadhā uraḥsthaḥ sa trikasya svavīryataḥ |
hṛdayasyānnavīryāc ca tatstha evāmbukarmaṇā || 15 ||
kaphadāmnāṃ ca śeṣāṇāṃ yat karoty avalambanam |
ato ´valambakaḥ śleṣmā yas tv āmāśayasaṃsthitaḥ || 16 ||
kledakaḥ so ´nnasaṅghātakledanāt rasabodhanāt |
bodhako rasanāsthāyī, śiraḥsaṃstho ´kṣatarpaṇāt || 17 ||
tarpakaḥ sandhisaṃśleṣāc chleṣakaḥ sandhiṣu sthitaḥ. |

[78] Rau (1983, 24).

Nahezu alle Zuordnungen, die bezüglich der *doṣas* getroffen werden, lassen sich direkt aus unmittelbarer Anschauung bestimmter am Menschen beobachtbarer Phänomene herleiten – wobei die Kommentierung sicher nur einen kleinen Teil der Beobachtungen hinzugezogen hat, die den textlichen Angaben zugrunde liegen. Deutlich wird dabei, daß jedem *doṣa*-Aspekt eine konkrete Aufgabe zugewiesen wird, die für die Erhaltung der Gesundheit bedeutsam ist.

Bei der Einführung des *doṣa*-Konzeptes in der SuS wird die dynamische Natur der *doṣas* besonders betont; denn es werden nicht die Namen ihrer speziellen Aspekte genannt, sondern rein die Tätigkeiten verbal formuliert.(79) Daß es dabei Unterschiede zur AHS und teilweise mehr Funktionen gibt, als es der Fünferstruktur *(pañcadhā pravibhakti)* entspricht, weist auf eine frühere Stufe der Entwicklung der Systematik hin. Im Großen und Ganzen sind die Beschreibungen aber Ausdruck eines im Fundament gemeinsamen Schatzes von Wahrnehmungen. Folgende Zuordnungen werden in SuS 1.15 getroffen:

vāyu:

praspandana (bewegend, evtl. Muskeltonus) – *vyāna*;

udvahana (nach oben tragend) – *udāna*;

pūraṇa (füllend) – *prāṇa*;

viveka (Unterscheidung) – *samāna*;

dhāraṇa (haltend, bewahrend, beschützend) – *apāna*.

pitta:

rāgakṛt (Färbung verursachend) – *rañjakāgni;*

paktikṛt (Verdauung, Kochen bewirkend) – *pācakāgni;*

ojaḥkṛt / medhākṛt (Lebenskraft und Einsicht verleihend(80)) – *sādhakāgni;*

tejaḥkṛt (Glanz gebend) – *ālocakāgni*;

uṣmakṛt (Wärme gebend(81)) – *bhrājakāgni.*

udaka:

sandhisaṃśleṣaṇakṛt (Schmierung der Gelenke bewirkend);

snehanakṛt (Fettigkeit, Öligkeit, Zusammenhalt bewirkend);

ropaṇakṛt (Aufrichtung bewirkend);

pūraṇakṛt (Füllung bewirkend);

balakṛt (Kraft schenkend);

sthairyakṛt (Festigkeit, Stabilität, Durchhaltevermögen verleihend).(82)

Wenn man die Funktionen der *doṣa*-Komplexe im Hinblick auf ihre Wichtigkeit betrachtet, wird deutlich, daß sie alle gleichermaßen für die Erhaltung und dasFunktionieren des Körpers notwendig sind:

„Nicht kann der Körper ohne kapha existieren, nicht ohne pitta und nicht ohne māruta (vāta).“(83)

Bemerkenswert ist, daß hier, wo es um den Erhalt des Körpers geht, wieder *kapha* als

(79) Die Zuordnungen sind dem Kommentar von Ḍalh entnommen, der selbstverständlich versucht, die zu seiner Zeit bereits festehende Fünferordnung durch Doppelzuweisung zu retten. Die zusätzliche Anfügung von Aktivitäten der *doṣas* kann durch erläuternde Bemerkungen, die irgendwann in den Text gerutscht sind, entstanden sein. Oder sie beruht einfach auf der Tendenz, möglichst umfassend die Aktivitäten der *doṣas* zu beschreiben.

(80) Beide haben im Herzen ihren Sitz.

(81) Hier könnte auf die Peripherdurchblutung angespielt sein, die bei Wärmebedürfnis bekanntermaßen verstärkt wird.

(82) Für *kapha* gibt der Kommentar als Aufteilung: *āmāśayoraḥśiraḥkaṇṭhasandhi* (Magen, Brust, Kopf, Kehle, Gelenke), trifft aber keine eindeutige Zuordnung.

(83) SuS 1.21.4 (ab): *narte dehaḥ kaphād asti na pittān na ca mārutāt* ।

stützende Funktion an erster Stelle steht. Im zweiten Teil des Verses wird entsprechend dem medizinischen Schwerpunkt der SuS wieder das Blut als vierter lebenswichtiger Faktor erwähnt, allerdings in der Formulierung wiederum von den drei *doṣas* abgegrenzt:

„*Oder auch (ohne) Blut. Beständig wird der Körper durch diese erhalten.*“[84]

In verschiedenen therapeutischen Kontexten wird mal der eine oder mal der andere *doṣa* mehr betont; *vāta* wegen seiner Beweglichkeit besonders oft in bezug auf die Ätiologie von Krankheiten, die ohne ein aktives Agens nicht hervorgebracht werden können, *pitta* insbesondere im Kontext der Verdauung, deren Funktionstüchtigkeit im Āyurveda bekanntermaßen eine bedeutende Rolle spielt und *kapha,* wenn es um die Stabilität einer Konstitution geht.

Man mag solche Betonungen für die Bekräftigung der einen oder anderen Ursprungstheorie des *doṣa*-Konzeptes benutzen, im Kontext des systematischen Zusammenhangs stellen sie keine Präferenz für die alleinige Bedeutung eines Faktors dar; vielmehr wird betont, daß alle *doṣas* zusammenwirken müssen, damit Gesundheit aufrechterhalten werden kann.

Die aufgeführten Textpassagen, denen man aus der *bṛhattrayī* und anderen Werken viele ähnliche an die Seite stellen könnte, machen deutlich, daß in der *doṣa*-Lehre eine eigenständige Theoriebildung des Āyurveda vorliegt.

Die den *doṣas* zugeschriebenen Eigenschaften lassen sich auf die Elemente zurückführen, und die ihnen zugeordneten Funktionen innerhalb des Organismus beruhen auf konkreten Beobachtungen des Menschen und seiner Reaktionsweisen. Von daher sind sie erfahrungsmäßig nachvollziehbar und nicht Teil einer abgehobenen Spekulation, die mit der praktischen Diagnose und Therapie nichts zu tun hat.

---

[84] SuS 1.21.4 (cd): *śoṇitād api vā nityaṃ deha etais tu dhāryate* | | 4 | |

6 Typologie als Instrument der medizinischen Kunst

Wenn man Menschen anschaut und sie in ihrem Tun beobachtet, wird man sehr schnell ihre Verschiedenheit wahrnehmen, die jeden zu einem einzigartigen Individuum macht. Der Arzt ist durch seine Aufgabe zu einer solchen genauen Wahrnehmung berufen, da er täglich mit neuen Patienten, deren veränderten Befindlichkeiten und deren Umgang mit diesen Befindlichkeiten konfrontiert ist. Um in diese Vielfalt eine Ordnung zu bringen, liegt es nahe, Gruppierungen zu bilden, denen Eigenschaften gemeinsam sind, die sich um einen Typus herum konzentrieren.

Jung hat in der Einleitung seiner Typologie darauf hingewiesen, daß die erste Typenlehre von ärztlicher Seite entwickelt worden ist.(1) Bekanntermaßen war es Galen, der – aufbauend auf der hippokratischen Medizin – die Lehre von den vier Temperamenten entwikkelt hat. Diese beinhaltet, daß das Vorherrschen jeweils eines der vier Elemente auch eine bestimmte Affektivität erzeugt, die sich als das sanguinische, phlegmatische, cholerische und das melancholische Temperament zeigt.

Auch im alten Indien waren es die Ärzte, die sich der genauen Beobachtung der Menschen annahmen und davon ausgehend die Typisierung zu einem der Hauptinstrumente ihrer Medizin machten.(2) Sie haben im Zuge der Entwicklung ihrer Lehre aber nicht nur *eine* Typologie erarbeitet, sondern, von verschiedenen Sichtweisen ausgehend, unterschiedliche Schemata entworfen, deren Überschneidungen zu einer größeren Genauigkeit der Ergebnisse führen sollten.

Als textliche Zeugen dieser Bemühungen liegen die āyurvedischen Ärztehandbücher vor, die das Wesentliche – pädagogisch aufbereitet – zusammenfassen. Sie bieten dadurch aber kein getreues Bild des tatsächlichen Umgangs mit der Typenlehre in der Praxis, sondern wirken auf viele Forscher – überspitzt gesprochen – wie eine Kuriositätensammlung allgemeiner Sentenzen und Charakterisierungen.

In der Tat scheint eine Typenlehre auf den ersten Blick kaum geeignet, ein sicheres Instrument medizinischer Diagnostik und The-

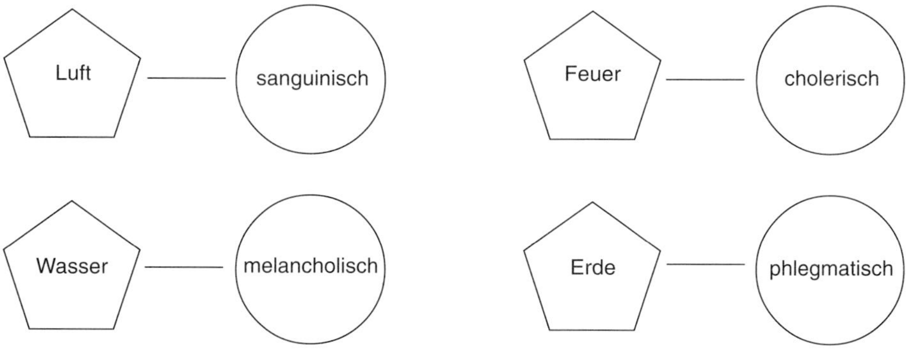

Abb. 22: Die Beziehung zwischen den Elementen und den Temperamenten

(1) Jung (1972, 190).

(2) Anders urteilt Kirfel (1951, 23), der die *doṣa*-Typologie erst als eine sekundäre Entwicklung innerhalb des Systems betrachtet, ohne dafür allerdings eine Begründung zu geben.

rapie zu sein, sieht doch das naturwissenschaftliche Verständnis gerade vom Individuellen ab und versucht den durch eindeutige biochemische Befunderhebung usw. erzielten Diagnosen therapeutische Mittel gegenüberzustellen, die unabhängig von der kranken Person ihre Wirkungen entfalten.

Gleichzeitig wird von vielen Ärzten beklagt, daß dieser wissenschaftlich kaum zu bestreitende Ansatz in der ärztlichen Praxis kaum hinreichend für eine adäquate Behandlung des Patienten sei. Der „klinische Blick", der in der letzten Ärztegeneration noch geschult worden war, ist inzwischen von der technischen Diagnostik in vielen Bereichen abgelöst worden. Da gleichzeitig die Entwicklung der apparativ orientierten Medizin immer schneller wird, scheint man in der Lösung dieser Problematik nicht unbedingt voranzukommen. Vielmehr zeigt sich als Gegenreaktion eine Abwendung vieler Patienten von der sogenannten „Schulmedizin" und eine Hinwendung zu „alternativen" Heilmethoden, da in dieser u.a. die persönliche Zuwendung des Arztes zum Patienten häufig eine größere Rolle spielt.

In analoger Weise, wie sich Homöopathie und Allopathie in ihrer gemeinsamen über zweihundertjährigen Geschichte – unabhängig von ihren Glaubenskriegen – auch gegenseitig beeinflußt haben[(3)], hat auch die Typenlehre immer wieder einen Einfluß auf die Medizin ausgeübt und hält sogar erneut Einzug in einige Teildisziplinen.[(4)]

Ein gewisses Schattendasein in den allgemeinen Trends der medizinischen Forschung scheinen die von Kretschmer[(5)], Jaensch[(6)] und Sheldon[(7)] ausgehenden Arbeiten, sowie die darauf aufbauenden Untersuchungen zu führen[(8)], obwohl sie in reichem Maße empirisches Material liefern, welches den Beweis antritt, daß man mit einer Typisierung zu eindrucksvollen Aussagen über die Zusammenhänge zwischen „Körperbau und Charakter" kommen kann.

Kretschmer betrachtet den Typus als ein „anschauliches Integrat empirischer Realitäten", welches mit großer Genauigkeit in der Forschung eingesetzt werden kann.[(9)]

Pokorny weist darauf hin, daß nach seiner Erfahrung „ungefähr 20 % der Fälle die typische Entsprechung von körperlichen und „Temperaments"-Eigenschaften nicht oder nicht unzweideutig aufweisen"[(10)], was für ihn aber keine Einschränkung der Gültigkeit der Typenlehren darstellt:

„Aber die ‚exakten' Methoden der Naturwissenschaft können bei Erkenntnisgegenständen der Lebenswissenschaften nicht in gleicher Art angewandt werden. Denn deren Objekte, der Mensch, die Gesellschaft, die Seele, die Beziehungen zwischen den Individuen, innerpsychische Funktionen entziehen sich aufgrund ihrer Sonderart jenen Methoden, die für physikalische oder chemische Objekte (vielleicht) angemessen sind."[(11)]

Auch Kretschmer betont den Wert der qualitativen gegenüber einer rein quantitativen Betrachtung, wobei diese Betonung nicht den empirischen quantitativ-statistischen Aspekt vernachlässigt, sondern diesem ein zusätzliches Element hinzufügen will:

---

(3) Vgl. die sachlich objektive Darstellung von Müller (1983).
(4) Vgl. Dembroski u. Halhuber (1981) über das Problem der Typisierung im Bereich koronarer Herzkrankheiten.
(5) Kretschmer (1977).
(6) Jaensch (1929).
(7) Sheldon (1942).
(8) Kretschmer (1977, 368 ff).
(9) Kretschmer (1977, 350).
(10) Pokorny (1974, 14).
(11) Pokorny (1974, 18).

„Noch so zahlreiche Messungen und Berechnungen mit noch so exakten Geräten und Rechenmaschinen können den Minderwert einer Reduktion der Gegenstandserfassung nicht ausgleichen. So erreichen alle Konstitutionssysteme, die von Körperteilen, linearen Ausprägungsreihen von Merkmalen, Körperkrankheiten und physiologischen Gegensätzen ausgehen oder das Quantitative dem Qualitativen vorziehen, nicht annähernd die Geschlossenheit, Breite und Reichhaltigkeit, die Farbigkeit, Subtilität und Lebensnähe der Kretschmerschen Darstellungen.“[12]

Es ist von daher auch nicht verwunderlich, daß Kretschmer bei seinem System explizit Prämissen voraussetzt, auf denen er seine Forschungsmethode aufbaut:

1. Die organische Ganzheit des Menschen. – Der Körper darf nicht oder nur vorübergehend getrennt vom Psychischen untersucht werden.
2. Das Seelische ist dem Körperlichen übergeordnet.
3. Krankheit wird als eine Form der Negation des vollen menschlichen Daseins betrachtet.[13]

Die erste Prämisse kann als eine stillschweigende Voraussetzung der meisten Typenlehren betrachtet werden, drückt sie doch aus, daß die einzelnen Merkmale, die dem Aufbau einer Typologie dienen, Teil eines ganzen Sinnkomplexes sind und damit selbst auch „Sinn“ besitzen, d.h. Signaturen in einem kontextuellen Zusammenhang darstellen. In diesem Sinn kann man die Untersuchung von Typen als Teil der hermeneutischen Wissenschaft betrachten.

Die zweite Prämisse formuliert Kretschmers Ausgangspunkt, der seine Studien mit Blick auf psychische Störungen, speziell des manisch-depressiven und des schizophrenen Formenkreises, begann. Dieser Gedanke stimmt mit dem philosophischen Hintergrund des Āyurveda überein, speziell der Vorstellung, daß die eigentliche Ursache von Krankheiten in einem Fehlgehen der Erkenntnis des Patienten *(prajñāparādha)* liegt.[14] Ausgehend vom Emanationsprinzip besitzt die psychische Ebene im Āyurveda eine ursächliche Funktion hinsichtlich der körperlichen Wirklichkeit. Dabei spielt auch der Reinkarnationsgedanke eine Rolle, der die Ausstattung des Körpers mit bestimmten Eigenschaften den vergangenen Handlungen und damit den sich in diesen ausdrückenden Charaktereigenschaften zuschreibt. Das Fehlgehen der Erkenntnis ist eine der drei Hauptursachen der Krankheiten und besitzt zumindest auch für den falschen Gebrauch der Sinne eine ursächliche Funktion. Dies führt zu falschen Verhaltensweisen, die wiederum das Gleichgewicht der *doṣas* stören.

Auch die dritte Prämisse weist eine gewisse Verwandschaft zum āyurvedischen Konzept von Krankheit auf, welches eine Störung *(vikṛti)* als ein Verlassen der ursprünglichen Ordnung *(prakṛti)* definiert.

Um die āyurvedischen Typologien angemessen verstehen zu können, sollte der Begriff des Typus genauer betrachtet werden:

„Typen sind gedachte Eigenschaftskomplexe, die einen bestimmten Erfahrungsbereich repräsentieren und auch anschaulich als Bild vorgestellt werden können. Typologien gliedern die Wirklichkeit und geben Gesichtspunkte zu ihrer Erkenntnis, bestenfalls drükken sie ganzheitliche Ordnungsgesetze aus. Bei der Typisierung kann man verschieden vorgehen. Man gruppiert Eigenschaften willkürlich oder auf einen bestimmten Zweck hin (Idealtypen). Man ermittelt die durchschnittlichen Eigenschaften einer Gruppe (Durch-

[12] Kretschmer (1977, 118).
[13] Kretschmer (1977, 118 f).
[14] Vgl. CarS 1.11.43, 1.20.5, 1.28.39, 2.1.3 u.a.

schnittstyp). Oder Eigenschaften werden in eine quantitativ graduierte Skala eingeordnet, die entweder einpolig von der mittleren Norm bis zu einem Extrempunkt reicht oder sich zwischen zwei gegensätzlichen Eigenschaften zweipolig erstreckt (dimensionale Typen). Natürliche Typen, d.h. Typen, die eine naturgesetzliche Gruppierung ausdrücken, finden wir als polare Differenzierung bei den Geschlechtern oder sonst als statistische Häufungen von Eigenschaften (Häufigkeitstypen), etwa bei Rassen und echten krankhaften oder gesunden Konstitutionstypen."[(15)]

Die Tatsache, daß sich dabei verschiedene Einteilungskategorien und Typenformen entwickelt haben, weist darauf hin, daß es kaum möglich sein wird, universal gültige oder besser gesagt alle Aspekte umfassende Typologien zu entwickeln, wie Jung und Kretschmer[(16)] selbst betonen.

„Der Vollständigkeit halber muß ich erwähnen, daß ich die Typisierung nach Introversion und Extraversion und den vier Grundfunktionen keineswegs etwa als die einzig mögliche ansehe. Irgendein anderes psychologisches Kriterium könnte ebensogut als klassifikatorisches Merkmal verwendet werden, nur schien mir kein anderes eine ähnlich große praktische Bedeutung zu besitzen."[(17)]

Vielmehr wird der Beobachtungsstandpunkt, d.h. die Kriterien und deren Wirkungsbereich, ganz entscheidend mitbestimmen, zu welchen typologischen Einteilungen man kommen wird. Zusätzlich kann sich eine Typenlehre an ganz unterschiedlichen Fragestellungen orientieren und damit selbstverständlich auch zu ganz unterschiedlichen Untersuchungsergebnissen führen:

So geht Jung von den psychischen Funktionen Denken, Fühlen, Empfinden und Intuition mit ihrer jeweiligen Extra- bzw. Introvertiertheit aus, Kretschmer von bestimmten Krankheitsbildern und deren Zusammenhang mit dem Körperbau und zusätzlich der Physiologie, woraus er später eine allgemeine Typenlehre entwickelt hat, Jaensch betont endokrinologische Einflüsse, und Pokorny u.a. widmen sich speziell der Ausdrucksforschung, insbesondere im Bereich der Handschrift und des menschlichen Ganges.

Im Hinblick auf die āyurvedische Typenlehre müssen wir deshalb fragen, welcher Typusbegriff angewendet wird und an welchen Kriterien sich die Einteilung orientiert. Erst auf dieser Basis kann eine Bewertung erfolgen, ob sich die dort getroffenen Einteilungen tatsächlich erfolgreich in der medizinischen Diagnostik und Therapie einsetzen lassen. Nach āyurvedischem Verständnis stellen die gelehrten Grundtypen natürliche Typen dar; denn sie beruhen auf den Grundstrukturen des Seienden.

Wir wollen im folgenden versuchen, ausgehend von den Prämissen der āyurvedischen Lehren die Typologien im Kontext des Systems darzustellen, um dann einige Bezüge zu neueren Forschungen herzustellen.

6.1 Āyurvedische Typologie

Als wichtigste Voraussetzung der Typenlehre im Āyurveda kann die Auffassung gelten, daß die Eigenschaften wesensmäßig den Substanzen angehören[(18)]:

„Inhärenz bezeichnet das Nichtgesondertsein der Erde usw. von den Eigenschaften. Dieses

---

(15) Kretschmer (1977, 117); vgl. auch dort 354 ff.

(16) Kretschmer (1977, 3 ff), wo die verschiedenen Typenlehren auf ihren Beitrag für eine umfassende Typologie hin untersucht werden.

(17) Jung (1972, 205).

(18) Vgl. VS 1.1.15-16.

(Nichtgesondertsein) ist ewig. Wenn nämlich eine Substanz gegeben ist, dann ist sie nicht unverbunden mit einer Eigenschaft (d.h. sie hat immer Eigenschaften). "[19]

Den allem zugrundeliegenden Elementen sind die Eigenschaften in einem stabilen Verhältnis zugeordnet. Immer wenn ein Element gegenwärtig ist, zeigt es seine ihm zugehörigen Eigenschaften. Ausgehend von dieser Prämisse ergibt sich die Aufgabe, genau auf die Eigenschaften zu achten und durch deren Beobachtung auf die Konstitution zu schließen.

Man kann die Lehre von den Elementen selbst als eine Typologie des Existierenden betrachten, die versucht, in der Vielheit der Substanzen gemeinsame bzw. unterschiedliche Aspekte zu erkennen und diese zu Komplexen zu ordnen. Die Kriterien, die zu den jeweiligen Zuordnungen führen, haben sich aus Erfahrungen entwickelt, die mit unterschiedlichen Substanzen gemacht werden konnten. Im Nachvollzug dieser Erfahrungen zeigt sich die Natur *(prakṛti)* einer Substanz, die durch ein bildhaftes Vorstellungsvermögen erfaßt wird. Thatte und Dahanukar meinen dagegen:

„*Die Bestimmung der Konstitution entsprechend der āyurvedischen Methode ist in hohem Maße subjektiv und hängt weitgehend von der Erfahrung und Interpretation des Arztes ab.* "[20]

Daran ist richtig, daß Schulung und persönliche Kompetenz notwendig sind, wie auch Kretschmer in seiner Typologie betont. Das systematischste Handbuch der Chirurgie nützt nichts, wenn dem Chirurgen die Hand ausrutscht. Nicht richtig ist, daß der ganze Prozeß rein subjektiv sei, da in den āyurvedischen Texten klare Kriterien für die Beurteilung einer Substanz oder einer Konstitution gegeben werden. Eine hundertprozentige Exaktheit, sofern sie überhaupt in der Medizin möglich ist, ist von einer qualitativ orientierten Methode wie der Typologie wahrscheinlich nie zu erzielen und auch gar nicht intendiert.

Durch die eindeutige Zuordnung der wahrnehmbaren Eigenschaften zu den eher abstrakten Elementen ist ein wichtiger Schritt für die Entwicklung einer eigenständigen, für den Āyurveda spezifischen Theorie getan worden.

Da die *doṣas* sich von den Elementen ableiten, muß die gefundene gesetzmäßige Zusammengehörigkeit von Eigenschaften und Elementen auch auf diese zutreffen:

„*Die angewachsenen doṣas zeigen ihr Kennzeichen entsprechend der Stärke, bei Abnahme geben sie ihr Kennzeichen auf; in gleichmäßigem Zustand führen sie ihre Aktivität aus.* "[21]

Für die Konstituierung der *doṣas* ist bereits das Prinzip der Dynamik als entscheidender Faktor ausgemacht worden. Dieses steht vor einem kulturellen Hintergrund, den wir zumindest im religiös-philosophischen Bereich als „Vergänglichkeitsbewußtsein" oder „Wahrnehmung der ständigen Veränderung der Welt" bezeichnen können.

Diese Bezeichnungen sollen deutlich machen, daß das, was oft etwas plakaktiv als Weltabgewandheit oder pessimistische Grundhaltung Indiens benannt wird, in den einzelnen Kulturströmungen unterschiedliche Ausprägungen erfahren hat.

---

(19) CarS 1.1.50:
samavāyo 'pṛthagbhāvo bhūmyādīnāṃ guṇair mataḥ |
sa nityo yatra hi dravyaṃ na tatrāniyato guṇaḥ || 50 ||

(20) Thatte u. Dahanukar (1989, 59).

(21) CarS 1.17.62:
doṣāḥ pravṛddhāḥ svaṃ liṅgaṃ darśayanti yathābalam |
kṣīṇā jahati liṅgaṃ svaṃ samāḥ svaṃ karma kurvate || 62 ||
Vgl. dazu auch AHS 1.11.24.

Für die ärztliche Praxis haben wir eine positive Weltzugewandheit konstatiert, die eine natürliche Folge des Bestrebens ist, Menschen am Leben zu erhalten. Gleichzeitig erzeugt die mit dieser Praxis verbundene Konfrontation mit Sterben und Tod zusammen mit dem kulturellen Klima eine Grundeinstellung, die in der Wertung des Körpers zu einer besonderen Sichtweise führt:

Die Konstitutionslehre des Āyurveda geht eben nicht vom unveränderlichen Knochenbau aus, der unter bestimmten Umständen der Anschauung zugänglich ist und deshalb für eine Typologie herangezogen werden könnte, sondern sie baut hauptsächlich auf den aktiven, sich ständig verändernden *doṣas* auf. Die Befindlichkeit des Menschen ändert sich schnell; das Leben bewegt sich dauernd zwischen den Gegensätzen von Freud und Leid, Glück und Unglück, Gesundheit und Krankheit usw. Und es ist ein labiles Gleichgewicht, welches ermöglicht, daß der einzelne überhaupt in seiner natürlichen Disposition *(prakṛti)* Gesundheit aufrecht erhalten kann:

„Genau sehend, daß er ständig vom Feind von allen Seiten angegriffen ist, möge derjenige, der sein Selbst kennt, immer mit diesem verbunden aktiv sein und sich wünschen, daß sein Leben lange erhalten bleibt.“[22]

Es ist ein Wirkungsgefüge von vielerlei Kräften, in das der Mensch eingebunden ist und welches ihn unmittelbar betrifft, weil er als ein mikrokosmisches Wesen unmittelbar von den makroskopischen Wirkmächten beeinflußt wird; denn sie sind gleichzeitig in ihm und lenken die Aktivitäten des Körpers. Wenn es einen Wetterumschwung gibt, wenn das Feuer der Sonne verschwindet oder der Sturmwind kommt usw., dann erlebt man dies mit und spürt die Wirkung auf den eigenen Organismus. Das Bewußtsein der stetigen Gefahr führt zu der Auffassung, daß der Gesundheitszustand durch aktives Bemühen, oder besser gesagt durch das ständige Wahrnehmen der Veränderungen innerhalb und außerhalb des Körpers, aufrechterhalten werden muß.

Der krankhafte Zustand ist demnach nur ein Extrem im Schwankungsbereich, der sowieso andauernd durchmessen wird, ein Extrem, bei dem das Gleichgewicht kippt und die entfesselten Kräfte Störungen erzeugen.

Bei der Entwicklung einer Typenlehre geht es aber nicht in erster Linie um die Einordnung von gestörten Zuständen, sondern um die Bestimmung einer Konstitution, die prinzipiell erst einmal als gesund bezeichnet werden kann. So mußte man den pathologischen von dem normalen Zustand abgrenzen:

„Dazu sagen einige: „Nicht gibt es Leute, bei denen vāta, pitta und kapha (śleṣman) im Gleichgewicht sind, weil die Menschen (im allgemeinen) unregelmäßig sind, was die Aufnahme der Nahrung betrifft. Deshalb sind einige eine vātaprakṛti, einige eine pittaprakṛti, wiederum einige śleṣmaprakṛti.“ Diese (Auffassung) ist nicht der Sache angemessen. Aus welchem Grund? Die Ärzte wünschen Freisein von Krankheit (hervorzubringen), welches darin besteht, daß (bei einem Patienten) vāta, pitta und śleṣman im Gleichgewicht sind. Von daher kann man Gesundheit mit prakṛti identifizieren; und zum Zweck der Gesundheit unternimmt (der Arzt) die Anwendung eines Heilmittels. Diese (Anwendung selbst) hat den Charakter einer aktiven Bemühung[23]*; deshalb gibt es Leute, bei denen vāta, pitta und śleṣman im Gleichgewicht sind. Nicht aber gibt es die vāta-Naturen, die pitta-Naturen oder die śleṣman-Naturen.*

(22) CarS 1.17.119:
nityaṃ sannihitāmitraṃ samīkṣyātmānam ātmavān |
nityaṁ yuktaḥ paricared icchann āyur anitvaram || 119 ||

(23) *sā ceṣṭarūpā* kann auch in *sā ca- iṣṭarūpā* aufgelöst werden, dann ergibt sich als Bedeutung: Sie (die Anwendung) führt zu dem erwünschten Erscheinungsbild, nämlich dem Gleichgewicht von *vāta, pitta* und *śleṣman*.

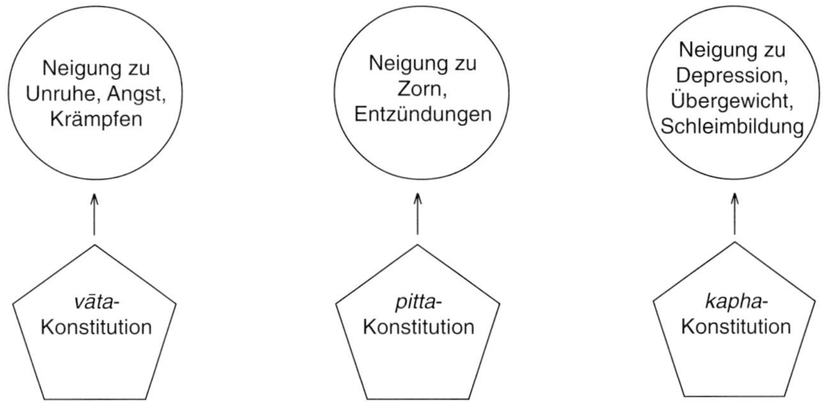

Abb. 23: Konstitution und Krankheitsneigung

Wenn nämlich bei den Menschen aufgrund der Dominanz eines doṣa (eine bestimmte Befindlichkeit vorhanden ist), dann wird eben diese doṣaprakṛti genannt. Man kann nicht davon ausgehen, daß bei gestörten doṣas ein Zustand möglich ist, bei dem man in seinem natürlichen Gleichgewicht ist; deshalb sind diese (eben genannten) keine Konstitutionstypen. Wenn also jemand von vāta, pitta oder śleṣman bestimmt ist, dann ist das so zu verstehen, daß er sich auch nicht in seinem natürlichen Gleichgewicht befindet."[(24)]

Durch die vorgetragene Argumentation wird das *Sāṃkhya*-Verständnis von *prakṛti* in die ärztliche Konstitutionslehre übersetzt. Wenn *prakṛti* selbst einen ursprünglichen Gleichgewichtszustand bezeichnet, dann müssen die einzelnen Konstitutionstypen auch von einem Gleichgewicht bestimmt sein *(prakṛti)* und können nicht als Ausdruck eines gestörten Zustandes *(vikṛti)* definiert werden. Aufgabe der Heilkunde ist es dann, das gestörte Gleichgewicht durch ärztliche Mittel wieder in den natürlichen Urzustand zurückzuführen.

Dominanz (*adhikya* – das Mehrsein) eines *doṣa* befindet sich demnach noch im Bereich des Gleichgewichts, wohingegen Störung *(vikṛti)* aus der *prakṛti* herausfällt. Damit ist ein klarer Konstitutionsbegriff gewonnen, der dem Arzt gleichzeitig eine neue Betrachtungsweise eröffnet:

Er kann nun eine bestimmte Störung vor dem Hintergrund einer bestimmten Disposition betrachten, die zwar *prakṛti* ist, aber aufgrund der Dominanz eines *doṣa* die Tendenz hat, in eine bestimmte Richtung zu kippen. Dieser Aspekt wird bei der Betrachtung der Konstitutionstypen klar herausgearbeitet. Es ist nämlich die Anfälligkeit eines Patienten für die eine oder andere Störung, die für den Arzt von praktischer Relevanz ist und die den Grund dafür darstellt, daß er sich mit der Konstitution intensiv auseinandersetzt.[(25)]

[(24)] CarS 3.6.13: *tatra kecid āhuḥ, na samavātapittaśleṣmāṇo jantavaḥ santi viṣamāhāropayogitvān manuṣyāṇāṃ tasmāc ca vātaprakṛtayaḥ kecit kecit pittaprakṛtayaḥ kecit punaḥ śleṣmaprakṛtayo bhavantīti, tac cānupapannaṃ kasmāt kāraṇāt samavātapittaśleṣmāṇaṃ hy arogam icchanti bhiṣajah yataḥ prakṛtiś cārogyam ārogyārthā ca bheṣajapravṛttiḥ sā ceṣṭarūpā tasmāt santi samavātapittaśleṣmāṇaḥ, na khalu santi vātaprakṛtayaḥ pittaprakṛtayaḥ śleṣmaprakṛtayo vā | tasya tasya kila doṣasyādhikyāt sā sā doṣaprakṛtir ucyate manuṣyāṇāṃ na ca vikṛteṣu doṣeṣu prakṛtisthatvam upapadyate tasmān naitāḥ prakṛtayaḥ santi santi tu khalu vātalāḥ pittalāḥ śleṣmalāś ca, aprakṛtisthās tu te jñeyāḥ || 13 ||*

[(25)] Auch die Homöopathie kennt den Unterschied zwischen der angeborenen Konstitution und erworbenen Konstitutionalismen; vgl. Hahnemann (Ausgabe 1987, 135 f) und Stiegele (1955,50).

Wann die Anwendung des *prakṛti*-Begriffes auf die Konstitution eines Menschen genau stattgefunden hat, läßt sich nur schwer ermitteln, da sie in den vorhandenen Texten bereits durchgeführt ist. Auf alle Fälle bildet sie aber einen fundamentalen Bestandteil des Systems und nicht eine sekundäre Ergänzung, ebenso wie die *Sāṃkhya*-Philosophie kaum ohne das *prakṛti*-Konzept denkbar wäre. Die Entwicklung eines medizinischen Systems verläuft häufig über die Ausweitung eines erfolgreichen Erklärungsmodells. In die erarbeitete Systematik werden nach und nach weitere erfahrungsheilkundlich bewährte Therapien und Rezepturen integriert.

Der *prakṛti*-Begriff wurde aber nicht nur verwendet, um menschliche Konstitutionstypen zu beschreiben, sondern auch auf andere Substanzen ausgeweitet. Dadurch konnte man in einem Gesamtbild zu erfassen suchen, welches Heilmittel die komplementäre Ergänzung zu einem bestimmten Konstitutionstyp darstellte, und dieses dementsprechend auswählen.

In diesem Zusammenhang gibt die CarS eine klare Definition dessen, was im āyurvedischen Kontext mit *prakṛti* gemeint ist:

„Prakṛti wird das genannt, was die eigene Natur (ausmacht).[26] *Es ist außerdem das wesensmäßig zugehörige Gefüge der Eigenschaften wie schwer usw. in bezug auf Nahrung, Heilkräuter und (andere) Substanzen, z.B. bei māṣa- und mudga-Bohnen*[27] *oder bei Schwein und Wild."*[28]

Die *māṣa*-Bohne (Phaseolus radiatus) gilt als schwer, die *mudga*-Bohne (Phaseolus mungo) als leicht. Ebenso wird Schwein als schwer und Wild als leicht eingeordnet; dies sind deren natürliche Eigenschaften.[29]

Um die Konstitution eines Menschen oder einer Substanz zu bestimmen, reicht es also nicht, die Eigenschaften jeweils einzeln wahrzunehmen, sondern es muß deren Gefüge, deren Verbindung *(guṇayoga)* erkannt werden.

Erst in diesem Gesamtbild zeigt sich der Stellenwert der einzelnen Qualitäten, zeigt sich, ob vor allen Dingen die Eigenschaft *(guṇa)*, oder ob die anderen Aspekte wie Kraft *(vīrya)*, Verdauungsergebnis *(vipāka)* oder spezifische Wirkung *(prabhāva)* die Gesamtwirkung bestimmen.[30]

Der Hinweis, die Gesamtheit der Eigenschaften in einer Zusammenschau zu erfassen, erinnert stark an das Konzept des Arzeimittelbildes in der Homöopathie:

„Das eigentliche und homöopathisch Typische ist die Erfassung der Arzneidaten in Reaktionsbildern, die bei der Prüfung und in der Erfahrung bei der Anwendung an gesunden und kranken Menschen von Generationen von Ärzten aufgestellt und bestätigt worden sind. Sie ähneln in der Tat bestimmten Menschen (Konstitution-Diathese) oder einem bestimmten Menschen (Individualität) oder anders ausgedrückt entsprechen einer Person, für die das Arzneimittel dann paßt (Simile) und heilt."[31]

[26] Oder: Das, was (einer Person oder Substanz) als wesensmäßige Eigenschaft zugehört; *svabhāva* wird hier als Synonym für *prakṛti* verwendet und meint das „individuelle So-Sein".

[27] Vgl. Laping (1982, 182 f).

[28] CarS 3.1.21: *tatra prakṛtir ucyate svabhāvo yaḥ sa punar āhārauṣadha-dravyāṇāṃ svābhāviko gurvādiguṇayogaḥ tadyathā māṣamudgayoḥ śūkaraiṇyoś ca* | | 1 | |
Das Kompositum *āhārauṣadhadravyāṇām* kann auch folgendermaßen aufgelöst werden: „Substanzen, die als Nahrungsmittel oder Heilmittel verwendet werden können".

[29] Vgl. auch CarS 1.5.5 f.

[30] Zu den verschiedenen Aspekten der Wirkung vgl. Meulenbeld (1987, 5 ff) und Sharma (1982, 86 ff).

[31] Dorsci (1978, 42).

Für den Bereich der Homöopathie hat Beuchelt die Konstitutionstypen zusammengestellt. Er diskutiert die Beobachtungen von Kretschmer u.a. und führt aus, daß die homöopathischen Konstitutionen davon abweichen müssen, da es sich bei ihnen um „Arzneimittel-Reaktions-Typen" handelt.[32]

Auch wenn in der Zubereitung der Arzneimittel Homöopathie und Āyurveda bedeutende Unterschiede aufweisen, kann man in der Kombination von typologischer und individueller Vorgehensweise bei der Diagnose, wie Dorsci sie beschreibt, eine methodologische Verwandtschaft beider Systeme konstatieren. Da der āyurvedische Arzt früher auch sein eigener Pharmazeut war, hat er viele Heilmittel speziell für bestimmte Patienten zubereitet.

Es gibt noch einen weiteren Aspekt, der auf die Bedeutung der Typologie im Āyurveda hinweist. Betrachtet man den Stil der āyurvedischen Klassiker mit den langen Aufzählungen von Qualitäten und Wirkungen, bei denen immer wieder die gleichen Grundbegriffe auftauchen, kann man mit Zimmermann und anderen den Eindruck gewinnen, daß die Hinweise und Beschreibungen oft nicht spezifisch genug sind, um sie in der Praxis verifizieren zu können. *„Um die Teile des Körpers und deren Funktionen zu beschreiben, benutzen die Sanskrittexte die ungenauesten Wörter: gehen, stehen, nähren, unterstützen.*[33]

Dieses anscheinend Unspezifische kann in diesem Zusammenhang als Ausdruck einer typisierenden Sprache verstanden werden und ist somit ein wesentliches didaktisches Element, welches den Lehrbuchcharakter dieser Texte verdeutlicht.

Im *Vimānasthāna* der CarS werden im sechsten Kapitel die Gruppen der Krankheiten *(rogānīka)* beschrieben, und in diesem Zusammenhang wird explizit formuliert:

„Aufgrund ihrer übergroßen Menge sind die krankhaften Zustände nicht zählbar; die doṣas hingegen sind aufgrund dessen, daß sie nicht in so großer Zahl vorhanden sind, überschaubar; deshalb werden die Störungen wie ein Bild beschrieben, um beispielhaft (die Struktur eines Symptomkomplexes) anschaulich zu machen. Vollständig werden wir aber die doṣas beschreiben. "[34]

Es geht dem Autor des Lehrbuches also gar nicht darum, minutiös alle klinischen Befunde einzeln aufzuzeichnen. Vielmehr wählt er eine andere Methode, indem er versucht, ein charakteristisches Bild zu zeichnen. Die Farbstifte sind dabei die Eigenschaftspaare, die in immer neuen Variationen zusammengefügt werden und dadurch neue Zusammenhänge bilden.

Diese Beschreibungen können aber nur dann bildhaft empfunden werden, d.h. sich zu einer klaren Darstellung verdichten, wenn die Grundprinzipien dem Betrachter so vertraut sind, daß er sie auf den Einzelfall übertragen kann, daß er z.B. schwer und leicht im Gesamtgefüge einer Vielzahl von Symptomen und Eigenschaften einzeln und im Zusammenhang des Ganzen hinsichtlich ihrer Wertigkeit erfaßt und mittels genauer Beobachtung des Patienten verifiziert.

Die typisierende Vorgehensweise erklärt Meulenbelds richtige Charakterisierung der medizinischen Literatur Indiens: *„Fallgeschichten sind immer noch sehr selten in neu-*

---

[32] Beuchelt (1956, 12).

[33] Zimmermann (1979, 15). Ebenso berichtet Labadie (1984) von den „ungenauen" Angaben seiner Gewährsleute über pharmakologische Wirkungen.

[34] CarS 3.6.5: *tatra vyādhayo 'parisaṃkhyeyā bhavanti, atibahutvāt, doṣās tu khalu parisaṃkhyeyā bhavanti, anatibahutvāt, tasmād yathācitraṃ vikārān udāharaṇārthaṃ anavaśeṣeṇa ca doṣān vyākhyāsyāmaḥ* ।

en Publikationen und in der Sanskrit-Literatur sogar vollständig unbekannt. Dies unterscheidet sie von der medizinischen Literatur in Arabien oder Persien. "[35]

Es lag sicher nicht an der mangelnden Beobachtungsfähigkeit der Ärzte, daß keine Fallgeschichten aufgeschrieben worden sind. Vielmehr wurde es nicht als notwendig erachtet, da man eher danach strebte, immer tiefer in die Typologien einzudringen und von dort ausgehend den Einzelfall anzuschauen. – Überhaupt fehlt in der indischen Literatur das biographische Element fast vollständig. Viele Gestalten der Epen sind nicht Menschen aus Fleisch und Blut, sondern Typen oder besser gesagt Repräsentanten einer Idee. In diesen Kontext gehört sicher auch das indische Geschichtsverständnis, welches die Notierung einzelner Ereignisse weniger begünstigte. Aus methodologischer Sicht sind diese Tendenzen nicht unbedingt Ausdruck eines Mangels, sondern Ausdruck eines anderen kulturellen Paradigmas, welches sich wie ein roter Faden durch verschiedene Gesellschaftsbereiche zieht.

Trotzdem ist es notwendig, von einer pauschalen typisierenden Betrachtung den Zugang zum Individuum zu erschließen, dafür werden verschiedene Ausgangspunkte der Betrachtung gewählt:

„Man sollte die Inkonsistenz in bezug auf die Besonderheiten der Kategorien der Einteilung, die als zählbare Größen zu Beginn eingeführt werden, nicht als fehlerhaft betrachten; denn es liegt (der jeweiligen Einteilungskategorie) eine bestimmte Anschauung, eine These, zugrunde. Noch sollte man meinen, daß Freiheit von Inkonsistenz (automatisch) Fehlerfreiheit bedeuten würde. Derjenige, der eine Einteilung vornimmt, teilt das zu Teilende nämlich auf andere Weise, d.h., das vorher Geteilte wird entsprechend einer (anderen) Besonderheit der Einteilungskategorien (neu) geteilt; und man gelangt so auf vielfache Weise zu einer Unterscheidung bezüglich der Zahl der Einteilungen. (Durch dieses Verfahren) wird das Vorherige, was als Einteilung am Anfang stand, nicht ungültig. "[36]

Prakṛti wird hier mit Kategorie wiedergegeben; gemeint ist der jeweilige Komplex von Merkmalen, der wesensmäßig dem einzuteilenden Bereich angehört und damit den Bezugsrahmen der einzelnen Untergruppen, sowie die Rechtfertigung von deren Existenz darstellt. *Prakṛti* ist das Konstituierende einer Einteilung, ist der Blickwinkel, der zu einer Aufteilung des Gesamthorizonts führt.

Im Sinne Kretschmers ist *prakṛti* der Kern eines Typus: *„Für den Konstitutionstypus ist es deshalb charakteristisch, daß er einen festen Kern, aber keine festen Grenzen hat.* "[37]

Das Entscheidende an dem Verfahren, verschiedene Einteilungskategorien zu bilden, ist das Verstehen des Bezugspunktes, der eine Einteilung konstituiert. Auf dieser Basis ist es möglich, sich auf verschiedene Sichtweisen einzulassen und aus unterschiedlichen Perspektiven ein Krankheitsgeschehen zu betrachten. Die CarS geht bezüglich der Krankheiten von Polaritäten aus:

- heilbar – unheilbar (*sādhya – asādhya*),
- leicht – schwer (*mṛdu – dāruṇa*) (in der Ausprägung),

[35] Meulenbeld (1984, 119).

[36] CarS 3.6.4: *na ca saṃkhyeyāgreṣu bhedaprakṛtyantarīyeṣu vigītir ity ato doṣavatī syād atra kācit pratijñā, na cāvigītir ity ataḥ syād adoṣavatī | bhettā hi bhedyaṃ anyathā bhinatti, anyathā purastād bhinnaṃ bhedaprakṛtyantareṇa bhindan bhedasaṃkhyāviśeṣam āpādayaty anekadhā, na ca pūrvaṃ bhedāgram upahanti |* Cp gibt als Bedeutung von *agra* im ersten Satz Anzahl, Maß (*parimāṇa*) und im letzten Satz Maßstab, Kategorie (*pramāṇa*). Dies ist möglich; man kann aber sicher auch mit der üblichen Bedeutung von *agra* arbeiten.

[37] Kretschmer (1977, 357).

- geistig – körperlich (*mano 'dhiṣṭhāna – śarīrādhiṣṭhāna*),
- durch Ungleichgewicht der den Körper tragenden Prinzipien verursacht – von außen kommend (*svadhātuvaiṣamyanimitta – āgantunimitta*),
- den Ursprung im Magen bereich habend – den Ursprung im Darmbereich habend (*āmāśayasamuttha – pakvāśayasamuttha*).[38]

Die konstituierenden Faktoren *(prakṛti)* der Einteilung sind dabei: Wirkung *(prabhāva)* – Stärke *(bala)* – Wirkungsbereich *(adhiṣṭhāna)* – Ursprung *(nimitta)* – Entstehungsort *(āśaya)*. Im Kombinieren dieser und anderer Einteilungen bildet sich ein Gesamtbild, welches differenziert das Individuelle zu erfassen vermag.

Logische Konsistenz bedeutet für die āyurvedische ärztliche Praxis nicht unbedingt Fehlerfreiheit, sondern kann auf eine Einseitigkeit hinweisen, die der Vielfalt der Möglichkeiten nicht gerecht wird. Gefordert wird vielmehr die Fähigkeit, sich einer neuen Einteilungsmöglichkeit, einer neuen Betrachtungsweise zuwenden zu können, ohne die erste damit aufzuheben. Die dafür notwendige geistige Flexibilität steht im Gegensatz zu einer routinemäßigen schematischen Behandlung von Fällen und bildet die Grundlage für eine Heilkunst, die sich jedem Individuum in seiner Einmaligkeit zuwendet.

Die Tatsache, daß der Konstitutionsbegriff sowohl auf Substanzen als auch auf den Menschen angewendet wird, daß Krankheiten, Heilmittel und Heilverfahren gleichermaßen in Gruppen eingeteilt werden, läßt sich einerseits natürlich aus der mündlichen Tradition des Unterrichts erklären, die für das Auswendiglernen solche Systematiken in einem hohen Maß benötigt. Sie stellt andererseits einen wichtigen Aspekt der āyurvedischen Methodik dar, der sich bis in die Textstruktur fortsetzt.

Wir können demnach diese Literatur im ganzen als eine typisierende bezeichnen, was bedeutet, daß wir ein angemessenes Textverständnis nur unter Berücksichtigung dieses Faktors erhalten. Wenn z.B. die Nahrungsmittel in Gruppen eingeteilt werden, die bestimmte Charakteristika gemeinsam haben, wie *śukadhānya* (Getreide mit Grannen), *śamīdhānya* (hauptsächlich Hülsenfrüchte), *māṃsa* (Fleisch), *śāka* (Gemüse), *phala* (Früchte) usw.[39], dann wird durch die Zugehörigkeit zu einer Gruppe eine typologische Zuordnung getroffen, welche eine ganz bestimmte Art der Wirksamkeit beschreiben soll, die den Mitgliedern dieser Gruppe gemeinsam ist.

Es kommt also darauf an, den Gesamtcharakter einer Gruppe zu erfassen, dessen Beziehung zu bestimmten menschlichen Konstitutionen zu betrachten und die Einzelinformationen vor diesem Hintergrund einzuordnen. Damit bekommen die einzelnen Charakterisierungen der Substanzen eine größere Schärfe, die sich aus dem gesamten systematischen Zusammenhang herleitet.

In der Praxis wird allerdings der umgekehrte Weg empfohlen; denn diese setzt bereits die Vertrautheit mit dem Systemzusammenhang voraus. Insofern muß davon ausgegangen werden, daß der Therapeut in der Lage ist, die übergeordneten Gesichtspunkte nicht aus den Augen zu verlieren, während er sich dem Einzelfall zuwendet. Gleichzeitig ist die Praxis auf das genaue Beachten des Details angewiesen, da ansonsten die Theorie zu einem leeren Schema werden würde.

„Bei Substanzen, die mehrere Geschmacksrichtungen haben, oder Störungen, die durch

---

[38] CarS 3.6.3.
[39] CarS 1.27.

(das Einwirken) mehrerer doṣas gekennzeichnet sind, möge man das Erscheinungsbild der rasas bzw. doṣas einzeln der Reihe nach genau betrachten. Danach erst sollte man die eigentliche Natur des Erscheinungsbildes der Substanz bzw. der Störung bestimmen"[(40)]

Für den Fall, daß die Einflußfaktoren zu komplex sind, als daß man noch die einzelnen Momente herausdividieren kann, wird diese analytische Betrachtung wieder zugunsten einer holistischen Gesamtschau aufgegeben:

„Im Fall eines solchen zusammengefügten Aggregats möge man, nachdem man zur eigentlichen Natur des Erscheinungsbildes des Ganzen vorgedrungen ist, die Natur des Erscheinungsbildes des Heilmittels und der Krankheit erfassen."[(41)]

Aus der Sicht eines analytisch orientierten Wissenschaftsverständnisses gleicht die Einschränkung des genannten Verfahrens einer Aufgabe und einem Sichzurückziehen von der genauen Erkenntnis zugunsten einer Flucht in Pauschalurteile. Wenn man aber davon ausgeht, daß sich die Grundelemente des Daseins direkt im Erscheinungsbild offenbaren, besteht prinzipiell auch die Möglichkeit, daß auch der Gesamteindruck, wenn er genau genug erfaßt wird, zu einem exakten Ergebnis führen kann.

Wie die moderne Typenlehre[(42)] fordert die āyurvedische Methodik eine genaue Untersuchung der einzelnen Faktoren, die dem typologischen Bild zugrunde liegen. Sorgfältige Analyse des Einzelfalles und Kenntnis des Gesamtzusammenhangs konstituieren gemeinsam den diagnostischen Prozeß und sind aufeinander angewiesen.

Fassen wir noch einmal die Prämissen der āyurvedischen Typologie zusammen:

1. Die Eigenschaften, die an Substanzen wahrnehmbar sind, sind Ausdruck der Gegenwart eines oder mehrerer Grundprinzipien, z.B. von Elementen oder *doṣas.*
2. Die Konstitution *(prakṛti)* ist ein Zustand des Gleichgewichts. Bestimmte charakteristische Eigenschaften treten durch das Überwiegen eines oder mehrerer Grundprinzipien zutage.
3. Es gibt unterschiedliche Kategorien, die zu einer typologischen Einteilung verwendet werden können.
4. Der Zugang zur Konstitution kann analytisch über Einzelaspekte oder holistisch über die Gesamtschau eines Eigenschaftskomplexes erfolgen. Auf die Analyse muß ein Prozeß der Synthese aufbauen, um das Gefüge der Eigenschaften *(guṇayoga)* bestimmen zu können.
5. Für das Erfassen der Konstitution ist eine besondere Qualifikation des Therapeuten notwendig.

Es ist deutlich geworden, daß die Bildung von typologischen Einteilungen als ein Grundzug des āyurvedischen Denkens betrachtet werden kann und daher ein typologisierender Stil in den klassischen Texten verwendet wird. Insofern lassen sich in verschiedenen Einzelbereichen des Āyurveda Typologien herausarbeiten. Im folgenden soll aber nur auf die menschlichen Konstitutionstypen eingegangen werden.

6.1.1 Psychologische Typen

Für den Bereich der Psyche gab es im alten Indien von Seiten der philosophischen und religiösen Traditionen zahlreiche Vorstellun-

[(40)] CarS 3.1.9: *tatra khalv anekarasesụ dravyeṣv anekadoṣātmakeṣu ca vikāreṣu rasadoṣaprabhāvam ekaikaśyenābhisamīkṣya tato dravyavikārayoḥ prabhāvatattvaṃ vyavasyet* | | 9 | |

[(41)] CarS 3.1.11: *tathāyukte hi samudaye samudāyaprabhāvatattvam evam evopalabhya tato dravyavikāraprabhāvatattvaṃ vyavasyet* | | 11 | |

[(42)] Kretschmer (1977, 354).

gen, menschliches Verhalten zu betrachten und dieses ethisch zu bewerten. Für den Āyurveda ist die im *Sāṃkhya* getroffene Einteilung der Urnatur *(prakṛti)* in drei grundlegende Eigenschaften *(guṇa)* bedeutsam.[43] Sie erfüllt einerseits eine kosmogonische Funktion und verleiht dadurch diesen Eigenschaften einen universalen Geltungsbereich, andererseits dient sie dazu, individuelle Eigenschaften einzuordnen. Insbesondere im Kontext der *Yoga*-Lehren wurden die *guṇas* mit dem Erlösungsstreben in Zusammenhang gebracht und stärker ethisch bewertet. Bedeutsam ist z.B. die Bhagavad Gītā, wo die Charakterisierung von Glauben *(śraddhā)*, spiritueller Praxis *(tapas)*, Nahrung *(āhāra)*, Opfer *(yajña)* und Geben *(dāna)* mittels der *guṇas* durchgeführt wird.[44] Diese Vorgehensweise erschließt dem Leser konkrete ethische Richtlinien für sein Handeln. Die epische Literatur und andere Werke legen ein beredtes Zeugnis davon ab, daß die *guṇa*-Lehre zu einem verbreiteten Orientierungsrahmen kulturellen Lebens geworden war.

Das besondere Anliegen des Arztes, den Patienten zu heilen, führt zu einer speziellen Betrachtungsweise der *guṇas*, die auch ein Licht auf das Selbstverständnis der Heilkunde wirft.

Wichtig ist dabei, daß *sattva* – entsprechend der ansonsten vorgetragenen positiven Bewertungen – aus dem Bereich der *doṣas* (Fehler) ausgeschlossen wird, so daß man von zwei *doṣas* der Psyche und drei *doṣas* des Körpers spricht:

„Vāyu, pitta und kapha wird die auf den Körper bezogene Gruppe der Fehler genannt; als die auf den Geist bezogene (Gruppe) werden rajas und ebenso tamas gelehrt.“[45]

Sattva ist damit dem Bereich von *prakṛti* zugeordnet, die anderen Eigenschaften dem *vikṛti*-Zustand.

Die SuS gibt die allgemeine Charakterisierung der *guṇas* im Abschnitt über den Körper *(śarīrasthāna)*, den man als die anthropologische Grundlegung des Āyurveda betrachten kann:

„Die von sattva bestimmten (Menschen) haben als Eigenschaften: Wohlwollen, eine Neigung zur Großzügigkeit, Geduld, Wahrhaftigkeit, Rechtschaffenheit, Gewißheit in bezug auf die Realität des Geistigen, Erkenntnis, Unterscheidungskraft, Einsicht, Erinnerungsvermögen, Entschlossenheit und Freiheit von Anhaftung.

Die von rajas bestimmten aber: eine Menge an Kummer, einen unsteten Charakter (Gewohnheit, Verhalten), Unentschlossenheit, Ichbezogenheit (Egoismus), Unaufrichtigkeit, Mitleidslosigkeit, Heuchelei, Hochmut, Erregbarkeit, Verlangen und Zorn.

Die von tamas bestimmten: Depressivität, Unglaube, nicht rechtschaffener Charakter, Unterdrückung der Unterscheidungskraft, Unwissenheit, Einsichtslosigkeit, Lethargie, Schläfrigkeit.“[46]

Man wird wohl auch zu der Zeit, als dieser Text entstanden ist, kaum Menschen im täg-

---

[43] SK 11 ff.

[44] BhG 17.1 ff.

[45] CarS 1.1.57:
vāyuḥ pittaṃ kaphaś coktaḥ śārīro doṣasaṃgrahaḥ |
mānasaḥ punar uddiṣṭo rajaś ca tama eva ca || 57 ||
Ähnlich wiederholt CarS 3.6.5, ohne Nennung der einzelnen Aspekte SuS 4.27.5.

[46] SuS 3.1.18: *sāttvikās tu ānṛśaṃsyaṃ saṃvibhāgarucitā titikṣā satyaṃ dharma āstikyaṃ jñānaṃ buddhir medhā smṛtir dhṛtir anabhiṣaṅgaś ca, rājasās tu duḥkhabahulatā 'ṭanaśīlatā 'dhṛtir ahaṅkāra ānṛtikatvam akāruṇyaṃ dambho māno harṣaḥ kāmaḥ krodhaś ca, tāmasās tu viṣāditvaṃ nāstikyam adharmaśīlatā buddher nirodho 'jñānaṃ durmedhastvam akarmaśīlatā nidrālutvaṃ ceti* || 18 ||

lichen Leben angetroffen haben, die alle Eigenschaften eines Typs in sich vereinigen. Vielmehr weisen die jeweils aufgeführten Merkmale, denen noch viele hinzufügt werden könnten, alle in eine Richtung, laufen auf ein Zentrum zu, das in der Natur des jeweiligen *guṇa* zu suchen ist.

Wir haben es demnach mit Idealtypen zu tun, die kaum auf der Straße zu finden sind, dafür aber um so häufiger in der Mythologie, die in didaktischer Weise die Charaktere und die Folgen, die aus dem Handeln dieser Charaktere erwachsen, herausarbeitet. Für den damaligen kulturellen Kontext handelte es sich aber nicht um künstlich gebildete Idealtypen, die aus einer theoretischen Überlegung heraus entstanden waren, sondern sie wurden als natürliche Typen betrachtet, die jeder, der etwas Beobachtungsgabe und Menschenkenntnis besaß, sofort erkennen konnte.

Die meisten der in dem zitierten Abschnitt aufgeführten Eigenschaften wären wahrscheinlich auch innerhalb anderer Textgattungen aufgezählt worden. Nichtsdestoweniger geben Klarheit, Unstetigkeit und Dumpfheit in ihren unterschiedlichen Mischungsverhältnissen dem Arzt Hinweise darauf, welcher psychische Einfluß wahrscheinlich auf das Heilungsgeschehen einwirken könnte. Insofern hat die typologische Einordnung einerseits einen prognostischen Wert, andererseits ermöglicht sie, das Behandlungskonzept auf die Persönlichkeit abzustimmen.

So wird der von *sattva* bestimmte Patient eher aktiv die Therapie unterstützen und eigenverantwortlich seine Heilmittel einnehmen. Der von *rajas* bestimmte Patient ist als jemand zu kategorisieren, der von einem Arzt zum nächsten wechselt und sehr unregelmäßig in der Einnahme seiner Mittel ist. Der von *tamas* bestimmte ist in seiner depressiven Lethargie gefangen und bedarf des intensiven Anstoßes seitens des Therapeuten.(47)

Die praktische Anwendung der *guṇa*-Typologie macht ein anderer Abschnitt der SuS deutlich:

„Einige Menschen sind dünn, aber voll von Lebenskraft; (andere) kompakt, besitzen aber nur geringe Stärke; deshalb möge der Arzt das Durchhaltevermögen und die Kraft in bezug auf Anstrengungen untersuchen.

Sattva bewirkt, daß man durch Befindlichkeiten, die von (gesundheitlichen) Schwierigkeiten oder besonderem Wohlbefinden ausgehen, nicht aus dem inneren Gleichgewicht gebracht wird.

Der von sattva bestimmte erträgt alles; denn er stützt sein Selbst durch sich selbst;(48) *der von rajas bestimmte wird durch andere gestützt; nichts ertragen kann der von tamas bestimmte (Mensch).*“(49)

In diesem Abschnitt ist die ethische Konnotation der *guṇa*-Einteilung zugunsten einer sachlichen Beschreibung von Verhaltensfor-

(47) Statistisch gesehen wird ein hoher Prozentsatz der in Deutschland verordneten Medikamente nicht eingenommen. Eine prognostische Analyse der zu erwartenden Verhaltensweise könnte zu einer sinnvollen Modifikation der jeweils zu empfehlenden Einnahmeform eines Medikamentes führen.

(48) Ḍalh erläutert *ātmānam* mit *manas* und *ātmanā* durch *buddhi*; d.h. durch die Unterscheidungskraft wird der (schwankende) Geist gestützt.

(49) SuS 1.35.36-38:
kecit kṛśāḥ prāṇavantaḥ sthūlāś cālpabalā narāḥ |
tasmāt sthiratvaṃ vyāyāmair balaṃ vaidyaḥ pratarkayet || 36 ||
sattvaṃ tu vyasanābhyudayakriyādisthāneṣv aviklavakaram || 37 ||
sattvavān sahate sarvaṃ saṃstabhyātmānam ātmanā |
rājasaḥ stabhyamāno 'nyaiḥ sahate naiva tāmasaḥ || 38 ||
Ähnlich CarS 3.8.119.

men in den Hintergrund getreten. Der einleitende Hinweis, daß das äußere Erscheinungsbild täuschen kann, sensibilisiert den angehenden Arzt für die Notwendigkeit, genau und umfassend zu beobachten.

Insofern hat ein Transfer vom „abstrakten" philosophischen Konzept in die ärztliche Behandlungspraxis stattgefunden. Der Arzt macht täglich die Erfahrung, daß Patienten unterschiedlich mit ihrer spezifischen Störung umgehen, und er benutzt die vorhandene Einteilungskategorie der drei *guṇas*, um die Einstellungsmuster besser klassifizieren zu können.

Dies ist kein Eklektizismus, sondern ein Teil der Wissenschaftsentwicklung, die sich auch in anderen Kulturen so vollzogen hat, daß philosophisch-religiöse Begriffe und Konzepte Eingang in die wissenschaftliche Theoriebildung gefunden haben und damit prägend für die weitere Entwicklung eines Wissenschaftsgebietes geworden sind. Diese Tatsache wird insbesondere in der modernen Wissenschaftstheorie argumentativ genutzt, um zu zeigen, daß wissenschaftliche Konzepte in weitaus stärkerem Maß von nichtreflektierten weltanschaulichen Annahmen bestimmt werden, als gemeinhin angenommen wird. Die Betrachtung der Entwicklung des Āyurveda innerhalb eines anders gestalteten kulturellen Umfeldes kann für diese Zusammenhänge sensibel machen, da die Übernahmen deutlicher ins Auge fallen. Die weltanschaulichen Prämissen unserer eigenen Wissenschaftstradition sind uns aber oft genug nicht ausreichend bewußt.

Andererseits darf wegen einer begrifflichen Gleichheit nicht sofort auf eine bloße Übernahme geschlossen werden. Vielmehr werden Vorstellungen, die innerhalb des kulturellen Paradigmas existieren, in das System eingebaut, wenn sie als hilfreich und sinnvoll für die Praxis empfunden werden. In der Anpassung an das spezifische medizinische Anliegen und der damit verbundenen Modifikation der Begriffsbedeutung zeigt sich die Eigenständigkeit āyurvedischen Denkens.(50)

Die verschiedenen *guṇa*-Typen zeigen sich nicht nur in unterschiedlichen Graden der Standhaftigkeit dem Leiden gegenüber, sondern wirken sich auch ätiologisch aus, da davon ausgegangen wird, daß falsches Verhalten zur Entstehung der meisten Krankheiten führt.(51)

„Alle Aktivitäten der Wesen dienen dazu, Glück zu erlangen. Aufgrund des Unterschieds zwischen Erkennen und Nichterkennen aber gliedern sich die Aktivitäten in Wege und Abwege.(52)

Diejenigen, die (die Dinge des Lebens) von allen Seiten betrachten, entwickeln, nachdem sie das Wohltuende genau geprüft haben, eine Zuneigung dazu. Die Alltagsmenschen(53) *aber, deren Selbst von Leidenschaftlichkeit (rajas) und Täuschung (tamas) verhüllt ist, (entwickeln eine Neigung) zu dem, was ihnen angenehm erscheint.*(54)

---

(50) Die historische Fragestellung, inwieweit die āyurvedische Theoriebildung selbst Motor für die Entwicklung philosophischer Lehren gewesen ist, soll hier nicht erörtert werden.

(51) CarS 1.11.43 ; 1.20.5.

(52) *Mārga* (der Weg) ist also der gute Weg, der Weg, der ein Ziel besitzt, wohingegen schädigendes Verhalten ein Nichtweg, ein Abweg ist, der aus der *prakṛti* herausfällt und ohne ein positiv definierbares Ziel ist.

(53) Cp paraphrasiert *laukika* mit *aparīkṣaka*, d.h. derjenige, der die Welt nicht in umfassendem Sinne betrachtet, der oberflächliche Mensch, der die Fähigkeit des genauen Anschauens, welches die Tugend der Ärzte ist, nicht in sich entfaltet. Man kann *laukika* natürlich auch mit „materialistischer Gesinnung", „Unglaube" oder „Bezogenheit auf die Sinneswelt" übersetzen, verdeckt aber durch die Betonung des weltanschaulichen Aspektes die Intention des Autors, der als Gegenstück den *parīkṣaka* betrachtet.

(54) Die Aussage meint nicht, daß alles, was angenehm ist, auch schädlich sein muß; vgl. CarS 1.26.8. Vielmehr erscheint der gestörten Urteilskraft das als angenehm, was eigentlich schädigend ist.

Kenntnis der heiligen Überlieferung, Unterscheidungskraft, Erinnerungsvermögen, Geschicklichkeit, Willenskraft, Anwendung des Wohltuenden, Reinheit der Rede, Gemütsruhe und Standhaftigkeit kommen zu demjenigen, der (die Dinge des Lebens) von allen Seiten betrachtet.[55]

Zum Alltagsmenschen, zu dem Täuschung (tamas) und Leidenschaftlichkeit (rajas) gekommen sind, kommen diese Eigenschaften nicht. (Stattdessen) kommen viele geistige und körperliche Krankheiten, die (rajas und tamas) als Ursache haben.

Aufgrund des Fehlgehens der Erkenntnisakte[56] *nämlich pflegt (ein solcher Mensch Kontakt) zu den nichtwohltuenden Sinnesobjekten, die den fünf (Objektbereichen angehören); er unterdrückt die natürlichen Impulse (des Körpers) und unternimmt unbesonnene Handlungen.*

Der Unwissende fühlt sich angezogen von Zuständen, die man als Freude am Vergänglichen bezeichnen kann. Der Unterscheidende, dessen Unterscheidungskraft nicht befleckt ist, fühlt sich davon nicht angezogen."[57]

Der religiös-ethische Hintergrund des Textes ist zwar auf Schritt und Tritt spürbar. Trotzdem wird deutlich, daß aufbauend auf einer Typenlehre das Krankwerden eines Menschen aus dem Verhalten heraus erklärt werden soll. Es geht nicht mehr um Schuldzuweisungen, die einem magisch orientierten Weltbild entspringen, und um Kräfte, die durch unbewußte Lücken in der rituellen Reinheit auf mystische Weise in den Menschen eingedrungen sind, sondern um konkret beobachtbares Verhalten und dessen Folgen. Auch wenn diese Beschreibung vielleicht etwas zu modern klingt, kann sie doch als Ausdruck des Selbstverständnisses der āyurvedischen Sichtweise gelten. Innerhalb der philosophischen Traditionen wurde der Kausalitätsbegriff konsequent auf alle Bereiche des Lebens angewendet und ist insofern auch für gesundheitsbewußtes Verhalten relevant.

Basis des Handelns ist das Streben nach *sukha*, welches als Universalbegriff sowohl für weltliches Glück als auch die Glückseligkeit der Erlösung steht. Wessen Unterscheidungsfähigkeit aber gestört ist, der verliert zwar nicht dieses Streben, versucht das Glück aber in Erfahrungen zu finden, die objektiv betrachtet schädigend sind. Derjenige aber, der sich auf den Weg der Unterscheidung begibt, wird in diesem Bemühen zusätzlich gestärkt, indem die guten Qualitäten zu ihm kommen.[58]

---

(55) Cp bezeichnet *buddhi* usw. als Gottheiten *(devatā)*, drückt also noch das alte Verständnis aus, diese geistigen Kräfte als eigenständige Wesenheiten zu betrachten.

(56) Zu *prajñāparādha* als grundlegende Ursache von Krankheiten vgl. Wolz-Gottwald (1991, 125 ff); Dasgupta (1975, 2 u. 415); Srikantha Murthy (1987).

(57) CarS 1.28.35-40:
sukhārthāḥ sarvabhūtānāṃ matāḥ sarvāḥ pravṛttayaḥ |
jñānājñānaviśeṣāt tu mārgāmārgapravṛttayaḥ || 35 ||
hitam evānurudhyante praparīkṣya parīkṣakāḥ |
rajomohāvṛtātmānaḥ priyam eva tu laukikāḥ || 36 ||
śrutaṃ buddhiḥ smṛtir dākṣyaṃ dhṛtir hitaniṣevaṇam |
vāgviśuddhiḥ śamo dhairyam āśrayanti parīkṣakam || 37 ||
laukikaṃ nāśrayanty ete guṇā moharajaḥśritam |
tanmūlā bahavo yanti rogāḥ śarīramānasāḥ || 38 ||
prajñāparādhād dhi ahitān arthān pañca niṣevate |
saṃdhārayati vegāṃś ca sevate sāhasāni ca || 39 ||
tadātvasukhasaṃjñeṣu bhāveṣv ajño ´nurajyate |
rajyate na tu vijñātā vijñāne hy amalīkṛte || 40 ||

(58) Man kann diesen Gedanken bis in die *Brāhmaṇa*-Zeit zurückverfolgen und ihn dort in dem Mythos ŚB 9.5.1.12 ff vorfinden, der berichtet, daß sich die Wahrheit den Göttern zuwandte, weil diese von den Göttern gut behandelt worden war. Die Unwahrheit hingegen ging zu den Dämonen, weil sie sich dort unterstützt fühlte.

In diesem Zusammenhang kann man das ärztliche Wirken als eine Unterstützung für das Streben nach Befreiung betrachten, indem der Arzt derjenige ist, der der unterdrückten Unterscheidungskraft wieder zum Durchbruch verhilft, d.h. den Zugang zur ursprünglichen Natur/Konstitution *(prakṛti)* wieder eröffnet und damit selbständiges, auf Freiheit beruhendes richtiges Handeln ermöglicht.

Von weltanschaulichen Grundlagen ausgehend wird eine modern anmutende Motivationstheorie entworfen, die beinhaltet, daß die Zuwendung zu wohltuenden Objekten, Handlungen usw. auch entsprechend positive Erfahrungen hervorbringt, die wiederum verstärkend auf den eingeschlagenen Weg einwirken. In moderner Begrifflichkeit findet man diese Vorstellung im Motivationskonzept der humanistischen Psychologie wieder: Maslow spricht von einer Unterscheidung zwischen „defizitmotivierten and wachstumsmotivierten Menschen".[59] Erstere bleiben in ihrem Selbstgefühl immer abhängig von der Außenwelt, wohingegen letztere mehr aus dem eigenen Inneren heraus handeln und selbstmotiviert sind. Sie sind mit diesem Verhalten unabhängiger von der Außenwelt und entsprechen in vielem dem *sattva*-Typ.

Durch die Einbeziehung der Handlungen und ihrer entsprechenden Wirkungen verwandelt sich die auf den *guṇas* aufbauende psychologische Typenlehre von einer statischen Einordnung in eine dynamische Bewertungsskala, auf der es möglich ist, sich in verschiedene Richtungen zu bewegen. Da *rajas* und *tamas* als Fehler *(doṣa)* gelten, gilt es, diese therapeutisch anzugehen und *sattva*-Qualitäten zu stärken. Man kann sogar formulieren: Gerade weil die Charakterisierung der Typen nicht wertfrei ist und die Einwirkung von *rajas* und *tamas* direkt als Fehler bezeichnet wird, ist es möglich, den Typus als eine flexible Größe zu betrachten und den therapeutischen Prozeß einzuleiten. Es wird somit nicht disqualifiziert, sondern diagnostiziert.

Die genaue Einschätzung, welche Qualitäten zu einem bestimmten Zeitpunkt dominieren, ist für den diagnostischen Prozeß bedeutsam, da psychische Disposition, vitale Kraft und körperliche Befindlichkeit zusammenwirken:

„Es gibt hier zwei Menschentypen, an denen sich Krankheitsbilder zeigen: Der schwer erkrankte und der leicht erkrankte. Dabei kann es sein, daß der Schwerkranke jemand ist, der aufgrund dessen, daß Psyche, Vitalkraft und Körper in rechtem Verhältnis zueinander stehen, den Eindruck erweckt, nur leicht erkrankt zu sein. Ein anderer, der nur leicht erkrankt ist, macht aufgrund dessen, daß seine Psyche usw. sich in einem schlechten Zustand befinden, den Eindruck, als wäre er schwer erkrankt. Wenn Unkundige aufgrund des bloßen Augenscheins in bezug auf diese beiden ihr Urteil fällen, werden sie in der Bewertung der Schwere bzw. Leichtheit der Krankheit fehlgehen."[60]

Mit dieser neuen Typisierung wird der psychische Bereich verlassen und das Zusammenwirken von psychischer Disposition und körperlichem Befinden betrachtet, denen als mittleres, verbindendes Element die Vitalkraft zwischengeordnet ist. Der Arzt wird aufgefordert, seine Betrachtung zu differenzieren, indem er nicht einfach auf der Ebene der oberflächlichen Symptome stehen bleibt, sondern versucht, das tatsächliche Zusammenspiel der verschiedenen Aspekte, die die Person konstituieren, zu eruieren.

---

(59) Maslow (1970, 162).

(60) CarS 3.7.3: *iha khalu dvau puruṣau vyādhitarūpau bhavataḥ guruvyādhitaḥ laghuvyādhitaś ca | tatra guruvyādhita ekaḥ sattvabalaśarīrasaṃpadupetatvāl laghuvyādhita iva dṛśyate, laghuvyādhito ´paraḥ sattvādīnām adhamatvād guruvyādhita iva dṛśyate | tayor akuśalāḥ kevalaṃ cakṣuṣaiva rūpaṃ dṛṣṭvā ´dhyavasyanto vyādhigurulāghave vipratipadyante* || 3 ||

Auf der Basis des Ergebnisses, welches er aus dieser Analyse erzielt, wird er seinen Behandlungsplan einrichten sowie bei einer schwachen Grunddisposition eine entsprechende stärkende Nachbehandlung beginnen.

6.1.2 Dhātu-Typen

Dhātu bedeutet wörtlich „essentieller Bestandteil, Essenz". Bereits in den vedischen Ritualtexten finden sich Reihungen der Grundbestandteile des Körpers, die die Vorläufer der āyurvedischen *dhātu*-Reihe bilden und in wechselnden Variationen den Menschen zu erfassen suchen.(61) Für die klassische Zeit scheint sich zumindest die Siebenzahl der *dhātus* fixiert zu haben; denn in nichtmedizinischen Texten erscheinen unter der Siebenzahl auch andere Zusammenstellungen.(62)

Begriffsgeschichtlich bietet sich also ein analoges Bild zu den Elementen, die nach einer Phase der Variation in ein feststehendes Schema gebracht worden sind. Für die Elemente konnten wir als Motiv der Anordnung die Parallelität zu den Wahrnehmungssinnen erkennen und feststellen, daß diese Korrelation zu einem Ausgangspunkt der āyurvedischen Systematik wurde.

Die *doṣa*-Lehre entwickelte sich aus dem Bedürfnis heraus, Lebendiges durch dynamische Prinzipien zu beschreiben, wobei mit dem Nach-unten-Gehen von *vāta,* welcher als Repräsentation des Geistes im Körper galt, ein vedischen Urbild nachvollzogen wurde: Im Verlauf des Schöpfungsprozesses stellte sich nämlich die Frage, wie die entstandene Schöpfung, die wie tot dalag, zu beleben sei; denn in dieser Form gefiel sie dem Schöpfer *(prajāpati)* nicht. Der Entschluß, der daraufhin reifte, war, daß der Schöpfer selbst in seine Geschöpfe einging, um sie von innen heraus zu beleben.(63) Er war es dann auch, der von innen die Öffnungen der Sinnesorgane bohrte, damit die Wesen die Außenwelt wahrnehmen konnten.

Im Āyurveda bleibt das Prinzip des Herabsteigens eines geistigen Prinzips auf die irdische Ebene, welches in den *Upaniṣaden* für die menschliche Seele bei der erneuten Inkarnation herausgearbeitet worden war, bestehen, und zwar erstens im Konzept des Herabsteigens des Keimes *(garbhāvakrānti)*(64) und zweitens in der Anordnung der *doṣas*. Im religösen Bereich findet dieses Prinzip seine Parallele in der Inkarnation einer Gottheit in menschlicher Form *(avatāra).*

Hinsichtlich der klassischen Reihenfolge der *dhātus* ist nach einem Motiv zu fragen, welches dafür gesorgt haben könnte, daß gerade diese und keine andere Anordnung getroffen worden ist:

rasa (Chylus), *rakta* (Blut), *māṃsa* (Fleisch), *medas* (Fett), *asthi* (Knochen), *majjan* (Mark), *śukra* (Samen).(65)

Der Same, welcher als letzter in der Reihe der *dhātus* aufgeführt wird, ist ein lebenspendendes Prinzip, welches aus der lebenspendenden Nahrung entsteht. Bereits Müller hat gesehen, daß die *dhātus* zwar den Körper

(61) Jamison (1986) hat die entsprechenden Belege der vedischen Zeit zusammengestellt und betrachtet die in der Medizin entwickelte *dhātu*-Reihe als eine Entwicklung aus diesen. Das (1990) untersucht die *dhātu*-Reihen in der historischen Weiterentwicklung des Āyurveda.

(62) Jamison (1986, 176 f).

(63) Vgl. z.B. AV 11.8; ŚB 13.7.1.1.

(64) CarS 4.3. Die in diesem Kapitel stattfindende Diskussion über die Faktoren, die zu der Entstehung eines Menschen führen, ist ebenso wie das Gespräch über die *rasas* (vgl. Kap. 7) als eine didaktische Komposition zu betrachten.

(65) Z.B. SuS 1.14.10.

konstituierende Prinzipien sind, aber gleichzeitig als Transformationsstufen der Nahrungsverarbeitung einen dynamischen Charakter besitzen.[66] Endpunkt dieses Transformationsprozesses ist *ojas,* die Lebenskraft:

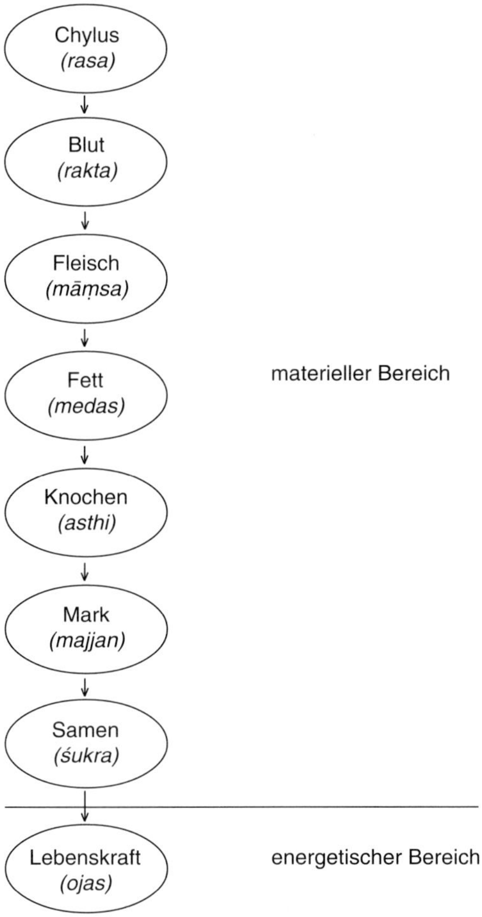

Abb. 24: Die sieben dhātus (Transformationsstufen der Nahrungsverarbeitung)

„Nun wollen wir im weiteren Fortgang das Kennzeichen für Kraft und für den Verlust von Kraft erklären: Was diesbezüglich in der Reihe, die mit rasa beginnt und mit śukra endet, der höchste Glanz ist, das ist nämlich ojas, das allein wird aufgrund der vollendeten Schlußfolgerung dieses Lehrbuches Kraft genannt.“[67]

Manchmal wird *ojas* zwar wie eine Substanz beschrieben, an dieser Textstelle bezeichnen die Begriffe „höchster Glanz“ und „Kraft“ eine immateriell, bzw. feinmateriell *(sūkṣma)* vorgestellte Lebensenergie, ähnlich den Vorstellungen des Vitalismus, die z.B. in der Homöopathie als Erkärungsmodell für die Wirkung von Hochpotenzen herangezogen werden.

Als grundlegende Lebensenergie hat *ojas* seinen Sitz im Herzen, welches der Ursprungsort des Bewußtseins und der Sitz des Selbst ist.

„Das (Herz) ist der Standort des höchsten ojas, dort, wo auch das Bewußtsein gebildet wird; deshalb wird es von den Ärzten das Große (mahat) und das Ziel (artha) genannt.“[68]

Ojas, das Endprodukt der Verdauung, d.h. der Transformation der Materie, gehört wieder in den Bereich, aus dem der Mensch ursprünglich gekommen ist. Die Seele des Menschen inkarniert sich nach āyurvedischer Vorstellung, indem sie – entsprechend dem Vorbild des ersten Schöpfers – in die Materie herabsteigt. Der menschliche Körper als Instrument der Seele exkarniert gewissermaßen die Nah-

---

[66] Müller (1933, 310); vgl. auch Obeyesekere (1976, 201), Meulenbeld (1974, 470).

[67] SuS 1.15.19: *balalakṣaṇaṃ balakṣayalakṣaṇaṃ cāta ūrdhvam upadekṣyāmaḥ | tatra rasādīnāṃ śukrāntānāṃ dhātūnāṃ yat paraṃ tejas tat khalv ojas tad eva balam ity ucyate svaśāstrasiddhāntāt || 19 ||*
Meulenbeld (1974, 451) betont mehr den flüssigen Aspekt von *ojas*, der zweifelsohne in einigen Textstellen intendiert ist, mit dem sich das Konzept aber nicht erschöpft.

[68] CarS 1.30.7:
tat parasyaujasaḥ sthānaṃ tatra caitanyasaṃgrahaḥ |
hṛdayaṃ mahad arthaś ca tasmād uktaṃ cikitsakaiḥ || 7 ||
Der Charakter von *ojas* als Essenz *(sāra)* und universales Lebensprinzip wird in CarS 1.30.9-11 weiter herausgearbeitet.

rung, indem er sie über einen stufenweisen Prozeß in den Samen als feinstes Produkt verwandelt. Der Same besitzt eben wegen dieser Verfeinerung und der dadurch erzeugten Verbindung mit der Ursachenebene die Fähigkeit, Leben zu zeugen. Darüber hinaus entsteht die noch feinere Lebenskraft, die sozusagen die Nahrung des Selbst im Herzen des Menschen ist.

Die Ausscheidungen des Körpers, die den sieben *dhātus* zugeordnet werden, sind nach dieser Konzeption die Stoffe, die den nächsten Verfeinerungsschritt nicht mitmachen können, so daß als Essenz am Ende nur eine kleine Menge übrigbleibt. Die Dauer des gesamten Transformationsprozesses wird auf die Zeit eines Monats angesetzt.(69)

Die auf den *dhātus* aufgebaute Typologie folgt in der CarS auf die wichtigere *doṣa*-Typologie und wurde wahrscheinlich als ein zusätzliches Hilfsmittel der Diagnostik benutzt(70):

„Wenn die dhātus ausgewogen sind, zeigen sich alle ihre Eigenschaften. So möge man entsprechend der Konstitution untersuchen.“(71)

Die nun folgende Beschreibung der Eigenschaften, die sich durch die sieben *dhātus* und *sattva* als achtem Prinzip zeigen, betont den Aspekt, ob jemand die Essenz *(sāra)* einer bestimmten Transformationsstufe besitzt oder nicht. Die Hinzufügung von *sattva*, welches in der CarS die Bezeichnung für die Psyche ist, kann hier so verstanden werden, daß *ojas* als achte Stufe des Umwandlungsprozesses intendiert ist. Dies weist wiederum auf die über das Materielle hinausgehende Bedeutung von *ojas* hin. Gleichzeitig ist im Rahmen der besprochenen psychologischen Typologie Stärke mit dem Vorhandensein von *sattva* assoziiert.

Diese diagnostische Analyse soll Auskunft darüber geben, wie groß das Maß der Kraft *(balamāna)* hinsichtlich bestimmter Aspekte einzuschätzen ist. Wahrscheinlich geht es dabei um die Gegenwart von *ojas* in einem bestimmten *dhātu*, die diesem zur Blüte verhilft.

In dieser Textstelle findet sich eine Abweichung der *dhātu*-Reihe gegenüber der ansonsten vorherrschenden Anordnung, und zwar wird *rasa* (Chylus) durch *tvac* (Haut) ersetzt. Dies weist einerseits darauf hin, daß es sich um eine ältere Anordnung handelt, die noch von der alten vedischen Einteilung inspiriert ist.(72) Andererseits ist *rasa* für die äußere Betrachtung nur schwer erkennbar, also auch schlecht in einer Typologie einzusetzen.

Die Beschreibung der *dhātu*-Typen in der CarS ist eine Mischung aus konkreten diagnostischen Beobachtungen und damit verbundenen Verheißungen. Letzere entsprechen in ihrer Tendenz den im indischen Kulturkreis bekannten glückverheißenden Zeichen, die sich am Körper wahrnehmen lassen, und haben eher mantischen als medizinischen Charakter.(73)

Die konkrete Beschreibung beispielsweise der Haut als ölig, weich, sanft, klar und fein mit

(69) SuS 1.14.14 ; AHS 2.3.66.

(70) CarS 3.8.102 ff.

(71) CarS 3.8.100: *sarvaguṇasamuditās tu samadhātavaḥ | ity evaṃ prakṛtitaḥ parīkṣeta* || 100 ||

(72) Vgl. die Reihungen bei Jamison (1986). *Rasa* und *śukra* sind demnach erst relativ spät in die Reihe der Körperbestandteile aufgenommen worden. Sie zerstören aber nicht die vedische Ordnung, d.h. die Aufzählung der Körperteile von außen nach innen, wie Jamison meint (1988, 176); denn aus der Sicht der Aneignung der Nahrung durch den Körper ist *rasa* ebenfalls außen, fremd, wohingegen *śukra* als innen, dem eigenen Sein zugehörig betrachtet werden kann. Die vedische außen-innen-Anordnung ist eher eine anatomische, die āyurvedische eine physiologische. Zur Frage von *rasa* oder *tvac* vgl. insbesondere Das (1990), der allerdings zu keinem abschließenden Ergebnis kommt.

(73) Außer CarS 3.8.102 ff vgl. auch SuS 1.35.16 ff. Vgl. Manu 3.4 ff.

wenigen, tief verwurzelten und feinen Härchen paßt nicht direkt zu den etwas unvermittelt danebenstehenden Wirkungen Glück, günstiges Schicksal, Herrschaft, Genuß, Unterscheidungskraft, Wissen, Gesundheit, Freude und Langlebigkeit. Es ist daher nicht unwahrscheinlich, daß hier zwei verschiedene Betrachtungsweisen zusammengefügt worden sind.[(74)]

Gerade diese Zusammenfügung hetorogenen Materials verdeutlicht den spezifisch āyurvedischen Zugang der genauen Betrachtung der Phänomene, der von den Ärzten dem vermutlich älteren Material hinzugefügt worden ist. Da in die Mantik auch konkrete Beobachtungen eingeflossen sind, wird man den Einschluß dieser Lehren damals nicht als Bruch empfunden haben, ähnlich wie die astrologischen Aspekte ohne Komplikationen Einlaß in die ärztliche Praxis finden konnten.

Den Abschluß der Betrachtung bildet der methodische Hinweis, daß das äußere Aussehen eines Patienten, insbesondere seine Körpergröße und sein Gewicht, keinesfalls direkten Aufschluß über die Stärke, d.h. das Vorhandensein der Essenz *(sāra)* eines *dhātu* geben kann; denn auch die kleine Ameise ist in der Lage, eine große Last zu tragen.[(75)] Der Vorteil der differenzierten typologischen Analyse liegt demnach darin, daß eine tiefere Erfassung des Patienten möglich wird, die durch den Rückschluß auf konstituierende Eigenschaften über die Betrachtung des Erscheinungsbildes hinausweist.

6.1.3 Doṣa-Typen

Bereits Kirfel hat in einer kurzen Anmerkung darauf hingewiesen, daß die alten heilkundlichen Systeme in der modernen Typenforschung eine Fortsetzung gefunden haben. Er betrachtet dies aber eher von einem ideengeschichtlichen Standpunkt aus und berücksichtigt die medizinische Grundlage kaum.[(76)]

Die *doṣa*-Typologie nimmt in der āyurvedischen Heilkunde einen bedeutenden Platz ein und durchzieht die Texte wie ein roter Faden.[(77)] Aus methodologischer Sicht soll diese Typologie charakterisiert und auf einige Parallelen in der neueren Forschung verwiesen werden, deren Existenz ein deutlicher Indikator dafür ist, daß es sich bei den Kennzeichen der *doṣas* um Ergebnisse von gesammelten Beobachtungen handelt, d.h. daß diese in stärkerem Umfang eine empirische Grundlage besitzen, als bisher angenommen worden ist.

Kretschmer hat im Rahmen des Versuchs, eine umfassende Typenlehre zu entwickeln, darauf hingewiesen, daß *„weder rein morphologische Typisierungen, die sich nur auf die Körpermerkmale stützen, noch rein vegetativ funktionelle, noch rein physiologische für sich bestehen können.“*[(78)]

Nach Ansicht des Āyurveda sind die *doṣas* Manifestationen der Urelemente und besitzen daher als Einteilungskategorie eine universale Gültigkeit; sie zeigen sich im Körperbau, in

---

(74) In eine ähnliche Richtung gehen die Vermutungen von Filliozat (1964) in bezug auf die Maßangaben, die für verschiedene Körperteile gegeben werden (SuS 1.35.3 ff; CarS 3.1.117) und in unmittelbarer Nachbarschaft zu finden sind. Als Ursprung solcher mantischer Klassifizierungen können auch innerindische Einflüsse anderer gesellschaftlicher Gruppen angenommen werden.

(75) CarS 3.8.115.

(76) Kirfel (1951, 44). Hinweise in ähnliche Richtung geben: Udupa (1977); Majumdar (1989, 179 ff), der den Bezug zu Sheldons Ansatz herstellt, Chandrasekharan et al. (1971) unter Verweis auf Alexander, Lechner-Knecht (1978, 173) unter Verweis auf Kretschmer.

(77) Es bedarf umfassender Einzeluntersuchungen, allein wenn man die *doṣa*-Konstitutionen im Hinblick auf verschiedene Krankheitsbilder erforschen oder die therapeutischen Anwendungen und Heilmittel im Sinne einer konstitutionellen Medizin herausarbeiten wollte.

(78) Kretschmer (1977, 355).

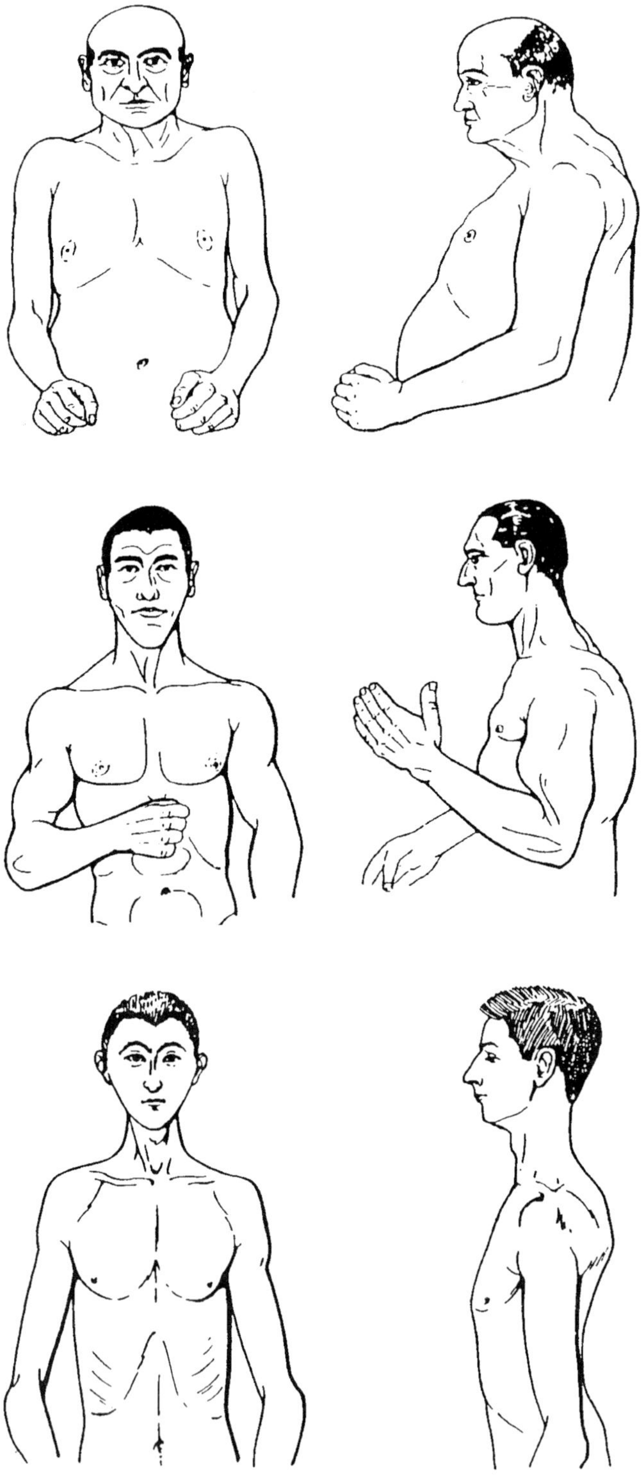

a: Pyknischer Typ (schematisch)

b: Athletischer Typ (schematisch)

c: Leptosomer Typ (asthenisch) skizziert

Abb. 25: Skizzierung der Typen nach Kretschmer (aus: *Kretschmer, E.*: Körperbau und Charakter. Springer-Verlag, Heidelberg 1977).

den Merkmalen des Körpers, der physiologischen Regulation, sowie in psychischen Eigenschaften. Gleichzeitig sind die *doṣas* (wörtlich „Fehler“) mit der Neigung zu bestimmten Krankheiten verbunden.

Interessanterweise hat Kretschmer ebenso wie die Āyurvediker eine Dreierstruktur der Konstitutionen entwickelt:

„Die Dreigliedrigkeit des Kretschmerschen Typensystems spricht durchaus für seine Natürlichkeit. Immer wieder sehen wir in der Natur, daß zwei entgegengesetzte Positionen durch eine dritte in Frage gestellt oder überbrückt werden. Rein polar sind nicht einmal Geschlechtstypen. Wir finden Polarität immer erst sekundär durch denkende Analyse verschiedener Typen. So bilden etwa der pyknische und der leptosome Habitus unter einem Gesichtswinkel gesehen Gegensätze, unter einem anderen kaum.“[(79)]

Das strukturelle Verhältnis der drei *doṣas* ähnelt Kretschmers Betrachtungsweise: *vāta* und *kapha* stehen sich von der Zuordnung her polar gegenüber, wohingegen *pitta* durch seine Eigenschaften Gemeinsamkeiten mit beiden hat.[(80)]

Es wäre natürlich eine große Versuchung, diese strukturellen Gemeinsamkeiten auszunutzen und zu versuchen, beide Systeme zur Deckung zu bringen. Dies scheint auf den ersten Blick auch möglich zu sein; denn der leptosome Typ entspricht recht klar dem *vāta*-Typ, der pyknische dem *kapha*-Typ, und für den athletischen Typus bliebe noch der nicht ganz so direkt übereinstimmende *pitta*-Typ.[(81)]

In der Tat lassen sich verstärkend eine ganze Reihe empirische Befunde aufzählen, die die genannte Korrelation unterstützen und zumindest zeigen, daß die āyurvedischen Angaben nicht konstruiert sind, sondern ebenfalls auf Beobachtung beruhen müssen.

Einschränkend muß beachtet werden, daß der Ausgangspunkt der Kretschmerschen Typologie ein ganz anderer ist; denn er beginnt bei der Beobachtung von Zusammenhängen zwischen psychischen Störungen und Körperbau und ordnet nach der einmal gefundenen Struktur die Fragestellungen diesem System unter.[(82)]

Der Āyurveda hingegen betrachtet die *doṣas* als ein dynamisches Regelsystem, welches in sich zahlreiche Wechselwirkungen aufweist und dadurch zu bestimmten Gesetzmäßigkeiten bei der Entstehung und Entwicklung von Krankheiten führt. Gleichzeitig dienen die *doṣas* in verschiedener Hinsicht als Einteilungsprinzipien:

1. für den Konstitutionsbegriff (*prakṛti*),
2. für die Kategorisierung der Krankheiten selbst, so daß sich eine Überlagerung der *prakṛti*-Struktur durch eine *doṣa*-Störung ergeben kann
3. für die Einordnung von Vorlieben und Abneigungen, die sich in Handlungsmustern manifestieren und dementsprechend auf das Individuum zurückwirken,[(83)]
4. als Charakterisierungsprinzipien für Substanzen, Landschaften, Behandlungsmethoden usw.

---

(79) Kretschmer (1977, 119).

(80) Dies wird insbesondere an der Zuordnung der Geschmacksrichtungen deutlich (vgl. Kap. 7).

(81) Die Typologien finden sich in CarS 3.6.13 ff, 3.8.95 ff, SuS 3.4. 64 ff, AHS 2.3.83 ff. In der SuS und der AHS ist die Typologie also Teil des anthropologischen *śarīrasthāna*; in der CarS ist sie in einem diagnostischen Kontext des *vimānasthana* beheimatet.

(82) Kretschmer (1977, 6).

(83) Kretschmers Schule betrachtet zwar die Zusammenhänge zwischen Konstitution und Krankheitsneigung, untersucht aber in diesem Kontext kaum den Einfluß des Verhaltens, welches eine Störung mit verursacht haben kann.

Bedeutsam ist zusätzlich, daß sich die *doṣa*-Dominanz im Ablauf der Zeit ständig wandelt, d.h. im Tageslauf, im Prozeß der Verdauung, im Jahreslauf und im Lebensalter, so daß die *prakṛti* ständig durch wechselnde Einflüsse überlagert werden kann.[84]

Der dynamische Charakter der *doṣas* zeigt sich also nicht nur in der Steuerung der körperlichen Aktivitäten, sondern entfaltet sich in den wechselnden Variationen der Zeit sowie der individuellen Lebensrhythmen.

Wichtig ist dabei die typologische Einteilung der Lebensphasen, die in den Klassikern getroffen wird: Der Jugendzeit ist *kapha* zugeordnet, dem mittleren Alter *pitta* und dem Alter *vāta*:

„Beim Kind vermehrt sich śleṣman, im mittleren Alter hingegen pitta; beim alten Menschen wächst vāyu am stärksten. Dies genau betrachtend, möge man (das Heilmittel) anwenden (oder: möge man sein Leben gestalten).“[85]

Diesem Vers geht eine Beschreibung der Veränderungen des Körpers im Alterungsprozeß voraus (SuS 1.35.29), der im Text 30 ein therapeutischer Hinweis beigefügt wird, welcher die Dosierung betrifft: Zuerst soll die Dosis der Mittel mit dem Alter gesteigert werden; wenn die Kräfte aber wieder abnehmen, geht man auf die Werte der Jugendzeit zurück.

Durch die Gegenüberstellung des prallen, runden Säuglings mit kurzen Beinchen, der ständig sabbert oder eine Rotznase hat, und des alten Menschen, der trockene faltige Haut hat, dessen Gelenke knacken, der vielleicht hager oder dürr ist, bekommt man ein unmittelbares deutliches Bild dessen, was mit *kapha* und *vāta* gemeint ist. Die Übereinstimmung ist so prägnant, daß man vielleicht sogar annehmen kann, daß die *doṣa*-Typen von den Beobachtungen des Alterungsprozesses ihren Ausgangspunkt genommen haben.

Das Alter ist auch die Periode, in der sich die meisten Krankheiten einstellen. In Übereinstimmung damit schneidet die *vāta*-Konstitution in der Beurteilung am schlechtesten ab, wohingegen die *kapha*-Konstitution als der ausgewogenste und langlebigste Typ beschrieben wird.

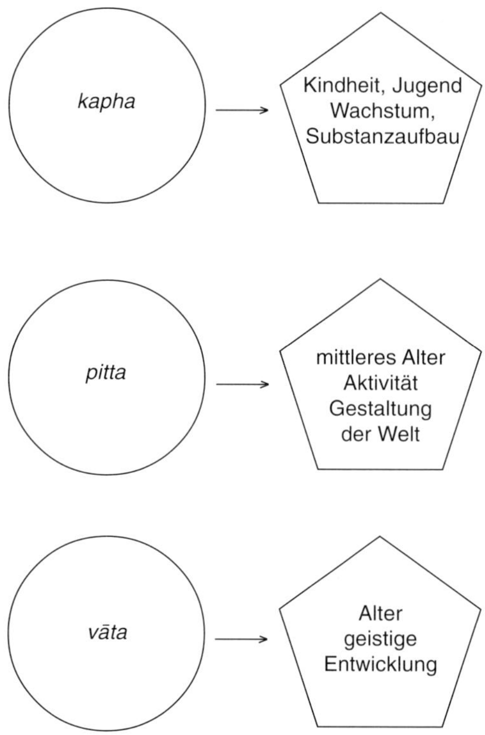

Abb. 26: Die doṣas und die Lebensphasen

[84] Zu Beginn der AHS (1.1.8) wird bei Einführung der doṣas die zeitlich unterschiedliche Präsenz der *doṣas* verdeutlicht und damit in den Mittelpunkt der Betrachtung gerückt. Für die Verdauung vgl. Kap. 10.3; zu den *doṣas* innerhalb der Zeitrhythmen vgl. Lobo (1987).

[85] SuS 1.35.31:
bāle vivardhate śleṣmā madhyame pittam eva tu |
bhūyiṣṭhaṃ vardhate vāyur vṛddhe tad vīkṣya yojayet || 31 ||

Diese Bewertung kann noch von einer anderen Seite her erläutert werden:

Vāta als Repräsentation des Geistigen motiviert Bewegungen und Aktivitäten und sollte in seinem Bereich wirken, aber nicht zu stark auf der substantiellen Ebene präsent sein, da er dort nur Unheil anrichtet; denn er ist der körperlichen Stabilität, die *kapha* repräsentiert, diametral entgegengesetzt. Wenn *vāta* zunimmt, baut der Körper ab, wird ausgezehrt und erschöpft. Eine Parallele findet diese Sichtweise in der anthroposophischen Medizin, die ebenfalls die Polarität zwischen geistiger Aktivität und den physiologischen Prozessen thematisiert.

Dies zeigt sich z.B. in der Beschreibung von *śoṣa* – Lungenleiden, welches insbesondere durch zuviel und zu intensive Aktivität (*vāta*) entsteht.[86] Der Lungenbereich ist vom Standort her *kapha* zugeordnet, sobald dieser zu schwach ist, greift der Antagonist *vāta* ein. In Übereinstimmung damit stellt Kretschmer eine eindeutige Korrelation zwischen Lungentuberkulose und leptosomem Typus fest.[87] Auch einige andere Krankheitsbilder, wie vegetative Dystonie, Gastritis oder Obstipation[88], lassen sich leicht der aus dem Rhythmus gekommenen Aktivität von *vāta* zuordnen.[89] Der Leptosome ist empfindlich gegen Bitteres[90] und bevorzugt fetthaltige Nahrung[91], d.h. aus āyurvedischer Sicht *snigdha*, welches der *vāta*-Typ braucht. Auch *„der Muskeltonus der Leptosomen ist, wie die psychisch-nervöse Art der Leptosomen überhaupt, am kompliziertesten gesteuert“*.[92] Das Erscheinungsbild des Leptosomen ist blaß mit kalten Händen.[93]

Wenn hingegen *kapha* zunimmt, wird alle Aktivität gehemmt und langsam, entstehen Trägheit und Schwere[94], selbst das Verdauungsfeuer wird in seiner Aktivitität gemindert.[95] Durch *vāta* hingegen wird das Verdauungsfeuer unregelmäßig, d.h., es kommt aus dem Rhythmus; *pitta* bewirkt ein scharfes Verdauungsfeuer.[96]

Man kann sagen, daß durch die Anwendung von *vāta, pitta* und *kapha* auf die Verdauung eine funktionelle Typologie entsteht, die drei gestörte und als vierte die Normalform der ausgewogenen *(sama)* Verdauung kennt. Analog zu dieser Typologie ist das therapeutische Konzept ausgerichtet: Fasten (Erleichterung, d.h. Stärkung von *vāta*) bei unverdauter Nahrung *(āma)*, welche durch *kapha* entstanden ist; Wärmebehandlung beim (kühlen) *vāta*; Erbrechen bei *pitta* (Ausscheiden der Schärfe). In der CarS leitet die Betrachtung des Verdauungsfeuers die Typologie ein, deren funktionaler, dynamischer Charakter wird also betont.[97] Der Körperbau wird zwar bei der Typologie erwähnt; für den Āyurvediker ist aber die physiologische Grundgestimmtheit das Entscheidende.

Für den pyknischen Typus zeigen sich gleichfalls verlangsamte körperliche Reaktionen in einigen Aspekten.[98] Es bestehen noch wei-

(86) Vgl. CarS 2.6.
(87) Kretschmer (1977, 151).
(88) Vgl. AHS 1.11.5.
(89) Kretschmer (1977, 162).
(90) Kretschmer (1977, 141).
(91) Kretschmer (1977, 142).
(92) Kretschmer (1977, 168f).
(93) Kretschmer (1977, 145).
(94) AHS 1.11.7.
(95) AHS 1.1.8.
(96) Vgl. auch die Erwähnung dieser Einteilung im typologischen Kapitel AHS 2.3.73.
(97) CarS 3.6.12.
(98) Kretschmer (1977, 143).

tere physiologische Übereinstimmungen mit dem *kapha*-Typ: Der Pykniker braucht nicht sehr viel Nahrung und assimiliert vortrefflich, weshalb es trotz Mangelernährung zur Gewichtszunahme kommen kann.[(99)] Der Pykniker schwitzt mehr und sondert mehr Speichel ab.[(100)]

Bei den Krankheitsneigungen liegt es in diesem Fall komplizierter; denn die rheumatischen und sklerotischen Krankheiten der Pykniker[(101)] fallen in der āyurvedischen Ätiologie unter die *vāta*-Störungen (*sāmavāta*). Berücksichtigt man den ursächlichen Zusammenhang zwischen dem Konsum von zu viel gesättigten Fettsäuren sowie tierischen Produkten als Cholesterinträger und sklerotischen Erkrankungen[(102)], wird die Übereinstimmung wieder sichtbar: Kretschmer erwähnt nämlich eine Korrelation zwischen Pyknikern und Fleischkost.[(103)] Nach āyurvedischer Sicht sind Fette und Fleischkost grundsätzlich in den schweren Bereich einzuordnen, stärken also die Tendenzen der *kapha*-Konstitution und stellen somit einen gravierenden Ernährungsfehler dar; denn der *kapha*-Typ sollte eher die *vāta*-stärkenden Nahrungsmittel bevorzugen.

Der Muskeltonus des Pyknikers ist ein *„weicher, gleichmäßiger, niedrig eingestellter Dauertonus"*[(104)], entsprechend fällt auch der Schreibdruck aus.[(105)]

Andererseits finden sich beim pyknischen Typ eine ganze Reihe von Merkmalen, die man eher als „schnell und intensiv" bezeichnen kann.[(106)] Im psychischen Bereich zeigt dieser Typ, insbesondere wenn der manische Aspekt deutlicher hervortritt, eine Intensität, ein Aufbrausenkönnen[(107)], welches im Āyurveda nicht mehr dem *kapha*-Bereich, sondern *pitta* zugeordnet würde. Passend dazu ist auch der rote Kopf, der schnell beim Zornesausbruch sichtbar wird.[(108)]

Die für *pitta* im ganzen typische Gelbfärbung des Teints findet Kretschmer beim athletischen Typus[(109)], der aufgrund seiner großen Muskelmasse den höchsten Bedarf an Kohlenhydraten zeigt[(110)] und ebenso wie der *pitta*-Typ viel ißt und trinkt.[(111)] Beim athletischen Typus treten Geschwulste und asthmatische Beschwerden in besonderem Maße auf.[(112)] Wenn bei Geschwulsten entzündliche Einflüsse vorhanden sind, ließe sich ein Bezug zu *pitta* herstellen. Die asthmatischen Erkrankungen betrachtet Kretschmer als einen für den Athletiker spezifischen spastischen Reaktionsbereich (für den Leptosomen ist dies der Magen-Darm-Trakt, also der *vāta*-Bereich, für den Pykniker das periphere Gefäßsystem verbunden mit Hypertonie); ein āyurvedischer Bezugspunkt ist dabei nicht direkt ersichtlich.

Vom methodischen Standpunkt aus ist die Forderung von Kretschmer bedeutsam, daß man die Krankheitsbilder in Untergruppen teilen solle und dadurch zu klareren konstitutionellen Bezügen käme:

---

(99) Kretschmer (1977, 142).
(100) Kretschmer (1977, 149).
(101) Kretschmer (1977, 151).
(102) Vgl. Kasper 1991, 244 ff.
(103) Kretschmer (1977, 142).
(104) Kretschmer (1977, 170).
(105) Kretschmer (1977, 172ff).
(106) Kretschmer (1977, 133).
(107) Kretschmer (1977, 208).
(108) Kretschmer (1977, 145).
(109) Kretschmer (1977, 145).
(110) Kretschmer (1977, 142).
(111) CarS 3.8.97.
(112) Kretschmer (1977, 15f u. 165).

„Die Konstitutionstypen sind oft ein viel empfindlicheres Reagens auf innere biologische Zusammenhänge als manches klinische Diagnosenschema, das dadurch nicht richtiger wird, daß man es schon lange benützt. Man sollte vielmehr, wie oben gezeigt wurde, die Krankheitsbilder in natürliche Untergruppen zerlegen, dann treten plötzlich klare und scharfe Körperbaurelationen hervor. ...“[(113)]

Diese Forderung ist von der āyurvedischen Systematik in ihren Krankheitsbeschreibungen, die regelmäßig nach *vāta, pitta* und *kapha* unterteilt werden, bereits erfüllt worden.

Bei der Betrachtung von Erkrankungen spielt auch für Kretschmer entsprechend dem āyurvedischen Verständnis die dynamische Entfaltung des Leidens eine größere Rolle als der zugrundeliegende Körperbau:

„Die Entstehung einer krankhaften Veränderung ist weniger vom Konstitutionstypus abhängig als der Verlauf und der Ausgang. Die Wichtigkeit der Konstitution für die klinische Prognose tritt hier scharf hervor.“[(114)]

Der Verlauf und der Ausgang eines Leidens ist nach dem Āyurveda aber von der Interaktion der *doṣas* bestimmt, die nicht nur die Rolle haben, eine *prakṛti* konstituiert zu haben, sondern im akuten Krankheitsgeschehen agierend gegenwärtig sind.

Die gefundenen Übereinstimmungen gerade von bestimmten Einzelbeobachtungen verdeutlichen, daß die āyurvedische Konstitutionslehre Ausdruck eines systematischen Bemühens ist, Krankheitsneigungen und Verhaltensformen typologisch zu erfassen. Insbesondere die CarS bietet ein Musterbeispiel für eine stringente Klassifizierung innerhalb des systematischen Kontextes.[(115)] Für jeden *doṣa* werden zuerst die Grundeigenschaften aufgezählt und im folgenden für bestimmte Eigenschaften eines Typus verantwortlich gemacht.[(116)] Dadurch bleibt das Kernprofil des *doṣa* bis in alle Verzweigungen hinein erhalten, was den Zugang zum individuellen Fall erleichtert. Denn dieser soll nicht in ein starres Schema gepreßt, sondern in seiner persönlichen Repräsentation der zugrundeliegenden Prinzipien umfassend betrachtet werden.

Mit diesem Ziel im Auge nehmen die Autoren der klassischen Texte Abstand davon, die Mischtypen zu beschreiben, und formulieren im Stil des Grammatikers Pāṇini eine Regel für die Konstitutionslehre:

„saṃsargāt saṃsṛṣṭalakṣaṇāḥ – Aus der Kombination entstehen die Kennzeichen der Mischtypen.“[(117)]

Auch wenn ansonsten eine starke Neigung in den Texten besteht, systematische Schemata aufzustellen, wird in diesem Fall darauf verzichtet. Warum? Innerhalb des systematischen Kontextes ließe sich sagen:

Die *doṣas* sollen als grundlegende Wirkungsprinzipien erkannt werden, die eine Vielzahl von Phänomenen generieren. Wenn aber zu viele Fakten aufgezählt werden, geht der Sinnzusammenhang, den ein *doṣa*-Komplex darstellt, verloren. Wichtiger als alle Mischtypen zu kennen ist die persönliche Kompetenz, mit der Typologie als Instrument umgehen zu können.

In der späteren Entwicklung des Āyurveda tritt als diagnostisches Mittel die Untersuchung des Pulses stark hervor; diese ist – falls sie von anderen Quellen übernommen wurde, in die *doṣa*-Systematik eingegliedert worden und versucht die funktionelle Befindlich-

---

(113) Kretschmer (1977, 157).
(114) Kretschmer (1977, 154).
(115) CarS 3.8.96 ff.
(116) Eine Parallele zu diesem Vorgehen bieten die klinischen Reaktionstypen von Lampert und Curry, die in polarer Akzentuierung einen Kälte- und einen Wärmetyp herausarbeiten; nach Beuchelt (1956, 14 f).
(117) CarS 3.8.99.

keit differenziert zu erfassen.[118] Auch Kretschmer führt Unterschiede der Typen in der Durchblutung und in der Herzfrequenz an.[119]

Medizingeschichtlich bemerkenswert ist die Tatsache, daß die Dreigliederung der typologischen Ordnung zu unterschiedlichen Zeiten und in unterschiedlichen Systemen auftaucht. So sind es bei Paracelsus die drei Grundprinzipien *sulphur, sal* und *mercurius,* die nach Strunz Seele, Leib und Geist und funktioniell Brennbarkeit, Erstarrung, Verflüssigung verkörpern.[120]

In der Homöopathie sind ebenfalls Dreigliederungen in Form der drei Miasmen als Krankheitskomplexe vorhanden.[121] Stiegele nennt aufbauend auf Grauvogel die hydrogenoide, oxygenoide und carbonitrogene Konstitution.[122]

Schrott hat einen ersten Versuch unternommen, āyurvedische und homöopathische Beschreibungen in Beziehung zueinander zu setzen; demnach kann der *kapha*-Komplex mit dem Lymphatismus in Zusammenhang gebracht werden. Bei der homöopathischen Erstverschlimmerung zeigen sich *kapha, pitta* und *vāta* als Schleim, Fieber und psychomotorische Reaktionen sowie Träume.[123]

Im Rahmen der āyurvedischen Forschung in Indien sind zahlreiche Arbeiten erschienen, die die Konstitutionslehre diagnostisch fruchtbar machen wollen. Allerdings ist deren methodischer Ansatz oft von modernen medizinischen Konzepten geprägt und wird dadurch der spezifischen Eigenart des āyurvedischen Denkens nicht unbedingt gerecht. Zu nennen sind Thatte u. Dahanukar, die Atherosklerose untersuchen, außerdem in vorsichtiger Weise die Ätiologie des Bluthochdrucks typologisch einordnen.[124] Chandrasekaran et al. untersuchen den Zusammenhang zwischen Magengeschwüren und Konstitution.[125] Singh u. Agarval betrachten die Krankheitsneigungen im Hinblick auf die *doṣas:* Angstneurose *(vāta),* Bluthochdruck *(pitta)* und Bronchialasthma *(kapha).*[126] Schwierig bei diesen Untersuchungen ist insbesondere die Zuordnung von modernen Krankheitsnamen und *doṣa*-Störungen, die aufgrund der unterschiedlichen Grundvoraussetzungen moderner und āyurvedischer Medizin problematisch ist.

Schließlich sei noch angemerkt, daß Kretschmer von Untersuchungen berichtet, die die Selbstdiagnose des Temperaments betreffen und zu eindrucksvollen Ergebnissen kommen.[127] Dies zeigt, daß der holistische Wert von typologischen Einordnungen nicht zu unterschätzen ist.

Insofern sollten die āyurvedischen Typenlehren nicht nur im Hinblick auf ihren diagnostischen und therapeutischen Wert, sondern insbesondere hinsichtlich ihres Wertes für die Gesundheitsvorsorge und Prävention untersucht werden. Die āyurvedische Heilkunde, die gleichzeitig eine Lehre von der richtigen Lebensführung ist, betont die Bedeutung der Selbstwahrnehmung und der Kenntnis der eigenen *prakṛti* für die Erhaltung der Gesundheit; denn durch diese wird die Basis für ein gesundheitsbewußtes Verhalten geschaffen.

[118] Zur Pulsdiagnose allgemein vgl. Mazars (1990, 648) und Gupta (1987), wo die *doṣa*-Systematik herausgearbeitet wird.
[119] Kretschmer (1977,144 ff).
[120] Strunz (1934, 141 ff).
[121] Kent (1973, 33).
[122] Stiegele (1955, 50).
[123] Schrott (1986, 3).
[124] Thatte u. Dahanukar (1989, 141).
[125] Chandrasekaran et al. (1971).
[126] Singh u. Agarwal (1983).
[127] Kretschmer (1977, 273).

7 Geschmack *(rasa)* – der Zugang zur Substanz

Der Fachbegriff für Geschmack ist im Āyurveda *rasa*. Die Bedeutungsvielfalt dieses Wortes weist auf dessen regen Gebrauch in verschiedenen Literaturgattungen hin: „Saft, Flüssigkeit; Essenz, das Beste, Feinste; Geschmack, Geschmackssinn; Chylus; Mixtur, Lebenselixier, Zaubertrank; Lust an etwas, Liebe, Zuneigung zu jemandem, Verlangen; Genuß, ästhetischer Genuß; Empfindung, Gefühl, Grundstimmung; ekstatische Empfindung; Beziehungsmodus des Menschen zu Gott usw.".

In den älteren *Upaniṣaden* wird *rasa* regelmäßig in der Bedeutung „Essenz, der Inbegriff von etwas" benutzt und ist oft mit dem pflanzlichen Bereich verbunden.(1) Der Geschmackssinn arbeitet im flüssigen Milieu und erschließt die „Essenz", d.h., er eröffnet den Zugang zum Wesen einer Substanz; das Wässrige ist feiner als das Irdische, ist die Essenz der Erde (ChāndU 1.1.2); das Wässrige ist gleichfalls mit dem psychischen Bereich *(manas)* und dem Mond *(soma)* assoziiert; *soma* ist auch eine Flüssigkeit und dessen Geschmack verleiht Unsterblichkeit. Es ist der Geschmackssinn *(rasa)*, der dem Leben die Würze und den Geschmack gibt, und dies eben nicht nur in Form der Nahrung, sondern auch im Kunstgenuß, im Erleben der Gefühle und Empfindungen, die ein dramatisches Schauspiel oder eine Musik auf- und abwogen läßt.

Was Goethe über den Sehsinn als Morphologie der Pflanzen erschlossen hat(2), vollzogen die Āyurvediker über den Geschmackssinn. Sie schauten nicht nur aus der Distanz auf die Pflanze, sondern ließen sich von ihr berühren, nahmen sie in ihr Inneres auf und erlebten ihre Qualität. In dieser unterschiedlichen Betonung des einen oder anderen Sinnes zeigt sich ein Unterschied des kulturellen Umfelds, der es wert wäre, daß man ihn in verschiedenen Bereichen der jeweiligen Kultur herausarbeitete.

Was in Frankreich der Gourmet und in Deutschland der Weinkenner ist – um eine etwas pauschale Parallele herzustellen – das war in āyurvedischer Zeit der Experte im *rasa*. Das Ergebnis jahrhundertelanger „Schmeckversuche" liegt in den āyurvedischen Klassikern vor; *rasa* ist dort *der* Zugang zur Substanz. Kretschmer benutzt die Beispiele des Warenbeurteilers, des Tierzuchtexperten, des Weinkenners und des Arztes, die alle eine geschulte Wahrnehmung entwickelt haben sollten, um ihren Beruf angemessen ausüben zu können. Er weist auch darauf hin, daß bezüglich der Entfernungsmessungen der geübte Beobachter der exakten Messung nach Maß und Zahl nicht unbedingt nachsteht.(3)

> Die Geschmacksqualitäten, die wahrgenommen werden, sind konstituierend für die Wirkung einer Substanz.

Erfahrungsheilkundlich ist die Wirkung einer Pflanze oder einer anderen Substanz sicher auch auf anderen Wegen ermittelt worden. Die Systematik in den Texten weist jedoch eindeutig auf die zentrale Stellung des Geschmacks hin. Zusätzlich wurden im weiteren Aufbau der Theorie andere Beurteilungskategorien entwickelt: *anurasa, vīrya, vipāka* und *prabhāva*.(4)

---

(1) So ChāndU 1.1.2, 1.2.10, BĀU 2.3.2 ff u.a.
(2) Goethe (Ausgabe 1975, 7 ff).
(3) Kretschmer (1977, 11).
(4) Vgl. Ammon (1981, 156); Meulenbeld (1987, 1 ff); Sharma (1976).

Der Geschmackssinn ist – wie die anderen Sinne auch – einer großen Verfeinerung und einer sehr genauen Wahrnehmung fähig; und so wird man vielleicht – trotz der großen Schwierigkeiten bei der Identifizierung der in den alten Texten erwähnten Pflanzen – noch viele Schätze aus dem Reservoir āyurvedischer Heilmittel heben können.[5]

Das 26. Kapitel im *sūtrasthāna* der CarS ist dem Geschmack gewidmet und ist ein Musterbeispiel für die āyurvedische Methodik. Im Licht einer historischen Betrachtungsweise kann man die unterschiedlichen Standpunkte, die von den Weisen vorgetragen werden, als Ausdruck verschiedener Lehrmeinungen und ärztlicher Traditionen betrachten.[6] Dies ist selbstverständlich möglich; die vorgetragenen Gedanken stehen hier aber ganz im Dienst einer systematischen Aufbereitung des Themas. Die folgende Analyse des umfangreichen Textes erläutert deshalb die didaktische Vorgehensweise.

Zu Beginn werden verschiedene Hypothesen über die Anzahl der Geschmäcker aufgestellt:

- **ein Geschmack**: beruhend auf der Natur des Wassers und als Sinnesobjekt der Zunge definiert (*udakād ananyaḥ*; *jihvāvaiṣayika*);
- **zwei Geschmäcker**: reizend und beruhigend (*chedanīya* und *upaśamanīya*);
- **drei Geschmäcker**: reizend, beruhigend und gemischt (*chedanīya*, *upaśamanīya*, *sādhāraṇa*);
- **vier Geschmäcker**: schmackhaft und zuträglich, schmackhaft und unzuträglich, nichtschmackhaft und zuträglich, nichtschmackhaft und unzuträglich (*svādu – hita*, *svadu – ahita*, *asvādu – hita*, *asvādu – ahita*)
- **fünf Geschmäcker**: erdhaft, wässrig, feurig, windhaft, raumhaft (*bhauma, audaka, āgneya, vāyavya, āntarikṣa*);
- **sechs Geschmäcker**: schwer, leicht, kalt, heiß, fettig, trocken (*guru, laghu, śīta, uṣṇa, snigdha, rūkṣa*);
- **sieben Geschmäcker**: süß, sauer, salzig, scharf, bitter, zusammenziehend, ätzend (*madhura, amla, lavaṇa, kaṭu, tikta, kaṣāya, kṣāra*);
- **acht Geschmäcker**: süß, sauer, salzig, scharf, bitter, zusammenziehend, ätzend und unmanifest (*madhura, amla, lavaṇa, kaṭu, tikta, kaṣāya, kṣāra, avyakta*);
- **unzählbar viele Geschmäcker**: wegen der Vielzahl der Differenzierungen bezüglich der Grundlagen, der Eigenschaften, Wirkungen und Geschmacksbilder (*āśrayaguṇakarmasaṃsvādaviśeṣāṇām*).

Ātreya als Vertreter der richtigen Schlußfolgerung und der Lehrsätze (*siddhānta* – so Cp) stellt nun seine These vor: Es gibt sechs Geschmäcker, nämlich süß, sauer, salzig, scharf, bitter und zusammenziehend. *(madhura, amla, lavaṇa, kaṭu, tikta, kaṣāya)*.[7]

Die Begründung seiner These stimmt mit keiner der vorgetragenen Meinungen überein, dies scheint kein Zufall zu sein, sondern dient dazu, den Blick der Schüler für den Wert verschiedener Einteilungskategorien zu schärfen. Denn die Erläuterung erfolgt nicht in dem Sinn, daß alle anderen Standpunkte widerlegt werden, sondern daß mit der Methode der umfassenden Betrachtung *(parīkṣā, yukti)* der Wert einer jeden These herausgearbeitet wird, um *rasa* in seinen unterschiedlichen Dimensionen verstehen zu lernen:

1. Das Wasser ist der Ursprung *(yoni)* der sechs Geschmäcker. Ähnlich formuliert die

(5) Vgl. Meulenbeld (1974, 3), der vor einer vorschnellen Identifizierung der Pflanzennamen, die in den alten Texten auftauchen, warnt.

(6) Vgl. Meulenbeld (1987, 2) u.a. Esser (1934, 602) geht ebenfalls von diesem Standpunkt aus und stellt außerdem den Bezug zu den griechischen Geschmackslehren her. Hemmeter (1936, 1236) betont jedoch den Lehrbuchcharakter der Texte.

(7) So auch CarS 1.1.65, 3.1.4, AHS 1.1.14, 1.10, SuS 1.42.3 u.a.

CarS: „*Rasa ist der Gegenstand des Geschmackssinns; dessen Grundsubstanz (besteht) aus Wasser und auch aus Erde. Bei dessen Zustandekommen sind die drei (anderen) Elemente Raum usw. bewirkende Faktoren.*“[8]

2. Reizend und beruhigend sind die zwei Wirkungen (*dve karmaṇī*).[9]
3. *Sādhāraṇa* (gemäßigt, gemischt) ist kein neuer Faktor, sondern nur das Zusammenwirken beider Wirkungen (*tayor miśrībhāva*).
4. Schmackhaft und nichtschmackhaft entspringen der persönlichen Neigung.[10] Mit dieser Einordnung macht der Autor der CarS klar, daß die Substanzerkenntnis mittels des Geschmacks nicht ein subjektives Verfahren darstellt. Der *rasa*-Experte, der nur darauf schaut, ob es ihm schmeckt, wird nicht zu einem angemessenen Urteil gelangen können. Zuträglich und unzuträglich beziehen sich auf *prabhāva*, die spezifische Wirkung.
5. Die Umformungen der fünf Elemente sind die Basis der Geschmäcker *(pañcamahābhūtavikārās tv āśrayāḥ)*. Diese Basis wird durch die natürliche Eigenart, Zubereitungsart, Anwendung, Ort und Zeit beeinflußt (*prakṛtivikṛtivicāradeśakāla*).
6. Die genannten Begriffe schwer usw. sind Eigenschaften der zugrundeliegenden Substanzen (*dravya*).
7. Ätzend *(kṣāra)* wird ausgeschlossen, weil es sich dabei um eine Substanz mit spezifischen Eigenschaften handelt; es sind außerdem bei *kṣāra* verschiedene Geschmacksrichtungen wahrnehmbar.
8. Zu unmanifest *(avyakta)* wird folgendes erklärt: „*Das Unmanifestiertsein der Geschmäcker ist nämlich in der Urnatur (prakṛti), im Nachgeschmack (anurasa) oder in der Substanz, die mit anurasa versehen ist, gegeben.*“[11]
9. „*Das Unzählbarsein dieser (Geschmäkker) beruht wiederum auf ihrer Basis usw. (und den besprochenen Einflußfaktoren prakṛti, vikṛti usw.). Aufgrund der Unzählbarkeit der Verschiedenheiten ist keine (direkte) Verbindung zu den (erlebten) Zuständen gegeben; denn jeder einzelne von diesen (Geschmäckern), der (selbst) auf einer Basis usw. beruht, die dadurch gekennzeichnet ist, daß eine unzählbare Menge von Unterschieden vorhanden ist, entfaltet (doch) distinkte Eigenschaften, die sich in (entsprechenden) Befindlichkeiten äußern.*“[12]

In der Argumentation wird also zugestanden, daß eine unzählbare Anzahl von Faktoren den Geschmack einer Substanz bestimmt, ja daß selbst ein einzelner Geschmack auf diesen Faktoren beruht. Trotzdem zeigen sich der Wahrnehmung einzelne Geschmacksrichtungen in begrenzter Anzahl, die klar voneinander unterschieden werden können. Einschränkend wird hervorgehoben, daß es sinnvoll sei, die einzelnen Geschmäcker herauszuarbeiten und nicht auf der Ebene der Kombinationen zu versuchen, den Geschmack zu bestimmen.

---

(8) CarS 1.1.64:
rasanārtho rasas tasya dravyam āpaḥ kṣitis tathā |
nirvṛttau ca viśeṣe ca pratyayāḥ khādayas trayaḥ || 64 ||

(9) Hier wird auf das *vīrya*-Konzept Bezug genommen, welches nach CarS die beiden Wirkungsfaktoren heiß und kalt umfaßt; vgl. den Abschnitt über *vīrya*.

(10) Cp paraphrasiert *bhakti* mit *icchā*.

(11) CarS 1.26.9: *avyaktībhāvas tu khalu rasāṇāṃ prakṛtau bhavaty anurase ´nurasasamanvite vā dravye*. Zu *anurasa* vgl. CarS 1.26.28.

(12) CarS 1.26.9: *aparisaṃkhyeyatvaṃ punas teṣām āśrayādīnāṃ bhāvānāṃ viśeṣāparisaṃkhyeyatvān na yuktam ekaiko ´pi hy eṣām āśrayādīnāṃ bhāvānāṃ viśeṣān āśrayate viśeṣāparisaṃkhyeyatvāt.*

Mit dem letztgenannten Argument, daß sich die einzelnen Geschmäcker doch als distinkte Größen manifestieren, d.h. daß sie eine empirische Basis haben, die prinzipiell von jedem nachvollzogen werden kann, ist auch das Ziel des ganzen Gedankengangs benannt:

Der Geschmack soll von der unmittelbaren Wahrnehmung her kategorisiert werden; und als Geschmack wird nur das zugelassen, was sich dieser unbefangenen Wahrnehmung als bestimmter Eigenschaftskomplex aufdrängt.

So sind schmackhaft und nichtschmackhaft rein subjektive Kategorien, die zwar bei der Diagnose benutzt werden, um festzustellen, in welche Richtung der Appetit eines Patienten geht und welche *doṣa*-Disposition damit zum Ausdruck kommt. Zu einer Substanzbestimmung eignen sich diese aber nicht, da höchstwahrscheinlich auch im alten Indien die Vorlieben bereits verschieden waren.

Auch wenn man Geschmackserlebnisse sicher mit den Eigenschaften erdhaft usw. belegen könnte, bezeichnen solche Qualifizierungen nicht unbedingt den direkten Eindruck, zumal die Elemente nicht der Erscheinungsebene *(bhāva),* sondern der Ursachenebene angehören *(āśraya).* Die Eigenschaften beschreiben ebenfalls nur indirekt die Erlebnisse, die sich beim Schmecken einer Substanz einstellen, und dienen mehr der Klassifizierung anderer Sinneserfahrungen, insbesondere des Seh- und des Tastsinnes.

Eines der Argumente, mit dem ätzend *(kṣāra)* als eigenständige Geschmacksrichtung ausgeschieden wird, ist die Zusammengesetztheit der Geschmacksempfindungen, die sich bei einer ätzenden Substanz einstellt. Diese rein empirische Argumentation beruht auf der Auffassung, daß es für die Wahrnehmung distinkte Geschmacksrichtungen gibt, die sich auf die Elemente zurückführen lassen und deshalb wesenhaft mit den Substanzen verbunden sind.

Die *rasas* sind zwar ebenso wie die schon besprochenen Grundeigenschaften keine rein objektiven Größen, sondern eine Klassifizierung subjektiver Sinneseindrücke. Aus der Perspektive des Āyurveda haben sie jedoch eine objektive Grundlage und bilden damit den methodischen Zugang zur Substanzerkenntnis. Die Lehre von den Geschmäckern ist also – analog zur Sinneslehre – Ausdruck eines anthropozentrischen Wissenschaftsverständnisses, welches die phänomenologisch gegebene Erfahrungswelt des Menschen zur Richtschnur wissenschaftlichen Arbeitens macht. Der Erfolg der Untersuchung steht und fällt mit der Qualifikation des Wahrnehmenden, die Eigenart einer Substanz geschmacklich einzuordnen und die Intensität der einzelnen Geschmacksrichtungen im richtigen Verhältnis zu erfassen.

Nachdem die *rasas* als Beurteilungssystem von Substanzen etabliert sind, wird im nächsten Schritt auf die Substanzen selbst eingegangen.[13] Diese werden hinsichtlich ihrer elementaren Eigenschaften und deren Auswirkungen klassifiziert und beschrieben.

Die Eigenschaften *(guṇaprabhāva)* reichen aber nicht aus, um alle Wirkungen *(karmuka)* einer Substanz zu erfassen. Es ist gleichfalls die substantielle Eigenart *(dravyaprabhāva)* sowie die Kombination von beiden *(dravyaguṇaprabhāva)* zu berücksichtigen. Weitere Faktoren der Wirkungsweise von Substanzen sind:

1. der Zeitpunkt,
2. das Antreffen einer bestimmten örtlichen Gegebenheit,
3. eine bestimmte Verbindung der Faktoren *(yukti),*
4. ein Ziel.

[13] In dieser Textstelle wird der *dravya*-Begriff wieder konkret verwendet; vgl. Comba (1990, 10), die den Bezug zum *Vaiśeṣika* herstellt.

Der gesamte Prozeß wird anhand folgender Faktoren genauer beschrieben:

Wirkung – *karman,*
Potenz – *vīrya,*
Ort – *adhikaraṇa,*
Zeit – *kāla,*
Wirkungsmechanismus – *upāya,*
Ergebnis – *phala.*

Solche Einteilungsschemata, die es auch in anderen Bereichen des Āyurveda gibt, waren als auswendig gelernte „Checkliste" dem ausgebildeten Arzt gegenwärtig und wurden im Prozeß der genauen Betrachtung *(parīkṣā)* angewendet. Der Anfänger tat dies wahrscheinlich noch mehr mechanisch nacheinander, der Geübte hingegen konnte mehrere Schemata gleichzeitig verwenden. Interessant wäre ein Vergleich dieser Einteilungen mit dem modernen Konzept des „total drug effect".[(14)]

Nach der theoretischen Grundlegung wird auf die praktische Umsetzung der Arbeit mit den *rasas* eingegangen: In der Realität liegen fast immer Kombinationen verschiedener Geschmacksrichtungen vor. Diese werden rein formal im Sinne der mathematischen Möglichkeiten beschrieben (Kombinationenen von zwei bis zu allen sechs *rasas*), wobei dieser Struktur gleichzeitig eine unendliche Vielfalt von Variationsmöglichkeiten gegenübersteht: *„Die 63 Geschmacksrichtungen (Kombinationen inklusive der sechs einzelnen rasas) werden aber unzählbar, wenn man rasas und anurasas mit in Betracht zieht."*[(15)]

Die Bestimmung der *rasas* ist das Ergebnis der Urteilsfähigkeit von Experten: *„Nachdem die Verbindungen in 57 aufgeteilt worden sind, ist in diesem Kontext das Modell der 63 rasas im Hinblick auf die Anwendbarkeit von denjenigen strukturiert worden, die sich mit den rasas intensiv auseinandergesetzt haben."*[(16)] Basierend auf deren Wahrnehmung kann konkreter therapeutischer Nutzen aus der *rasa*-Analyse gezogen werden:

„Ein bestimmter rasa kann in einem Fall richtig sein, in einem anderen Fall mehrere verbundene rasas. Der Arzt, der Erfolg wünscht, möge die doṣas, die Heilmittel usw. gedanklich verbinden.

Wer die Mannigfaltigkeit der rasas und die Mannigfaltigkeit der doṣas kennt, kann in der Beurteilung von Ursachen, Kennzeichen und Beruhigung der Krankheiten nicht fehlgehen."[(17)]

Die *rasas* sind demnach sehr bedeutsam dafür, wie normalerweise der Therapieplan (*cikitsāprayoga* – Cp) ausgearbeitet wird. Einerseits wird der Patient betrachtet, dessen Konstitution und Befindlichkeit über die *doṣas* bestimmt wird, andererseits die Substanzen, die über *rasa* bestimmt werden. Um diese beiden und die anderen Faktoren des therapeutischen Prozesses[(18)] in Korrelation zu bringen, ist eine bestimmte geistige Aktivität notwendig, ein verbindendes Reflektieren der Komposition des Eigenschaftenkonglomerats und ein Zurdeckungbringen der beiden Bereiche *(saṃcintya).* Dieses Verfahren findet

---

(14) Vgl. dazu Helman (1984, 106).

(15) CarS 1.26.23 ab: *triṣaṣṭiḥ syāt tv asaṃkhyeyā rasānurasakalpanāt* |

(16) CarS 1.26.24:
saṃyogāḥ saptapañcaśat kalpanā tu triṣaṣṭidhā |
rasānāṃ tatra yogyatvāt kalpitā rasacintakaiḥ || 24 ||

(17) CarS 1.26.25 u. 27:
kvacid eko rasaḥ kalpyaḥ saṃyuktāś ca rasāḥ kvacit |
doṣauṣadhādīn saṃcintya bhiṣajā siddhim icchatā || 25 ||
yaḥ syād rasavikalpajñaḥ syāc ca doṣavikalpavit |
na sa muhyed vikārāṇāṃ hetuliṅgopaśāntiṣu || 27 ||

(18) Vgl. CarS 1.9.3.

eine Parallele in der Homöopathie im Aufsuchen des Simile, des passenden Heilmittels:

„Enthält nun das aus der Symptomenreihe der treffendsten Arznei zusammengesetzte Gegenbild, jene in der zu heilenden Krankheit anzutreffenden, besonderen, ungemeinen, eigentlich sich auszeichnenden (charakteristischen) Zeichen in der größten Zahl und in der größten Ähnlichkeit, so ist diese Arznei für diesen Krankheitszustand das passendste, homöopathische, specifische Heilmittel."[(19)]

Bei der therapeutischen Arbeit greift der Homöopath auf die Ergebnisse der Selbsttests zurück, die in der Literatur aufgezeichnet worden sind. Durch die Einnahme einer großen Dosis einer Substanz werden Symptome erzeugt, die bestimmten Krankheitsbildern ähnlich sind.

Ebenso ist die Basis für die Ermittlung von *rasa* die Durchführung eines Geschmacktests:

„Es wird das als Geschmack bestimmt, was sich zu Beginn und (am Ende) bei einer trokkenen oder (feuchten) Substanz offenbart."[(20)]

Das Empfinden, welches sich beim ersten Kontakt der Zunge mit der Substanz (*prathamajihvāsaṃbandha* – Cp) zeigt und welches der Wahrnehmung direkt offenbar ist *(vyakta),* bestimmt den Charakter, den eine bestimmte *rasa*-Komposition besitzt.

Die Annahme, daß gezielt getestet worden sei, scheint im Kontext der von den āyurvedischen Ärzten *(vaidyas)* selbst praktizierten Arzneimittelherstellung sehr nahe zu liegen. Auch mit Giften und Gegengiften wurde experimentiert.[(21)]

Von einem bestimmten Erscheinungsbild ausgehend kann die Planung der Therapie unter Berücksichtigung der Einflußfaktoren fortschreiten. Dabei sind die Mittel, die den Erfolg einer Therapie bewirken (*siddhyupāyāś cikitsāyāḥ),* zu berücksichtigen: helfende oder hemmende Einflüsse in bezug auf Ort, Zeit, Alter, Maß, Verdauung, Kraft, Geschmack usw.; Zusammenschau; Anzahl; Kombination und Trennung von Substanzen; Besonderheiten; Maßeinheiten; Verarbeitung und Gewohnheit.

Die Definition der Zusammenschau *(yukti)* ist in diesem Kontext besonders bedeutsam: *„Yukti meint die geistige Konzentration, die (mit allen Einflüssen) verbunden ist."*[(22)] Der Kommentator Cakrapāṇidatta erläutert: *„Die Imagination, die sich auf das therapeutisch Nützliche bezieht, wird yukti genannt."*[(23)]

Wenn die Beschaffenheit einer Substanz durch den Geschmack erkannt worden ist, folgt die Anwendung dieses Wissens in der konkreten therapeutischen Situation. Dabei wird deutlich, daß der Therapieerfolg mit der geschmacklichen Bestimmung allein nicht erzielt werden kann. Für die erfolgreiche Anwendung bedarf es einer genauen Analyse der qualitativen und quantitativen Komponenten einer gegebenen Situation. Dies sind die Einflüsse des Umfelds, die Möglichkeiten der Verarbeitung in Einzel- oder Kombinationspräparaten (mit unterschiedlichen Anteilen der Einzelsubstanzen), die Form der Verarbeitung sowie die Regelmäßigkeit der Einnahme bzw. die vorherige Gewöhnung an ein Mittel.

Streng genommen weicht der Verfasser dieses Kapitels mit der Betrachtung der therapeutischen Erfolgsfaktoren von seinem Thema, nämlich *rasa*, erneut ab. Ob solche Ein-

---

(19) Hahnemann (Ausgabe 1987, 179). Vgl. auch Eichelberger (1979, 61 ff).

(20) CarS 1.26.28 ab:
vyaktaḥ śuṣkasya cādau ca raso dravyasya lakṣyate |
Die Ergänzung von *ārdra* und *anta* folgt dem Kommentar von Cp.

(21) Vgl. Mitra (1974, 30 f), der Bezug auf *Kauṭilya* nimmt.

(22) CarS 1.26.31cd: ... *yuktiś ca yojanā yā tu yujyate* || 31 ||

(23) Cp: *yā kalpanā yaugikī bhavati sātu yuktir ucyate.*

schübe in jedem Fall ein Hinweis auf das Zusammenkommen historisch divergenten Materials sind, ist fraglich. Das Springen zwischen verschiedenen Themen und Betrachtungsweisen gliedert das Einzelthema in den Gesamtzusammenhang des āyurvedischen Systems ein und fördert als didaktisches Mittel genau die Fähigkeit, die vom Arzt in der Praxis gefordert wird, nämlich unterschiedlichste Einzelaspekte in einer Gesamtschau vereinen zu können.

Erst jetzt, nachdem das *rasa*-Modell und sein Zusammenhang mit dem Gesamtsystem im Bewußtsein des Schülers etabliert worden und deutlich geworden ist, wie differenziert man mit diesem zu arbeiten hat, wird begonnen, konkrete Information über die Geschmacksrichtungen zu geben:

Ausgangspunkt ist, wie am Anfang des Kapitels, wiederum das Wasser, welches erst im Kontakt mit dem irdischen Bereich mit den Geschmacksrichtungen ausgestattet wird; vorher sind die Geschmäcker noch unmanifest *(avyakta)*. Durch dieses Versehensein mit den Eigenschaften aller Elemente sorgt das Wasser für die Entstehung der Geschmäcker in den Pflanzen und Tieren, die selbst von Flüssigkeit durchdrungen sind.

Da alles aus den Elementen zusammengesetzt ist, müssen auch die *rasas* eine Beziehung zu den Elementen haben: Dabei entspricht dem süssen Geschmack *soma*, dem sauren Erde und Feuer, dem salzigen Wasser und Feuer, dem scharfen Wind und Feuer, dem bitteren Wind und Raum, dem zusammenziehenden Wind und Erde.[24]

Angenommen, die Zuordnungen entstammen praktisch durchgeführten Geschmackstests, dann müßten diese auch nachvollziehbar sein. Für die meisten assoziierten Zusammenhänge lassen sich Erfahrungswerte direkt aufzeigen: Feuer ist in drei Geschmacksrichtungen präsent, nämlich sauer, salzig und scharf, die alle brennende Gefühle hervorrufen können, sei es bei einer kleinen Verletzung oder sei es im Magen. Bitter und zusammenziehend sind mit Trockenheit und Rauhheit verbunden, zwei typischen Eigenschaften des Windes, usw. CarS 1.26.41 weist selbst auf eine besondere Manifestation der Elementqualitäten hin, nämlich auf die Bewegung nach oben von Wind und Feuer und die Bewegung nach unten von Wasser und Erde, welche bei der Geschmacksempfindung im Mund nachempfunden werden können.

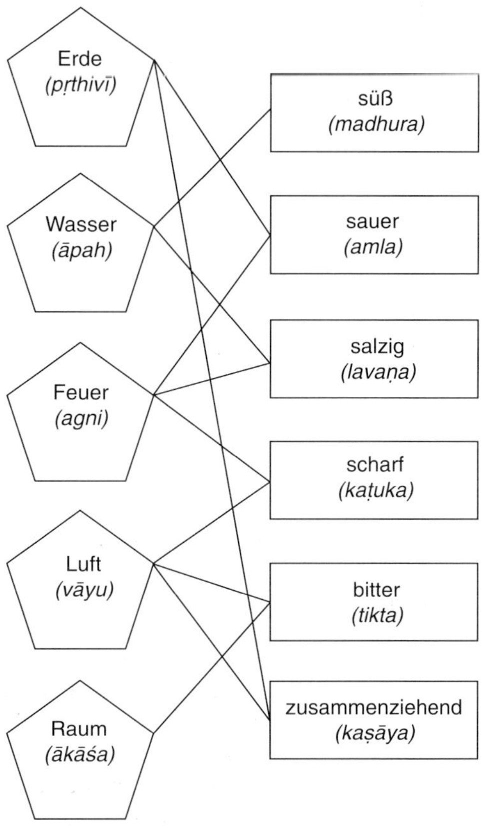

Abb. 27: Beziehung zwischen den Elementen und den Geschmacksrichtungen

[24] Sharma (1976, III) betrachtet die Verbindung der *rasas* mit den Elementen als eine wichtige Grundlage der Heilmittelbestimmung.

Süß nimmt eine besondere Position ein, da es nur von Wasser *(soma)* bestimmt wird. *Soma* steht seit vedischer Zeit für den Inbegriff von Nahrung, ist mild, labend, erquikkend und nährend. Zur Geschmacksrichtung süß gehören hauptsächlich die Grundnahrungsmittel, insbesondere die Getreide, die aufgrund ihres hohen Kohlenhydratanteils bereits beim Kauen die Erfahrung von süß hervorrufen können. Andererseits ist *soma* flüssig, entspricht also in gewisser Weise dem Wasserelement, welches die Grundlage aller Geschmäcker darstellt.

Bei den Zuordnungen von Geschmack und Element gibt es innerhalb der Āyurveda-Traditionen widersprüchliche Aussagen.[25] Die typisierende Betrachtungsweise beinhaltet die Möglichkeit, Einzelaspekte unterschiedlich zu bewerten. Die Methode als Ganzes wird dadurch aber nicht in Frage gestellt.

Historische Vergleiche verschiedener Traditionslinien entsprechen nicht unbedingt dem Selbstverständnis āyurvedischer Arbeit; denn noch heute beziehen sich āyurvedische Ärzte, die in der Tradition verwurzelt sind, in erster Linie auf *ein* Hauptwerk und dessen Kommentare. Sie argumentieren und praktizieren innerhalb dieses Rahmens; denn es ist für sie anscheinend wichtiger, die Differenzierungen eines Lehrgebäudes bis ins letzte Detail zu kennen, als die Variationen innerhalb der Geschichte des Āyurveda nachzuvollziehen.

Anhand der Sprachen läßt sich diese Vorgehensweise noch einmal veranschaulichen: Jede Sprache beschreibt die Wirklichkeit in unterschiedlicher Weise. Durch Veränderungen in den Lebensverhältnissen und den Einstellungen der Menschen kommt es zu Veränderungen, die in das Gesamtsystem integriert werden. Es wäre falsch zu sagen, daß eine Sprache wahrer oder falscher als die andere ist. In jeder Sprache ist es prinzipiell möglich, die gesamte Wirklichkeit zu erfassen, wenn auch in spezifisch unterschiedlicher Weise. Ebenso kann man mit verschiedenen Einteilungssystemen die Wirklichkeit gliedern und kommt, wenn man sich der zugrundeliegenden Kriterien bewußt ist, zu nachvollziehbaren Ergebnissen.

Um die praktischen Konsequenzen von Einteilungsunterschieden festzustellen, müßte man Detailuntersuchungen einzelner Substanzen in bezug auf Einordnung und therapeutische Anwendung, wie sie in den verschiedenen medizinischen Schulen gelehrt worden sind, durchführen.

Die Beschreibungen der sechs Geschmacksrichtungen, die die CarS gibt, sind jeweils zweigeteilt. Zum einen wird die normale, förderliche Wirkung beschrieben, zum anderen die Wirkung, die eintritt, wenn ein *rasa* allein und im Übermaß benutzt wird. Letztere Wirkung leitet sich aus pathologischen Beobachtungen ab. Gleichzeitig enthält der Text so konkrete Beschreibungen der hervorgerufenen Befindlichkeiten, daß man wiederum annehmen kann, daß deren Grundlage in der Durchführung von Selbstversuchen zu suchen ist.

Auch dieser Aspekt entspricht methodisch den bereits erwähnten homöopathischen Arzneimitteltests.

„Der zweite Punkt des Geschäftes eines ächten Heilkünstlers, betrifft die Erforschung der, zur Heilung der natürlichen Krankheiten bestimmten Werkzeuge, die Erforschung der krankmachenden Kraft der Arzneien, um, wo zu heilen ist, eine von ihnen aussuchen zu können, aus deren Symptomenreihe eine künstliche Krankheit zusammengesetzt werden kann, der Haupt-Symptomen-Gesamtheit möglichst ähnlich. (§105)

---

[25] Vgl. Meulenbeld (1987, 6).

Die ganze, Krankheit erregende Wirksamkeit der einzelnen Arzneien muß bekannt sein, das ist alle die Symptome und Befindens-Veränderungen, die jede derselben in gesunden Menschen besonders zu erzeugen fähig ist, müssen erst beobachtet worden sein, ehe man hoffen kann, für die meisten natürlichen Krankheiten treffend homöopathische Heilmittel unter ihnen finden und auswählen zu können. (§ 106)[26]

Nach dem Kennenlernen der Grundwirkungen der *rasas* werden unter Berücksichtigung von Kraft *(vīrya)* und Verdauungswirkung *(vipāka)* Ausnahmen aufgeführt, die den Gültigkeitsbereich der *rasa*-Untersuchung genauer fassen sollen:

„Deshalb kann durch die Unterweisung in rasa nicht die ganze Substanz beschrieben werden, wenn selbst bei gleichem Geschmack in einer jeweiligen Substanz eine andere Eigenschaft festgestellt werden kann.“[27]

Die Tatsache, daß eine Methode gelehrt und gleichzeitig in ihrer Anwendbarkeit beschränkt wird, weist deutlich auf die Praxisorientierung der Texte hin. Wenn es dem Autor darum gegangen wäre, eine Dogmatik aufzustellen, hätte er sicherlich keine einschränkende Bemerkung gemacht. Grundlage einer Ausnahme ist aber immer die Erfahrung der regelmäßig eintretenden erwarteten Wirkung.

Nachdem die *rasas* bereits zu den Elementen in Beziehung gesetzt worden sind, folgt nun die Korrelation zwischen den *rasas* und der ihnen zukommenden Intensität im Hinblick auf sechs Grundeigenschaften, womit die

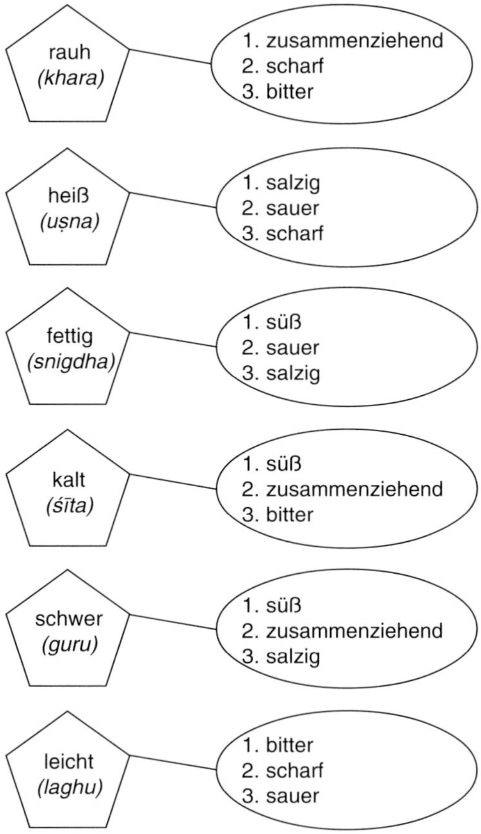

Abb. 28: Beziehung zwischen Eigenschaften und Geschmacksintensität

weitere Einordnung in das Gesamtsystem der Beschreibungskategorien geleistet wird.[28] Die Abbildung gibt die Korrelationen wieder[29]:

Bitter erzeugt also in seiner Wirkung am meisten Rauhheit und Kälte, scharf am meisten Hitze usw. Auf den ersten Blick lassen sich die getroffenen Zuordnungen sicher nicht nachvollziehen. Derjenige, der sich aber un-

---

(26) Hahnemann (Ausgabe 1987, 152). Vgl. dazu Köhler (1983, 20 ff); Kent (1973, 239).

(27) CarS1.26.52:
tasmād rasopadeśena na sarvaṃ dravyam ādiśet |
dṛṣṭaṃ tulyarase 'py evaṃ dravye dravye guṇāntaram || 52 ||

(28) Die Beziehung zu den *doṣas* wird aus dem Grundlagenkapitel ausgeklammert und dem therapeutisch spezifischeren Abschnitt CarS 3.1 zugeordnet.

(29) CarS 1.26.53-57. Zusätzlich wird erwähnt, daß in bezug auf *lavaṇa* auch andere Auffassungen bestehen.

voreingenommen auf die genaue Beobachtung der Auswirkungen von Geschmacksrichtungen einläßt, wird vielleicht die Angaben der Āyurvediker bestätigen können.

Der nächste logische Schritt ist die Ausdifferenzierung des *rasa*-Modells selbst, indem die damit verbundenen Konzepte von Kraft *(vīrya),* Verdauungswirkung *(vipāka)* und spezifischer Wirkung (*prabhāva*) eingeführt und deren Wechselwirkungen beschrieben werden. Die CarS weist explizit darauf hin, daß auch *vipāka* und *vīrya* eine empirische Grundlage besitzen:

„Rasa wird beim Kontakt der Substanzen (mit dem Geschmacksorgan) ermittelt, vipāka durch den Abschluß der Wirkung und vīrya (durch die Beobachtung dessen), was von der Einnahme bis zur Ausscheidung (geschieht).“[30]

Einzig für die spezifische Wirkung (*prabhāva*) erfolgt keine Erklärung, wie diese zu ermitteln sei. Die in der CarS vorliegende Aussage, daß *prabhāva* bei von den drei anderen Faktoren abweichender Wirkung vorliege[31], erinnert stark an *Pāṇinis* Definition des Genitivs: *ṣaṣṭī śeṣe* – Der sechste (Kasus) (wird angewendet) beim Rest. *Prabhāva* dient also als Beschreibungskategorie für alle die Fälle, die mit der vorliegenden Systematik nicht zu erfassen sind. Damit wird wiederum der Vorrang der Erfahrung gegenüber den Einteilungskategorien deutlich.

Um den vielfachen Wirkungen der Geschmacksrichtungen, die im Abschnitt CarS 1.26.43 aufgezählt worden sind, noch einmal ganz klar die empirische Grundlage des eigenen Erlebens zu geben, beschreiben die zusammenfassenden Verse rein deskriptiv die Empfindungen im Mund, die beim Kontakt mit einem *rasa* auftreten.[32]

Den Abschluß des ganzen Kapitels CarS 1.26 bildet die Diskussion der Weisen *(ṛṣi)* über unzuträgliche Kombinationen von Nahrungsmitteln, also einer praktischen Anwendung des *rasa*-Konzepts.

Fassen wir den Fortgang der Unterweisung noch einmal zusammen:

Ausgegangen wird von der Fragestellung, wie man überhaupt Geschmacksrichtungen einteilen könne, um sie für die medizinische Wissenschaft nutzbar zu machen. Dabei werden verschiedene Vorschläge unterbreitet, die größtenteils auf bestehenden Konzepten beruhen.

Als geeignet empfunden werden nur die Geschmacksrichtungen, die unmittelbar wahrnehmbar sind und ohne Rekurs auf theoretische Konzepte beschrieben werden können. Sie bilden die phänomenologische Grundlage, die in der Alltagserfahrung prinzipiell schon gegeben ist.

Der nächste Schritt ist die Einordnung der gefundenen *rasas* in das bestehende wissenschaftliche Paradigma, d.h. in die Lehre von den Elementen und deren Eigenschaften. Zusätzlich wird der methodische Rahmen abgesteckt, der die differenzierte Anwendung in der heilkundlichen Praxis gewährleisten soll. Auf der Basis von Expertenwissen kann die terminologische Fixierung der Beobachtungen erfolgen.

Erst dann, nachdem der oder die Schüler vielleicht schon viele Geschmackserfahrungen gesammelt haben, d.h. ohne Vorbelastung bewußte Wahrnehmung eingeübt haben, um ihre Fähigkeiten zu schulen und zu verfeinern,

---

[30] CarS 1.26.66:
raso nipāte dravyāṇāṃ vipākaḥ karmaniṣṭhayā |
vīryaṃ yāvad adhīvāsān nipātāc copalabhyate || 66 ||
Cp erläutert *nipāte* mit *rasanāyoge*.

[31] CarS 1.26.67.

[32] CarS 1.26.73-79.

werden die konkreten Auswirkungen der *rasas* und ihr Bezug zu den Grundeigenschaften beschrieben.

Aufbauend auf diesem Wissen wird das *rasa*-Konzept weiter ausdifferenziert *(vīrya, vipāka und prabhāva).*

Die Abschlußverse der in sich geschlossenen Darstellung machen den zentralen Punkt des methodischen Vorgehens noch einmal deutlich: Es geht um das genaue Wahrnehmen dessen, was geschieht, wenn man in Kontakt mit einer Substanz kommt.(33) Diese Wahrnehmung wird erst am Ende des Kapitels ausführlich beschrieben, da die standardisierte Beschreibung zu diesem Zeitpunkt bereits auf einen entsprechend erweiterten Erfahrungsschatz trifft und somit für den angehenden Arzt nicht eine leere Theorie bedeutet, sondern ein Instrument, mit dem er persönliche Wahrnehmung an einem bereits bestehenden, praktisch verifizierten Standard messen kann. Dies kann er in einer exakten Weise tun, da die Termini, die bei der Beschreibung verwandt werden, durch die Erfahrungswerte definiert sind. Die Formulierung: *„... es breitet sich aus und ist, als wenn die Mundhöhle von innen gesalbt wird“*(34), weist vom Text her eindeutig darauf hin, daß süß gemeint sein muß. Noch entscheidender ist aber, daß gesagt werden kann: Das, was mit diesen Worten ausgedrückt wird, das entspricht diesem Empfinden, das genau bekannt ist.

Der didaktische Aufbau des Textes zeigt, wie eng Theorie und Praxis, d.h. die Bildung von begrifflichen Rastern und die Verifizierung anhand praktischer Erfahrungen, miteinander verwoben gewesen sind. Zumindest für die Zeit der Verfasser können wir davon ausgehen, daß eine Schulung der Sinne Teil der āyurvedischen Ausbildung gewesen ist.

Solch ein System hat allerdings nur eine Chance, bestehen zu bleiben, wenn die direkten Erfahrungswerte persönlich weiter vermittelt werden, d.h. durch eine Lehrer-Schüler-Nachfolge *(guruparaṃparā)* gesichert sind. In religiösen Kreisen bestand dieses Lehrsystem, welches als Vorbild für die ärztliche Ausbildung dienen konnte, bereits und wurde daher folgerichtig auf diesen Bereich übertragen.(35)

Die beiden anderen Texte der *bṛhattrayī* bieten die gleichen Schwerpunkte in der *rasa*-Lehre, haben aber einen anderen Aufbau, der nicht so sehr pädagogisch einführend ist, sondern eher den Charakter eines Handbuches oder Nachschlagewerkes besitzt.(36)

In der SuS ist zu Beginn noch deutlich, daß der Studierende an die *rasas* herangeführt werden soll; denn das Kapitel beginnt mit der Beziehung zwischen den Elementen und den Sinneswahrnehmungen und führt den Geschmacksbegriff über das Wasser ein, welches durch die Einwirkung der anderen Elemente die Eigenschaften süß usw. angenommen hat. Aufgrund der nahezu allgegenwärtigen Natur der sich gegenseitig durchdringenden Elemente muß auch der auf dem Wasser beruhende Geschmack fast überall gegenwärtig sein und eine Substanzbestimmung ermöglichen. Der weitere Fortgang in der Beschreibung der *rasas* ist folgender:

- Beziehung zwischen den *rasas* und den Elementen,
- die Wirkung der *rasas* auf die *doṣas* und die Übereinstimmungen zwischen *doṣa*- und Geschmackseigenschaften (mit einem Einschub über die Lehre von zwei Geschmacksrichtungen: verstärkend *(vardhana)* – beruhigend *(praśamana),* bzw. heiß – kalt)(37),

(33) CarS 1.26.66: *raso nipāte dravyāṇām.*
(34) CarS 1.26.74 cd: *mukhastho madhuraś cāsyaṃ vyāpnuvaṃl limpatīva ca* | | 74 | |
(35) Vgl. die Initiation eines Schülers, die in CarS 3.8 nach vedischem Vorbild beschrieben wird.
(36) SuS 1.42 und AHS 1.10.
(37) SuS 1.42.6-7.

- die Beschreibung der konkreten Erfahrung der *rasas,*
- die Wirkungen der *rasas* in positiver und negativer Weise,
- Listen von Substanzen, die zu jeweils einem bestimmten Geschmack gehören.

In der AHS ist die Einleitung noch einmal gekürzt, so daß der Text direkt mit der Zuordnung der *rasas* zu den Elementen beginnt. Danach folgen:

- die Beschreibung der *rasa*-Erfahrungen,
- die Aufzählung der Wirkungen auf den Organismus,
- die Listen der zu den einzelnen Geschmacksrichtungen gehörenden Substanzen,
- die Wirkungen auf die *doṣas* (mit Ausnahmen),
- die Beziehungen zu den wichtigsten Eigenschaften unter Berücksichtigung der Intensität (ähnlich wie CarS),
- die zahlenmäßige Aufstellung der Geschmackskombinationen und
- der Hinweis auf die unzählbaren Variationen in der Praxis.

Die Struktur sowie einige Details sind direkt von der SuS übernommen worden, zusätzlich hat der Verfasser einige Gedanken aus der CarS ergänzt. Die Darstellung ist kürzer und formalisierter als in den beiden älteren Texten und bietet einen ähnlich stringenten Aufbau wie ein modernes Handbuch für Prüfungen. Dadurch kommt der Wahrnehmungsaspekt des *rasa*-Konzeptes nicht mehr so deutlich zum Tragen; denn er wird im Rahmen der inzwischen eingetretenen Traditionsbildung bereits vorausgesetzt, braucht also als spezifische Methodik des Āyurveda nicht mehr entwickelt zu werden.

Bedeutsam ist, daß sowohl in der SuS als auch der AHS die konkrete Beschreibung der *rasa*-Empfindungen ziemlich am Anfang steht. Dies spricht wiederum für die Wichtigkeit, die den konkreten Erfahrungen zugemessen worden ist. Was in der CarS, die in diesem Kapitel sicher älter ist als die anderen Texte, der krönende Abschluß einer Diskussion über die Einteilung der Geschmäcker ist, wird in den beiden anderen Texten vorausgesetzt und steht am Anfang der Unterweisung. In der CarS haben wir noch die Möglichkeit, an der Ausgestaltung der Systematik teilzunehmen und dadurch die später formal fixierte Struktur in ihrer Genese zu verfolgen. In diesem Fall ist es also die kompositorische Struktur, die Hinweise auf das Alter eines Textabschnittes geben kann.

8 Ernährung

8. 1 Die weltanschaulichen Wurzeln des Nahrungsbegriffs

Dem religiösen Charakter der vedischen Schriften gemäß erfahren wir nur am Rande etwas von den Ernährungsformen im alten Indien.[1] Denn im Mittelpunkt der überlieferten Texte stehen speziell nur diejenigen Nahrungsmittel, die bei den Opferungen *(yajña)* verwendet wurden.

So lassen sich für die Belege des Wortes Nahrung *(anna)* im *Ṛgveda* zwei Kontexte als Schwerpunkte herausschälen:

1. Die Verbindung mit *soma:*
   Der gepreßte *soma*-Saft, der kraftverleihend und unsterblich machend ist, ist speziell die Nahrung für den Götterkönig *indra*, der ein starker Held und Kämpfer ist. *Soma* ist die Nahrung, nach der er täglich verlangt,[2] die er liebt[3] und die für ihn angemessen ist.[4] Der flüssige Charakter des *soma* verbindet ihn mit der ersten Nahrung des Menschen, der Muttermilch.[5] Als Unsterblichkeit verleihender Nektar *(amṛta)* ist *soma* der Inbegriff von Nahrung überhaupt.[6] *„Wer den König soma verehrt, dessen Nahrung vergeht nicht"*, heißt es in einer Upaniṣad.[7]
2. Die Verbindung mit *agni:*
   Die andere Verbindung, die Nahrung *(anna)* eingeht, ist die mit mit dem Feuergott *(agni)*. Ihm wird nicht nur Nahrung angeboten[8], sondern er nimmt sich selbst seine Nahrung, indem er über Pflanzen und Bäume wandelt.[9] Er kann sich schon bei seiner Geburt den Zugang zur Nahrung verschaffen[10] und ist gewissermaßen der Herr der Nahrung, da er Nahrung in Fülle besitzt.[11]

Die allesverschlingende Natur von *agni* ist es, die im ŚB verantwortlich für die Ausweitung des Nahrungsbegriffes ist.[12] Der Inhalt des Mythos ist folgender:

Der Schöpfer *(prajāpati)* war am Anfang allein und hatte den Wunsch, sich zu vermehren. Er erhitzte sich innerlich, und der Feuergott *(agni)* entstand als erster aus seinem Mund. Weil *agni* aus seinem Mund entstand, ist *agni* ein Verzehrer der Nahrung. Nun wird *prajāpati* bewußt, daß er *agni* als einen Verzehrer von Nahrung erzeugt hat, daß aber noch keine andere Nahrung vorhanden ist als er selbst. In diesem Augenblick kommt *agni* schon mit geöffnetem Rachen auf ihn zu.

Das Kind tötet seine Eltern, heißt es im ṚV von *agni*, weil das Feuer die beiden Reibhöl-

---

(1) Zur Ernährung im alten Indien: Zimmer (1879, 268 ff), Jolly (1896, 156), Chakravarty (1959), Om Prakash (1961), Aalto (1963), Subba Reddy (1966, 26 ff), Mazars (1978, 39 ff), Dange (1987, 538 ff).

(2) Vgl. ṚV 7.98.2; 6.51.3.

(3) ṚV 10.112.4.

(4) ṚV 8.4.12.

(5) ṚV 3.48.3.

(6) BĀU 1.4.6.

(7) BĀU 2.1.3. Vgl. auch die Beziehung zwischen Wasser und Unsterblichkeitsnektar *(amṛta)* in ṚV 1.23.16-23.

(8) ṚV 1.140.2; 2.35.5; 4.11.2; 4.12.1; 10.69.2. Zu den Substanzen, die *agni* angeboten werden, gehören insbesondere die geklärte Butter *(ghṛta)*, die noch im Āyurveda eine bedeutende Rolle spielen wird, und andere Milchprodukte; ferner Getreide, insbesondere die Gerste, später auch Reis. Vgl. im allgemeinen Oldenberg (1923, 352 f).

(9) ṚV 10.91.5.

(10) ṚV 6.4.4.

(11) ṚV 4.2.7.

(12) ŚB 2.2.4.1 ff.

zer verbrennt, aus denen es entstanden ist.[(13)] Dieses Bild wird im ŚB auf einen kosmischen Prozeß übertragen, den wir so beschreiben können:

Sobald aus der Ureinheit etwas Zweites hervortritt, gibt es ein Widerstreiten der Kräfte. Der Krieg ist der Vater aller Dinge, wie Heraklit es formuliert. Das Geschöpf wendet sich gegen den Schöpfer, wie es ein Thema jeder religiöser Tradition ist, in der die Fehlerhaftigkeit des Geschöpfes zu Bewußtsein kommt.

Selbst *prajāpati* ist nun gefährdet und erschreckt, und seine eigene Größe (die schöpferische Rede – *vāc*) entweicht ihm. In seiner Not reibt er beide Hände aneinander und erzeugt dadurch eine Opfergabe für *agni*. Mit dieser vermag er es, den Nahrungsverzehrer zu besänftigen. Dies tut er zweimal; denn beim ersten Mal ist die Milchopferung noch mit den Haaren vermischt, die ursprünglich an den Innenflächen der Hände wuchsen; aus dieser Mischung von Milch und Haaren entstehen die Heilkräuter *(oṣadhi)*.

Die Heilkräuter entstehen also direkt zu Beginn des Schöpfungsprozesses und besitzen deshalb die Kraft, gesund zu machen und Heil zu bringen. Durch die Bereitstellung einer Opfergabe gelingt es dem Opferer des täglichen Feuerrituals *(agnihotra)*, zu dessen Erklärung der Mythos erzählt wird, dem allesverschlingenden Tod (hier = *agni*) zu entrinnen und sich einen unsterblichen Leib zu schaffen, der beim Tode, wenn der sterbliche Leib verbrannt wird, aus dem Feuer geboren wird. Im *Jaiminīya-Brāhmaṇa* wird der Prozeß, durch die Opferhandlung einen unvergänglichen Leib zu schaffen, beschrieben:

„Wenn sie da sagen: Durch was opfert man? In was wird geopfert? – Durch den Lebenshauch (prāṇa) opfert man. In den prāṇa wird geopfert. Da opfert er diese (erwähnte) Nahrung (anna) in den prāṇa. Dieser die Nahrung Wünschende, indem er die prāṇas größer werden läßt, sitzt in diese (prāṇas) opfernd da. – Nun ist gewiß das das Himmelslicht des Vedakundigen (brāhmaṇa), was die Opfergabe ist. Lege diese unsterblichen prāṇas in das Selbst hinein! Das in sein Selbst hineingelegte geht nicht zugrunde. – Und wenn der Geist (manas) aufsteigt, wenn der Lebenshauch (prāṇa), wenn die Sehkraft, wenn das Gehör, wenn die Rede, dann gelangt (jedes einzelne von ihnen) in diese Feuer. Seinen Körper werfen sie dann in diese Feuer hinein. ‚Von daher wurdest Du geboren; dieser (Feuerleib) soll von dir her geboren werden. Svāhā!‘ Dieser wird dadurch in Gestalt von Anrufung, in Gestalt des Geistes (manas), in Gestalt des Lebenshauches (prāṇa), in Gestalt von Sehkraft, in Gestalt von Hörkraft, in Gestalt von Rede, in Gestalt von ṛg-Vedaversen, in Gestalt von yajur-Vedasprüchen in Gestalt von sāma-Vedagesängen, in Gestalt des wirkmächtigen Wortes (brahman), in goldener Gestalt unsterblich. Unsterblich macht er seine Lebenshauche (prāṇas). Einen unsterblichen Körper macht er sich hiermit. So gelangt zur Unsterblichkeit, wer so wissend das tägliche Feuerritual (agnihotra) opfert.“[(14)]

Nahrung ist in der religiösen Sphäre nicht nur die Substanz, die den sterblichen Leib erhält, sondern ist als Teil der Opferhandlung auch das Medium für die Schaffung eines unsterb-

---

(13) ṚV 10.79.4.

(14) JB 1.2 : *tad yad āhuḥ kena juhoti kasmin hvayata iti prāṇenaiva juhoti prāṇe hvayate* | *tad etad annaṃ prāṇe juhoti, sa eṣo ´nnaṃ kāmayamāna imān hi prāṇān abhi vardhayamānas teṣu juhvad āste* | *athaitad dha vāva brāhmaṇasya svar yad dhaviḥ, tad ātman nidhatta eṣv amṛteṣu prāṇeṣu* | *tad asyātman nihitaṃ na pramīyata* | *tad yadā vai mana utkrāmati yadā prāṇo yadā cakṣur yadā śrotraṃ yadā vāg etān evāgnīn abhigacchati* | *athāsyedaṃ śarīram eteṣv evāgniṣv anupravidhyanti, asmād vai tvam ajāyathā eṣa tvaj jāyatāṃ svāhā iti, so ´ta āhutimayo manomayaḥ prāṇamayaś cakṣurmayaś śrotramayo vāṅmaya ṛṅmayo yajurmayas sāmamayo brahmamayo hiraṅmayo ´mṛtas saṃbhavati* | *amṛtā haivāsya prāṇā bhavanti* | *amṛtaśarīram idaṃ kurute* | *so ´mṛtatvaṃ gacchati ya evaṃ vidvān agnihotraṃ juhoti* |

lichen, geistigen Leibes, der, statt vom Feuer verzehrt zu werden, aus diesem heraus geboren wird.

In diesen Betrachtungen über Nahrung und Opfer sind keimhaft die schon beschriebenen Vorstellungen über die Verfeinerung der Nahrung über die Reihe der körpertragenden Prinzipien *(dhātu)* bis hin zur Lebensenergie *(ojas)* angelegt. Die Nahrung, die ins Feuer geopfert wird, wird von diesem in die himmlische Welt emporgetragen und dient den Göttern als Speise. Gleichzeitig werden im Ritual die irdischen Fähigkeiten des Menschen (Geist, Lebenshauch, Gehör, Rede, usw.) für die Existenz auf einer höheren Ebene vorbereitet. Die irdische Substanz wird gewandelt, und der Mensch gewinnt an der göttlichen Welt Anteil, indem er von dieser Nahrung etwas zu sich nimmt. Das Speiseopfer ist bis heute eine zentrale Form kultischen religiösen Lebens geblieben.

Im Kontext der Ritualerläuterung ist zu verstehen, daß die Entstehung der Schöpfung damit erklärt wird, daß der Schöpfer *(prajāpati)* irgend etwas braucht, das er dem mit weit geöffnetem Rachen herankommenden Feuergott *(agni)* geben kann. Auch der Schöpfer ist also in dem Augenblick, in dem er mit dem Bereich der Dualität in Kontakt kommt – wenn auch in diesem Fall unfreiwillig –, der Notwendigkeit des Opferns unterworfen.

Der Mythos begründet die Notwendigkeit, solche Opfer darzubringen; denn wenn der Feuergott *(agni)* nichts bekommt, wird er sich spätestens am Lebensende des Körpers bei der Verbrennung bemächtigen, ebenso wie er nach späterer purāṇischer Vorstellung am Ende eines Zeitenzyklus einen Weltenbrand entfacht und alle unteren Welten vernichtet.

Durch ihre Funktion beim Opfer und aufgrund ihrer lebenspendenden Kraft ist die Nahrung Teil des Weltgeschehens. Sie erhält insofern geistige Eigenschaften, die über den Substanzcharakter hinausweisen. Dies geschieht insbesondere dann, wenn nach dem Charakter und Ursprung des Lebensprinzips gefragt wird, wie es in den *Upaniṣaden* der Fall ist.

In der ChāndU fragt der Weise *Uṣasti Cākrāyaṇa* nach drei Gottheiten, die den drei Vedagesängen *(stotra: prastāva, udgītha* und *pratihāra)* zugrundeliegen sollen.[15] Er nennt auf Rückfrage den Lebenshauch *(prāṇa)*, die Sonne *(āditya)* und die Nahrung *(anna)* als Gottheiten und verbindet sie per Klangetymologie mit den Vedagesängen *(stotra)*: *„Die Nahrung, sprach er, denn alle diese Wesen leben dadurch, daß sie Nahrung zu sich nehmen (pratiharamāṇa – pratihāra).“*[16] Oder nehmen wir die ähnliche Formulierung der TU:

„Aus der Nahrung fürwahr entstehen die Wesen, welche mit der Erde verbunden sind. Und durch die Nahrung allein leben sie. Und zu dieser gehen sie auch am Ende. Die Nahrung ist nämlich das beste der Wesen; deshalb wird sie auch ein Heilmittel für alles genannt.“[17]

Wenn man von der schon fast āyurvedischen Schlußfolgerung absieht, daß die Nahrung auch Heilmittel ist, wird doch eigentlich etwas ganz Selbstverständliches ausgedrückt. Daß man Nahrung zum Existieren braucht, hat bereits viel prosaischer der Dichter von ṚV 10.117 formuliert, indem er deutlich macht, daß jeder, der einen Beruf ausübt, auch auf dementsprechende Kundschaft wartet.

Was wollen die Verfasser mit einer solchen fast alltäglich wirkenden Aussage mitteilen? Was ist die Faszination an diesem Gedanken, die Nahrung als kosmisches Prinzip zu lobpreisen?

---

(15) ChāndU 1.10.1 ff.

(16) ChāndU 1.11.9: *annam iti hovāca sarvāṇi ha vā imāni bhūtāny annam eva pratiharamāṇāni jīvanti* |

(17) TU 2.2.1: *annād vai prajāḥ prajāyante, yāḥ kāś ca pṛthivīṁ śritāḥ* | *atho annenaiva jīvanti* | *athainad api yanty antataḥ* | *annaṁ hi bhūtānāṃ jyeṣṭam* | *tasmāt sarvauṣadham ucyate* |

Eine Faszination, die hauptsächlich in den beiden ältesten Upaniṣaden, nämlich ChāndU und BĀU vorhanden ist und in den späteren Texten verschwunden zu sein scheint, da kaum noch Belege für Nahrung *(anna)* gefunden werden.

Welche Form des Vorstellens ist es, die solche Reihungen hervorbringt, wie wir sie schon bei den Elementen kennengelernt haben? Für die Nahrung *(anna)* sind die Bezugspunkte dabei recht eindeutig definiert:

- In ChāndU 1.8.4 geht es vom *sāma*-Vedagesang zurück zu: Klang *(svara),* Lebenshauch *(prāṇa),* Nahrung *(anna),* Wasser *(āpaḥ),* jene Welt *(asau loka).*
- ChāndU 7.4.2: Himmel und Erde *(dyāvāpṛthivī),* Wind *(vāyu),* Raum *(ākāśa),* Glut *(tejas),* Regen *(varṣa),* Nahrung *(anna),* Lebenshauch *(prāṇa),* Vers *(mantra),* Handlung *(karman),* Welt *(loka),* All *(sarva).*
- In der berühmten Fünffeuerlehre[18]: Glaube *(śraddhā),* Mond *(soma),* Regen *(vṛṣṭi / varṣa),* Nahrung *(anna),* Samen *(retas),* Fötus *(garbha).*
- ChāndU 7.1 ff: Name *(nāman),* Sprache *(vāc),* Geist *(manas),* Entschluß *(saṃkalpa),* Bewußtsein *(citta),* Versenkung *(dhyāna),* Erkenntnis *(vijñāna),* Kraft *(bala),* Nahrung *(anna),* Wasser *(āpaḥ),* Glut (*tejas*), Rau (*ākāśa*), Erinnerung (*smara*), Wunsch (*āśā*), Lebenshauch (*prāṇa*).
- ChāndU 7.26.1: Wasser *(āpaḥ),* Entstehung *(āvīrbhāva),* Vernichtung *(tirobhāva),* Nahrung *(anna),* Kraft *(bala),* Erkenntnis *(vijñāna).*
- BĀU 1.3.27: Vedagesang *(sāman),* Sprache *(vāc),* Nahrung *(anna).*
- TU 2.1.1: Selbst *(ātman),* Raum *(ākāśa),* Wind *(vāyu),* Feuer *(agni),* Wasser *(āpaḥ),* Erde *(pṛthivī),* Heilkräuter *(oṣadhayaḥ),* Nahrung *(anna),* Person *(puruṣa).*
- In einer Dreierkombination entstehen aus dem Sein *(sat):* Glut *(tejas),* Wasser *(āpaḥ),* Nahrung *(anna),* denen die Farben Rot, Weiß und Schwarz zugeordnet sind, welche später zu den drei Grundeigenschaften *(guṇas)* gehören werden.[19]
- In MuṇḍU 1.1.8 ist es die Nahrung, die als erstes Prinzip aus dem Urgrund (*brahman*) entsteht; aus ihr wiederum entstehen im folgenden: Lebenshauch *(prāṇa),* Geist *(manas),* Wahrheit *(satya),* die Welten *(lokāḥ)* und Unsterblichkeit in den (Opfer-)handlungen.
- In MundU 1.1.9 wird Nahrung *(anna)* mit Name *(nāman)* und Form *(rūpa)* zusammengestellt, was deutlich macht, daß es nicht mehr um den konkreten Nahrungsbegriff geht, sondern ein allgemeinerer Begriff intendiert ist.

Anna ist für den Menschen ein konstituierendes Prinzip und befindet sich jeweils an der Nahtstelle zwischen Makro- und Mikrokosmos. Der Regen oder die Wasser sind für *anna* fundamental, ebenso wie für den Geschmack *(rasa)* im Āyurveda. *Anna* selbst ist für Lebensäußerungen wie Kraft *(bala),* Lebenshauch *(prāṇa)* oder Gedächtnis *(smara)* die Basis. Beispielhaft für diese Sichtweise ist der praktische Test, von dem in der ChāndU berichtet wird: Nach 15 Tagen Fasten fallen dem Schüler die gelernten Verse nicht mehr ein; aber durch erneutes Essen kommt die Erinnerung zurück. Diese Erfahrung wird als Bestätigung dafür herangezogen, daß das Feinste der Nahrung zu Geist *(manas)* wird.[20] Damit soll natürlich keine materialistische Erklärung des Denkprozesses gegeben werden. Vielmehr geht es um das Erinnern der *Veda*-Verse, die zum großen Teil die makro-

---

[18] ṢB 14.9.1.12 ff; BĀU 6.2.9 ff; ChāndU 5.4 ff.

[19] ChāndU 6.2.3 f u. 6.8.4.

[20] ChāndU 6.7.1 ff. Ähnlich wird auch in ChāndU 7.9.1 die Nahrung als Grundlage des Sehens, Hörens, Denkens, Unterscheidens, Handelns und Erkennens betrachtet.

skopischen Gottheiten beschreiben. Durch die Nahrung wird der Mensch mit diesen Kräften verbunden; denn sie enthält alle diese Kräfte. Fehlt die Nahrung, ist die Repräsentanz der Gottheiten im Körper nicht mehr gegeben.

Die Seele gelangt über den Regen, die Nahrung, den Samen zur Frau; denn es ist die Nahrung, die das Leben ermöglicht.[21] Im kosmischen Emanationsprozeß stoßen wir auf die Nahrung als eine wesentliche Stufe der Entwicklung. Die Fähigkeiten des Menschen haben ihre Wurzel im Prinzip Nahrung, wenn wir sie auf ihren Ursprung zurückverfolgen.

Insofern kann man sagen, daß der Nahrung eine verbindende Funktion zwischen Mensch und Kosmos zufällt. Diese Schlüsselfunktion hat sicher dazu beigetragen, der Nahrung diese Wichtigkeit einzuräumen.

In einigen Textstellen wurde *anna* bereits unter den Gottheiten *(devatā)* aufgezählt. Dies ist allerdings keine Einzelerscheinung, da die Nahrung vielfach mit einer göttlichen Wirklichkeit verbunden wird:

„Der Herr der Wesen (prajāpati) ist fürwahr Nahrung; daher stammt der Same; deshalb entstehen diese Wesen."[22]

In der Zusammenstellung mit Sonne *(āditya)*, Mond *(candramas)* und Urgrund *(brahman)* erscheint die Nahrung als viertes Prinzip:

„Die Größe (mahaḥ), damit ist die Nahrung gemeint; denn durch die Nahrung wachsen die Lebenshauche (prāṇa)."[23]

Der Zusammenhang zwischen dem Lebenshauch *(prāṇa)* und der Nahrung *(anna)* wird auch in der BĀU herausgestellt.[24] Zwei Textabschnitte vorher wird sogar gesagt, daß diese Gottheit (*anna*) den Kenner der *Upaniṣad* über den Tod hinausführt.[25] Nahrung wird in diesem Abschnitt zu einem vereinigenden Prinzip für alle Gottheiten.

„Yājñavalkya, sprach er, wenn dieses alles die Nahrung des Todes ist, welches ist dann die Gottheit, die den Tod zur Nahrung (hat)? Der Tod ist der Feuergott (agni). Er ist die Nahrung der Wasser. (So wissend gelangt er) weg vom Wiedertod und siegt."[26]

Nahrung stellt in diesem Kontext eine hierarchische Beziehung her. Das grundlegendere Prinzip hat das nächste in der Folge als Nahrung. Die Wasser sind es, die grundlegender als die Nahrung sind. Das Feuer, das die Nahrung verzehrt, muß daher auch vom Wasser abhängig sein. Die Schlußfolgerung knüpft an die Gedanken des oben zitierten JB-Abschnitts an.

„In der Nahrung nämlich ist dieses alles begründet."[27]

In BĀU 3.9.8 bilden Lebenshauch *(prāṇa)* und Nahrung *(anna)* das Zweiergespann der Gottheiten *(devatā)* als universale Prinzipien, die über die Stufe des Windes zu dem einen Gott führen, der wiederum Lebenshauch *(prāṇa)* genannt und als universale Lebensessenz mit dem Urgund *(brahman)* identifiziert wird. Zu dieser vom logischen Standpunkt widersprüchlichen Betrachtungsweise gehört auch BĀU 5.12.1, wo zuerst die Identität von Nahrung *(anna)* und Lebenshauch *(prāṇa)* mit dem Urgrund *(brahman)* verneint, dann aber gleich wieder bejaht wird.

---

[21] Vgl. ChāndU 5.10.4.
[22] PraṣU 1.14: *annaṃ vai prajāpatis tato ha vai tad retas tasmād imāḥ prajāḥ prajāyanta iti.*
[23] TU 1.5.3: *maha iti annam annena vāva sarve prāṇā mahīyante.*
[24] BĀU 1.3.18
[25] BĀU 1.3.16: *evaṁ ha vā enam eṣā devatā mṛtyum ativahati ya evaṃ veda.*
[26] BĀU 3.2.10: *yājñavalkyeti hovāca yad idaṁ sarvaṃ mṛtyor annaṃ kā svit sā devatā yasyā mṛtyur annam ity agnir vai mṛtyuḥ so ´pām annam apa punarmṛtyuṃ jayati.*
[27] ChāndU 1.3.6: *anne hīdaṁ sarvaṁ sthitam.*

Eine Möglichkeit, diese Textstellen zu verstehen, besteht darin, in ihnen den Ausdruck eines Strebens nach Erkenntnis universaler Prinzipien zu sehen. Dabei wird deutlich, daß es nicht um die profane Formulierung der Tatsache geht, daß aus Regen die Nahrung wachsen kann, sondern daß der Nahrungsbegriff dieser Zeitperiode nur zu verstehen ist, wenn man – analog zu den Elementen – diesen Übergang zwischen einer konkret erlebten Wesenheit und einem noch nicht vorhandenen abstrakten Universalbegriff versteht.

Das im *Ṛgveda* beschriebene verschlingende Feuer zeigt sich nun als Tod, der alles verzehrt, was zu seinem Herrschaftsbereich gehört. Nahrung wird zum Inbegriff von Vergänglichkeit; denn alle Nahrung dient dazu, verspeist zu werden, auch wenn diese selbst ihrer Wesensbestimmung ausweichen will. In der AU wird die Nahrung als eine Gestalt *(mūrti)* aus den Wassern geschaffen. Sie versucht, ihrem Schöpfer *(ātman)* davonzulaufen, wahrscheinlich aus Furcht, verspeist zu werden. Da versucht er sie mit der Rede *(vāc)*, mit dem Lebenshauch *(prāṇa)*, der Sehkraft *(cakṣus)*, dem Gehör *(śrotra)*, der Haut *(tvac)*, dem Geist *(manas)* und dem Penis *(śiśna)* zu ergreifen, doch ohne Erfolg.[28] Erst dem nach unten gerichteten Lebenshauch *(apāna)*, der in AU 1.1.4 mit dem Tod *(mṛtyu)* gleichgesetzt worden war, gelingt es, die Nahrung zu ergreifen.

Im ersten Teil dieses Mythos besitzen Hunger und Durst wie die Nahrung wesenhaften Charakter. Sie genießen, was ihnen als Nahrung angeboten wird, gemeinsam mit den anderen Gottheiten, die als Rede, Lebenshauch *(prāṇa)*, Sehkraft, Hörkraft, Haare (Tastsinn), Geist *(manas)*, nach unten gerichteter Hauch *(apāna)* und Glied dem Menschen innewohnen. Diese Gottheiten waren nur aus dem Grunde in den Menschen eingezogen, weil sie dort die Möglichkeit sahen, Nahrung zu erhalten. Die Nahrung, die sie dort beim Menschen erwarteten, muß von anderer Qualität gewesen sein als die Nahrung, die Kuh und Pferd hätten liefern können; denn die Tiere werden von den Gottheiten als Standort abgelehnt. Einzig der Mensch ist in der Lage, die Nahrung in einem solchen Maß zu transformieren, daß sie als Nahrung für die Götter in Frage kommt.

Nahrung ist in diesem Vorstellungskreis nicht nur das Gegessene und Getrunkene, sondern letztlich alles, was der Mensch um sich herum sieht. Nahrung ist verbunden mit irdischer Existenz; und sie wird vom irdischen Repräsentanten des göttlichen Feuers, dem Opferfeuer, verzehrt.

Das Verständnis von Nahrung als Repräsentation der Vergänglichkeit erschließt gleichzeitig ihre Bedeutung für die Unsterblichkeit; denn um die Vergänglichkeit überwinden zu können, muß man das ihr innewohnende Prinzip kennen und erfaßt haben. Insofern liegt im Erfassen der Natur der Nahrung der Schlüssel für die Unsterblichkeit.

In Form der himmlischen Nahrung, *amṛta*, wird dieser Gedanke in ein vorstellbares Sinnbild gebracht. Das *amṛta* ist die Nahrung der Götter und verleiht diesen Unsterblichkeit. Durch sakrales Handeln hat der Mensch nicht nur Anteil an der unsterblichen Dimension, sondern er verschafft den Göttern den Nektar, nach dem sie streben.[29]

ChāndU 3.1. ff beschreibt die Hierarchie der Götterklassen in bezug auf die Farben und Lichtstrahlen der Sonne. Die verschiedenen Gottheiten genießen den Honig *(devamadhu)*, der die Sonne ist, in unterschiedlichen Formen von *amṛta*. Der Mensch, der diese Nektarformen kennt, wird selbst Herr über die Gottheiten, indem er von dem Nektar genießt.

---

(28) AU 1.3.2.

(29) TS 2.2.7.2 erwähnt bereits, daß der Klang der Hymnen für die Götter die Nahrung sei. Zu den verschiedenen Dimensionen der Nahrung vgl. BĀU 1.5.1 f.

Am Ende der Unterweisung wird darauf hingewiesen, daß dieses Wissen ursprünglich vom Schöpfer *(brahmā)* stamme und über den Herrn der Wesen *(prajāpati)* und den Urvater der Menschheit *(manu)* zu den Geschöpfen gekommen sei. Selbst wenn jemand die ganze Erde voller Reichtum böte, sollte man diese Lehre höher schätzen.[30]

Nahrung besitzt also eine göttliche Dimension, die nicht übersehen werden darf, wenn von dem – oberflächlich betrachtet irdischen – Wunsch nach Nahrungsgenuß gesprochen wird.[31]

Der Gesang der nach Nahrung rufenden Hunde (ChāndU 1.12.1 ff) muß nicht unbedingt als Satire gedeutet werden[32], sondern weist vielmehr auf die universale Wichtigkeit der Nahrung hin.

Auch der Ausdruck „was durch Nahrung darüber hinauswächst", der sich auf *puruṣa* als Herrn der Unsterblichkeit bezieht, scheint bereits diese göttliche Nahrung zu intendieren.[33]

Nach der Fünffeuerlehre entsteht die Nahrung aus der Opferspende und wird von den Göttern wiedergeopfert.[34] Sie ist damit Teil der göttlichen Wirkungen, die sich im kosmischen Geschehen entfalten. Bereits im ersten Liederkreis des ṚV erhält die Nahrung kosmische Qualitäten. Die Hymne ṚV 1.187 ist ganz der Nahrung gewidmet, die allerdings unter dem Namen *pitu* verehrt wird. *Pitu* ist speziell der Saft, insbesondere der Unsterblichkeitsnektar *(soma)*. Der Flüssigkeitscharakter der aus Regen entstehenden Nahrung kommt in der ganzen Hymne zum Tragen. Sie ist am Himmel ausgebreitet (Vers 4), und in sie ist der Geist *(manas)* der großen Götter gesetzt (Vers 6).

Auf der materiellen Ebene wiederholt sich analog der Prozeß der Vergeistigung der Nahrung, die spirituell im Opfer vollzogen wird:

„Die aufgenommene Nahrung wird in drei Teile zerlegt, was davon der grobe Teil ist, der wird zu Kot, was der mittlere Teil ist, der wird zu Fleisch, was der feinste ist, der wird zu Geist (manas).“[35]

„Ebenso (wie bei der Milch), was von der gegessenen Nahrung das Feine ist, das geht nach oben, das wird zu Geist (manas).“[36]

In diesem Text zeigt sich bereits eine direkte Parallelität zum Transformationskonzept des Āyurveda *(dhātu)*, welches die Verfeinerung der Nahrung bis hin zur Lebenskraft *(ojas)* beschreibt. Das Grundprinzip in dem *Upaniṣad*-Text ist, daß das Leichte nach oben steigt, das Schwere nach unten geht, was dem Charakter der *doṣas* entspricht. Das Leichte ist dem Geistigen verwandter. Das Wasser, das nach oben steigt, wird zum Lebenshauch *(prāṇa)*, und die nach oben steigende Glut wird zur Rede *(vāc)*. Aufgrund der Tatsache, daß die Nahrung eine feine, geistige Qualität beinhaltet, hat sie auch eine Beziehung zum Herzen, in dem das intelligente Selbst wohnt.[37] Noch im Āyurveda ist einer der Standorte von *kapha* das Herz.

---

(30) ChāndU 3.11.4.

(31) Z.B. ChāndU 8.2.7: Nahrung, Trinken, die Welten wünschend (*annapānalokakāma*); evtl. auch ChāndU 2.22.2, denn es ist kaum vorstellbar, daß der Sänger den Göttern die Unsterblichkeit usw. ersingt und für ihn selbst (*ātmanaḥ*) nur irdische Nahrung übrigbleiben sollte.

(32) Deussen 1963.

(33) ṚV 10.90.2: *yad annenātirohati*

(34) BĀU 6.2.11 u. 12: *tasyā ahutyā annaṁ saṃbhavati ...devā annaṃ juhvati.* Unter Einbeziehung des Menschen als Opferer PraśU 2.11.

(35) ChāndU 6.5.1: *annam aśitaṃ tredhā vidhiyate tasya yaḥ sthaviṣṭho dhātus tat purīṣaṃ bhavati yo madhyamas tan māṁsaṃ yo ´ṇiṣṭhas tan manaḥ* |

(36) ChāndU 6.6.2: *evam eva khalu somyānnasyāśyamānasya yo ´ṇimā sa ūrdhvaḥ samudīṣati tan mano bhavati* ||

(37) Vgl. MuṇḍU 2.2.7; BĀU 4.2.3.

In diesem Zusammenhang erhält auch die in der ChāndU auftretende Redewendung: *„Du ißt die Nahrung, und du schaust Angenehmes"* eine vertiefte Bedeutung.[38] Nahrung verwandelt sich in Geist *(manas)* und beeinflußt so die psychische Befindlichkeit des Menschen. Insofern Nahrung die Grundlage des Lebens ist, ist außerdem alles, was die Sinne wahrnehmen, Nahrung; sie kann daher für den gesamten äußeren Bereich der Wahrnehmung stehen.[39]

BĀU 1.2.1 ff sieht am Anfang der Schöpfung den Tod, welcher identisch mit dem Hunger ist:

„Was auch immer er schuf, das begann er aufzuessen. Alles ißt er, das ist das Unendlichsein der Unendlichkeit. Ein Esser von allem wird der; alles wird dessen Nahrung, wer eben um dieses Unendlichsein der Unendlichkeit weiß."[40]

Im Wortspiel wird die Unendlichkeit *(aditi)* von *ad* – essen – abgeleitet. Nahrung sein, heißt Objekt für jemand anderen sein. Die Unendlichkeit verzehrt die Endlichkeit, weil für sie alles Objektcharakter besitzt. Der hier bildhaft gefaßte Gedanke beschreibt das spätere Verhältnis zwischen dem Selbst *(puruṣa)* und der Urnatur *(prakṛti)* im *Sāṃkhya*. In dieser Darstellung ist der Mythos von *prajāpati* und *agni* umgekehrt worden; denn es ist hier der Schöpfer, der seine eigene Schöpfung verschlingt. Auch in der *Bhagavadgītā* offenbart sich *Kṛṣṇa* als *mahākāla*, die große Zeit, die alles verschlingt.[41]

Alles, was existiert, ist die Speise des Todes; und wer das erkannt hat, muß den Tod so verstehen, daß er selbst nicht mehr zur Speise werden kann. Die Befreiung von irdischer Begrenztheit, d.h. vom Objektsein für andere, ist durch das richtige Erfassen der Unendlichkeit möglich.

Die Spannung zwischen Schöpfer und Geschöpf, die sich gegenseitig verschlingen wollen, weist auf einen besonderen Aspekt der Nahrungsaufnahme hin:

Wenn etwas gegessen, d.h. einverleibt wird, wird auf sichtbarer Ebene der Dualismus zwischen Innen- und Außenwelt überwunden. Das Nahrungsmittel, welches vorher gesondert existierte, ist nach dem Verspeisen nicht mehr vorhanden und zu einem Teil des Essenden geworden. Die Nahrungsaufnahme ist insofern einer der intensivsten Kontakte, der mit der Außenwelt hergestellt werden kann. Sie ist ein Geheimnis, da sich der Prozeß der Aneignung von Nahrung im Inneren, d.h. im Verborgenen abspielt, und eignet sich daher besonders dafür, als Bild für die Beziehung zwischen Schöpfer und Geschöpf, Leben und Tod verwendet zu werden.

Aus diesem Grund wurde die Nahrungsaufnahme bereits in früher Zeit der Menschheitsgeschichte genau betrachtet, da man nicht genau wissen konnte, welche Kräfte man sich mit einer bestimmten Speise einverleibte. Dies hat einerseits zur Entstehung von Nahrungsmitteltabus, andererseits zur Entwicklung von Opferritualen der Kraftaneignung bis hin zum Kannibalismus geführt.

Man ordnet im allgemeinen die Bedeutung, die der Nahrung in „primitiven" Kulturen beigemessen wird, dem magischen Weltbild zu. Aus der Sicht dieser „magischen" Weltansicht erscheint der moderne Mensch, der am Fastfoodstand irgendetwas in sich hineinschiebt, als „primitiv", da er nicht genau darauf achtet, was er von wem in welcher Umgebung zu sich nimmt.

---

(38) ChāndU 5.12.2 ff.
(39) ChāndU 5.2.1 ff.
(40) BĀU 1.2.5: *sa yadyad evāsṛjata tattad attum adhryata sarvaṃ vā attīti tad aditer aditivaṁ sarvasyaitasyāttā bhavati sarvam asyānnaṃ bhavati ya evam etad aditer aditivaṃ veda* |
(41) Vgl. BhG 11.26 ff.

Das philosophische Nachdenken entzündet sich in der *Upaniṣad*-Zeit an solchen existentiellen Grundgegebenheiten wie der Nahrungsaufnahme und bleibt auch in der Darstellung den verwendeten Bildern verbunden. So wird die später im klassischen *Vedānta* und anderen philosophischen Traditionen bedeutsame Beziehung zwischen Subjekt und Objekt in dem Bild des Essenden und seiner Nahrung gefaßt. – Im sich damals entwickelnden *Yoga* hätte man gefragt: Wird das Selbst von den von außen kommenden Eindrücken gefressen? Oder gelingt es dem Menschen, Herr im eigenen Hause zu bleiben und selbst zum Esser der Nahrung zu werden?

„Das Selbst der Götter, der Gebärer der Geborenen, mit goldenen Zähnen, verschlingend (und trotzdem) nicht unweise; groß ist seine Größe, sagen sie, weil er nichtessend die Nichtnahrung ißt.“[42]

Das Selbst ist das wahre Subjekt, ist dasjenige, was eigentlich die Nahrung verspeist. Für das Selbst ist aber diese Nahrung eine Nichtnahrung, da sie aus der Perspektive des Selbstes keinen Objektcharakter besitzt.[43] Und als unendliche Realität ist das Selbst nicht aktiv, nimmt also in Wahrheit keine Speise zu sich. Der auf der relativen Ebene logisch nachvollziehbare Prozeß der Nahrungsaufnahme wird auf der Ebene der mystischen Einheitserfahrung paradox verfremdet.

Solche Gedanken haben auch bei der Gestaltung eines Abschnitts der TU, nämlich der *Bhṛguvallī*, Pate gestanden. In diesem spielt die Nahrung eine bedeutsame Rolle. Nach einem Aufstieg in der Erkenntnis des Urgrundes *(brahman)* von der Nahrung über den Lebenshauch *(prāṇa)*, den Geist *(manas)*, die Erkenntnis *(vijñāna)* zur Glückseligkeit *(ānanda)* ist es die Nahrung, die in ihren verschiedenen Gestalten verehrt und als grundlegendes Prinzip anerkannt wird.[44]

„Der, welcher hier im Menschen und welcher in jener Sonne ist, der ist Einer. Wer das so weiß, der sitzt dann, nachdem er diese Welt verlassen hat, nachdem er zu diesem aus Nahrung bestehenden Selbst (ātman) gelangt ist, zu diesem aus Lebenshauch (prāṇa) bestehenden Selbst (ātman) gelangt ist, zu diesem aus Geist (manas) bestehenden Selbst (ātman) gelangt ist, zu diesem aus Erkenntnis (vijñāna) bestehenden Selbst (ātman) gelangt ist, zu diesem aus Glückseligkeit (ānanda) bestehenden Selbst (ātman) gelangt ist, – diese Welten durchquerend als einer, für den nach Wunsch Nahrung da ist, der selbst die Gestalt des (freien) Wunsches hat – und singt diesen Gesang (sāman):

hā3 vu hā3 vu ha3 vu.

Ich bin Nahrung, ich bin Nahrung, ich bin Nahrung.

Ich bin der Verzehrer der Nahrung, ich bin der Verzehrer der Nahrung, ich bin der Verzehrer der Nahrung.

Ich bin der Verfasser der Verse, ich bin der Verfasser der Verse, ich bin der Verfasser der Verse.

Ich bin der Erstgeborene der kosmischen Ordnung. Vor den Göttern, am Ursprung der Unsterblichkeit. Wer mich gibt, der schützt mich.

Ich bin Nahrung und esse den, der die Nahrung ißt.

---

[42] ChāndU 4.3.7: *ātmā devānāṃ janitā prajānāṁ hiraṇyadaṁṣṭro babhaso'nasūrir mahāntam asya mahimānam āhur anadyamāno yad anannam atti.*

[43] Vgl. z.B. AU 1.2.13.

[44] Auch in der Rechtsliteratur *(dharmaśāstra)* ist es die Nahrung selbst, die verehrt werden soll und die, nur wenn sie auch verehrt wird, dem Essenden Kraft schenkt; vgl. Manu 2.54 f und andere Parallelen bei Bühler (1979).

Licht wie der Himmel. – Wer so weiß – Dies ist die Upaniṣad."[45]

Diese feierliche Bekräftigung der Erkenntnis, daß der Mensch, der das Selbst *(ātman)* kennt, nicht mehr Objekt für etwas anderes werden kann, daß aber dieses Selbst wiederum reine Objektivität ist – hier formuliert als die Nahrung, die den Verzehrer der Nahrung ißt – bildet den Abschluß der TU.

Derjenige, der gleichzeitig Nahrung und Verzehrer der Nahrung ist, hat sich über den Bereich des Verschlingens und Verschlungenwerdens hinausentwickelt und bewegt sich deshalb im Reich der Freiheit, wo ihm alles nach Wunsch zur Verfügung steht. Der an prägnanter Stelle stehende Abschnitt ist der Höhepunkt des Textes und beschreibt die höchste Form der Erkenntnis, die vermittelt werden soll.

In dem Text werden neben diesem Hauptgedanken einige der mit Nahrung verbundenen Motive angedeutet: Der Zugang zur Nahrung als Ausdruck von Freiheit und Sicherheit, die Verse als Nahrung der Götter sowie die Notwendigkeit, Nahrung zu geben, d.h. zu opfern.

Im Vergleich mit den anderen Textpassagen zeigt sich, daß der Begriff der Nahrung in einer bestimmten Phase der Entwicklung des upaniṣadischen Denkens zu großer Bedeutung aufgestiegen ist und von den Autoren benutzt wurde, um ihre Intuitionen in Sprache zu fassen. Es ging ihnen dabei kaum um den Aufbau eines philosophischen Lehrgebäudes, sondern um die bildhafte Vermittlung eines Lebensgefühls, einer existentiellen Erfahrung.

Gleichzeitig hat die Nahrung eine Entwicklung zu einem Universalbegriff durchgemacht, die sie einerseits ein Vorläufer des Substanzbegriffes sein läßt, ihr andererseits den Charakter eines lebenspendenden Prinzips verleiht. Beide Konnotationen wirken im ersten Anschauen fremd, sind aber im Fortgang der Texte nachvollziehbar.

Die spätere Zeit bewahrt die Funktion von Nahrung *(anna)* als gröbste Hülle des Selbst *(annamayakośa)*, wie sie in der TU 3.10.5 und bereits TU 2.8.5 beschrieben ist.[46] Damit wird sie zum Allgemeinbegriff für die physische Existenzebene und den grobmateriellen Körper, der von der Nahrung abhängig ist.

8.2 Ernährung und Gesundheit

Das Aufnehmen von Nahrung ist für jeden Menschen lebensnotwendig und damit eine Grundgegebenheit unseres Daseins. Die Auswahl der Nahrungsmittel und die Art und Weise des Verzehrs sind jedoch in einem hohem Maße zeit-, orts-und kulturabhängig.[47] Dabei spielen klimatische, geographische, technische und individuelle Faktoren eine Rolle, so daß man in dem Vorgang des Essens und Trinkens ein komplexes Phänomen vorfindet, welches zu seiner adäquaten Betrachtung einer Vielzahl von Betrachtungsweisen bedarf. Man kann davon sprechen, daß

[45] TU 3.10.4-6: *sa yaś cāyaṃ puruṣe, yaś cāsāv āditye, sa ekaḥ. (4) sa ya evaṃvit, asmāl lokāt pretya, etam annamayam ātmānam upasaṃkramya, etaṃ prāṇamayam ātmānam upasaṃkramya, etaṃ manomayam ātmānam upasaṃkramya, etaṃ vijñānamayam ātmānam upasamkramya, etam ānandamayam ātmānam upasaṃkramya, imāṁl lokān kāmānnī kāmarūpy anusaṃcaran, etat sāma gāyann āste, ha3 vu hā3 vu hā3 vu. (5) aham annam aham annam aham annam, aham annādo3 ´ham annādo3 ´ham annādaḥ, ahaṁ ślokakṛd ahaṁ ślokakṛd ahaṁ ślokakṛt, aham asmi prathamajā ṛtā3sya, pūrvaṃ devebhyo ´mṛtasya nā3bhāyi, yo mā dadāti sa id evam ā3vāḥ, aham annam annam adantam ā3dmi , ahaṃ viśvaṃ bhuvanam abhyabhavā3m, suvar na jyotīḥ, ya evaṃ veda, ity upaniṣat.*

[46] In ChāndU 6.5.4 steht *annamaya* noch nicht im Kontext einer Stufenfolge; aber in MaNāU 2.66 ist die Fixierung bereits eingetreten.

[47] Bodenstedt (1983, 240), Harris (1991, 7 ff), Anderson (1990, 17 ff).

eine Kultur als Ganzes an dem Prozeß der Nahrungsaufnahme beteiligt ist und man durch die Betrachtung des Essens gleichzeitig tiefere Einblicke in einen bestimmten kulturellen Kontext gewinnen kann. „*In ihrer Komplexität korrespondieren Ernährungsgewohnheiten mit dem, was Marcel Mauss als ‚totale gesellschaftliche Tatsachen' definiert hat, d.h. als Züge einer Kultur, die von der ganzen Reichweite der Aktivitäten – technisch, ökonomisch, sozial, juristisch und religiös – beeinflußt werden können.*"[(48)]

Wie in allen alten Kulturen sind auch in Indien Religion, Wissenschaft und Gesellschaft eng verzahnt gewesen, so daß wir mit einer intensiven Wechselbeziehung dieser Bereiche zu rechnen haben.[(49)] Es gibt verschiedene Möglichkeiten, um die Zusammenhänge zwischen religiöser und medizinischer Tradition zu betrachten:

1. Ein bestimmtes Nahrungsmitteltabu kann religiös oder mythologisch motiviert sein, aber gleichzeitig den Anfang einer Diätetik bilden, die zwar nicht rational begründet ist, dabei jedoch auf bestimmten Erfahrungen beruht.
2. In einer medizinischen Abhandlung mögen sich therapeutische Hinweise finden, die zwar ärztliches Erfahrungswissen wiedergeben, gleichzeitig jedoch religiös oder gesellschaftlich motiviert sind und unter Umständen hinsichtlich ihrer sachlichen Grundlage fragwürdig erscheinen müssen.

Wir haben also damit zu rechnen, daß Entlehnungen in beide Richtungen stattgefunden haben, d.h. daß die Ärzte sich dem kulturellen Umfeld nicht verschließen konnten und daß andererseits die Vertreter der Religion medizinische Erkenntnisse in ihre Lehrsysteme aufgenommen haben.

Bei einer adäquaten Beurteilung von Ernährungsregeln stellt sich das Problem, daß die rein quantitative Betrachtung der Nahrung in Begriffen von chemischer Zusammensetzung und entsprechendem Bedarf im menschlichen Körper in den letzten Jahrzehnten weit intensiver gepflegt worden ist als die Betrachtung der Verhaltensmuster und der soziokulturellen Einflüsse.[(50)] Die mechanistische Sichtweise läßt daher manche alten Regeln heute als irrational erscheinen, was nicht unbedingt der Fall sein muß.

Über die qualitative Wirkung von Nahrungsmitteln gibt es noch wesentlich weniger Untersuchungen als zu dem vorhergenannten Bereich; diese ist auch schwieriger empirisch zu erfassen, da die subjektive Beurteilung der Versuchspersonen aufgrund vorheriger Ernährungsgewohnheiten und -einstellungen stark differieren wird.

Bodenstedt definiert Ernährungsgewohnheiten als „*wiederkehrende Handlungsvollzüge, die mittelbar oder unmittelbar zur Nahrungswahl oder -aufnahme und damit zur Ausbildung von Ernährungsmustern führen.*" Der Sinn, der in ihnen liegen soll und meistens auch sozial anerkannt ist, läßt sich in der Regel schwer oder gar nicht nachvollziehen, da er im Unterschied zu ‚geplantem' Ernährungs-Handeln vergessen, verdrängt worden ist. – Ernährungseinstellungen sind „*bestimmte, durch Wiederholung verfestigte Muster von Erfahrungen, die in Wechselwirkung mit Situationsreizen handlungsmotivierend wirken*".[(51)]

---

(48) Bodenstedt (1983, 239) zitiert De Garine.

(49) Sharma (1989a, 164 ff) betrachtet aus āyurvedischer Sicht die religiösen Speisevorschriften und andere Lebensregeln. Auch die meisten rites de passage sind mit dem Einnehmen von Nahrung verbunden; vgl. IESS (1968, food: 509).

(50) Bodenstedt (1983, 242 f).

(51) Bodenstedt (1983, 240).

Der gesundheitliche Effekt von richtiger Nahrungsmittelauswahl wird inzwischen weithin akzeptiert, ist aber wegen der erst langfristig eintretenden Wirkung und der zahlreichen anderen Einflußfaktoren nur schwer zu erfassen.

In vielen alten Medizinsystemen – speziell auch in der āyurvedischen Tradition – finden sich zahllose diätetische Hinweise. Schipperges hat aus der Medizingeschichte solche Regeln zusammengestellt, um sie ernährungsberatend den rein quantitativen Betrachtungen an die Seite zu stellen.[(52)] Gleichzeitig hat die moderne Naturheilkunde großen Wert auf die Berücksichtigung einer richtigen Ernährung gelegt. So sind in den letzten Jahrzehnten verschiedene sich in vielen Aspekten widersprechende Lehren entstanden, die teils von der Ernährungswissenschaft aufgegriffen, teils weiterhin mit kritischen Augen betrachtet werden.[(53)]

Wir befinden uns gewissermaßen noch in der Anfangsphase des wissenschaftlichen Studiums der Ernährung und der Ernährungsformen, die Ernährungswissenschaften selbst sind als eigenständige Disziplin noch relativ jung. Insofern fällt es zum gegenwärtigen Zeitpunkt schwer, die alten Ernährungsvorschriften angemessen zu beurteilen, wenn man dabei alle Aspekte umfassend betrachten will.

Hinzu kommt, daß es in der Beurteilung der Ernährungsgewohnheiten anderer Völker oft Untertöne gibt, die den Eindruck erwecken, als ob der Versuch unternommen werde, die eigene Ernährungsform zu rechtfertigen und die fremde als Ergebnis von Aberglauben oder irrationalen Wertvorstellungen zu bewerten. So wird man zahlreiche Erklärungsmodelle für die Heiligkeit der Kuh und die Vermeidung von Rindfleisch in Indien entdecken, ohne daß gleichzeitig darüber reflektiert wird, aus welchen Motiven die Abscheu zu erklären sei, die in unserem Kulturkreis gegenüber Hunden und Katzen, teilweise auch gegenüber Pferden als Nahrungsmittel bestehen. Harris macht deutlich, daß viele kulturelle Unterschiede der Ernährungsgewohnheiten auf ökologisch bedingten Zwängen und Chancen beruhen, die von Region zu Region variieren. Damit sind sie nicht Ausdruck einer abergläubischen Mentalität, sondern Ergebnis einer Wahrnehmung des jeweiligen Lebensumfeldes.[(54)]

Essen ist ein sehr emotionsbeladenes Verhalten, insofern werden fremde Gewohnheiten oft sehr intensiv verurteilt. Die Gefühlskomponente der Nahrungsaufnahme ist für alle Menschen wichtig; Grunert führt aus, daß der Ausgleich von Emotionen durch das Eßverhalten nicht nur bei Übergewichtigen und Eßgestörten stattfindet, sondern ein normaler Prozeß ist, der sich sowohl hinsichtlich negativer als auch positiver Emotionen zeigen kann.[(55)]

Die Konfrontation mit Ernährungsgewohnheiten anderer Länder führt zu einem sozialen Kontakt, der unter Umständen unerwünscht ist; denn gemeinsames Speisen gehört zu den intensivsten Formen des sozialen Kontaktes und ist daher von jeher mit zahlreichen Regeln und Tabus versehen worden.[(56)] Der Knoblauchduft, der dem Urlauber in südlichen Ländern so reizvoll erscheint, besitzt, wenn er von der nächsten Straßenekke oder vom Hausflur in die Nase strömt, eine ganz andere Qualität. Wir können ihn dann „nicht riechen."

---

(52) Schipperges (1985b). Zur Geschichte der Diätetik vgl. Klotter (1990, 6 ff).
(53) Kasper (1991, 468 ff), Kluthe (1993, 5/2.1,1).
(54) Harris (1991,10 u. 44 ff).
(55) Grunert (1993).
(56) Bodenstedt (1983, 250 ff).

Ganz abgesehen von einer solchen Vorurteilsbildung müssen wir nicht nur von einem Ernährungsproblem der dritten Welt sprechen, welches ohne Zweifel in gravierendem Maße besteht, sondern haben angesichts des großen Feldes der ernährungsbedingten Zivilisationskrankheiten auch eine Krise der Ernährung in den Industrieländern vorliegen.(57) Diese Krise besitzt selbstverständlich ganz andere Ursachen und zeigt andere Formen und Auswirkungen als die der sogenannten Entwicklungsländer.

Sie weist aber darauf hin, daß Kompetenz in Ernährungsfragen nicht unbedingt abhängig von der zivilisatorischen Stufe oder technischen Entwicklung einer Kultur ist, sondern nur unter Einschluß der subjektiven Faktoren, die zu einer Nahrungsmittelwahl führen, betrachtet werden kann.

In der Beurteilung von diätetischen Hinweisen ist also große Vorsicht angebracht, wenn man versuchen will, diesen eine rationale Grundlage oder Heilwirkung abzusprechen. Vielmehr sollte versucht werden, sie aus ihrem eigenen Bezugsrahmen heraus zu verstehen. Erst im nächsten Schritt können darauf aufbauend mögliche Brücken zu bereits hinreichend geprüften Aussagen über Ernährung gebaut werden.

Wir werden uns darauf beschränken, den Nahrungsbegriff im allgemeinen zu untersuchen und insbesondere zu betrachten, welche kulturellen Entwicklungen die Vorstellungen über Nahrung im Āyurveda geprägt haben. Im Konkreten soll es dann um die in den āyurvedischen Klassikern gegebenen Hinweise zum Ernährungsverhalten gehen, die einerseits dargestellt und aus ihrem kulturellen Umfeld heraus erläutert werden, andererseits aus heutiger Sicht auf ihre Nützlichkeit hin geprüft werden sollen.

Es ist eine bekannte Tatsache, daß nicht nur der Āyurveda, sondern auch die alte griechische Medizin und die auf ihr aufbauenden heilkundlichen Traditionen des Abendlandes der Nahrung eine besondere Bedeutung beimessen.(58) Da im Āyurveda gleichzeitig eine große Anzahl medizinischer Präparationen für therapeutische Behandlungen bekannt ist, kann der Rückgriff auf die Nahrung nicht auf einem Mangel an anderen Möglichkeiten beruhen, sondern weist darauf hin, daß die Ernährung einen dem āyurvedischen System immanenten Stellenwert einnimmt.(59)

Die philosophisch-religiösen Betrachtungen über die Nahrung *(anna)* bilden im indischen Kulturkreis einen bedeutsamen Hintergrund für die Wertschätzung der Nahrung, auch wenn dieser Begriff in den āyurvedischen Texten wesentlich konkreter gefaßt wird.

Gleichzeitig ergaben sich auch außerhalb des medizinischen Zusammenhangs Möglichkeiten, besondere Erfahrungen mit der Ernährung zu machen. So erforderte das vedische Ritual zahlreiche Observanzen, die die Nahrung betrafen.(60) In asketischen Kreisen wurde mit Ernährung experimentiert und festgestellt, daß der Entzug von Nahrung (Fasten), aber auch die Art der Nahrung die Befindlichkeit des Menschen veränderte.(61) Damit war ein methodisches Instrument gegeben, um sich einer praktischen Untersuchung der Nahrungsmittel zuzuwenden.

---

(57) DGE (1988, 16 ff), Pudel u. Westenhöfer (1991, 42 f), Kluthe u. Schrezenmeir (1992, 9), Kluthe (1993, 3.1,1 ff), Diehm u. Schettler (1995, 5).

(58) Vgl. z.B. Baisette (1992, 306), Klotter (1990, 7).

(59) Thatte u. Dahanukar (1989, 136); Srikantha Murthy (1987, 17 ff), der in seiner Arbeit traditionell den klassischen Gedankengängen folgt; Lesley (1988, 9).

(60) Vgl. Hillebrandt (1897, 48 f, 55, 63, 112, 136). Bedeutsam sind insbesondere die Enthaltung vom Fleischgenuß und das Fasten.

(61) Eine phänomenologische Beschreibung der Wirkung des Fastens im Gesundungsprozeß bietet AHS 1.14.17-18.

Die āyurvedischen Klassiker enthalten umfassende Betrachtungen der Nahrungsmittel und teilen diese in Gruppen ein, die sich einerseits auf die Herkunft, andererseits auf bestimmte Gemeinsamkeiten beziehen (z.B. Blätter oder Früchte).[62] Die Wirkungen der Nahrungsmittel werden entsprechend der āyurvedischen Systematik beschrieben und deren genaue Betrachtung zeugt von einer empirischen Tradition, die sich zum Ziel gesetzt hatte, herauszufinden, wie welches Nahrungsmittel auf den Menschen wirkt.

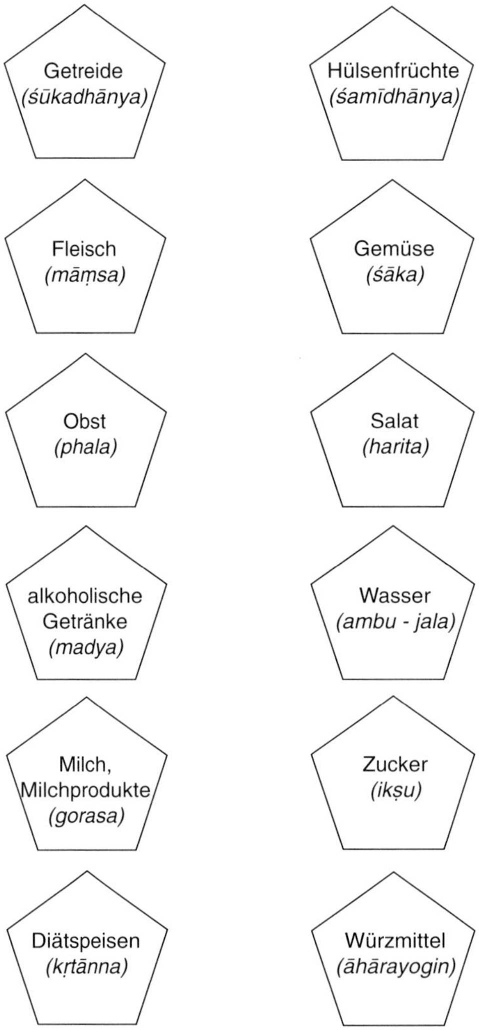

Abb. 29: Nahrungsmittelgruppen nach Caraka 1.27

So weist die SuS auf die Bedeutung hin, die Erkenntnisse der Tradition besitzen. Diese soll man aber nicht blind hinnehmen, sondern aufgrund dessen, daß diese Erkenntnisse auf Wahrnehmung beruhen, selbst genau betrachten und dann mit systematischen Begründungen versehen.[63]

Damit wird eine Beziehung zwischen der Erfahrungsheilkunde und āyurvedischer Systematik hergestellt. Die bereits vorhandenen Erfahrungen sollten ernstgenommen, aber nicht dogmatisch tradiert werden.

Ein wesentliches Element der durchgeführten Nahrungsmitteltests, von denen wir in den Texten nur die Ergebnisse mitgeteilt bekommen, kann man in der Sensibilisierung für Nahrungsmittel sehen, die beim Fasten oder während einer Diätkur eintritt. Insbesondere bei der Rückkehr zu normaler Kost wird sehr schnell spürbar, ob ein Nahrungsmittel z.B. schwer oder leicht verdaulich ist.

Auch im Kontext heutiger Fastenkuren wird beschrieben, daß nicht das Fasten selbst schwierig sei, sondern das angemessene Beginnen nach der Fastenzeit: „*Wir können nun sagen, daß sogar ein Dummkopf fasten kann, aber nur ein weiser Mensch weiß, wie er das Fasten in richtiger Weise bricht und nach dem Fasten schrittweise zur richtigen Ernährung zurückkehrt. Ob die Fastenbehandlung erfolgreich oder erfolglos sein wird, hängt von der Vorsicht beim Fastenbrechen sowie der Methode und der Diät während der Aufbauphase ab.*“[64]

---

[62] CarS 1.27, SuS 1.46, AHS 1.6 und jeweils einzelne Angaben im Kontext bestimmter Krankheiten.
[63] SuS 1.40.19 ff.
[64] Buchinger (1976, 60).

Im Āyurveda gibt es bekanntermaßen eine Vielzahl von Rezepturen, die man als Schonkost bezeichnen kann; diese sind wahrscheinlich aus den Erfahrungen mit Fasten entstanden. In Indien wurde das Fasten im religiösen und im *Yoga*-Kontext empfohlen. Für den Āyurveda gehört es daher zur religiösen *(daiva)* Therapie und wird medizinisch nur in bestimmten Fällen empfohlen.

In der intensiven Betrachtung von Nahrung, die zwar auf einer bestimmten kulturellen Grundlage beruht, zeigt sich ein Erkenntnisstreben, welches die Nahrungssubstanzen vollständig erfassen will, unabhängig davon wie einzelne Aspekte in religiösen Kreisen bewertet werden. So werden auch alle Fleischarten und alkoholischen Getränke nach ihren spezifischen *doṣa*-Wirkungen kategorisiert.

Das methodische Grundprinzip der Analyse ist dabei die Frage, in welche Richtung das Gleichgewicht der Körperkräfte durch ein bestimmtes Nahrungsmittel beeinflußt wird. Es wird also gerade innerhalb einer Substanzgruppe nach den Unterschieden in der Wirksamkeit und nach dem qualitativen Wert einer Sorte gefragt, z.B. in der Betrachtung der verschiedenen Reisarten.[(65)]

Dies ist eine ganz andere Fragestellung als die nach der chemischen Zusammensetzung, die bei verschiedenen Reisarten ziemlich identisch sein kann. Die Notwendigkeit der Nahrungsaufnahme wird aus ernährungswissenschaftlicher Sicht mit dem Gleichgewicht des Stoffhaushaltes im menschlichen Körper begründet. In bezug auf verschiedene Substanzgruppen wird die Menge des notwendigen Tagesbedarfs quantitativ bestimmt:

„Der menschliche Organismus ist ein offenes System: Was auf der einen Seite als Nahrung zugeführt wird, wird auf der anderen Seite in Form von Stuhl, Harn und Schweiß sowie über die ausgeatmete Luft (in Form von Kohlendioxid) wieder ausgeschieden. Dabei versucht der Organismus ein dynamisches Gleichgewicht aufrechtzuerhalten, d.h. alle Körperbestandteile sind einem ständigen Abbau und Umbau unterworfen, der durch eine ständige Neusynthese aus einfachen Bausteinen ausgeglichen werden muß. Daher führt Nahrungsmangel oder das Fehlen einzelner unentbehrlicher (d.h. essentieller) Nährstoffe zu einer Abnahme des Körperbestandes, zu Gewichtsverlust, durch Funktionsstörungen zu Erkrankungen und schließlich zum Tode.“[(66)]

Der Gedankengang, der der chemischen Untersuchung zugrunde liegt, hat gleichzeitig die chemische Normierung der Nahrungspflanzen in Form von Hybridkulturen hervorgebracht und den Artenreichtum in drastischer Weise reduziert. Inzwischen bemühen sich Beauftragte der Weltgesundheitsorganisation (WHO) u.a. darum, die alten Sorten durch weiteren Anbau zu retten.[(67)] Sobald das alte Saatgut verbraucht ist, ist die jeweilige Sorte verschwunden und die Abhängigkeit von den neuen Hybridsamen, die für ihr Überleben natürlich auch chemische Dünger und Pflanzenschutzmittel benötigen, geschaffen; diese unheilvolle Verquickung zwischen industriellen Interessen und technischem Fortschritt muß weiterhin kritisch beobachtet werden. – Bezüglich des Reises hat die industrielle Produktion durch die Einführung des weißen Reises gegenüber dem Vollreis eine bedeutende Verschlechterung der Ernährungssituation in Asien herbeigeführt.

Angesichts dieser Entwicklung läßt sich fragen, ob durch die qualitative Betrachtungsweise von Nahrungsmitteln nicht Erkenntnisse gewonnen oder wiederbelebt werden könnten, die auch für die heutige Ernährungssi-

(65) Z.B. CarS 1.27.8 ff.
(66) Menden (1990, 10 f).
(67) Mündliche Mitteilung des dort tätigen Beauftragten.

tuation nützlich wären. Die Vorstellung von Gesundheit als einem Gleichgewichtszustand *(sāmya)* – analog zu der zitierten Beschreibung von Menden – läßt sich auch ohne chemische Kenntnisse aus der Beobachtung der Wirkungen von Nahrungsmitteln ableiten. Wenn man die Angaben der āyurvedischen Texte zur Ernährung einordnen oder bewerten will, muß man sich aber vorher darüber klar werden, unter welcher Fragestellung dies geschieht und ob die gewählte Fragestellung auf die āyurvedische Systematik übertragbar ist.

So ist es sicher eine wichtige Erkenntnis, daß sich die Aminosäuren von Getreide und Hülsenfrüchten, welche noch heute ein Rückgrat der Ernährung in Indien bilden, teilweise so ergänzen, daß sie die Wertigkeit des Proteingehalts von Fleisch übersteigen. „*Die Untersuchungen von Kofranyi und Jekat haben gezeigt, daß ausgewählte Kombinationen pflanzlicher Proteine eine hohe biologische Wertigkeit haben. So ergibt beispielsweise eine Mischung von Mais- und Bohnenprotein eine derart optimale Ergänzung der in beiden pflanzlichen Lebensmitteln enthaltenen Aminosäuren, daß mit 0,52 g/kg Körpergewicht eine ausgeglichene Stickstoffbilanz als Zeichen einer Deckung des Proteinbedarfs erreicht wird.*“[(68)]

Man kann daraus aber weder schließen, daß die Āyurvediker die chemischen Formeln gekannt hätten, noch daß sich alle Angaben der Texte bestätigen ließen. Das Beispiel zeigt aber, wie unterschiedliche Methoden zu übereinstimmenden Ergebnissen führen können.

In die Entwicklungsgeschichte der Ernährung ist mit Beginn der Industrialisierung ein Bruch eingetreten, der so gravierend ist[(69)], daß wir dessen Folgen kaum abschätzen, aber das drastische Ansteigen ernährungsbedingter Zivilisationskrankheiten bemerken können.[(70)]

Als Gegenreaktion haben sich seit Beginn dieses Jahrhunderts im Kontext der Lebensreformbewegung Ernährungsformen entwikkelt, die den qualitativen Wert von Nahrung stärker beachten und von diesem ausgehend bestimmte Nahrungsmittel als geeignet auswählen oder ablehnen.[(71)] Kollath hat in diesem Kontext den Begriff der Ordnung eingeführt und sieht einen grundlegenden Unterschied in der Forschungsmethode der chemischen Analyse (induktiv) und der phänomenologischen Betrachtung, die deduktiv vom Ganzen ausgeht.[(72)] Der Wert chemischer Analysen wird selbstverständlich auch von Kollath anerkannt und mitverwendet; nur als Beurteilungskriterium reicht ihm diese nicht aus. Allerdings ist seine Aufteilung in Lebensmittel (lebend) und Nahrungsmittel (tot) zu kraß. Schmidt geht z.B. von einem Kontinuum der Wärmewirkung aus, welches das Kochen als eine Fortsetzung des Reifungsprozesses begreift.[(73)]

Selbstverständlich sind von Seiten des Āyurveda keine Aussagen bezüglich der Bewertung der industriellen Produktion zu erwar-

---

(68) Kasper (1991, 473-474). Zu den Inhaltsstoffen der Hülsenfrüchte vgl. Senser u. Scherz (1987, 262 ff).

(69) Koerber (1986, 31 ff) betrachtet die Geschichte der Ernährungsformen in erster Linie unter dem Aspekt tierischer oder pflanzlicher Nahrung, arbeitet aber sehr klar den Bruch heraus, der mit der Industrialisierung eingetreten ist. Man vgl. auch Kollath (1987, 19 ff) und Elmadfa u. Leitzmann (1988, 11 ff).

(70) Kasper (1991, Vorwort); Anemueller (1987, 14 ff); Menden (1990, 5); Bodenstedt (1983, 239), Biesalski et al. (1995, IX) u.v.a.

(71) Eine von Einseitigkeiten weitgehend freie Darstellung der Vollwerternährung, die inzwischen in das offizielle wissenschaftliche Paradigma (vgl. dazu Kasper [1991, 470]) aufgenommen worden ist, geben Koerber (1986) und Anemueller (1987); zur Geschichte der Ernährungswissenschaft vgl. Schmidt (1975, 15 ff); Elmadfa u. Leitzmann (1988, 13ff). Zur Lebensreformbewegung vgl. Menden (1990, 264 ff). Zur qualitativen Betrachtung der Ernährung im Rahmen der Ganzheitsmedizin vgl. Kötschau (1956, 164).

(72) Kollath (1987, 24 ff).

(73) Schmidt (1975, 127 ff u. 142 ff).

ten, da diese damals noch nicht existiert hat. Die Bedeutung des Geschmacks für die Einschätzung der spezifischen Wirkung einer Nahrung sollte aber nicht unterschätzt werden, insbesondere wenn man in Betracht zieht, daß sich die Spezies Mensch in sehr langen Zeiträumen an die Verbindung zwischen bestimmten Geschmackserlebnissen und der Zufuhr von bestimmten Nährstoffen gewöhnt hat.[(74)] Insofern muß man davon ausgehen, daß zahlreiche Entwicklungen im Nahrungsmittelkonsumbereich (Aromastoffe, Konservierungsstoffe, Mischung von zu vielen Inhaltsstoffen, industrielle Verarbeitung und Auszugsprodukte) aus āyurvedischer Sicht abzulehnen oder zumindestens kritisch zu bewerten sind.

Es ist inzwischen bekannt, daß die Ernährungslage in „primitiven" Gesellschaften teilweise recht gut ist bzw. gewesen sein muß, sofern ausreichend Nahrungsmittel vorhanden sind bzw. waren. Die Umstellung auf Zivilisationskost kann hingegen sehr schnell zu ernsten Problemen führen. In einer Untersuchung der Universität Oregon wurden Tarahumara-Indianer, die vorher vorrangig von Getreideprodukten, Bohnen und Früchten und nur geringen Mengen an Fleisch oder Fisch gelebt hatten, einer nur fünfwöchigen freiwilligen „Kur" mit Zivilisationskost unterzogen. Ergebnis: Erhöhung der Gesamtcholesterinwerte um durchschnittlich 31 %, LDL-Konzentration 39 %, HDL 31 %, Gewichtszunahme im Durchschnitt 3,8 kg.[(75)]

Dieses und ähnliche Ergebnisse zeigen, daß der Wert traditioneller Ernährungsformen und -empfehlungen bisher in ihrer Bedeutung unterschätzt worden sind. Die industriell geprägte Ernährung führt hingegen zu einer immer stärkeren Lösung des Eßverhaltens von seiner instinktiven Grundlage.[(76)]

Ernährungslehre ist eines der Gebiete, auf welchem in besonderem Maße emotional bestimmte Diskussionen geführt werden. *„Kaum auf einem anderen Gebiet werden so viele unsachliche und gefühlsbetonte Meinungen in der Öffentlichkeit vertreten wie im Bereich der Ernährung."*[(77)]

Ständig werden neue Lehren und Diätformen etabliert. Die Veröffentlichung von Kasper enthält ein eigenes Kapitel: „Besondere Kostformen und Außenseiterdiäten."[(78)] Die Zusammenstellung der beiden Begriffe und die Abhandlung ganz unterschiedlicher Ernährungsformen in einem Kapitel weist auf die Perspektive des Verfassers hin, der sich in seiner Bewertung auf den Standpunkt seines quantitativen Wissenschaftsverständnisses zurückzieht. Die qualitative Bewertung und das Wechselspiel zwischen der Ernährung und einem in einer bestimmten Weise konstituierten Individuum wird so gut wie gar nicht beachtet. Andererseits muß eingeräumt werden, daß richtigerweise eine ganze Reihe von extrem einseitigen Diätformen sehr kritisch zu bewerten sind; denn sie können sich tatsächlich gesundheitsschädigend auswirken.[(79)]

Traditionell sind viele Ernährungsformen in eine Lebenslehre oder Religion integriert oder zumindest Teil eines bestimmten kulturellen Paradigmas.[(80)] Daher läßt sich oft nur schwer feststellen, inwieweit bestimmte Regeln Ergebnis einer Anpassung an geographische und klimatische Verhältnisse sind oder ihren Ursprung in anderen Motiven haben.

---

(74) Vgl. Schmidt u. Beauchamp (1990).
(75) Universität Oregon (1991).
(76) Pudel u. Westenhöfer (1991, 34).
(77) Bäßler et al. (1987, VIII). Ebenso Strube in Biesalski et al. (1995, 483).
(78) Kasper (1991, 468 ff).
(79) Zu besonderen Kostformen vgl. auch Kluthe (1993, 5.3,1 ff), Biesalski et al. (1995, 483 ff).
(80) Die klassischen Beispiele sind die alten Hochreligionen, speziell auch das Judentum, oder in modernerer Zeit die Makrobiotik; vgl. Kasper (1991, 478 ff).

Auch die āyurvedische Ernährungslehre beruht auf einem bestimmten kulturellen Milieu, hat aber über dieses sich hinausentwickelnd methodische Grundsätze aufgestellt, die das Tor zu neuen, aber letztlich sehr alten Fragestellungen sein könnten.[81] Ein oder vielleicht das wichtigste Fundament der vom Āyurveda ausgehenden Diätetik läßt sich so formulieren:

Die Wirkung eines Nahrungsmittels wird bestimmt von der Befindlichkeit desjenigen, der die Nahrung aufnimmt.

Zu dieser Befindlichkeit gehört aber nicht nur der physiologische Zustand des Betreffenden, sondern auch die psychische Gestimmtheit, die zugrundeliegende Konstitution dieses Menschen sowie alle räumlichen und zeitlichen Einflußfaktoren, die in einem Moment einwirken, wie Temperatur, Wetterlage, Jahreszeit, Uhrzeit usw. Wenn man von krankheitsbedingter Schonkost absieht, führt die quantitative Betrachtung der Kalorienzufuhr und deren Aufteilung in Kohlenhydrate, Eiweiß, Fett usw. zur Aussage, daß der Bedarf für alle Menschen im Verhältnis gleich ist.

Eine Kostform, die universal gültig ist, wird vom Āyurveda abgelehnt.[82] Vielmehr ist es demnach notwendig, im individuellen Fall zu schauen, was die richtige Ernährungsform für einen bestimmten Menschen, an einem bestimmten Ort, zu einer bestimmten Zeit, in einer bestimmten gesundheitlichen Situation und in einem bestimmten Alter sein könnte.

Die Vertreter spezieller Kostformen reklamieren in ihren Publikationen immer wieder Heilerfolge für sich, die durch das Befolgen bestimmter Empfehlungen entstanden sein sollen.[83] Wenn man die Richtigkeit und Glaubwürdigkeit dieser Aussagen nicht bezweifeln will, wird man einschränkend aus āyurvedischer Sicht folgendes sagen müssen:

Es mag richtig sein, daß hier in diesem Fall ein Heilerfolg erzielt worden ist; das hat eintreten können, weil eben diese Ernährung die gestörten Kräfteverhältnisse bei *diesem* Menschen wieder ins Gleichgewicht gebracht hat. Man sollte aber nicht davon ausgehen, daß deshalb diese Ernährung für alle anderen Menschen oder für diesen Menschen auf Dauer förderlich sei.

Der individuelle Zugang ermöglicht einen Mittelweg zwischen der Ablehnung einer Kostform als „nicht wissenschaftlich gesicherte Außenseiterdiät" und dem blinden Glauben an eine solche Lehre. Wenn Kasper als Beweis für die Richtigkeit einer Ernährungslehre *„Ergebnisse exakter vergleichender Therapiestudien – und nur diese sind beweisend –"* fordert, hat er prinzipiell mit diesem Anliegen recht.[84]

Zu fragen ist aber dabei, wie weit man mit solchen Studien kommt, wenn man die individuellen Dispositionen und die Vielzahl von möglichen Einflußfaktoren nicht von vornherein berücksichtigt. Zusätzlich sind insbesondere die psychosomatischen und soziokulturellen Einflüsse ganz entscheidend für die Wirkung einer Ernährungsempfehlung auf einen Menschen.[85] Im Rahmen eines Studiendesigns kommt man oft gerade deshalb zu eindeutigen Ergebnissen, weil Einflüsse ausgegrenzt werden. Insofern ist die Frage nach der adäquaten Methodik für die Langzeiterforschung von Ernährungsgewohnheiten noch nicht schlüssig beantwortet. Es muß eine große Vorsicht an den Tag gelegt werden, wenn man Konzepte unterschiedlicher Wissenschaftsverständnisse zueinander in Beziehung setzen will.

---

[81] Zur Diätetik hippokratischer Konzeption vgl. die kurze Zusammenfassung von Anemueller (1987, 13 f), Klotter (1990, 6 ff).

[82] Genauso argumentiert Gandhi (1992, 45) in alter āyurvedischer Manier.

[83] Vgl. z.B. die zahlreichen Publikationen von Bruker.

[84] Kasper (1991, 468).

[85] Vgl. Bodenstedt (1983, 241 ff).

8.3 Āyurvedische Ernährungslehre

Ausgehen wollen wir von einigen grundsätzlichen Aussagen, die im Āyurveda über den Wert der Nahrung getroffen werden:

„Derjenige, der sein Selbst ersiegt hat und geeignete Nahrung zu sich nimmt, lebt ohne Krankheit 36.000 Nächte und wird von den tugendhaften Menschen geachtet. Nahrung ist (die Basis der) Lebenshauche der einen Lebenshauch tragenden Wesen. Die Welt strebt zur Nahrung hin. (Gesunde) Farbe, Erfüllung, eine klangvolle Stimme, Lebenskraft, Geistesstärke, Glück, Zufriedenheit, Nährung, Stärke und Einsicht – alle diese finden in der Nahrung ihre Grundlage. Was die weltliche Aktivität betrifft, was die vedische Aktivität betrifft[(86)]*, die eine Bemühung darstellt, die Himmelswelt zu erlangen, und was im Kontext der Überwindung der Handlung (überhaupt) genannt wird*[(87)]*, auch das ist (alles) auf die Nahrung gegründet.*"[(88)]

Die Motive der *Upaniṣaden* leben in diesem Text fort, werden aber in anderer Weise gefaßt: Nahrung bedeutet wieder ganz konkret das, was man zu sich nimmt. Sie wird aber nichtsdestoweniger als universale Lebensgrundlage betrachtet und ist der motivierende Faktor in der Welt. Der Kommentator Cakrapāṇidatta führt dazu aus:

„Ohne Nahrung (ist eine Situation gegeben), in der durch das Nichtfortbestehenkönnens des Körpers auch alle Unternehmungen nicht fortgeführt werden können; deshalb ist Nahrung in allen Aspekten die Ursache; und deshalb wird die Aufmerksamkeit darauf gelenkt."[(89)]

Nahrung bewirkt nicht nur physisches Wohlbefinden und Gesundheit, sondern ist auch Basis für die geistige Aktivitäten und das Lebensglück. Sie ist Voraussetzung für das, was der Mensch in seinen Lebensaktivitäten erstreben kann.

Die spezifisch āyurvedische Sichtweise wird im Kommentar des Cakrapāṇidatta deutlich; er erläutert den Begriff „weltliche Aktivität" *(laukika)* mit *aparīkṣaka* – „ohne umfassende Betrachtung":

„Diejenigen nämlich, die ohne umfassende Betrachtung sind, sind nur zum bloßen Lebenserhalt tätig, diejenigen mit umfassender Betrachtung haben (auch das im Blick), was für das andere Leben hilfreich ist."[(90)]

Umfassende Betrachtung läßt einen Menschen nicht nur in kurzfristigen Zielen denken, sondern berücksichtigt auch das Streben nach Befreiung vom Leiden im täglichen Verhalten.

Die SuS beginnt das Kapitel über die Nahrungsmittel mit einer Rekapitulation alles dessen, was aus der Tradition und aus der bisherigen Unterrichtung des āyurvedischen Systems über Nahrung bekannt ist, und legt diese dem Schüler *Suśruta* in den Mund. Dies ist ein pädagogischer Kunstgriff, mit dem

---

(86) Cp: yajñādi – Opferhandlungen usw.

(87) Cp: apavarga iti mokṣe – Überwindung entspricht Befreiung.

(88) CarS 1.27.348-351 ab:
ṣaḍtriṃśataṃ sahasrāṇi rātrīṇāṃ hitabhojanaḥ |
jīvaty anāturo jantur jitātmā saṃmataḥ satām || 348 ||
prāṇāḥ prāṇabhṛtām annam annaṃ loko 'bhidhāvati |
varṇaḥ prasādaḥ sausvaryaṃ jīvitaṃ pratibhā sukham || 349 ||
tuṣṭiḥ puṣṭir balaṃ medhā sarvam anne pratiṣṭhitam |
laukikaṃ karma yad vṛttau svargatau yac ca vaidikam || 350 ||
karmāpavarge yac coktaṃ tac cāpy anne pratiṣṭhitam |

(89) Cp zum Text der CarS: *anne pratiṣṭhitam iti nirannasya dehasthityabhāvena sarvārambhābhāvāt* | *yasmād annaṃ sarvatra kāraṇaṃ tatas tatrāvadhātavyam iti* ||

(90) Cp zum Text der CarS: *aparīkṣakā eva hi vartamānamātre pravartante parīkṣakās tu janmāntaropakāriṇy eva* |

genau aufzeigt wird, was der Student zu diesem Zeitpunkt bereits wissen sollte. Die wichtigsten Aspekte des Systems werden in klarer Weise zusammenfaßt:

„Es ist schon festgestellt worden, daß die Nahrung die Wurzel der lebenden Wesen sowie die von Stärke, Farbe und Lebenskraft ist. Die (Nahrung) beruht auf den sechs Geschmacksrichtungen. Die Geschmacksrichtungen wiederum haben ihre Basis in den Substanzen. Die Substanzen, Geschmacksrichtungen, Eigenschaften, Wirkkräfte und die spezifische Verdauungsqualität sind die Ursachen für Verminderung, Verstärkung und Gleichgewicht der doṣas. Nahrung ist die Ursache für Bestand, Schöpfung und Vernichtung der Welt[91]*, ja selbst vom Schöpfer (brahmā) und den anderen Göttern. Aus der Nahrung allein entstehen Wachstum, Stärke und Gesundheit sowie Erfüllung der Sinne mit den Eigenschaften.*[92] *Ebenso entsteht nämlich aus einem Ungleichgewicht der Nahrung Krankheit.“*[93]

Der Wert der Nahrung wird durch ihre Zugehörigkeit zu einer Ursachenebene bestimmt, hinter der andere Ursachen stehen. Das emanative Denken des *Sāṃkhya* erlaubt gleichzeitig die Umkehrung des emanativen Denkprozesses, die zum ursprünglichen Ausgangspunkt vordringen will. Einen solchen Charakter besaßen bereits die Reihenbildungen in den *Upaniṣaden*.

Die Schlußfolgerung, die sich aus einem solchen Denken ergibt, ist folgende: Wenn Nahrung alle Aktivitäten ursächlich ermöglicht oder – anders herum formuliert – wenn ohne Nahrung die Entfaltung der menschlichen Aktivitäten nicht möglich ist, dann muß Nahrung auch der ursächliche Faktor für Gesundheit und Krankheit sein; denn diese Befindlichkeiten gehören der Effektebene an.

Ungleichgewicht der Nahrung *(āhāra)* kann sowohl die Zusammensetzung als auch die Unregelmäßigkeit der Nahrungsaufnahme betreffen. Im ganzen ist zu beobachten, daß *anna* und *āhāra* zwar oft austauschbar sind, *anna* aber tendenziell mehr auf den substantiellen Aspekt, *āhāra* mehr auf den Prozeß der Nahrungsaufnahme zielt.

Weitere Aspekte, die den Wert der Nahrung verdeutlichen, sind ihre Bedeutung im Rahmen präventiver Maßnahmen[94] und ihre Rolle im Hinblick auf die Vorstadien eines Krankheitsgeschehens.[95] Außerdem wird die von der Nahrung ausgehende Wirkung auf das psychische Gleichgewicht betont.

Bei dieser Bewertung spielen wiederum ethische Gedanken eine Rolle. Dem āyurvedischen Arzt *(vaidya)* war deutlich, daß Gier und Maßlosigkeit die *doṣas* durcheinanderbringen, daß aber Fasten ebenfalls eine Instabilität erzeugen kann; denn zu viel Fasten fördert *vāta* und kann den Körper aus dem Gleichgewicht bringen. Dies äußert sich insbesondere in emotionaler Labilität: Der Hungrige ist nicht zufrieden, er ist reizbar, und sein *pitta* gerät außer Kontrolle, da es keinen Brennstoff erhält.

So ist dem auf Gleichgewicht bedachten Arzt die Zufriedenheit und Erfüllung der Sinne ein

---

(91) Der Kommentator Ḍalh faßt die Begriffe Bestand usw. sehr direkt auf, so ist für ihn die falsche Anwendung (von Nahrung) die Ursache der Vernichtung (*vināśahetuś ca mithyopayogāt*).

(92) In dem Kompositum „Erfüllung der Sinne mit Eigenschaften“ (*varṇendriyaprasāda*) setzt Ḍalh als Bedeutung für *varṇa* Schwere usw. (*gaurādi*) an. Gemeint ist, daß durch die Nahrung die Grundeigenschaften zugeführt werden und dadurch die Sinne Erfüllung finden.

(93) SuS 1.46.3: *prāgabhihitaḥ prāṇināṃ punar mūlam āhāro balavarṇaujasāṃ ca sa ṣaṭsu raseṣv āyattaḥ, rasāḥ punar dravyāśrayiṇaḥ, dravyarasaguṇavīryavipākanimitte ca kṣayavṛddhī doṣāṇāṃ sāmyaṃ ca brahmāder api ca lokasyāhāraḥ sthityutpattivināśahetuḥ, āhārād evābhivṛddhir balam ārogyaṃ varṇendriyaprasādaś ca tathā hy āhāravaiṣamyād asvāsthyaṃ.*

(94) Laping (1984b).

(95) Z.B. CarS 3.1.3.

wichtiges Anliegen; denn der erfüllte Sinn wirkt nicht mehr störend durch sein heißes Verlangen auf den Menschen ein. Auf einer solchen Basis kann sich das Streben nach Höherem *(vaidika* und *apavarga)* entfalten.

Ausgehend von diesen Gedanken wird die ätiologische Bedeutsamkeit der Nahrung in bezug auf Gesundheit und Krankheit formuliert:

„Die Anwendung von wohltuender Nahrung allein ist der bewirkende Faktor für das Gedeihen des Menschen; und die Anwendung von nichtwohltuender Nahrung ist die Ursache der Krankheiten.“(96)

Um diesen allgemeinen Grundsatz für die Praxis fruchtbar zu machen, folgt in der CarS eine terminologische Diskussion über wohltuend *(hita)* und nicht wohltuend *(ahita)*: *Hita* wird definiert als das, was die sich im Gleichgewicht befindenden *dhātus* in ihrem natürlichen Zustand *(prakṛti)* festigt und die sich im Ungleichgewicht befindenden ins Gleichgewicht bringt. *Ahita* bezeichnet die entgegengesetzte Wirkung.(97)

Dieser innerhalb der Logik des Systems zwar richtigen Definition von *hita* und *ahita* wird der Einwand entgegengestellt, daß diese Unterweisung von den meisten Ärzten nicht verstanden werden könne.(98) Sie scheint also auf den ersten Blick zu abstrakt zu sein, als daß man praktisch mit ihr arbeiten könnte. Ātreya, der Lehrer, gibt darauf eine methodologisch interessante Antwort:

„Von diesen (Ärzten) können diejenigen diese so gestaltete Unterweisung verstehen, die die eigentliche Realität der Nahrung nach den Eigenschaften, Substanzen, Wirkungen(99) *und allen anderen Teilen (des Systems), (ferner auch) das Maß usw. und die Formen des konkreten Vorliegens (einer Substanz)*(100) *verstanden haben.“*(101)

Hita und *ahita* werden zu konkreten Begriffen, wenn sie innerhalb des Systemzusammenhangs und in dem Wechselspiel von Bewertungskategorien und konkreten Beobachtungen betrachtet werden. Es ist das Ganze der āyurvedischen Substanzkategorisierung, welches aus einem alltäglichen Begriff einen Fachterminus macht, der in der ärztlichen Praxis mit Fallbeispielen illustriert werden kann. Für denjenigen jedoch, der nicht gelernt hat, in Begriffen der Eigenschaften usw. die Dinge zu betrachten, werden die Termini, die im Āyurveda Verwendung finden, nur leere Formeln bleiben.

Nach dieser Erklärung wird nichtsdestoweniger eine ausführliche Auflistung von positiv und negativ zu bewertenden Substanzen gegeben, die den *hita-ahita*-Gegensatz illustriert. Obwohl es anfangs nur um Nahrungssubstanzen geht, werden in der wahrscheinlich älteren, umfangreichen Liste der in positiver und negativer Hinsicht hervorstechenden Lebensaspekte viele Faktoren aufgezählt, die unter den Nahrungsbegriff subsumiert werden.(102)

Drei Kapitel weiter in der CarS wird allerdings bestritten, daß Nahrung die alleinige

(96) CarS 1.25.31: *hitāhāropayoga eka eva puruṣavṛddhikaro bhavati, ahitāhāropayogaḥ punar vyādhinimittam iti* || 31 ||

(97) CarS 1.25.33: *samāṃś caiva śarīradhātūn prakṛtau sthāpayati viṣamāṃś ca samīkarotīty etad dhitaṃ viddhi viparītaṃ tv ahitam iti.*

(98) CarS 1.25.34: *na tv etad evam upadiṣṭaṃ bhūyiṣṭhakalpāḥ sarvabhiṣajo vijñāsyanti* || 34 ||

(99) Eigenschaft *(guṇa)*, Substanz *(dravya)* und Wirkung *(karman)* in der Zusammenstellung wie in VS 1.1.7 ff.

(100) *Bhāva* kann hier als Bezeichnung der Variationsbreite eines Nahrungsmittels, das durch Einflüsse von Ort, Zeit usw. in seiner qualitativen Beschaffenheit individuell verändert wird, verstanden werden.

(101) CarS 1.25.35:*yeṣāṃ hi viditam āhāratattvam agniveśa guṇato dravyataḥ karmataḥ sarvāvayavaśaś ca mātrādayo bhāvāḥ, ta etad evam upadiṣṭaṃ vijñātum utsahante* |

(102) Die Listen beginnen in CarS 1.25.38; ähnlich auch SuS 1.20.

Ursache für Gesundheit und Krankheit sei.[103] Es scheint wiederum nahe zu liegen, daß wir es mit einem engen und einem erweiterten Nahrungsbegriff zu tun haben.[104] Die abweichende Antwort im 28. Kapitel, die eindeutig auf den engeren Nahrungsbegriff zielt, wird auf eine Frage gegeben, die der im 25. Kapitel recht ähnlich ist.[105] Historisch gesehen kann man dies erneut als Indiz für den kompilatorischen Charakter des Textes betrachten. Der kontextuelle Zusammenhang weist aber darauf hin, daß die Fragestellung, inwieweit Nahrung für Krankheitsprozesse verantwortlich ist oder nicht, differenzierter betrachtet werden soll.

Man wird bei vielen Aspekten der āyurvedischen Systematik die Beobachtung machen können, daß diese mit leichten Abweichungen in verschiedenen Kontexten präsentiert werden. Ob in einem bestimmten Fall eine Kompilation oder ein sachlich motivierter Grund für die Wiederholung vorliegt, muß jeweils analysiert werden. Denkbar ist in diesem Zusammenhang, daß zuerst die Grundregel etabliert werden soll und dann die Einschränkung dieser Regel folgt; dies würde dem methodischen Vorgehen der Grammatiktradition von Pāṇini entsprechen.

Der allgemeine Grundsatz zur Bedeutsamkeit der Nahrung, der im 25. Kapitel aufgestellt worden war, wird in zwei Richtungen eingeschränkt:

1. Es ist zu bemerken, daß auch Menschen, die sich richtig ernähren, krank werden; dies liegt daran, daß es noch andere ätiologische Faktoren für Krankheiten gibt. Es sind:

- widrige Einflüsse der (Jahres-)zeit, Wetterumschwung etc. (*kālaviparyaya*),
- das Fehlgehen der Erkenntnis (*prajñāparādha*),
- dem Menschen nicht zuträgliche Sinneserfahrungen, d.h. Ton, Berührung, Form, Geschmack und Geruch (*śabdasparśarūparasagandhāś cāsātmyāḥ*).[106]

2. Falsche Ernährungsgewohnheiten stehen in einem Wechselspiel mit anderen Lebensaspekten und entfalten dadurch manchmal (zuerst) keine oder nur eine abgeschwächte Wirkung. Die anderen Einflußfaktoren sind:

- Nicht alle Ernährungsfehler wirken sich in gleicher Weise aus (*na hi sarvāṇy apathyāni tulyadoṣāṇi*).
- Nicht alle Körper sind in bezug auf die Neigung zu erkranken gleich (*na ca sarvāṇi śarīrāṇi vyādhikṣamatve samarthāni bhavanti*).
- Ein Ernährungsfehler kann sich durch einen überstarken Einfluß von Ort, Zeit, Kombination, Wirkkraft und Maß zu einem weit stärkeren unheilsamen Einfluß entwickeln (*tad eva hy apathyaṃ deśakālasaṃyogavīryapramāṇātiyogād bhūyastaram apathyaṃ saṃpadyate*).

Die angesprochene Vielschichtigkeit des Ernährungsproblems und die Tatsache, daß Ernährungsfehler sich manchmal erst nach Jahren oder Jahrzehnten in konkreten Krankheitsbildern zeigen, haben dazu geführt, daß die präventive Wirkung gesunder Ernährung erst relativ spät in das Bewußtsein der modernen Medizin getreten ist. Darüber hinaus erschweren diese Faktoren auch die Praxis der Ernährungsberatung, die oft erst einsetzen kann, wenn bereits organische Störungen vorhanden sind, da vorher Interesse und Motivation fehlen.

---

[103] CarS 1.28.7.

[104] Meulenbeld (1987) kommt in seiner Studie der pharmakologischen Konzepte ebenfalls zu der Schlußfolgerung, daß teilweise engere teilweise weitere Bedeutungen intendiert sind.

[105] CarS 1.25.32 und CarS 1.28.6.

[106] Diese Aufzählung greift CarS 1.11.43 wieder auf.

Die Einschränkung hinsichtlich der Auswirkung von Nahrung wird im Anschluß des Textes auf die Entstehung von Krankheiten überhaupt übertragen, um zu verdeutlichen, daß das einfache *doṣa*-Schema in der Praxis nur anzuwenden ist, wenn alle zusätzlichen Einflüsse genau untersucht werden. Als Risikofaktoren für die Verschlimmerung von Krankheiten gelten u.a. das Über- und Untergewicht sowie falsche Ernährung.

Die Ernährung hat somit Pate für die Betrachtung der Krankheiten überhaupt gestanden. Es ist deshalb nicht verwunderlich, daß auch die therapeutischen Methoden stark von dem Nahrungskonzept beeinflußt sind. In der AHS werden die Therapieformen in zwei Hauptgruppen eingeteilt(107):

1. *santarpaṇa* (Nährung): Einfluß von Erde und Wasser.
2. *apatarpaṇa* (Reduktion): Einfluß von Feuer, Luft und Raum.

Synonyme für diese beiden Begriffe sind *bṛṃhaṇa* und *laṅghana*. Die CarS erläutert dazu:

„Wenn etwas Leichtigkeit im Körper verursacht, wird dies laṅghana genannt. Was Größe in bezug auf den Körper entstehen läßt, ist bṛṃhaṇa.“(108)

Das Bild der Nahrungsaufnahme oder des Nahrungsentzugs wird auf die Grundtypen der Therapie übertragen, wobei, wie in der CarS deutlich wird, die leicht-schwer-Dichotomie ebenso dazugehört.(109)

Die anderen beiden Gegensatzpaare *rūkṣaṇa* (Trocknung, Erzeugung von Rauhheit) und *snehana* (Ölung, Fettung, Befeuchtung) sowie *svedana* (Schwitzen, d.h. Erzeugung von

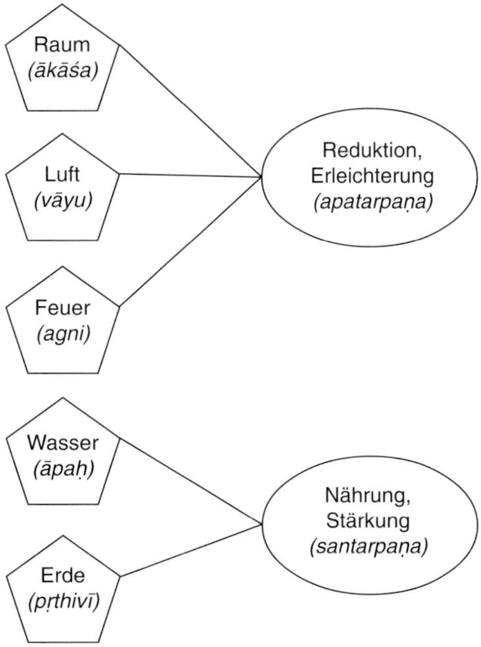

Abb. 30: Beziehung zwischen Elementen und Therapie

Bewegung, Leichtigkeit und Wärme) und *stambhana* (Festigung, Stabilisierung) stehen in der Therapie gleichberechtigt daneben.

Die Wahrnehmung von polaren Eigenschaften ist nicht nur ein methodisches Mittel, um diagnostisch zu einem Ergebnis zu kommen, sondern wird auch im therapeutischen Prozeß angewendet, um den aus dem Gleichgewicht herausgefallenen Patienten wieder zum richtigen Verhältnis der elementaren Eigenschaften zu verhelfen.

Für *laṅghana* bedeutet das konkret: Anwendung der vier Arten von Reinigungstherapien, Dürsten, Kontakt zu Wind und Sonne, verdauungsfördernde Maßnahmen, Fasten

(107) AHS 1.14.1 ff.
(108) CarS 1.22.9-10:
yat kiñcil lāghavakaraṃ dehe tal laṅghanaṃ smṛtam
bṛhattvaṃ yac charīrasya janayet tac ca bṛṃhaṇam.
Ebenso auch AHS 1.14.2.
(109) CarS 1.22.

und Bewegung.[110] In der AHS wird *laṅghana* in Reinigung und Beruhigung aufgeteilt, um die duale Form der Kategorisierung durchzuführen.[111]

Die SuS nennt als Ursachen für die Überwindung von Krankheiten:

- Reinigung,
- Beruhigung,
- Ernährung,
- Verhalten.

Diese sollen in richtiger Weise kombiniert und angewendet werden.[112] Die Therapieverfahren sind in der SuS etwa die gleichen wie in den anderen Texten, nur werden diese anders geordnet. Im Text folgt eine Betrachtung über den Wert der Nahrung und die Einteilung der Nahrungsmittel, so daß dieser Aspekt wieder im Zentrum des therapeutischen Vorgehens steht.

Im präventiven Bereich sind es Ernährung, Schlaf und Enthaltsamkeit, die die drei Stützen des Lebens bilden und Stärke, Farbe und Wohlbefinden bewirken.[113]

Die Erwähnung der Enthaltsamkeit weist anscheinend auf religiös-philosophische Traditionen hin. Die Erläuterung des Kommentars beleuchtet wiederum die spezifisch āyurvedische Sichtweise:

„Mit dem Wort Enthaltsamkeit (brahmacarya) sind die Eigenschaften, die der Erkenntnis des brahman entsprechen, gemeint, wie das Zusammenhalten der Sinne, Ausgeglichenheit usw..“[114]

Damit erhält *brahmacarya* fast die Bedeutung des richtigen Verhaltens in einem allgemeinen Sinn, welches dadurch gekennzeichnet ist, daß das Subjekt in bezug auf Außenreize Autonomie entwickelt. Die von Askesebestrebungen freie Sichtweise des Āyurveda verdeutlicht die Meinung der CarS zum Schlaf:

„Wie die Ernährung für die Funktion des Körpers wichtig ist, so wird der Schlaf als ein (Spender von) Wohlbefinden betrachtet. Schlaf und Ernährung im besonderen sind verantwortlich für Über- bzw. Untergewicht.“[115]

Schlaf ist also ein natürliches Bedürfnis wie Essen und Trinken und sollte deshalb nicht künstlich unterdrückt werden.[116] Im Rahmen einer allgemeinen Sentenz zur Lebensführung wird die Ernährung an erster Stelle genannt; denn sie ist der grundlegende Faktor, der das konkrete Handeln und das Finden höherer Zielsetzungen ermöglicht:

„Derjenige, der nach Glück im Leben danach und hier strebt, (tut das) im Bereich der Ernährung, des Verhaltens und des zielgesetzten Strebens. Der Weise strebt intensiv danach, das Wohltuende zu pflegen.“[117]

---

(110) CarS 1.22.18:
catuṣprakārā saṃśuddhiḥ pipāsā mārutātapau |
pācanāny upavāsaś ca vyāyāmaś ceti laṅghanam || 18 ||

(111) AHS 1.14.4.

(112) SuS 1.1.27: *teṣāṃ saṃśodhanasaṃśamanāhārācārāḥ samyakprayuktā nigrahahetavaḥ* || 27 ||

(113) CarS 1.11.35: *traya upastambhā iti, āhāraḥ svapno brahmacaryam iti...*

(114) Cp zur CarS: *brahmacaryaśabdena, indriyasaṃyamasaumanasyaprabhṛtayo brahmajñānānuguṇā gṛhyante.* Als Wirkung von Enthaltsamkeit wird auch im *Yoga* die Stärke genannt: Wer in *brahmacarya* gegründet ist, erlangt Stärke – *brahmacaryapratiṣṭhāyāṃ vīryalābhaḥ* (YS 2.38).

(115) CarS 1.21.51:
dehavṛttau yathāhāras tathā svapnaḥ sukho mataḥ |
svapnāhārasamutthe ca sthaulyakārśye viśeṣataḥ || 51 ||

(116) Zur Bewertung des Schlafes im Āyurveda vgl. Mittwede (1993).

(117) CarS 1.7.60:
āhārācāraceṣṭāsu sukhārthī pretya ceha ca |
paraṃ prayatnam ātiṣṭhed buddhimān hitasevane || 60 ||

Als Vertreter der humanistischen Psychologie hat Maslow die menschlichen Bedürfnisse und Ziele in Form einer Pyramide angeordnet. Er geht dabei davon aus, daß zuerst die lebensnotwendigen Erfordernisse der Nahrung und des Schutzes vor äußeren Einflüssen (Basis der Pyramide) erfüllt sein müssen, bevor höhere Ziele der sozialen Anerkennung (mittlerer Bereich) oder Selbstverwirklichung (Spitze der Pyramide) bewußt angestrebt werden können.(118)

Der Stellenwert der Nahrung als Basis des Lebens bleibt somit von den *Upaniṣaden* bis zu seiner Einordnung in die āyurvedische Therapie prinzipiell der gleiche. Innerhalb des medizinischen Kontextes wird die Ernährung aber als eine funktionelle Größe eines Therapiezusammenhanges verstanden.

Die typisierende Tendenz der āyurvedischen Texte kommt im Bereich der Ernährung ebenfalls zum Tragen: Zum einen zeigt sie sich in den bereits erwähnten Zusammenstellungen von Substanzen in Gruppen, die die Nahrungsmittel aufgrund unterschiedlicher Gesichtspunkte zusammenfassen. Zum anderen wird der Nahrungsbegriff selbst aufgeschlüsselt:

„Wegen der Ungeteiltheit seiner Bedeutung(119) *ist der Nahrungsbegriff einer (und umfaßt alles), was aufgenommen wird. Aufgrund des feststehenden oder beweglichen Charakters (pflanzlich und tierisch) hat (die Nahrung) zwei Ursprünge; aufgrund des Unterschiedes in der Wirkung als wohltuend und nichtwohltuend ist das Erscheinungsbild zweifach.*(120) *Aufgrund der Anwendung in Form von Trinken, Essen, Kauen und Lecken ist die Anwendung vierfach.*(121) *Aufgrund der sechsfachen Aufteilung der Geschmacksrichtungen ist sie sechsfach, was den Genuß angeht. Sie besitzt 20 Eigenschaften aufgrund der Reihe von schwer, leicht, kalt, heiß, fettig, trocken, mild, intensiv, stabil, beweglich, weich, hart, klar, trübe, glatt, rauh, fein, grob, fest, flüssig. Sie hat unzählige Arten aufgrund der Vielheit der Substanzen, Kombinationen und Zubereitungen.“*(122)

Die beschriebenen Aspekte betten den Nahrungsbegriff in das Gesamtsystem des Āyurveda ein. Der Text ist offensichtlich parallel zu der Diskussion über die *rasas* strukturiert worden, die bereits analysiert worden ist. Das Nebeneinanderstellen der verschiedenen Einteilungsmöglichkeiten, wobei jeder Sichtweise ihr eigener Gültigkeitsbereich gelassen wird, weist darauf hin, daß das Verfahren der umfassenden Betrachtung ein wesentliches Merkmal für die didaktische Vermittlung der āyurvedischen Systematik darstellt. Eine Realität wird dabei von verschiedenen Seiten betrachtet, so daß sich am Ende ein umfassendes Gesamtbild ergibt. Die These vom pädagogischen Aufbau der *rasa*-Diskussion wird dadurch noch einmal bestätigt.

---

(118) Maslow (1970 u. 1973, 169 ff).

(119) Cp: *abhyavahriyamāṇatvārthābhedāt.*

(120) *Prabhāva* meint hier nicht eine spezifische Wirkung, sondern die gesamte Beschaffenheit einer Substanz im Hinblick auf das Wechselspiel mit den anderen Einflüssen.

(121) Die funktionelle Einteilung ist eine, die für die Nahrung besonders spezifisch ist; sie erscheint auch in SuS 1.46.3. Für die Wirkung einer Nahrung ist nicht nur die Substanz entscheidend, sondern auch die Art und Weise, in der sie eingenommen wird. Im Bereich der medikamentösen Behandlung findet dieses Grundprinzip noch heute Anwendung in Form von Lutschen, Schlucken, Spritzen usw.

(122) CarS 1.25.36: *āhāratvam āhārasyaikavidham arthābhedāt, sa punar dviyoniḥ sthāvarajaṅghamātmakatvāt, dvividhaprabhāvaḥ, hitāhitodarkaviśeṣāt, caturvidhopayogaḥ pānāśanabhakṣyalehyopayogāt, ṣaḍāsvādaḥ, rasabhedataḥ ṣaḍvidhatvāt, viṃśatiguṇaḥ, gurulaghuśītoṣṇasnigdharūkṣamandatīkṣṇasthirasaramṛdukaṭhinaviśadapicchilaślakṣṇasvarasūkṣmasthūlasāndra dravānugamāt, aparisaṃkhyeyavikalpaḥ dravyasaṃyogakaraṇabāhulyāt* ||36||

Mit den aufgezählten Untergruppen ist die Bedeutung der Nahrung definiert. Im Kontext der Beschreibung des Verdauungsprozesses[123] und der Betrachtung der einzelnen Nahrungsmittel erfolgen innerhalb der Lehrbücher weitere Ausdifferenzierungen.

Im folgenden sollen zwei Einzelaspekte als Beispiele für die Anwendung der āyurvedischen Methodik betrachtet werden: Das Ernährungsverhalten und die Diagnose des Diabetes mellitus.

[123] Unter Assoziierung mit modernen Konzepten liegt eine Studie über Verdauung und Stoffwechsel von Dwarakanath (1967) vor. Zum Verdauungsfeuer *(agni)* vgl. Dash (1971).

9 Verhaltensänderung im Āyurveda

Das kulturelle Umfeld der āyurvedischen Ärzte begünstigte in ganz entscheidendem Maße die Auffassung, daß Krankheiten aus falschem Verhalten entspringen müssen; denn im Rahmen der *karma*-Lehre war die Verantwortung des Menschen für sein Schicksal im Rahmen des Ursache-Wirkungs-Prinzips festgestellt worden.[1] Die Reinkarnationslehre als Teil des vorherrschenden kulturellen Paradigmas bot sich als ein umfassendes Modell an, von Geburt an bestehende Krankheiten zu erklären.

Das Bewußtsein von der Vergänglichkeit und Wandelbarkeit der Welt, welches auch den Körper als wandelbar anschauen konnte, führte zur Entwicklung einer Vielzahl von asketischen und anderen Praktiken im Kontext religiös-philosphischen Lebens, speziell auch alles dessen, was unter dem Sammelbegriff *Yoga* zusammengefaßt werden kann.[2]

Auch wenn das Ziel dieses Strebens häufig die Verwirklichung einer geistigen Erkenntnis war – positiv formuliert: Erkenntnis des Selbst *(ātman)* negativ formuliert: Verlöschen des Durstes –, bestanden viele dieser Praktiken in einer Modifikation des Verhaltens, einem Sichzurückziehen vom weltlichen Leben, von sexueller Aktivität, Abstinenz von bestimmten Nahrungsmitteln oder Begrenzung der Nahrungsmenge bis hin zum vollständigen Fasten.

Die Wurzeln dieser Praktiken lagen u.a. in den kultischen Observanzen des vedischen Opfers, welche bis ins letzte Detail entwickelt worden waren. Diese sind Kulturgut der meisten Hochreligionen und haben sich bis in die heutige Zeit erhalten.

Ebenso wie die negativen Wirkungen von extremen Auswüchsen asketischer Praktiken z.B. in der Lebensgeschichte des Buddha bewußt geworden waren, kann man davon ausgehen, daß umgekehrt der gesundheitliche Wert von Verhaltensänderungen erkannt worden war und in die heilkundliche Praxis integriert werden konnte. Auf solchen praktischen Erfahrungen aufbauend entwickelten sich die Hinweise zum richtigen Verhalten, die wir heute in den Bereich der Präventivmedizin einordnen. Allerdings entspricht dieser Ausdruck nicht dem eigentlichen Anliegen der alten Heilkunde, der es nicht darum geht, Krankheiten zu vermeiden, sondern einem positiv gesteckten Ziel näher zu kommen.

Wolz-Gottwald hat die Therapieformen des Āyurveda in rationale Medizin, magisch-religiöse Therapie und philosphische Psychotherapie eingeteilt.[3] Die erste Kategorie beschreibt das im engeren Sinne ärztliche Anliegen, die zweite weist auf die Wurzeln āyurvedischer Heilkunde in der vedischen Zeit hin, wohingegen unter der dritten die *Yoga*-Elemente innerhalb der Ärztetradition subsumiert werden. Hier tritt zu der Fremdwahrnehmung, deren Kultivierung wir bereits behandelt haben, der Prozeß der Selbstwahrnehmung, der speziell im Bereich der Ernährung eine wesentliche Rolle spielt.

Man wird natürlich grundsätzlich fragen müssen, ob eine solche Aufteilung in verschiedene Therapiebereiche dem ärztlichen Selbstverständnis tatsächlich entsprach, ob also der Arzt zeitweilig seinen rationalen Ärztekittel ausgezogen hat, um sich gewissermaßen dem Irrationalen hinzugeben; trotzdem hilft die

(1) Z.B. CarS 1.1.54.
(2) Vgl. Mittwede (1992).
(3) Wolz-Gottwald (1991).

vorgestellte These vielleicht unserem Verständnis des Āyurveda weiter, indem einzelne Facetten dieser Heilkunde deutlicher hervortreten.[4]

Versucht man nun, eine verbindende Brücke zwischen verschiedenen therapeutischen Ansätzen aufzufinden, die die Kontinuität ärztlichen Handelns ermöglichen kann, wird man zu dem Prinzip der Modifikation kommen, also der aktiven Einflußnahme auf physiologische Prozesse oder das Verhalten des Menschen. Der gleiche Prozeß drückt sich damit nur in verschiedenen Gebieten aus; denn das Heilritual ist aus dieser Sicht nichts prinzipiell anderes als die Wirkung *(karman)* eines Heilmittels oder die Änderung einer Lebensgewohnheit.[5]

Im Lichte der Beziehungen der āyurvedischen Klassiker zum Gedankengut des *Sāṃkhya* wird dieses Kontinuum noch deutlicher; denn alle Aktivität spielt sich demnach im Bereich der Manifestationsformen der Urnatur *(prakṛti)* ab. Verschiedene Formen der Aktivität wie Denken, Fühlen und Handeln unterscheiden sich nicht wesensmäßig, sondern nur graduell voneinander. Diese sind nur unterschiedliche Manifestationen einer zugrundeliegenden Realität, der Urnatur *(prakṛti),* in deren Bereich sich alle Aktivitäten abspielen. Als Bezeichnung der individuellen Konstitution war die *prakṛti* ein āyurvedischer Fachbegriff geworden und wurde als Erklärungsprinzip für die Unterschiede im Verhalten und Reagieren der Menschen herangezogen.

Vor diesem Hintergrund erklärt sich das teils modern wirkende, pragmatische Verständnis von Krankheit in den āyurvedischen Texten und die Betonung des Verhaltens in der Ätiologie vieler Leiden.

In einer Zeit, in der viele alte Plagen der Menschheit verschwunden sind und die menschengemachten Krisen kollektiv und individuell immer deutlicher werden, wirken manche Aussagen der alten āyurvedischen Texte so treffend, als wenn sie für die heutige Zeit geschrieben worden wären. Dies ist, wie die Arbeiten insbesondere von Schipperges zeigen, nicht eine spezielle Eigenart des Āyurveda, sondern vieler alter Heilkunden, die nicht nur Krankheiten zum Verschwinden bringen lassen wollten, sondern an einer Kultur des Lebens im Sinne einer aktiven Pflege der eigenen Gewohnheiten interessiert waren.

Es lassen sich Übereinstimmungen zwischen modernen verhaltenspsychologischen Konzepten und Gedanken, die dem Āyurveda entstammen, feststellen. Dies ist aber nicht so zu verstehen, daß eine Vorwegnahme des Behaviourismus in Gestalt der āyurvedischen Heilkunde intendiert sei. *„Es kann gesagt werden, daß die Verhaltenstherapie eine lange Vergangenheit, aber eine kurze Geschichte hat.“*[6] Mit Klotter *„kann Verhaltenstherapie als modifizierte Diätetik verstanden werden“.*[7]

Es ist sehr wahrscheinlich, daß der ärztlichen Beobachtung bereits sehr früh die Möglichkeit aufgegangen ist, daß man durch Ratschläge und Verhaltenshinweise, die von ärztlicher Autorität getragen wurden, den Heilungsprozeß entscheidend positiv beeinflussen konnte. Die für eine solche Praxis notwendige Einstellung, daß es möglich ist, aus einer Eigenmotivation heraus sein Leben umzugestalten, konnte mit Blick auf die meditativen Bemühungen innerhalb der damaligen Gesellschaft leicht entwickelt werden.

In diesem erweiterten Sinn betrachtet Correll die anthropologische Grundlage der Verhal-

---

[4] Vgl. dazu die harte, aber vom philologischen Standpunkt nachvollziehbare Kritik von Das (1992).

[5] Das (1992, 163 ff) weist ebenfalls auf die übereinstimmende „rationale“ Grundlage von religiös inspiriertem Ritual und der praktischen Anwendung der Heilkunde hin.

[6] O'Leary u. Wilson (1975, 3).

[7] Klotter (1990, 136).

tenspsychologie. Nach ihm ist der Mensch als eine „organisierte Ganzheit“ zu betrachten:

„Das Menschenbild der Verhaltenspsychologie war öfters dem Vorwurf ausgesetzt, es sei eine „mechanistische“ Konstruktion. Dies wird dadurch begreiflich, daß ja immer wieder betont wurde, wie die Aktivität nicht als reine Spontaneität des Subjekts verstanden werden dürfte, sondern nur aus dem Wechselbezug zwischen dem Menschen und seiner Umwelt heraus erfaßt werden könne. Nun ist aber der Mensch als offenes System weder ausschließlich durch die Stimuli aus der Umwelt noch durch die Impulse, die seinem eigenen Inneren entsteigen, bestimmt, sondern durch ein Organisationsprinzip, das nicht als mechanistisch-starre Formel gegeben ist, sondern sich in der Interaktion mit der Welt beständig neu manifestiert. So ist menschliche Aktivität in ihrer Intentionalität niemals reversibel; jede Handlung ist in ihrer Art einmalig, weil ja jedes Verhalten das Insgesamt der Verhaltensformen verändert, den Menschen also verwandelt.“[8]

Die allgemeine Lebensregel der CarS: *„Frühzeitig möge der Weise das tun, was er als für sein Selbst richtig erkannt hat“*[9] besitzt eine große Nähe zu der Aussage im YS, daß das noch nicht eingetretene Unglück zu vermeiden sei.[10] Solche und andere Sentenzen waren wahrscheinlich allgemeines Kulturgut der damaligen Zeit und finden sich in unterschiedlichen Textgattungen. Sie waren Ausdruck nicht nur eines religiösen Heilsstrebens, sondern auch Bestandteil einer Lebenskultur, zu dem ein gesundheitsbewußtes Verhalten gehörte.

Die überlieferten Quellen zeigen, daß es nicht bei solchen allgemeinen Regeln geblieben ist, sondern ein geschlossenes System der Diätetik entwickelt wurde, welches im Kontext der Ernährungsregeln sicher auch eine funktionelle Beratungskomponente besessen hat.

9.1 Die Regulation des Eß- und Trinkverhaltens

Hunger und Durst sind Erlebnisse, die sowohl von subjektiven als auch von objektiven Gegebenheiten bestimmt werden.[11] Für den Menschen stellen sie existentielle Warnsignale dar, daß Nahrung bzw. Flüssigkeit zugeführt werden sollten.[12] In einem Mythos der AU wird dieser Aspekt bereits thematisiert:

„Als diese Gottheiten geschaffen waren, stürzten sie in diesen großen Ozean; diesen (den virāṭ-puruṣa) setzte er (der ātman) dem Hunger und dem Durst aus; da sprachen sie zu ihm: Erschaue für uns eine Grundlage, wo wir Stabilität finden und Nahrung essen können!“[13]

Hunger und Durst sind Ausdruck eines Bedürfnisses nach Stärkung, sie werden daher als beginnende Krankheit bezeichnet, was im Einklang mit westlichen naturheilkundlichen Systemen steht.[14] Hunger und Durst weisen den Āyurvediker auf ein bestehendes Ungleichgewicht hin, dessen physiologische Grundlage die moderne Medizin detailliert untersucht hat. Auch diese Vorstellung ist bereits in der ChāndU angelegt, nach der der Hunger daher rührt, daß die Wasser die Nahrung weggetragen haben, und der Durst da-

(8) Correll (1987, 22).

(9) CarS 1.7.54 cd: *prājñaḥ prāg eva tat kuryād dhitaṃ vidyād yad ātmanaḥ* || 54 ||

(10) YS 2.16: *heyaṃ duḥkham anāgatam.*

(11) Bodenstedt (1983, 240); Beck u. Schmidt (1988, 27), Biesalski et al. (1995, 30). Vgl. auch Pudel u. Westenhöfer (1991, 80) und deren Differenzierung von Hunger und Appetit.

(12) Schmidt (1987, 329 ff).

(13) AU 1.2.1: *tā etā devatāḥ sṛṣṭā asmin mahaty arṇave prāpataṃs tam aśanāpipāsābhyām anvavārjat tā enam abruvann āyatanaṃ naḥ prajānīhi yasmin pratiṣṭhitā annam adāmeti.*

(14) SuS 1.1.25 u.a.

her, daß das Feuer das Getrunkene weggetragen habe.[15] Auch findet der übermäßige, krankhafte Durst eine genauere Betrachtung in den Sammlungen des Āyurveda.[16]

Gleichzeitig sind Hunger und Durst auch psychische Phänomene, die in den philosophischen Traditionen als Grundübel betrachtet werden, denen man entrinnen sollte.[17] Durst und Hunger werden oft als Bild für die Gier des Menschen benutzt und beschreiben den Zustand der Sinnengebundenheit.

Diese negative Wertung wird jedoch innerhalb der Heilkunde nicht nachvollzogen; vielmehr wird – wie wir bereits gesehen haben – die Erhaltung des Körpers als essentiell für die Erfüllung der Lebenspflichten betrachtet und dementsprechend positiv bewertet. *„Der Körper ist ein Behälter für Glück und Leben"*, heißt es in der AHS.[18] Dies trifft allerdings nur zu, wenn er mit guten Eigenschaften ausgestattet ist.

An einer anderen Stelle wird formuliert, daß alle Wesen nach Glück streben.[19]

Dies wird offensichtlich als natürlich und richtig empfunden; denn der positive Zustand bedeutet gleichzeitig Wohlbefinden, d.h. Ausgeglichenheit und Gesundheit.

Speziell der Appetit auf ein bestimmtes Nahrungsmittel ist es, der als Wegweiser zur Ausgleichung des drohenden Ungleichgewichts dienen soll:

„Wenn man eine Abneigung gegen ein Nahrungsmittel empfindet, möge man dieses meiden, aber wenn man nach einem Nahrungsmittel Verlangen trägt, möge man dieses zu sich nehmen, sofern es sich dabei nicht um etwas Unzuträgliches handelt. So kann man das Anwachsen oder die Verminderung (eines oder mehrer doṣas) überwinden."[20]

Das, was biochemisch als Gleichgewicht im Energiehaushalt des Körpers beschrieben wird, findet hier eine qualitative, erlebnismäßige Beschreibung ganz im Sinne des Systems, nach dem die Qualitäten der Geschmacksrichtungen in Beziehung zu den *doṣas* und den Elementen *(mahābhūta)* stehen.

Ein geschwächter Patient soll nicht gezwungen werden, Nahrungsmittel zu sich zu nehmen, die seine Abneigung besitzen, vielmehr soll die Nahrungsaufnahme Freude bereiten.[21] Daß es sich dabei nicht um ein Zugeständnis an die Neigungen der Patienten handelt, kann man daran erkennen, daß sich dieses Grundprinzip durch viele praktische Anweisungen, die die Texte geben, hindurchzieht.

Allerdings darf und kann der Arzt nicht auf alle Wünsche des Patienten eingehen, besonders da dieser Wünsche entfalten kann, die ihm nicht unbedingt zuträglich sind, wie einschränkend erwähnt wird.

Daß solche Wünsche überhaupt auftreten können, ist im Kontext des Āyurveda mit der Pflege falscher Gewohnheiten zu erklären. Wie soll nun der Arzt mit diesem Problem umgehen? Hier bietet die CarS verschiedene Vorschläge an:

---

(15) ChāndU 6.8.3 ff.
(16) Vgl. Kap. 11; SuS 6.48.
(17) So ist die Freiheit von Hunger und Durst in BĀU 3.5.1, KU 1.12 und ChāndU 8.7.1 mit dem Selbst *(ātman)* bzw. der Erlösung assoziiert.
(18) AHS 2.3.106 b: ... *vapuḥ pātraṃ sukhāyuṣoḥ* |
(19) AHS 1.2.20: *sukhārthāḥ sarvabhūtānāṃ matāḥ sarvāḥ pravṛttayaḥ.*
(20) AHS 1.11.42:
yad annaṃ dveṣṭi yad api prārthayetāvirodhi tu |
tat tat tyajan samaśnaṃś ca tau tau vṛddhikṣayau jayet || 42 ||
Ähnlich auch SuS 1.46.418 in einer Anweisung für den Arzt, hingegen als allgemeine Gesetzmäßigkeit formuliert SuS 1.15.29-30.
(21) Vgl. CarS 6.30.332.

1. *„Wenn ein Nahrungsmittel aus gewohnheitsmäßigem Gebrauch den Menschen eines Landes als angemessen erscheint, möge man dieses nicht vollständig (und sofort) aufgeben, auch wenn es sich dabei um etwas Unzuträgliches handelt; denn daraus würde kein positiver Zustand entstehen.“*(22)
2. *„Wenn in bezug auf ein zuträgliches (Nahrungsmittel) aufgrund des regelmäßigen Gebrauchs oder aufgrund dessen, daß es nicht als schmackhaft empfunden wird, Abneigung entstanden ist, möge man es durch die Anwendung jeweils verschiedener Zubereitungsarten wieder schmackhaft machen.“*(23)
3. *„Wenn jemand aufgrund von Verlangen (oder Unregelmäßigkeit), einer Störung der doṣas, einer Krankheit oder einer schlechten Angewohnheit Geschmack (an bestimmten Nahrungsmitteln) entwickelt hat, möge man in solchen Fällen Zuträgliches anbieten, und man möge Nahrung geben, die durch den Zusatz von Heilmitteln eine Umstimmung (im Organismus) erzeugt.“*(24)

In den vorliegenden Aussagen zeigt sich, daß die Berücksichtigung des Appetits ein integrierter Teil des diätetischen Behandlungskonzeptes ist. Alle Extreme führen zu einem Ungleichgewicht; deshalb sollte sich der Ernährungsplan den örtlichen Gewohnheiten anpassen und außerdem nicht plötzlich lange bestehende Gewohnheiten aufzuheben versuchen.

Die angegebenen Hinweise beschreiben ein Grundprinzip, daß, wenn es berücksichtigt worden wäre, zu weit größeren Erfolgen in der Ernährungsberatung der Länder der dritten Welt geführt hätte.(25) Dies hängt einerseits mit dem Beharrungsvermögen von Ernährungsgewohnheiten zusammen, das sich über Jahrhunderte und Jahrtausende erstrekken kann. Andererseits sind nach āyurvedischem Verständnis Ernährungsgewohnheiten Ausdruck der Dispositionen der *doṣas* in einem bestimmten Land, erfüllen demnach einen Zweck, nämlich ein relatives – wenn auch vielleicht gestörtes – Gleichgewicht aufrechtzuerhalten.

Gewohnheitsmäßiger extensiver Gebrauch eines Nahrungsmittels führt, wie jeder aus eigener Erfahrung bestätigen kann, zu einer Abneigung. Ebenso zeigt sich in der Praxis der heutigen Ernährungsberatung, daß starre Regeln nicht zum Erfolg führen und der Geschmack ein entscheidender Faktor für das Durchhaltevermögen während eines Ernährungsprogramms ist. Die Befolgung starrer Diätpläne, die über lange Zeit hinweg propagiert wurde, wird immer mehr zugunsten eines flexiblen Vorgehens aufgegeben, insbesondere weil der starre Plan zu überkontrolliertem Verhalten führt, welches immer wieder mit schlechtem Gewissen durchbrochen wird.(26)

Insbesondere Vorurteile, wie z.B. die Vorstellung, daß gesunde Nahrungsmittel schlecht

---

(22) CarS 6.30.315:
aucityād yasya yat sātmyaṃ deśasya puruṣasya ca |
apathyam api naikāntāt tat tyajaṃl labhate sukham || 315 ||
Die KāśS enthält einen eigenen Abschnitt über diese Thematik und beschreibt regionale Gewohnheiten verschiedener Völker; vgl. dazu Shah (1958, 276 ff).

(23) CarS 6.30.331 cd-332 ab:
sātatyāt svādvabhavād vā pathyaṃ dveṣyatvam āgatam || 331 ||
kalpanāvidhibhis tais taiḥ priyatvaṃ gamayet punaḥ |

(24) CarS 6.30.333 cd-334 ab:
laulyād doṣakṣayād vyādher vaidharmyāc cāpi yā ruciḥ || 333 ||
tāsu pathyopacāraḥ syād yogenādyaṃ vikalpayet |

(25) Vgl. Bodenstedt (1983, 262f).

(26) Vgl. Pudel (1991), Pudel u. Westenhöfer (1989 u. 1991, 162), Schoberberger (1989), Collis (1977), Biesalski et al. (1995, 474 ff).

schmecken müßten, wohingegen alles, was den Gaumen erfreut, eigentlich ungesund sei, wirken sich blockierend auf die Umstellung von Ernährungsgewohnheiten aus.

Im Āyurveda wird Abstand von einer Aufteilung der Nahrungsmittel in gute und schlechte genommen, vielmehr werden sie in ihrer qualitativen Wirkung auf den jeweiligen Einzelfall beschrieben. Insofern brauchen die erwähnten Blockaden gar nicht erst aufgebaut zu werden. Der einzelne wird aufgefordert, die Wirkung einer Substanz selbst zu erfahren und bewußt wahrzunehmen. Die Klassifizierung, die der Arzt vornimmt, kann dabei Richtschnur und Hilfestellung sein.

Diese Haltung der positiven Unterstützung und Akzeptanz gegenüber dem Zustand des Patienten zeigt sich darin, daß nicht gepredigt wird, von den negativen Verhaltensweisen abzulassen, sondern daß einfach neue Reize angeboten werden. Pudel dokumentiert eindeutig an Beispielen die Wirkung eines falschen Beratungsverhaltens, welches die Bedürfnisse, Meinungen und Vorstellungen des Betroffenen unberücksichtigt läßt. Er plädiert ferner für eine klare, verständliche Sprache, die möglichst die abstrakten Konzepte der Wissenschaft wie Kohlenhydrate, Aminosäuren usw. wegläßt und auf konkrete Hinweise, die sich auf einzelne Nahrungsmittel beziehen, zurückgreift.(27) Dies entspricht dem oben zitierten Gedanken von Correll, daß jede Handlung die Gesamtheit der Verhaltensformen ändert, daß also das Erfahren eines neuen, als angenehm empfundenen Geschmacks ohne Motivationsprobleme eine neue Gewohnheit einführen kann.

Es wäre ein wichtiges Unterfangen, von den Prinzipien des Āyurveda ausgehend eine qualitativ erlebnisorientierte Form der Ernährungsberatung zu entwickeln und zu erproben. Auf āyurvedische Aspekte der Verhaltenstherapie weisen die kurzen Artikel von Nespor u. Singh und Singh hin.(28) Ovelil vergleicht alte und neue Formen der Gesundheitserziehung.(29) Die Diätetik im Mittelalter hat Schipperges eindrücklich beschrieben.(30) Im pädagogischen Bereich ist der Ansatz von Schaefer bemerkenswert, der den Biologieunterricht auf zwölf allgemeinen, qualitativ erlebbaren Lebensprinzipien aufbaut.(31)

Troschke betont angesichts der mangelnden Effektivität vieler Formen der Ernährungsberatung, daß der subjektive Nutzen für die Betroffenen zu oft vernachlässigt wird.(32)

Im dritten übersetzten Textabschnitt der CarS wird der Zustand beschrieben, in dem der Mensch aus dem Gleichgewicht herausgefallen ist. Dies kann durch einen Einfluß der Psyche (Verlangen – welches auch ansonsten im kulturellen Kontext für das Leiden verantwortlich gemacht wird), durch eine leichtere oder schwerere körperliche Störung oder durch fehlerhaftes Verhalten entstanden sein. In dieser auf Vollständigkeit bedachten Beschreibung der Ursachen zeigt sich der Wert der genauen, differenzierten Beobachtungen, die angestellt worden sein müssen, um eine solche Systematik zu entwickeln.

Auch die Frage des Alkoholkonsums hat zur Zeit der CarS bereits eine Rolle gespielt.(33) Die Darstellung zeigt beispielhaft die methodische Herangehensweise an die Problematik:

(27) Pudel (1991). Vgl. auch Schmidt u. Dlugosch (1991, 48 ff).
(28) Nespor u. Singh (1985) und Singh (1986).
(29) Ovelil (1982, 47 ff).
(30) Schipperges (1985a, 254 ff).
(31) Schaefer (1990).
(32) Troschke (1986, 109). Vgl. auch Stunkard (1986).
(33) CarS 6.24.

1. In der Einleitung (Verse 3-10) werden Beispiele für die positive Wertung des Alkoholkonsums innerhalb des kulturellen Zusammenhanges genannt (mehrfach erwähnt wird die Verwendung im Opfer). Einerseits wird damit einer möglichen Kritik seitens bestimmter gesellschaftlicher Kreise vorgebeugt. Andererseits wird das Bedürfnis nach Alkoholgenuß erst einmal angenommen und akzeptiert.
2. Das Trinken entsprechend der Regel *(vidhi)* wird detailliert beschrieben (Verse 11-20) Das prächtige Ambiente, das sich dabei ergibt, weist auf die Zielgruppe hin, an die sich dieser Abschnitt wendet.[34] Man kann aber auch ein Bild des bewußten Genusses darin sehen, in dem der Verzehr des Getränkes selbst rituellen Charakter trägt und damit einer Ausschweifung entgegenwirkt. In den tantrischen Traditionen wird dieser Weg innerhalb der indischen Kultur tatsächlich gegangen.
3. Die allgemeine Regel wird auf die einzelnen *doṣa*-Konstitutionstypen übertragen und damit ausdifferenziert (Verse 21-25). Bedeutsam ist dabei die erhitzende Wirkung des Alkohols, die im Hinblick auf die Verträglichkeit entsprechend berücksichtigt werden muß.
4. Die Beschreibung der Auswirkungen auf Körper und Geist beginnt mit dem Hinweis, daß Alkohol sowohl positive als auch negative Auswirkungen haben kann.[35] Dabei überwiegen die kritischen Aspekte; denn alle zehn Eigenschaften von alkoholischen Getränken *(madya)* sind der Lebenskraft *(ojas)* entgegengesetzt, wodurch der Geist *(sattva)* schnell in Aufregung versetzt wird. (Verse 26-36)
5. Die Beschreibung der Trunkenheit geht typologisch vor, indem drei Stadien mit detaillierten Symptomen charakterisiert werden (Verse 27-51). Diese Stadien entsprechen ungefähr: Beschwipstsein, Trunkenheit, Vollrausch (mit Bewußtlosigkeit). Dabei wird nur das erste Stadium als Freude gebend *(sukhada)* beschrieben.
6. Der nächste Teil nimmt gegenüber dem Alkoholgenuß eine ablehnende Haltung ein und betont dabei die Wirkungen auf den Geist (Verse 52-57). Die stark anregende Wirkung bringt den Menschen aus dem Gleichgewicht und ist der Gesammeltheit des Geistes *(manaḥsamādhi),* welche die Voraussetzung für die Befreiung *(mokṣa)* ist, diametral entgegengesetzt.
7. Es folgt die Beschreibung der positiven Auswirkungen des regelgerechten Genusses von Alkohol mit zahlreichen Einzelbeobachtungen, u.a. der beruhigenden Wirkung bei Angst oder Schlaflosigkeit oder der Möglichkeit, den Charakter von Menschen *(sattvānāṃ prakṛtiḥ)* ans Licht zu bringen (Verse 58-73). Als Rechtfertigung wird das Bild des Giftes gebraucht, welches – richtig verwendet – als Lebenselixier *(rasāyaṇa)* wirkt. Die negative Konnotation des Giftes in Vers 28 wird damit entkräftet. Die zu Anfang gegebenen Empfehlungen werden nun systematisch strukturiert. Insgesamt acht Aspekte (Nahrung, Getränk, Alter, Krankheit, Stärke und Zeit sowie *doṣa* und seelische Konstitution *[sattva]*) sollen entsprechend ihrer Ausprägung berücksichtigt werden, damit das Trinken der Regel gemäß *(yukti)* ist.
8. Die umfassende Betrachtung erfordert auch die richtige Auswahl der Gruppe, mit der zusammen getrunken wird (Verse 74-84), und die Charakterisierung der Trinkfestigkeit verschiedener Menschen. Hin-

[34] CarS 6.24.24: *vidhir vasumatām* – die Regel für die Wohlhabenden.

[35] In CarS 6.24.26-28 erfolgt die Gegenüberstellung von guter Eigenschaft (*guṇa*) bzw. Nektar (*amṛta*) und Fehler *(doṣa)* bzw. Gift *(viṣa)*.

sichtlich der Gesellschaft, in die man sich begibt, wird empfohlen, die Personen hinsichtlich ihrer Qualitäten der Reinheit *(sattva),* der Leidenschaftlichkeit *(rajas)* und der Dumpfheit *(tamas)* einzuschätzen, um etwaigen Komplikationen aus dem Weg zu gehen. Der Hinweis zur Bewertung der Temperamente zeigt, daß es sich bei der Typologie um ein praxisrelevantes Instrument handelt. Die *guṇas*, die auf den Geist *(sattva)* bezogen sind, werden in diesem Kapitel verstärkt zur Qualifizierung herangezogen, da die psychischen Einflüsse des Alkohols besonders bedeutsam sind.

9. Der allgemeine Alkoholkonsum wird thematisch verlassen und das Zuvieltrinken in seiner pathologischen Ausprägung *(madātyaya)* bis hin zur Vergiftung beschrieben (Verse 88-106). Das *doṣa*-Schema bildet den Bezugsrahmen für die Beschreibung und Einordnung unterschiedlicher Leitsymptome, die ein detailliertes Bild selbst des Deliriums geben.
10. Im therapeutischen Teil werden für die drei *doṣa*-bedingten Symptomkomplexe ausgleichende Maßnahmen empfohlen (Verse 107-198).
11. Bei Rückfälligkeit und langandauerndem Alkoholismus sind spezielle Empfehlungen angebracht (Verse 199-205).
12. Nach einem ermahnenden Vers, daß sich der Weise, der seine Sinne bezwingt, von allem Alkohol fernhält und dadurch nicht von körperlichen und geistigen Krankheiten befallen wird, schließt das Kapitel mit der üblichen Inhaltsangabe.

Historisch betrachtet sind in diesem Kapitel sicher unterschiedliche Materialien zusammengeflossen. Dies zeigt der Gegensatz zwischen der ablehnenden Haltung gegenüber dem Alkohol und der gleichzeitigen ausführlichen Beschreibung der Vorteile, die dieser bringt. Indikator sind außerdem die unvermittelt dazwischenstehenden Verse, die den Charakter von Sentenzen tragen (Verse 52, 206), sowie die zweimalige Beschreibung des richtigen Trinkens (Verse 11-20 und Verse 68-70) und der drei Stadien des Rausches. (Vers 37 und Verse 41-51).

Als weitere Fragestellung ergibt sich die Suche nach etwaigen Motiven, die den Autor bzw. Redaktor dazu gebracht haben können, das Kapitel in der beschriebenen Weise zu gliedern und die vorliegende Darstellungsform zu wählen:

Die Abschnitte 1-3 geben ein ungetrübtes Bild. Selbst die Götter verzehren den berauschenden Nektar; und der Mensch genießt ihn ebenfalls unter Berücksichtigung seiner Konstitution.

Abschnitt 4 führt die spezifisch āyurvedische Sichtweise ein. Eine Realität muß umfassend in allen ihren Aspekten betrachtet werden. Der Standpunkt des Arztes liegt dabei zwischen den Extremen der Ablehnung und Befürwortung. Die Beschreibung der Wirkungen im Körper und im Geist sowie der Stadien der Trunkenheit erfolgt dabei phänomenologisch beschreibend. Daß dabei letztlich die kritische Bewertung dominiert und die positive Wirkung des Alkohols auf ganz bestimmte Bereiche limitiert wird, ist im Rahmen der sachlichen Erörterung gerechtfertigt. Nicht umsonst steht dieses Kapitel im Anschluß an dasjenige über Vergiftungen. Die typologische Beschreibungsform dominiert sowohl den diagnostischen als auch den therapeutischen Teil. Das erneute Herangehen an das gleiche Thema erfolgt im Sinne der Vertiefung und Ausdifferenzierung des vorher Gesagten. In diesem Sinne bietet auch die Trennung von Diagnose und Therapie (mit Beschreibung der jeweils relevanten *doṣa*-Eigenschaften) die Möglichkeit, sich zweimal dem gleichen Sinnzusammenhang zuzuwenden und dadurch ein Gesamtbild aufzubauen.

Die Therapie des Alkoholproblems erfolgt nicht im Sinne der moralischen Appelle, was bei den Patienten sicher wenig gefruchtet und womöglich zum Hinauswurf des Arztes geführt hätte. Vielmehr wird daran gearbeitet, das Gleichgewicht der Kräfte wieder herbeizuführen. Der Alkohol selbst in Verbindung mit unterschiedlichen Beimischungen wird dabei verwendet. Außerdem werden angenehme, dem jeweiligen *doṣa* entgegengesetzte Erfahrungen (eine schöne Umgebung, Massagen, Bäder, bis hin zur Umarmung von Frauen) vermittelt. Nach Ansicht der Āyurvediker scheint also der plötzliche Entzug nicht das probate Mittel zu sein, was in den Gesamtkontext des Systems paßt.

Bei krankhaften Zuständen, zu denen auch der Alkoholismus zählt, reicht es also nicht aus, einfach nur zuträgliche Nahrungsmittel anzubieten, auch wenn das grundsätzlich als wichtig empfunden wurde. Dies wird durch die Diätvorschläge deutlich, die Teil der Therapie der meisten Krankheiten darstellen. Vielmehr ist eine medikamentöse Unterstützung notwendig, um eine gleichgewichtige Disposition als Basis für weitere Veränderungen wieder zu erreichen.

Wir haben bereits gesehen, daß der jeweils vorhandene Appetit einen Steuerungsmechanismus darstellt, der von jedem selbst benutzt werden kann, ohne auf von außen festgelegte Normen zurückgreifen zu müssen.

Da jeder Mensch Nahrung zu sich nehmen muß, kann das Ernährungsverhalten nicht durch einen völligen Verzicht, wie es im Falle anderer Suchtmittel möglich wäre, modifiziert werden. Der Fastende hat nicht unbedingt gelernt, sein Eßverhalten zu gestalten. In einzelnen Fällen entstehen durch Hungerkuren sogar extreme Eßstörungen.[36] Man wird daher einen langfristigen Erfolg nur dann erzielen, wenn es dem Patienten gelingt, den Prozeß der Selbststeuerung wieder in den Griff zu bekommen.[37] Bodenstedt betont für den Bereich der Entwicklungsländer die Wichtigkeit der Selbstmotivation im Bereich der Ernährungsberatung und verweist auf den Zusammenhang zwischen Produktion, Einkommen und Ernährung.[38]

Wenn wir mit Correll Lernen als „eine Änderung des Verhaltens aufgrund einer gemachten Erfahrung" definieren, dann können wir die bisherigen Hinweise der āyurvedischen Texte als Versuche betrachten, Lernprozesse zu initiieren.[39]

Mit Blick auf die Erhaltung des Gleichgewichts wird eine allmähliche Veränderung der Gewohnheiten empfohlen; denn eine plötzliche Umstellung würde ein Ungleichgewicht im Organismus erzeugen, das negativ empfunden wird und deshalb zum alten Verhalten zurückkehren läßt:

„Ein kluger Mensch sollte eine unzuträgliche Gewohnheit allmählich aufgeben und ebenso allmählich das Zuträgliche pflegen. Dabei wird für die Gestaltung des allmählichen Prozesses folgendes empfohlen: Als erster Schritt sollte ein Viertel von beiden (d.h. dem Zuträglichen und dem Unzuträglichen) in bezug auf Zu- bzw. Abnahme verändert werden. Nach einer bestimmten Zeit[40] ein weiteres Viertel, und ebenso nach dem doppelten und dem dreifachen Zeitraum. Fehler, die allmählich aufgegeben werden, kommen

---

[36] Vgl. dazu Pudel u. Westenhöfer (1991, 158).
[37] Pudel (1991).
[38] Bodenstedt (1983, 257).
[39] Correll (1987, 61).
[40] *Ekāntaram* kann auch mit „nach einem Tag" übersetzt werden.

nicht wieder; und (gute) Eigenschaften, die allmählich angenommen werden, bleiben bestehen, ohne erschüttert zu werden.“[41]

Intendiert ist also ein Lernprozeß, der in Stufen das unerwünschte Verhalten modifiziert. Dabei soll kein Leerraum entstehen, der ein Zurückfallen in die alte Gewohnheit wieder begünstigt; deshalb soll gleichzeitig ein neues Verhalten an die Stelle des alten gesetzt werden. Dieses neue Verhalten ist zuträglich und kann auch positiv erlebt werden. Es motiviert zum verstärkten Zugriff auf dieses Verhalten und führt schließlich zu einer dauerhaften Änderung der Gewohnheit. Wenn die Umgewöhnung zu sehr als Entsagung empfunden wird, entwickeln sich Widerstände, und der Prozeß wird gestört.[42] Wird er hingegen unter den Vorzeichen einer Positivmotivation mit der Möglichkeit, neue Essensformen kennenzulernen, verbunden, tritt diese Schwierigkeit kaum oder in nicht so starkem Maße auf.

Hinter dieser Anweisung steht die Auffassung, daß der Handelnde sich selbst als Handelnder erfährt und dementsprechend selbst für sein Handeln Verantwortung übernimmt. Eine solche Auffassung war durch das kulturell-philosophische Umfeld fast schon vorgegeben.

Insbesondere im Kontext von Suchtverhalten stellt die Entwicklung von Selbstverantwortung für das eigene Handeln einen ganz entscheidenden Schritt für die Modifikation des Verhaltens dar. Beim Eßverhalten sollte deshalb die Abhängigkeit von Außenreizen und die unwillkürliche Reaktion auf diese zugunsten einer Innensteuerung vermindert werden.

Im Text der CarS wird die auch ansonsten oft auftauchende Kategorisierung in „zuträglich – unzuträglich“ *(ahita – hita)* verwendet, die eine Beschreibung des subjektiven Erlebens und nicht einen feststehenden Standard darstellt. Es handelt sich dabei um ein duales Schema, welches die einfachste Form einer Unterteilung darstellt und damit für jeden nachvollziehbar ist. Wir werden dieses Prinzip anhand der Betrachtung der Nahrungsmenge noch genauer ausführen.

Die langsame Umgewöhnung scheint ein wichtiges Prinzip gewesen zu sein und wird deshalb in der AHS besonders betont und sachlich begründet:

„Wenn nämlich das Unzuträgliche zu schnell verlassen und das Zuträgliche zu schnell als Gewohnheit eingeführt wird, entsteht Krankheit, die daher rührt, daß das Heilsame als Nichtheilsames wirkt.“[43]

Es wird daher sogar als zusätzliche Alternative vorgeschlagen, den Umfang der Änderung nicht auf ein Viertel, sondern auf ein Sechzehntel festzulegen.[44] Damit kann der Prozeß der Veränderung eine Unmerklichkeit annehmen, die gar nicht erst das Gefühl aufkommen läßt, man würde etwas Wichtiges aufgeben. Gleichzeitig wird die Notwendigkeit der Erhaltung des gesundheitlichen Gleichgewichts berücksichtigt.

---

(41) CarS 1.7.36-37:
ucitād ahitād dhīmān kramaśo viramen naraḥ |
hitaṃ krameṇa seveta kramaś cātropadiśyate || 36 ||
prakṣepāpacaye tābhyāṃ kramaḥ pādāṃśiko bhavet |
ekāntaraṃ tataś cordhvaṃ dvyantaraṃ tryantaraṃ tathā || 37 ||
Vgl. auch SuS 4.24.97.

(42) Vgl. Biesalski et al. (1995, 475).

(43) AHS 1.7.49:
apathyam api hi tyaktaṃ śīlitaṃ pathyam eva vā |
sātmyāsātmyavikārāya jāyate sahasānyathā || 49 ||

(44) AHS 1.7.48.

Bezüglich der Dauerhaftigkeit einer Verhaltensumstellung hat sich dieses Verfahren in der Ernährungsberatung ausgesprochen bewährt. *„Je häufiger der Klient nämlich mit den geplanten Maßnahmen einen Erfolg erlebt, umso nachhaltiger wird sich sein in kleinen Schritten geändertes Eßverhalten stabilisieren.“*[45] Rückfälle entstehen nach einem längeren Umgewöhnungsprozeß meist nur in später auftretenden Lebenskrisen, in denen auf ursprünglich, insbesondere in der Kindheit, erlernte Verhaltensweisen wieder zurückgegriffen wird.

Angesichts der fast unübersehbaren Anzahl von teilweise sogar gesundheitsschädigenden Diätformen in der heutigen Zeit macht dieser langsame Weg einer kontinuierlichen Umgestaltung der Gewohnheiten einen wesentlich fundierteren Eindruck. Da die Empfehlungen individuell gegeben werden, wird keine einheitliche Kostform für alle empfohlen, sondern Rücksicht auf die persönliche Konstitution *(dehaprakṛti)* genommen.

Bei gravierenderen Störungen wird solch ein Umgewöhnungsprozeß kaum allein erfolgreich abzuschließen sein. Gegen Ende des Kapitels über die Lebensziele (Leben *[prāṇa]*, Wohlstand *[dhana]*, die höchste Welt *[paraloka]*) empfiehlt deshalb die CarS, daß man Kontakt mit Menschen suchen sollte, die sich im Bereich der Lebensgestaltung (hinsichtlich Recht *[dharma]*, Wohlstand *[artha]* und Wunscherfüllung *[kāma]*) auskennen.[46] Indikationen sind die psychischen Störungen (zu denen sicher auch die Eßstörungen gehören), deren Wurzel in der Nichterfüllung von Wünschen und dem Konfrontiertsein mit Unerwünschtem liegt. Gleichzeitig solle man sich selbst mit dem Wohltuenden auseinandersetzen, und zwar umfaßt dies die Kenntnis der eigenen Persönlichkeit (oder des Selbst – *ātman*), örtliche, familiäre und zeitliche Gegebenheiten, Widerstandskraft und Fähigkeiten.[47]

Cp führt dazu in seinem Kommentar folgendes aus:

„Der Ausdruck Kenntnis der eigenen Persönlichkeit, des Ortes usw. besagt folgendes: Wer bin ich? Was ist gut für mich? Das ist die Kenntnis der Persönlichkeit. Welches ist der Ort, an dem zu wohnen für mich richtig wäre? Das ist die Kenntnis des Ortes. Dementsprechend möge man auch für die anderen Faktoren Zeit usw.[48] *Kenntnis durch Unterscheidung erwerben.“*[49]

Eine solche Betrachtung und bewußte Handhabung des kostbaren Gutes Gesundheit war offenbar auch damals schon nicht jedem möglich. Die CarS nennt vier Berufsgruppen, die zu chronischem Kranksein neigen, weil sie aufgrund ihrer Tätigkeit nicht auf ihre Gesundheit achten, und zwar sind dies:

- die Brahmanen *(śrotriya)*, da sie zu viel die Schriften studieren, Gelübde auf sich nehmen und Rituale vollziehen,
- die Regierungsbeamten *(rājasevaka)*, da sie dem König gegenüber dienstbereit sind und auf andere achten, sich zu viele Sorgen machen und Angst haben,
- die Hetären *(veśyā)*, da sie für andere willfährig sind und zu sehr auf ihr Äußeres achten,
- die Kaufleute *(paṇyajīvin)*, da sie dauernd sitzen und gierig auf das Kaufen und Verkaufen von Waren sind.[50]

---

[45] Pudel u. Westenhöfer (1991, 188). Vgl. auch Zürcher (1992, 92 ff), LeBow (1991, 120 ff).

[46] Cp: *mānasavyādhibheṣajavedī* – derjenige, der Heilmittel für geistige Störungen kennt.

[47] CarS 1.11.46-47.

[48] Das nächste Glied des Kompositums, „Familie“ *(kula)* wird nicht erwähnt.

[49] Cp zu CarS 1.11.46: *ātmadeśety ādi; ko 'ham kiṃ me hitam ity ātmajñānaṃ ko deśaḥ, asmin kim ucitam iti deśajñānam evam kālādāv api jñānaṃ boddhavyam* | |

[50] CarS 8.11.27-30.

Auch diesen Charakterisierungen wird man einen Realitätsbezug und genaue Beobachtungsgabe nicht ableugnen können. Sie bilden gewissermaßen die ersten Anfänge einer Sozialmedizin, die erkennt, daß Bewegungsmangel sowie psychische Belastungen im Kontext des Berufslebens das harmonische Gleichgewicht stören und deshalb zum Ausgleich einer aktiven Gesundheitspflege bedürfen.

10 Regeln für die Nahrungsaufnahme

10.1 Wieviel soll man essen?

Das richtige Maß der Nahrungsmenge zu finden ist ein Charakteristikum vieler alter Medizintraditionen.[1] Gleichzeitig waren Essensregeln Teil des religiösen Lebens oder in Form von Sprichwörtern allgemein verbreitet.[2]

Im Kontext einer Heilkunde, die auf die Erhaltung des Gleichgewichts ausgerichtet war, spielte die Mäßigung in allen Bereichen eine bedeutende Rolle und wurde auch für die Ernährung besonders herausgearbeitet:

„Man sollte entsprechend dem Maß essen. Das Maß der Nahrung ist wiederum bedingt durch die Kraft des Verdauungsfeuers. Welche Menge der genossenen Nahrung in angemessener Zeit verdaut wird, ohne dem natürlichen Gleichgewichtszustand (prakṛti) entgegenzuwirken, das sollte als Richtschnur für das rechte Maß gelten."[3]

Mit diesen Worten beginnt das Kapitel über das Maß des Essens *(mātrāśitīyam adhyāyam)* der CarS und legt damit ein beredtes Zeugnis der āyurvedischen Methodik ab.[4] Maßstab für das Maß der Nahrung ist nicht, ob man Mann oder Frau, dick oder dünn, klein oder groß usw. ist, sondern Maßstab ist die Fähigkeit, zu einem bestimmten Zeitpunkt eine aufgenommene Nahrungsmenge zu verdauen. Diese funktionelle Definition ist eine in höchstem Maße schwankende; denn von Stunde zu Stunde kann eine andere Befindlichkeit eintreten. Ein plötzlicher Wetterumschwung, eine harte Arbeit, eine unerfreuliche Nachricht können die Kraft des Verdauungsfeuers so stark verändern, daß die Verdauungsfähigkeit gegen null geht. Aus einer anderen Perspektive heraus betrachtet ist dies ein so flexibler Maßstab, daß er durch alle Situationen hindurch den Menschen begleiten kann, ohne sich störend auszuwirken. Es ist sehr einfach und natürlich zu fragen: „Kann ich das jetzt verdauen?" und stellt eher einen Bezug zur eigenen Befindlichkeit her als objektive Maßstäbe, die quantitativ orientiert sind: *„Eine Ernährung ist dann richtig, wenn sie den Eigenbedarf des Menschen deckt. Entscheidend sind immer nur die bedarfsangepaßte Menge und das ausgeglichene Verhältnis aller notwendigen Nährstoffe."*[5] Als objektiver Maßstab dient in der Regel das Kalorienzählen, das zwar ein nützliches Hilfsmittel darstellt, gleichzeitig aber dem Selbstbetrug oder der neurotisch übertriebenen Kalkulation Tür und Tor öffnet. Die Gefahr beim Zählen ist insbesondere die Ausrichtung auf äußere Richtlinien statt auf das eigene Befinden. Gleichzeitig nimmt die Beschäftigung mit dem Thema Essen durch Kalorienzählen eindeutig zu. Intensives Kalorienzählen kann Ausdruck des gezügelten Essens (restrained eating) sein.[6]

---

(1) Vgl. z.B. Schipperges (1985b). Eine traditionell orientierte Beschreibung für den Āyurveda bietet Sen Gupta (1901, 6 ff).

(2) Om Prakash (1961). Zu religiösen Essensregeln, die teilweise mit den āyurvedischen übereinstimmen, vgl. ERE (Jolly: Food 63 ff), Sharma (1989a). Auch die āyurvedischen Verse erwecken teilweise den Eindruck von Sprichwörtern, die entweder von der Tradition übernommen oder im Sinne der Gesundheitserziehung geprägt worden sind.

(3) CarS 1.5.3-4:
mātrāśī syāt | āhāramātrā punar agnibalāpekṣiṇī ||3||
yāvad dhy aśanam aśitam anupahatya prakṛtiṃ yathākālaṃ jarāṃ gacchati tāvad asya mātrāpramāṇaṃ veditavyaṃ bhavati ||4||

(4) Auch in den buddhistischen Texten wird das richtige Maß des Essens betont; vgl. Mitra (1985, 157).

(5) Beck u. Schmidt (1988, 55).

(6) Vgl. Pudel u. Westenhöfer (1991, 132 ff).

Die Bestimmung des Maßes wird insbesondere mit dem Eigenschaftspaar schwer-leicht verbunden, welches in der Tradition der SuS auch zu den Wirkungskräften *(vīrya)* gezählt wird. Schwer und leicht sind gleichzeitig Begriffe, die auch in unserem Kulturkreis für die Qualifizierung von Nahrung benutzt werden und daher unmittelbar nachvollziehbar sind. Im Āyurveda sind es Fachbegriffe, die die Beziehung einer Substanz zu den Elementen beschreiben.[7] Die Wirkung muß aber noch genauer betrachtet werden; denn ein an sich als leicht kategorisiertes Nahrungsmittel wird durch die übergroße Menge schwer, wohingegen der geringe Verzehr dem Schweren seine Schwere nimmt:

„Wenn man nur wenig zu sich nimmt, wirken die schweren Substanzen leicht, bei zu vielem Verzehr wirken die leichten schwer. So wird das Maß als eine Ursache in bezug auf die Schwere und das Leichtsein gelehrt. Von den schweren möge man wenig nehmen, von den leichten, bis Sättigung eintritt. Die Substanzen werden vom Maß bestimmt, das Maß aber vom Verdauungsfeuer.“[8]

Die umfassende Betrachtung führt zur Berücksichtigung weiterer Einflußfaktoren:

„Diese Betrachtung der Schwere und des Leichtseins verläßt nicht den Bereich der natürlichen Eigenart einer Substanz. Und so wird dieses Prinzip auch auf die folgenden, einander jeweils bedingenden Faktoren angewendet, nämlich auf Zubereitung, Maß, die zubereitete Speise selbst und die Zeit.“[9]

Eine noch ausführlichere Einteilung gibt die CarS: Dort werden Gewohnheit, Körperteile, natürliche Eigenart, körpertragende Prinzipien *(dhātu)*, Geschlecht, Verarbeitung und Maß aufgeführt und in den folgenden Versen erläutert. Einige der Kategorien beziehen sich speziell auf tierische Nahrung, andere werden bei Pflanzen angewendet.[10]

Insbesondere der Verarbeitungsprozeß ist differenziert zu betrachten, da sich eine bestimmte Zubereitungsart bei verschiedenen Substanzen unterschiedlich auswirken kann. Der Umwandlungsprozeß kann dabei in beide Richtungen gehen; ein leichtes Nahrungsmittel kann durch Zubereitung schwer, ein schweres leicht werden.[11] Für den Arzt ist die Entscheidung, welche Hinweise er in bezug auf schwere oder leichte Verdaulichkeit der Nahrung gibt, von einer genauen Betrachtung des Patienten abhängig, also ob dieser eine gute Verdauungskraft besitzt, aktiv und ansonsten gesund ist, ob er verweichlicht ist oder dem angenehmen Leben fröhnt.[12]

Neben diese qualitative Bewertung der Nahrungsmenge tritt aber auch eine quantitative Angabe, welche Kapazität verdaut werden kann, ohne daß eine Störung auftritt:

„Derjenige, der Nahrung zu sich nimmt, möge drei Teile des Raumes im Bauch auf die Nahrung verteilen, ein Teil des Raumes auf form-

(7) Schwer meint eine Dominanz von Erde und Wasser, leicht eine Dominanz von Feuer und Wind; vgl. CarS 1.5.6 und Meulenbeld (1974, 194).

(8) CarS 1.5.5; ebenso CarS 1.27.340-1:
alpādāne gurūṇāṃ ca laghūnāṃ cātisevane |
mātrā kāraṇam uddiṣṭaṃ dravyāṇāṃ gurulāghave || 340 ||
gurūṇām alpam ādeyaṃ laghūnāṃ tṛptir iṣyate |
mātrāṃ dravyāṇy apekṣante mātrā cāgnim apekṣate || 341 ||

(9) SuS 1.46.443:
gurulāghavacinteyaṃ svabhāvaṃ nātivartate |
tathā saṃskāramātrānnakālāṃś cāpy uttarottaram || 443 ||

(10) CarS 1.27.331.

(11) CarS 1.27.339.

(12) CarS 1.27.343; SuS 1.46.444 ff.

hafte (feste) Nahrungsprodukte, einen für flüssige, einen für vāta, pitta und śleṣman. Wenn man nämlich ein solches Maß zu sich nimmt, bekommt man keine Schwierigkeit, die ihren Ursprung in der Nahrungsmenge hat.“[13]

Die AHS gibt einen etwas anderen Wert, nämlich: die Hälfte sollte mit fester Nahrung und ein Viertel mit flüssiger Nahrung gefüllt werden; das letzte Viertel sollte für das Wirken der *doṣas* frei bleiben.[14]

Aus methodischer Sicht ist diese Bestimmung bedeutsam. Auch wenn sie quantitativ ist, bezieht sie sich doch auf den einzelnen Menschen und stellt ihm in einem Bild die richtige Menge vor Augen. Es ist das Bild des Behälters, der wie der Kochtopf nur eine bestimmte Menge aufnehmen kann. Ist zu wenig Flüssigkeit da, brennt die Speise an; ist der Topf zu voll, kocht es über. Niemand kann in seinen eigenen Magen hineinschauen, aber mittels einer bildhaften Vorstellung kann er ein Empfinden dafür bekommen, welche Menge ihm, dem Magen, gut tut.

Zusätzlich wird die quantitative Angabe durch die Beschreibung der Befindlichkeit konkretisiert, die bei der richtigen Nahrungsmenge eintreten sollte:

„*Dabei ist das richtige Maß durch die Aufteilung des Bauches schon beschrieben worden; dies wollen wir im weiteren genauer erklären: Durch die Nahrung entsteht kein Druckgefühl im Bauch, keine Bedrängung des Herzens, kein Reißen in den Seiten, keine zu große Schwere des Unterleibs, Zufriedenheit der Sinne, Aufhören von Hunger und Durst, ein Andauern des Wohlbefindens beim Stehen, Sitzen, Liegen, Gehen, Aus- und Einatmen, Lachen und dem geselligen Gespräch sowie angenehme Verdauung am Abend und am Morgen. Sie (die Nahrung in richtiger Menge) bewirkt Stärke, Farbe und Gedeihen. Dies ist das Bild der Kennzeichen, welches durch die richtig bemessene Nahrung entsteht.*“[15]

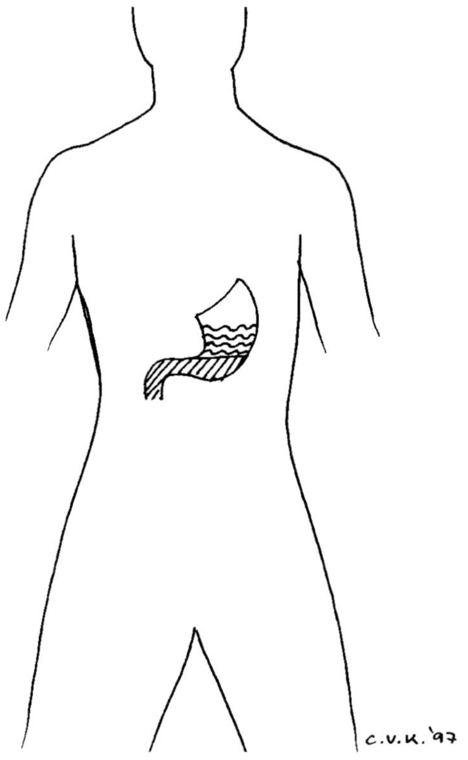

Abb. 31: „Magen“

[13] CarS 3.2.3: *trividhaṃ kukṣau sthāpayed avakāśāṃśam āhārasyāhāram upayuñjānaḥ, tad yathā ekam avakāśāṃśaṃ mūrtānām āhāravikārāṇām ekam dravāṇām ekaṃ punar vātapittaśleṣmaṇām etāvatīṃ hy āhāramātrām upayuñjāno nāmātrāhārajaṃ kiṃcid aśubhaṃ prāpnoti.*
Ebenso auch CarS 1.5.7.

[14] AHS 1.8.2 u. 46.

[15] CarS 3.2.6: *tatra mātrāvattvaṃ pūrvaṃ uddiṣṭaṃ kukṣyaṃśavibhāgena tad bhūyo vistareṇānuvyākhyāsyāmaḥ | tad yathā kukṣer aprapīḍanam āhāreṇa hṛdayasyānavarodhaḥ pārśvayor avipāṭanam anatigauravam udarasya prīṇanam indriyāṇāṃ kṣutpipāsoparamaḥ sthānāsanaśayanagamanocchvāsapraśvāsahāsyasaṃkathāsu sukhānuvṛttiḥ sāyaṃ prātaś ca sukhena pariṇamanaṃ balavarṇopacayakaratvaṃ ca, iti mātrāvato lakṣaṇam āhārasya bhavati* ||6 ||
Etwas kürzer findet sich eine ähnliche Beschreibung in CarS 1.5.8.

Der Ausgangspunkt der gesamten Beschreibung ist die Erlangung von Wohlbefinden, welches sich durch Nahrungsaufnahme einstellen soll. Eine Stärkung, körperliche Sättigung und Befriedigung der Sinne, die aber nicht belastet und die Aktivitäten des Menschen stört, kurz gesagt ein Gleichgewichtszustand, der jedem erstrebenswert erscheinen muß und damit auch Motivationskraft für richtiges Verhalten bilden kann.

Kasper bemerkt fast resigniert die steigende Unzufriedenheit vieler Menschen mit der modernen Gesundheitsversorgung und beobachtet:

„Eine ängstliche Selbstbeobachtung mit Überbewertung von geringen Beschwerden, die meist mit Methoden der sog. „Schulmedizin“ nicht zu beeinflussen sind, nimmt zu.“[(16)]

Man kann dieser These genauso gut entgegensetzen, daß die Zunahme unspezifischer Beschwerden gerade der mangelnden Selbstbeobachtung gepaart mit einer medizinischen Praxis, die Symptome möglichst schnell zum Verschwinden bringen will, zuzuschreiben ist. Man betrachte in diesem Zusammenhang z.B. den Ver- und Mißbrauch von Schmerzmitteln.

Ein wirkliches Wahrnehmen dessen, was im Leib geschieht, was direkt spürbar ist – sofern richtig darauf geachtet wird – könnte hingegen den Grad der Selbstverantwortung und damit des gesundheitsbewußten Verhaltens erhöhen.

Im Kapitel über das Maß des Essens werden noch andere Faktoren betrachtet, die für die Erzielung des Wohlbefindens durch Nahrung relevant sind:

„Es ist nicht allein das Übermaß der Nahrungsmenge, welches ursächlich zu Aufruhr der (noch) unverdauten Nahrung führt, vielmehr ist es auch die regelmäßige Aufnahme von Nahrungsmitteln und Getränken, die schwer, rauh, kalt, trocken sind, die nicht gemocht werden, verstopfend, verbrennend und nicht sauber sind sowie in unvereinbarer Kombination oder zur falschen Zeit gegessen werden. Oder man nimmt Speise und Trank zu sich, wenn der Geist von Verwirrung, Neid, Schamlosigkeit, Trauer, Stolz, Unruhe und Angst gequält wird, und bewirkt so eine Störung von āma, der unverdauten Nahrung.“[(17)]

Wie oft, wenn eine umfassende Beschreibung gegeben worden ist, folgt direkt im Anschluß der Merkvers, der vielleicht auch für den Patienten bestimmt war:

„Auch die zuträgliche Nahrung, die im richtigen Maß gegessen wird, wird nicht verdaut, wenn Sorgen, Trauer, Angst und Zorn, sowie schlechter Schlaf und Schlaflosigkeit vorhanden sind.“[(18)]

Die Aufzählung der einflußnehmenden Faktoren beginnt mit einigen Eigenschaften, die bei der Nahrungsmittelwahl nicht zu stark betont sein sollten, erwähnt den negativen Einfluß, der durch Abneigung gegen eine Speise auf die Verdauung ausgeübt wird, erwähnt funktionale Wirkungen, die Hygiene, die Zusammenstellung, die Zeit und gelangt schließlich zur Betrachtung emotionaler Belastungen.

Neben den emotionalen Belastungen wird die Bedeutung richtigen Schlafens für die Verdauungsfähigkeit erwähnt. Fehlt dieser, ist oft

---

(16) Kasper (1991, 468).

(17) CarS 3.2.8: *na ca khalu kevalam atimātram evāhārarāśim āmapradoṣakaram icchanti, api tu khalu gururūkṣaśītaśuṣkadviṣṭaviṣṭambhividāhyaśuciviruddhānām akāle cānnapānānām upasevanaṃ kāmakrodhalobhamoherṣyāhrīśokamānodvegabhayopataptamanasā vā yad annapānam upayujyate tad apy āmam eva pradūṣayati* ||8 ||

(18) CarS 3.2.9:
mātrayāpy abhyavahṛtaṃ pathyaṃ cānnaṃ na jīryati |
cintāśokabhayakrodhaduḥkhaśayyāprajāgaraiḥ ||9 |

zumindest eine gewisse Sensibilität gegenüber bestimmten Nahrungsmitteln spürbar.[19]

Die aufgezählten Affektionen des Geistes könnten auch in einem Text über *Yoga* oder Recht *(dharma)* stehen, werden aber hier nicht ethisch bewertet, sondern als Leidenszustand beschrieben, der zu einem Ungleichgewicht auch der körperlichen Funktion führen kann.

Man belegt des öfteren diese Form der Betrachtung im Āyurveda mit dem modernen Begriff einer psychosomatischen Ausrichtung dieser Heilkunde. Diese Bezeichnung trifft aber nicht genau; denn die Psychosomatik hat sich als eine Reaktion auf das Maschinenmodell der Somatik gebildet, in welches psychische Störungen eingreifen.[20]

Die āyurvedischen Texte vollziehen oft gar nicht erst eine starre Trennung zwischen Psyche und Körper, sondern beschreiben Gesamtbefindlichkeiten, die sich einmal mehr psychisch und einmal mehr körperlich zeigen und in Form der *doṣa*-Funktionskreise, die sowohl psychische als auch physische Aspekte beinhalten, beschrieben werden können.

Andererseits gehört die psychische Ebene in der Stufenfolge der Emanation einer grundlegenderen Existenzform an, die ursächlich das körperliche Geschehen beeinflußt und insofern immer einbezogen werden muß. Ohne hier auf die Leib-Seele-Problematik im Āyurveda oder in der heutigen Diskussion eingehen zu können, ist es doch bemerkenswert, daß es kaum noch eine Krankheit gibt, zu der nicht Beobachtungen vorliegen, die auf eine zugrundeliegende bestimmte psychische Disposition verweisen.[21] Aus seiner philosophischen Verwurzelung heraus ist der Āyurveda zum gleichen Ergebnis gekommen.

In etwas weiterem Sinn gehört zur Frage des Maßes, die wir in ihren funktionellen und quantitativen Aspekten betrachtet haben, auch die Angemessenheit *(sātmya)*. Wie von Zimmermann richtig bemerkt wird, haben die āyurvedischen Texte die Tendenz, *sātmya, hita* u.a. ähnliche Begriffe recht häufig zu benutzen.[22]

Dies ist einerseits eine Folge der konstitutionellen Betrachtung, die immer wieder den Blick auf die individuelle Gestimmtheit des einzelnen Patienten erfordert. Andererseits sind Angemessenheit und wohltuende Wirkung Konzepte, die einer phänomenologischen Betrachtung von Befindlichkeit entspringen. Diese ist auf das Gesamtbild ausgerichtet, welches sich durch das Sosein eines Menschen zu einem bestimmten Zeitpunkt und in einem bestimmten Umfeld ergibt.

Wie ist es möglich, daß so viele Ernährungsfehler gemacht werden, wenn doch die Nahrung, die gemocht wird, besser verdaut wird, wenn doch die richtige Nahrung und deren richtiges Maß Wohlbefinden verursacht?

Die CarS nennt zwei Gründe dafür, daß man Nahrungsmittel als angenehm *(priya)* empfindet, obwohl sie tatsächlich dem Gleichgewicht nicht zuträglich sind, und zwar sind dies Täuschung *(moha)* und Unaufmerksamkeit *(pramāda)*.[23] Die Täuschung bezeichnet den Zustand, in dem man nicht weiß, daß ein bestimmtes Nahrungsmittel in einer bestimmten Situation nicht zuträglich *(ahita)* wirkt und Unwohlsein verursacht *(asukhodarka)*,[24] wohingegen Unaufmerksamkeit bedeutet, daß auf diese Auswirkung nicht geachtet wird.

Der Kommentator Cakrapāṇidatta betrachtet Unaufmerksamkeit *(pramāda)* sogar als Ursache für falsches Handeln, welches trotz

---

(19) Vgl. auch AHS 1.8.31 ff.
(20) Uexküll (1986).
(21) Vgl. Uexküll (1986); Scheurle (1984) u.a.
(22) Zimmermann (1979).
(23) CarS 3.1.23.
(24) Cp paraphrasiert Täuschung *(moha)* mit Unwissenheit *(ajñāna)*.

Wissen, aber aus dem Verlangen heraus ausgeführt wird.[25] Damit arbeitet er den Aspekt selbstschädigenden Verhaltens heraus, welches eine Extremform der Nachlässigkeit darstellt.

Tatsächlich lassen sich beide Motive in der Praxis der modernen Ernährungsberatung wiederfinden. Da der Einfluß der Eßgewohnheiten meist nicht gleich in Form von Krankheit fühlbar wird, sondern sich erst mittelfristig bemerkbar macht, werden die kleinen Veränderungen des Befindens nicht mit dem falschen Verhalten in Verbindung gebracht. Gleichzeitig ist zu beachten, daß sich einerseits viele Menschen gar nicht dessen bewußt sind, wie viel und was sie wann zu sich nehmen, und andererseits auch ein Mangel an Selbstwahrnehmung zu beobachten ist. Die mangelnde Selbstwahrnehmung zeigt sich z.B. in dem verzögerten Sättigungsgefühl bei Übergewichtigen.[26] Andererseits wird deutlich, daß Patienten, die in der Lage sind, ihr Gewicht zu halten, u.a. dadurch charakterisiert sind, daß sie sich selbst als Ursache der Verhaltensänderung betrachten, d.h. die Erfahrung gemacht haben, daß sie selbst in der Lage sind, ihr Verhalten zu steuern.[27]

Daß angemessen *(sātmya)* nicht als Alltagsbegriff mit verschwommener Bedeutung empfunden wurde, zeigt sich darin, daß für *sātmya* – wie für andere Termini technici auch – eine Definition gegeben wird, die ihn in den Kontext des Systems eingliedert:

„Was auch immer mit dem Namen sātmya benannt wird, ist das, was dem Selbst gut tut. Die Bedeutung von sātmya ist nämlich identisch mit der Bedeutung von upaśaya – Wohlbefinden erzeugend. In Hinsicht des starken, schwachen oder mittleren (positiven Einflusses) ist sātmya dreifach; siebenfach hinsichtlich der jeweils einzelnen Geschmacksrichtungen sowie durch die Anwendung aller Geschmacksrichtungen (in angemessener Weise).[28] *Dabei ist (die Anwendung) aller Geschmacksrichtungen) der stärkste (positive Einfluß), der schwächste (bei nur) einer Geschmacksrichtung, und der Bereich dazwischen nimmt die mittlere Position hinsichtlich der starken oder schwachen Wirkung ein. Dabei entwickelt sich die stärkste Angemessenheit graduell aus der schwachen und mittleren Angemessenheit respektive. Auch wenn man alle Geschmacksrichtungen angemessen abgestimmt hat, sollte man das Wohltuende so praktizieren, daß man die definierten Fundamente der Ernährungsregeln, die bei der Konstitution beginnen und bei der gewohnheitsmäßigen Disposition als achtem Faktor enden, sämtlichst mit in Betracht zieht."*[29]

Wenn also ein Ungleichgewicht der Kräfte im Organismus eingetreten ist, kann man durch die Anwendung einer Geschmacksrichtung, die durch ihre spezifischen Qualitäten ausgleichend wirken kann, einen bestimmten Einfluß erzielen, der aber noch recht gering ist. Erst wenn alle Geschmacksrichtungen im Hinblick auf das Kräftespiel ausbalanciert sind, wird durch Ernährung (oder ein Heilmittel) die stärkste Wirkung erzielt.[30]

---

(25) Cp zu CarS: *pramādād iti jñātvā ´pi rāgād ity arthaḥ.*

(26) Pudel u. Westenhöfer (1991, 106).

(27) Kayman et al. (1990).

(28) Der Gebrauch aller Geschmacksrichtungen wird extra genannt, weil er bei Gleichgewicht der *dhātus* für die Mahlzeiten empfohlen wird.

(29) CarS 3.1.20: *sātmyaṃ nāma yad yad ātmany upaśeteḥ sātmyārtho hy upaśayārthaḥ | tat trividhaṃ pravarāvaramadhyavibhāgena saptavidhaṃ tu rasaikaikatvena sarvarasopayogāc ca | tatra sarvarasaṃ pravaram avaram ekarasaṃ madhyaṃ tu pravarāvaramadhyastham | tatrāvaramadhyābhyāṃ sātmyābhyāṃ krameṇaiva pravaram upapādayet sātmyam | sarvarasam api ca sātmyam upapannaḥ prakṛtyādyupayoktraṣṭamāni sarvāṇy āhāravidhiviśeṣāyatanāny abhisamīkṣya hitam evānurudhyeta || 20 ||*

(30) SuS 1.20.17 führt aus, daß die spezifischen Eigenschaften der Nahrungsmittel nicht zu stark sein sollten, da auch sie ansonsten ein Ungleichgewicht hervorrufen.

Vollständige Angemessenheit zu erzielen bedeutet also, die Gesamtkomposition so fein abzustimmen, daß in allen Bereichen Ungleichgewicht ausgeglichen und Gleichgewicht gestärkt wird:

„Zu ihm sprach der erhabene Ātreya: Die Nahrung, O Agniveśa, die die körpertragenden Prinzipien in ihrem natürlichen Zustand festigt und die unausgeglichenen ins Gleichgewicht bringt, wird wohltuend genannt, die mit der umgekehrten Wirkung nichtwohltuend. Dieses Kennzeichen von wohltuend und nichtwohltuend ist ohne Ausnahme.“[31]

Damit eine solche wohlabgestimmte Komposition erzielt werden kann, muß die Nahrungsmittelwirkung umfassend betrachtet werden. Dafür werden in der CarS acht Grundlagen genannt (s. Abbildung).[32]

Ergänzend wird wieder ein Merkvers formuliert:

„Nachdem man die acht Grundlagen der Ernährung genau betrachtet hat, möge man das dem Selbst Wohltuende praktizieren. Und was es sonst noch an Maßnahmen gibt, die im Falle, daß sie angewendet werden, wohltuend wirken, möge man ebenfalls pflegen.“[33]

Abb. 32: Faktoren der Nahrungsmittelwirkung

(31) CarS 1.25.33: *tam uvāca bhagavān ātreyaḥ, yad āhārajātam agniveśa samāṃś caiva śarīradhātun prakṛtau sthāpayati viṣamāṃś ca samīkarotīty etad dhitam viddhi viparītaṃ tv ahitam iti, ity etad dhitāhitalakṣaṇam anapavādaṃ bhavati* | | 33 | |

(32) CarS 3.1.21-22.

(33) CarS 3.2.14:
āhāravidhyāyatanāni cāṣṭau samyak parīkṣyātmahitaṃ vidadhyāt |
anyaś ca yaḥ kaścid ihāsti mārgo hitopayogeṣu bhajeta taṃ ca | | 14 | |

Die Erkenntnis der richtigen Prinzipien reicht bekanntermaßen nicht aus; deshalb wird der spezielle Hinweis auf die praktische Umsetzung gegeben. Ergänzt wird dies durch die Bemerkung, daß außer einer richtigen Ernährung noch andere Aspekte für die Erhaltung der Gesundheit beachtet werden sollten.

Die SuS betrachtet die Faktoren, die insbesondere bei einer krankheitsbezogenen Diätverschreibung berücksichtigt werden sollten.(34) Die Diätlehre mit speziellen Zubereitungen der Schonkost, der Stärkungsmittel usw. nimmt in den Texten einen breiten Raum ein.(35) Insbesondere die vielen Reiszubereitungen verdienen eine genauere Betrachtung hinsichtlich ihrer therapeutischen Wirkungen, zumal auch in der modernen Diätetik der Reis als Schonkost eingesetzt wird oder in Form der Kempnerschen Reisdiät zur Behandlung der Hypertonie Verwendung gefunden hat.(36)

In den alten Texten wird eine umfassende Diätlehre aufgestellt, die alle Einflüsse, die auf das fertige Nahrungsmittel eingewirkt haben, berücksichtigt und damit auf Einzelfälle in weitem Umfang anwendbar ist. Ausgangspunkt dieser Betrachtung ist die Angemessenheit eines Nahrungsmittels, die in anderen Kapiteln beschrieben wird.(37)

Der gedankliche Aufbau des Abschnitts in der CarS ist typisch für die Methode der umfassenden, genauen Betrachtung *(parīkṣā)*, die, sobald ein Aspekt betont und in den Mittelpunkt der Betrachtung gerückt wird, diesen wieder in seinem Wirkungsbereich einschränkt oder auf ein noch umfassenderes Prinzip verweist. Die Betrachtung der Menge der Nahrung reicht nicht aus, um die positive Wirkung der Nahrung vollständig zu bestimmen.(38) Sie bedarf der Ergänzung durch die acht Grundlagen der Diätetik. Aber auch diese reichen nicht aus, um Gesundheit zu erlangen; andere Gewohnheiten müssen beachtet werden, usw.

Oder man betrachtet leicht und schwer als Eigenschaften, diese hängen in ihrer Auswirkung vom richtigen Maß ab, das richtige Maß aber beruht auf der Kraft des Verdauungsfeuers, das Verdauungsfeuer wird wieder durch andere Faktoren geschwächt oder gestärkt. In dieser Form beginnt die Betrachtung an einem Punkt und steigt zu immer umfassenderen Prinzipien oder Einteilungsrastern auf, bis tatsächlich alle Einflüsse erfaßt sind.

10.2 Wann soll man essen?

In der Betrachtung des Zeitfaktors zeigt sich ein ähnliches methodisches Vorgehen wie bei der des Maßes, d.h., es werden einerseits keine objektiven, starren Regeln gegeben, andererseits werden ausgehend von der subjektiven Befindlichkeit doch konkrete Angaben gemacht, wie oft und wann man essen sollte.

Im Einklang mit Texten anderer Literaturgattungen des alten Indien werden zwei Mahlzeiten täglich als normal angesehen(39):

„Wenn das Verdauungsfeuer in guter Befindlichkeit ist, wird Nahrung auch zweimal täglich empfohlen."(40)

(34) SuS 1.20.9.
(35) Vgl. z.B. CarS 1.15.16, 1.27.250 ff, 1.24.31.
(36) Vgl. Kasper (1991, 418 ff).
(37) CarS 1.25.37 ff führt die wohltuendsten und die am wenigsten wohltuenden Substanzen der einzelnen Gruppen auf.
(38) CarS 3.2.4: *na ca kevalaṃ mātrāvattvād evāhārasya kṛtsnam āhāraphalasauṣṭhavam avāptuṃ śakyaṃ ...*
(39) Om Prakash (1961); auch heute noch wird z.B. in Nepal zweimal gegessen, um 10 Uhr und nachmittags; Knecht (1975, 1304).
(40) SuS 6.64.62 cd: *samāgnaye tathāhāro dvikālam api pūjitaḥ* ||62 ||

Die Nahrungsaufnahme wird bereits in dieser allgemeinen Regel an eine Bedingung geknüpft, die das Verdauungsfeuer und damit die Bereitschaft, die Nahrung zu verarbeiten, betrifft. Einige Verse weiter wird dies näher ausgeführt:

„Wenn Kot und Urin ausgeschieden, die Sinnesorgane klar sind, wenn das Körpergefühl leicht ist, der Speichel rein (d.h. empfänglich für die Geschmacksempfindungen), das Herz unbeschwert, vāta in seinem natürlichen Gang, der Wunsch nach Nahrung und das Bedürfnis nach Stärkung erwacht, ein gelöstes Empfinden im Leib, dann wird dies von den Ärzten als der Zeitpunkt erachtet, zu dem Nahrung gegeben werden sollte.“[(41)]

In dieser idealtypischen Beschreibung sind die direkt wahrnehmbaren Vorbedingungen zusammengefaßt, die eine folgende optimale Verdauung gewährleisten sollen. Die Sinnesorgane sind bereit, die Nahrung zu erfahren und wertzuschätzen; denn alle Sinne sind daran beteiligt; im Körper ist die Fähigkeit vorhanden, Nahrung aufzunehmen, und auch das Bedürfnis nach Stärkung ist da; aber noch nicht der Hunger. Wenn zu spät gegessen wird, d.h. der Hunger schon zu stark ist, ist erstens bereits *vāta* zu stark erregt worden[(42)], zweitens besteht die Gefahr, daß zu viel und zu schnell gegessen wird.

Auch der Wunsch nach Nahrung, d.h. der Appetit [(43)], ist gekommen, so daß einer erfolgreichen Verarbeitung von keiner Seite etwas entgegensteht. Klarer und deutlicher läßt sich dieser Zustand wohl nicht beschreiben; und man kann sich vorstellen, wieviel bewußte Aufmerksamkeit man diesem Zeitpunkt vor dem Essen zuwenden mußte, bevor alle diese Faktoren zusammengetragen worden sind.

Der Zeitbegriff selbst wird von den Āyurvedikern doppelt definiert, einmal als Jahr und einmal als Befindlichkeit des Patienten.[(44)] Gleiches trifft auch für den Ort *(deśa)* zu, der den Körper bezeichnen kann. Die Bedeutung dieser an sich objektiven Begriffe wird also auf die Person übertragen und damit subjektiv gefärbt. Zeit wird nicht in Zahlen gemessen, sondern in der Befindlichkeit empfunden.

Sind die genannten Bedingungen, insbesondere in bezug auf das Verdauungsfeuer, nicht erfüllt, kann die Nahrung nicht ihre gewünschte Wirkung entfalten, und es sollte daher auf eine zweite Mahlzeit verzichtet werden:

„Wenn das Feuer noch nicht wieder klar ist, möge der, der schon gegessen hat, nicht eine zweite Mahlzeit zu sich nehmen. Wenn derjenige, der vorher gegessen hat, aber noch im Verdauungsprozeß begriffen ist, Nahrung zu sich nimmt, zerstört er das Feuer.“[(45)]

„Einmal täglich kann demjenigen Nahrung gegeben werden, der wenig Kraft besitzt oder dessen Verdauungsfeuer schwach ist.“[(46)]

---

(41) SuS 6.64.84:
visṛṣṭe viṇmūtre viṣadakaraṇe dehe ca sulaghau
viśuddhe codgāre hṛdi suvimale vāte ca sarati । ।
tathānnaśraddhāyāṃ klamaparigame kukṣau ca śithile
pradeyas tv āhāro bhavati bhiṣajāṃ kālaḥ sa tu mataḥ । । 84 । ।
Vgl. dazu auch AHS 1.8. 13 und 55, CarS 3.1.25.4.

(42) SuS 1.46.471 ff.

(43) Zur Unterscheidung zwischen Hunger und Appetit vgl. DGE (1988, 203 f), Pudel u. Westenhöfer (1991, 80 ff).

(44) CarS 3.8.125: *kālaḥ punaḥ saṃvatsaraś cāturāvasthā ca.*

(45) SuS 1.46.492 cd-493 ab:
prāgbhukte tv avivikte ´gnau dvir annaṃ na samācaret । । 492 । ।
pūrvabhukte vidagdhe ´nne bhuñjāno hanti pāvakam ।

(46) SuS 6.64.62 ab: *ekakālaṃ bhaved deyo durbalāgnivivṛddhaye* ।
Vgl. auch CarS 3.1.25.4, SuS 1.46.473.

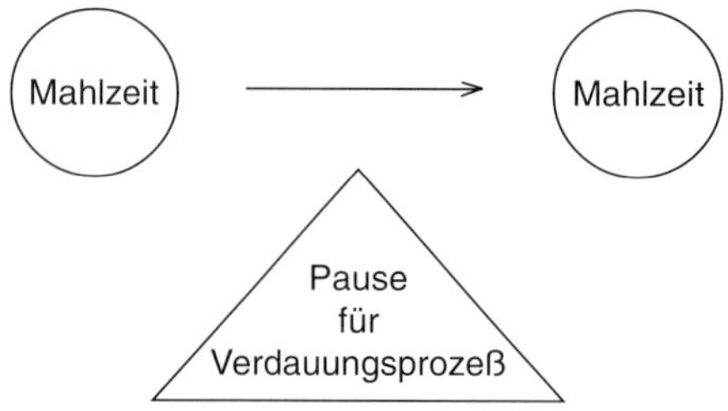

Abb. 33: Mahlzeitenrhythmus

„Auf keinen Fall sollte der, der gegessen hat, etwas Schweres zu sich nehmen, was aus Mehl, Getreide oder auch gequetschtem Reis besteht. Diese Dinge möge auch der maßvoll essen, der hungrig ist."[(47)]

In dieser Weise wird mehrfach davor gewarnt, den Verdauungsprozeß durch erneute Nahrungsaufnahme zu unterbrechen, da dieses zu Krankheiten und zum Tod führen würde.[(48)]

Auch das zu späte Essen wird als schädlich angesehen, da – wie schon erwähnt – *vāyu* erregt (es ist zu viel Leichtigkeit da) und das Verdauungsfeuer zum Verlöschen gebracht würde.[(49)]

Das zugrundeliegende Bild ist das des Feuers, welches erstickt, wenn zu viel Brennmaterial darauf geworfen wird; deshalb heißt es auch, daß das Feuer wieder klar sein sollte; dies ist dann der Fall, wenn es sich des Brennmaterials bemächtigt hat und die Flammen ohne Rauch nach oben schlagen.

„Weder vor der Zeit noch zu spät, weder zu wenig noch zu viel (möge man essen)."[(50)]

Die Vermeidung der Extreme bestätigt, daß sich bestimmte Grundgedanken, z.B. der des Gleichgewichts der *doṣas*, wie ein roter Faden duch die Texte ziehen. Sie haben, auch wenn sie in der Textmasse nur einen geringen Bruchteil einnehmen – der weitaus größte Teil dient mehr der Praxis –, den autoritativen Charakter von Lehrsätzen *(siddhānta)* oder die durchlaufende Gültigkeit eines Aphorismus *(sūtra)*.

Die Regel, nur zweimal am Tag zu essen, gilt hauptsächlich für schwere Nahrungsmittel und den gesunden Menschen. Wenn es sich aber um einen geschwächten Patienten handelt, kann dieser mit speziellen diätetischen Präparationen auch öfters behandelt werden. Gleiches trifft für die Heilmittel zu, für die ein ganzes System von Einnahmezeiten entwickelt worden ist. Die einzelnen Zeiten stehen dabei im Zusammenhang mit verschiedenen Störungen und bedingen eine bessere Wirksamkeit des Mittels.[(51)] Ob solche Angaben auf eine Erfassung der circadianen Rhythmen zurückzuführen sind, wird man noch zu untersuchen haben.[(52)] Fest steht auf jeden Fall, daß die Veränderung der Befindlichkeit nach dem Essen genau beobachtet wurde:

Die SuS beschreibt, daß direkt nach dem Essen *kapha* ansteigt, während der Verdauung *pitta* und nach der Verdauung *vāta*.[(53)] Diese Einteilung kann unmittelbar nachvollzogen werden; denn direkt nach der Mahlzeit wird leicht eine gewisse Schwere empfunden, danach die Verdauungsaktivität und schließlich eine Zunahme der Leichtigkeit von *vāta*. Auch die Reihenfolge der Geschmäcker folgt die-

---

(47) CarS 1.5.9:
guru piṣṭamayaṃ tasmāt taṇḍulān pṛthukān api |
na jātu bhuktavān khaden mātrāṃ khaded bubhukṣitaḥ || 9 ||

(48) SuS 1.46.472 cd: *tāṃs tān vyādhīn avāpnoti maraṇaṃ vā niyacchati* || 472 ||

(49) SuS 1.46.473 ab: *atītakālaṃ bhuñjāno vāyunopahate ´nale* |

(50) SuS 1.46.471 cd: *nāprāptātītakālaṃ vā hīnādhikam athāpi vā* || 471 ||

(51) SuS 6.64.65; CarS 6.30.298.

(52) Vgl. Schmidt u. Thews (1987, 146 ff).

(53) SuS 1.46.484.

sem Schema: Zuerst sollte die süße Geschmacksrichtung (d.h. Getreide, Reis, Süßspeisen etc) gegessen werden, dann saure und salzige Speisen und schließlich die anderen Geschmäcker, die *vāta* fördern.[(54)] Die *kapha*-Wirkung sollte durch Erfrischung des Mundes reduziert werden.

Zusätzlich sollte man wie ein König etwas sitzen bleiben, bis die erste Müdigkeit verschwunden ist, um diesem natürlichen Anstieg von *kapha* nicht allzu kraß etwas entgegenzusetzen. Danach möge man 100 Schritte gehen und, nachdem man dieses getan, auf der linken Seite nicht zu lange ruhen. Im folgenden sollte die Verdauung durch angenehme Erfahrungen gefördert werden.[(55)]

Auch wenn hier eventuell auf den Tageslauf eines aristokratischen Müßiggängers angespielt wird, kann man dieser idealtypischen Beschreibung eine richtige Beobachtung des Befindens nicht absprechen.

Nachts[(56)] und in der Dämmerung[(57)] sollte nicht gegessen werden. Ein weiterer Bereich, der behandelt wird, ist die Anpassung der Essenszeiten an den Jahreslauf[(58)], der eine große Rolle für die Erhaltung der Gesundheit spielt[(59)]. Die jahreszeitlichen Veränderungen stellen in den Texten ein komplexes Thema dar, das im Hinblick auf seine medizinische Relevanz – insbesondere im Bereich der Epidemiologie – weiterer Untersuchungen bedarf.

10.3 Wie soll man essen?

Zum Wie des Essens haben sich auch im alten Indien – wie in jeder anderen Kultur – zahlreiche Sitten und Gebräuche entwickelt, die die Āyurvediker bereits vorfanden. Trotzdem sind die Regeln, die in den Texten zu finden sind, Ausdruck eines eigenständigen Bemühens, das Aufnehmen von Speise so zu gestalten, daß es auf den Verdauungsprozeß günstig wirkt.

Nahrung, so sagten wir, wird als Spenderin des Lebens und der Lebenskraft betrachtet und dementsprechend auch geehrt und wertgeschätzt.

Zur angemessenen Vorbereitung gehört die Sauberkeit der Person[(60)], der Küche[(61)] und der Speise selbst.[(62)] Auch sollte nicht gegessen werden, ohne vorher die entsprechenden Opfer dargebracht zu haben.[(63)]

Auch wenn diese Regel dem religiösen Bereich entstammt, kann man vermuten, daß sie auch dem Arzt sinnvoll erschien. Essen soll zur Zufriedenheit führen, kann dies aber nicht tun, wenn die anderen Wesen (Götter und Ahnen) um den Esser herum noch nicht befriedigt waren. Dies gilt gleichfalls für die weltliche Ebene, weshalb den Lehrern, Gästen und Bediensteten vorher Speise angeboten wird.

In der CarS wird die Differenzierung der verschiedenen Bereiche durch die Verben ver-

---

(54) SuS 1.46.460 ff.

(55) SuS 1.46.484-490. Auch sollte während der Verdauung nicht in die Sonne gegangen, nicht gebadet und keine Reise unternommen werden.

(56) CarS 1.8.19. Ausnahmeregelungen dafür gibt SuS 1.46.530-531. Insbesondere sollte, wenn nachts gegessen worden ist, am nächsten Tag die Mahlzeit weggelassen werden.

(57) CarS 1.8.25; SuS 4.24.98. Die Dämmerung ist traditionell anderen, insbesondere den religiösen Tätigkeiten vorbehalten; vgl. Jolly (1896, 156).

(58) SuS 1.46.468 ff.

(59) Laping (1984a, 129 u. 1984b, 313); AHS 1.3; CarS 1.6.

(60) CarS 1.8.20; AHS 1.8.38.

(61) Zur Beschaffenheit der Küche vgl. SuS 1.46.446 f; Sharma (1972, 45); Subba Reddy (1966, 13).

(62) SuS 1.46.476 ff; AHS 1.8.39. Eine ganze Reihe hygienischer Angaben enthält auch SuS 4.24.98; vgl. Jolly (1986, 158).

(63) CarS 1.8.20; AHS 1.8.37.

deutlicht: Den Göttern wird geopfert, den Ahnen die Gabe zugeteilt und den Menschen gegeben.[64] Die SuS erwähnt zusätzlich die Beseitigung negativer Einflüsse, insbesondere von Gift, durch Verse *(mantra)* aus dem *Atharvaveda.*[65]

Der Raum, in dem man die Speise zu sich nimmt, sollte eine angenehme Atmosphäre haben, aber was besonders wichtig war, er sollte von der Öffentlichkeit abgeschieden sein.[66] Auch sollen die Speisen in einer bestimmten Weise serviert werden, insbesondere wird das Material der Behälter im Hinblick auf bestimmte Speisen berücksichtigt.[67]

„Freudig, auf einem erhobenen (Platz) möge man bequem sitzen, den Körper in ausgewogener Haltung[68]*, die Nahrung als das Höchste schätzend, und so möge man zur richtigen Zeit zügig Zuträgliches essen, was leicht, ölig, warm und größtenteils flüssig ist; auch der Hungrige, der die Überlieferung kennt, möge die Nahrung in rechtem Maß essen.“*[69]

Der Kommentator Ḍalhaṇa zitiert zur Erklärung die CarS:

„Zügig heißt nicht zu schnell und nicht zu langsam.“[70]

Es sollte also so langsam gegessen werden, daß das Sättigungsgefühl entstehen kann, bevor zu viel gegessen worden ist, und es sollte so schnell gegessen werden, daß der beginnende Verdauungsprozeß, d.h. das gerade angefachte Feuer, nicht gestört wird. Im folgenden gibt die CarS eine detaillierte Übersicht über die Folgen des zu langsamen oder zu schnellen Essens.[71]

Außer den bereits behandelten Hinweisen enthält der Text einen Aspekt, der aus āyurvedischer Sicht für den ganzen Bereich der Befriedigung menschlicher Bedürfnisse bedeutsam ist: *„Man soll sich nicht mit etwas anderem beschäftigen, wenn ein körperliches Bedürfnis zu befriedigen ist.“*[72] Entscheidend ist die Konzentration auf das, was man gerade tut, d.h. das Essen mit Aufmerksamkeit oder, wie es im Text der SuS heißt, die Nahrung als das Höchste betrachtend.

„Man möge so essen, daß der Geist auf die (Nahrung) ausgerichtet ist, ohne zu sprechen und ohne zu lachen.“[73]

Das soll sicher nicht heißen, daß man nicht auch im alten Indien das gemeinsame Mahl geschätzt hat; es wurde ja bereits erwähnt, daß die aufgenommene Nahrungsmenge nicht das gesellige Gespäch *(saṃkathā)* stören solle, welches offensichtlich nach dem Essen stattfinden konnte.

Das bewußte Aufnehmen von Nahrung ist eine zentrale Regel der āyurvedischen Ernäh-

---

(64) CarS 1.8.20.

(65) SuS 1.46.448.

(66) SuS 1.46.458-9, wo die Beschreibung auf ein fürstliches Ambiente schließen läßt. Man vgl. den Textauszug aus der *Kadambarī,* den Sharma (1972, 47 ff) zitiert. CarS 3.1.25.6 kurz: *iṣṭe deśe* – an einem angenehmen, erwünschten Ort.

(67) SuS 1.46.449 ff. Vgl. dazu insbesondere Kap. 5 in Zimmermann (1983).

(68) CarS 1.8.21: *nānṛjuḥ kṣuyān nādyān na śayīta.*
„Man möge nicht in gekrümmter Position niesen, essen oder liegen.“
Vgl. Jolly (1896, 158).

(69) SuS 1.46.465-466 ab:
sukham uccaiḥ samāsīnaḥ samadeho 'nnatatparaḥ |
kāle sātmyaṃ laghu snigdham uṣṇaṃ kṣipraṃ dravottaram || 465 ||
bubhukṣito 'nnam aśnīyān mātrāvad viditāgamaḥ |

(70) CarS 3.1.24: *kṣipraṃ nātidrutaṃ nātivilambitam.*

(71) CarS 3.1.25.7-8.

(72) CarS 1.8.21: *na vegito'nyakāryaḥ syāt.*

(73) CarS 3.1.24: *ajalpan ahasan tanmanā bhuñjīta.*

rungslehre, und viele andere Einzelheiten dienen dazu, die Empfindungsfähigkeit für die Speise zu erhöhen, so sollte man während der Mahlzeit den Mund etwas spülen, um die nächstfolgende Geschmacksrichtung besser schmecken zu können.[74]

Die angenehme Umgebung, wohlschmeckende Speise, die dem individuellen Geschmack entspricht, der Appetit und der Hunger, die es besser schmecken lassen, das Tempo der Nahrungsaufnahme usw., alle diese Aspekte lassen sich in dem Sinne verstehen, daß die Aufmerksamkeit erhöht und wirklich erlebt werden soll, was es bedeutet, eine bestimmte Substanz in sich aufzunehmen.

„Man möge in richtiger Weise essen, nachdem man sich selbst (sein Selbst) betrachtet hat: Dies tut mir gut, dies tut mir nicht gut! – Wenn man so sich selbst kennengelernt hat, dann ist es dem Selbst angemessen; deshalb möge man in richtiger Weise essen, nachdem man sich selbst betrachtet hat."[75]

Es ist diese Selbstbetrachtung und Wahrnehmung des eigenen Zustandes, die letztlich für die Bewertung von angemessen *(sātmya)* und unangemessen *(asātmya)* zuständig ist. Die gegebenen Regeln haben ihre Basis in der genauen Wahrnehmung von Befindlichkeiten, sie sind das Ergebnis eines Beobachtungsprozesses und damit bei entsprechender Prüfung erfahrungsmäßig nachvollziehbar.

Was wir für das Verhalten allgemein formuliert haben, gilt auch für das Eßverhalten im speziellen, der Arzt kann dieses nicht ständig kontrollieren, er kann auch gar nicht die Vielzahl der Einflüsse, die in der Praxis auftauchen, in ein Regelwerk bringen, das jeden Einzelfall beschreibt. Vielmehr fördert er eine Selbstwahrnehmung, die in ihrer Haupttendenz nicht eine Kontrolle gegen die eigenen Empfindungen ist, sondern dazu befähigen soll, genauer nachzufühlen, was tatsächlich in einer bestimmten Situation wohltuend und ausgleichend wirkt und was nicht.

Im Rahmen des Dreikomponentenmodells des Eßverhaltens wird beschrieben[76], daß der Beginn des Lebens durch eine starke Innensteuerung gekennzeichnet ist: *„Alles deutet darauf hin, daß die innere biologische Hunger- und Sättigungsregulation schon zum Zeitpunkt der Geburt vorhanden ist bzw. sich innerhalb weniger Wochen vollständig entwikkelt, so daß die Nahrungsaufnahme zu Beginn des Lebens ausschließlich durch innere Regulationsmechanismen bestimmt wird."*[77]

Diese nimmt im Laufe des Lebens mehr und mehr ab, wohingegen die Bedeutung der äußeren Reize zunimmt. Gleichzeitig entstehen Einstellungsmuster, die gewohnheitsmäßig das Verhalten steuern und im Alter zu einem stabilen, fast stereotypen Verhaltensmuster führen.

Das āyurvedische Konzept zielt hingegen darauf ab, eine bewußte Innensteuerung zu entwickeln, die von einer spezifischen Eßkultur, die auf die Wahrung des Gleichgewichts ausgerichtet ist, unterstützt wird.

Zur Beschreibung bestimmter Eßstörungen ist das Modell des gezügelten Essers (dieter – dieting behaviour – restrained eating) entwikkelt worden.[78] Dieser fühlt sich ständig von den Außenreizen verlockt und kontrolliert sein Eßverhalten zeitweilig in so starkem Maße, daß er dies kaum durchhalten kann. Im Gegenzug entwickeln sich regelrechte Eßattacken und Freßanfälle.[79] *„Ein Zusam-*

---

[74] SuS 1.46.479.
[75] CarS 3.1.25.10: *ātmānam abhisamīkṣya bhuñjīta samyak, idaṃ mamopaśete idaṃ nopaśeta ity evaṃ viditaṃ hy asyātmana ātmasātmyaṃ bhavati, tasmād ātmānam abhisamīkṣya bhuñjīta samyag iti* || 25 ||
[76] DGE (1988, 205 f) nach Meyer u. Pudel (1983); vgl. Abb. 34, 202. Ebenso Pudel u. Westenhöfer (1991, 33).
[77] DGE (1988, 205).
[78] DGE (1988, 213); Pudel u. Westenhöfer (1989); Pudel (1991), Grunert (1993, 93 ff).
[79] DGE (1988, 220), Pudel u. Westenhöfer (1991, 157 ff).

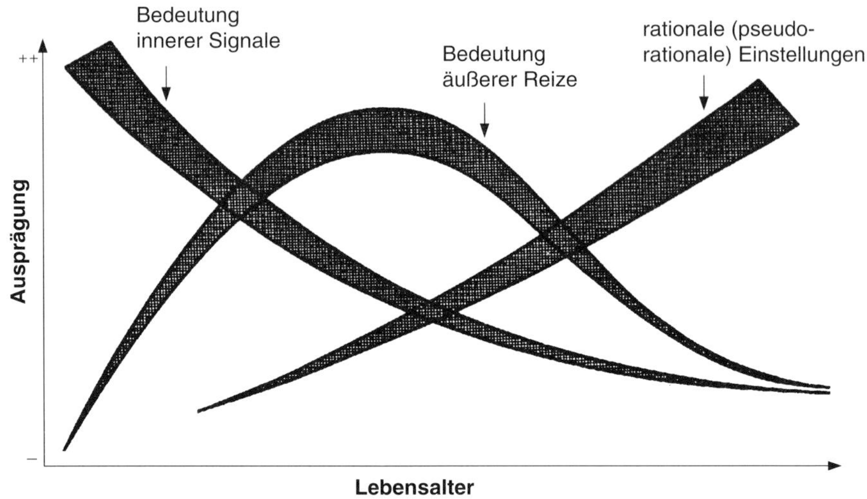

Abb. 34: Schema für die Steuerung des Eßverhaltens (aus: *Pudel, V.* und *Westenhöfer, J.*: Ernährungspsychologie. Hogrefe-Verlag, Göttingen 1991).

menwirken dieser verschiedenen Folgen des gezügelten Eßverhaltens begünstigt ein Verlernen und Übersteuern der normalen Regulation des Eßverhaltens und somit das Entstehen und das Aufrechterhalten von Eßanfällen."[80]

Aufgrund der Außenreizabhängigkeit kommt es häufig zu einer „moralischen" Bewertung der Nahrungsmittel in gute und schlechte; letztere müssen krampfhaft vermieden werden.[81] Die Ätiologie dieser Störungen ist sehr verwickelt, was sich speziell in der Extremform der Anorexia nervosa zeigt.[82]

Eine phänomenologische Gemeinsamkeit mit der unkontrollierten Nahrungsaufnahme kann in der fehlenden oder ungenügenden Selbstwahrnehmung gesehen werden. Ein Indiz dafür ist der verzögerte Appetenzverlust während der Nahrungsaufnahme, der sich bei Probanden mit Eßproblemen beobachten läßt.[83] Nach Blöschl können sowohl zu starke als auch zu geringe Selbstkontrolle zu subjektiven Schwierigkeiten und zu Schwierigkeiten mit der Umwelt führen, wobei tatsächlich die zu starke Selbstkontrolle als Kompensation der Außenreizabhängigkeit betrachtet werden kann.[84]

Im Bereich der Verhaltenstherapie hat sich daher als Behandlungsform die Technik der selbstbestimmten Verhaltensänderung entwickelt, die insbesondere darin besteht, daß das Zusichnehmen von Nahrung nur in Verbindung mit bestimmten Randbedingungen (Zeit, Ort, ein bestimmter Tisch mit einem besonderen Tischtuch) vollzogen wird.[85] Gleichzeitige andere Tätigkeiten (Fernsehen, Lesen) sind nicht gestattet. Zu schnelles Essen wird durch das zwischenzeitliche Hinlegen der Bestecke u.a. gebremst. In diesen Kontext gehören auch die Ernährungsprotokolle, die ein-

[80] Pudel u. Westenhöfer (1991, 160).
[81] DGE (1988, 214).
[82] Köhle u. Simons (1986, 600 ff), Pudel u. Westenhöfer (1991, 164 ff).
[83] DGE (1988, 216), Pudel u. Westenhöfer (1991, 106).
[84] Blöschl (1973).
[85] O´Leary u. Wilson (1975, 331): „Techniken der selbstgesteuerten Verhaltensveränderung".

gesetzt werden, um bewußter zu machen, was eigentlich wann in welcher Menge gegessen wird.[86]

Selbststeuerung bildet einen wesentlichen Bestandteil des „health belief model". Das Vertrauen in die Fähigkeit, den Gesundheitszustand verbessern zu können, wirkt sich nachweislich positiv aus. Untersuchungen konnten zeigen, *„daß in einem zwölfmonatigen Beobachtungszeitraum diejenigen Personen, welche an die Beeinflußbarkeit von Gesundheit glaubten und damit Selbststeuerung als Bewältigungsstrategie einsetzten, signifikant häufiger das Zigarettenrauchen, aber auch andere gesundheitsschädigende Verhaltensweisen aufgaben als jene mit einer passiven, resignativen Einstellung gegenüber der ‚Eigendynamik' gesundheitsschädigenden Verhaltens"*.[87] Einschränkend ist aber folgendes zu bemerken:

- Kognitiv erfaßte Einsichten über gesundheitsbewußtes Verhalten werden nur in einem geringen Maß in das eigene Handeln umgesetzt.[88]
- Die fachliche Ernährungsberatung steht immer wieder vor dem Problem, ihre Erkenntnisse in die „Jedermannsprache" umzusetzen.[89]
- Die „Laien" entwickeln trotz dieser Bemühungen immer wieder neue pseudo-rationale Konzeptionen.[90]

Der āyurvedische Zugang über die Wahrnehmung der Befindlichkeit könnte angesichts dieser Schwierigkeiten tatsächlich eine Perspektive für neue Strategien in der Gesundheitsberatung eröffnen.

Der verhaltenstherapeutische Ansatz weist eine erstaunliche Nähe zu den alten Essensregeln auf, mit dem allerdings bedeutenden Unterschied, daß die Randbedingungen im Āyurveda nicht willkürlich gewählt und eingeübt werden, sondern von Anfang an zielorientiert auf das gesunde Gleichgewicht und Wohlbefinden ausgerichtet sind.

Kann der Patient tatsächlich erfahren, daß sich sein Wohlbefinden durch die Einhaltung bestimmter Maßnahmen steigert, wird er motivierter sein, diese beizubehalten, als wenn sie ihm willkürlich erscheinen.

Gleichzeitig läßt der Rekurs auf die eigene Befindlichkeit zu, daß tatsächlich selbstgesteuertes Verhalten erlernt oder besser gesagt wieder gelernt wird. Hinter dem āyurvedischen Ansatz zur Verhaltensmodifikation steht die Gewißheit, daß die eigenverantwortliche Gestaltung der Lebensrhythmen und der Nahrungsmittelwahl über eine bewußte und differenzierte Wahrnehmung der jeweiligen Wirkung möglich ist und zu einem wirklichen Wohlbefinden führen kann. Das angestrebte Gleichgewicht stellt ein positives Ziel dar, welches der Therapeut seinem Patienten über entsprechende Hinweise vermittelt.

---

(86) Kayman et al. (1990), Storlie u. Jordan (1992, 28 ff), LeBow (1991, 87 ff), Zürcher (1992, 74).
(87) Siegrist (1988, 152). Vgl. auch Allmer in: Schwarzer (1990, 117 ff), Schmidt u. Dlugosch (1991, 52).
(88) Berkling u. Krasemann (1990); Pudel (1991).
(89) Trurnit (1981, 42) und Pudel (1991) weisen speziell darauf hin, daß die wissenschaftliche Nomenklatur zu einer Sperre im Beratungsgespräch werden kann und die Information, wenn zu viel davon gegeben wird, zu einer Desorientierung führt.
(90) DGE (1988, 205).

11 Diagnose des Diabetes mellitus im Āyurveda

Unter dem Namen Diabetes mellitus werden verschiedene Krankheitsformen zusammengefaßt, die unterschiedliche Erscheinungsformen und wahrscheinlich auch eine unterschiedliche Ätiologie haben.[1] Die beiden Haupttypen sind Typ I, gekennzeichnet meist durch Insulinabhängigkeit und häufiges Auftreten bereits im Jugendalter,[2] und Typ II, der nicht unbedingt durch Insulinabhängigkeit gekennzeichnet ist, meist erst im Erwachsenenalter auftritt und mit zunehmendem Alter häufiger wird.[3]

Die Entstehung des Diabetes ist bisher nicht endgültig geklärt.[4] Beim Typ I werden erbliche Einflüsse[5], Autoimmunphänomene[6], Viruserkrankungen[7] sowie psychische Faktoren angenommen. Beim Typ II spielen einerseits genetische Faktoren eine Rolle, aber in anderer Weise als beim Typ I,[8] andererseits wirken soziokulturelle Einflüsse ursächlich beim Ausbruch der Krankheit mit,[9] zu denen insbesondere das Ernährungsverhalten zählt.[10] So geht man davon aus, daß 70-80% der Diabetes-Typ-II-Patienten übergewichtig sind.[11] Hinzu kommen wiederum psychische[12] und ethnische Aspekte.[13]

So gehört der Diabetes einerseits zu den seit langem in der Medizingeschichte bekannten Krankheiten[14], obwohl, einigen Aussagen nach zu urteilen, die Krankheit recht selten gewesen sein muß.[15]

Andererseits kann zumindest der Typ II mit Fug und Recht als eine Zivilisationskrankheit betrachtet werden[16], die mit steigendem Wohlstand und steigender Bequemlichkeit einhergeht[17]. Bemerkenswert ist dabei der epidemiologische Befund, daß die Verbreitung in der Stadt- und Landbevölkerung unterschiedlich ist.[18]

---

(1) Gries u. Berchtold (1988, 419); Bottermann (1991, 779), Schrezenmeir in Kluthe (1993, 3.5.1.2).

(2) Gries u. Berchtold (1988, 419 f); Herrmann et al. (1986, 851); Schliack et al. (1988, 469 f); Mehnert u. Standl (1987, 2 ff) u.a. Die anderen Typen sind: Diabetes bei Mangelernährung, Diabetes bei bestimmten Krankheiten und Syndromen, pathologische Glukosetoleranz, Gestationsdiabetes.

(3) Herrmann et al. (1986, 859 f); Schliack et al. (1988, 469). Der Typ II hat keinen Insulinmangel, sondern es liegt eine mangelhafte Insulinwirkung an der Körperzelle vor. Dreher (1989, 714); Kasper (1991, 338), Biesalski et al. (1995, 303), Wirth (1995). Bottermann (1991, 779) betont die ätiologische Funktion der Bezeichnungen Typ I und II und die klinische Bedeutung der Insulinabhängigkeit.

(4) Herrmann et al. (1986, 851); Schliack et al (1988, 469); Bottermann (1991, 780).

(5) Herrmann et al. (1986, 851 f); Bottermann (1991, 781).

(6) Herrmann et al. (1986, 852).

(7) Herrmann et al. (1986, 852 f).

(8) Mehnert u. Standl (1987, 6); Herrmann et al. (1986, 860); Schliack et al. (1988, 469); Bottermann (1991, 782).

(9) Herrmann et al. (1986, 859).

(10) Kasper (1991, 339); Bruker (1983, 18 ff); Rosak et al. (1989, 1130), Pfeiffer (1991, 399 ff); Hauner in Diehm u. Schettler (1995, 19).

(11) Kasper (1991, 339); Bottermann (1991, 791); Rosak et al. (1989, 1134); Liechtli-v. Brasch (o.J., 17). Mehnert u. Standl (1987, 7) sowie Wirth (1995, 56) sprechen sogar von 90 % der Betroffenen, die übergewichtig sein sollen.

(12) Dreher (1989, 712 ff); Groen (1981, 258 ff).

(13) Herrmann et al. (1986, 859).

(14) Engelhardt (1989, 3 ff).

(15) Schadewaldt (1989, 43 u. 46) zitiert den Arzt Aretaeus (1. Jh. n. Chr.).

(16) Nach Rosak et al. (1989, 1134) ist Übergewicht das erste Leitsymptom. Kasper (1991, 339).

(17) Bottermann (1991, 782).

(18) Herrmann et al. (1986, 859).

Seitdem man die Bedeutung des in der Bauchspeicheldrüse gebildeten Insulins für die Ausprägung der im diabetischen Koma lebensgefährlich werdenen Symptome kennt[19], hat sich die Prognose der Erkrankten wesentlich verbessert, da es möglich geworden ist, den Stoffwechsel in vielen Fällen einigermaßen stabil einzustellen.[20]

Nach einer ersten Euphorie, in der man die Notwendigkeit einer diätetischen Zusatzbehandlung nicht mehr gegeben sah,[21] wird heute der Wert einer ausgewogenen Diät wieder betont[22]. Insbesondere für den Typ II reicht in ca. 30 % der Fälle eine diätetische Behandlung ganz aus. Bei entsprechender Gewichtsreduktion kann der Diabetes wieder zurückgehen.[23] Wirth weist darauf hin, daß dieser Effekt oft schon eintritt, bevor das Normalgewicht erreicht ist.[24] Dies hängt wahrscheinlich mit der verbesserten Stoffwechsellage durch verminderte Energiezufuhr zusammen. Bottermann spricht von bis zu 50 % der Diabetes-Typ-II-Patienten, bei denen durch Gewichtsbnahme die Krankheit zum Verschwinden gebracht werden kann.[25]

Die Insulintherapie selbst besitzt keine heilende Funktion, sondern dient der Aufrechterhaltung des ausgewogenen Stoffwechsels.[26] Insbesondere wenn überhaupt kein körpereigenes Insulin mehr produziert wird, gibt es bis jetzt keine Heilungsmöglichkeiten.

Damit wir die āyurvedischen Beschreibungen, die mit dem Krankheitskomplex Diabetes mellitus zu tun haben könnten, richtig einordnen, ist es vorher notwendig, sich über den Charakter der Krankheitsklassifizierungen klar zu werden.

Bisher hat man oft versucht, Äquivalente für die alten Krankheitsnamen zu finden, die der modernen Medizin entnommen sind. Dies ist aber ein grundsätzlich problematisches Verfahren:

„Ihre Geschichte innerhalb des Altertums bleibt dann verborgen, der Name wird nicht weiter verändert, das alte Konzept, welches mit diesem verbunden war, hat normalerweise das veränderlichste aller Schicksale durchgemacht. Zum Teil liegt dies an der Unwissenheit und dem Hochmut der späteren Ärzte. Aber sehr oft führt die enge Präzision der Fachterminologie, die mit unseren Begriffen verbunden ist, dazu, daß die allgemeine Bedeutung, die in der alten Medizin fast immer mit dem griechischen Wort verbunden war, verengt wird, damit sie modernen terminologischen Notwendigkeiten entspricht. Deshalb beginnt die Erforschung der speziellen Begriffsgeschichte mit dem ersten Erscheinen eines Fachbegriffes in der alten Literatur und beschränkt sich auf die Untersuchung seines konzeptionellen Aspektes.“[27]

Nach Porkert ist es pseudowissenschaftlich, wenn Elemente eines Systems unkritisch auf das andere übertragen werden.[28] Seine Aussage bezieht sich dabei auf die Begegnung zwischen westlicher und chinesischer Medizin, die aber in bestimmten Bereichen ähnlich zu der zwischen Āyurveda und westlicher Medizin zu beurteilen ist.

---

(19) Schadewaldt (1989, 68 ff).
(20) Schliack et al. (1988, 471); Kasper (1991, 338).
(21) Liechtli-v. Brasch (o.J., 9).
(22) Kasper (1991, 353), Schrezenmeir in Kluthe (1993, 3.5.1.4,9), Biesalski et al. (1995, 305 ff).
(23) Kasper (1991, 340); Herrmann et al. (1986, 862).
(24) Wirth (1995, 63).
(25) Bottermann (1991, 791).
(26) Bottermann (1991, 792 f).
(27) Orth (1989, 112).
(28) Porkert (1989, 159).

Dies führt zu vielen Schwierigkeiten, da die alten und modernen Beschreibungen nicht vollständig zur Deckung gebracht werden können.[29]

Hinderling definiert Krankheit als Zuweisung einer bestimmten (gestörten) Befindlichkeit in ein Ordnungssystem. Wie dieses aussieht, wird stark vom kulturellen Umfeld beeinflußt.[30] Die Namen von Störungen – das Wort Krankheit impliziert ja bereits ein klinisches Gesamtbild von verschiedenen Symptomen – in den āyurvedischen Texten lassen sich in drei Hauptgruppen aufteilen:

1. Namen, die von der Tradition übernommen worden sind, z.B. Auszehrung *(yakṣman),* Ausschlag *(takman),* Wurm *(krimi),* Gelbsucht *(hariman),* Fieber *(jvara)* usw. Dies ist sicher, wenn sie bereits in älteren Texten belegt sind.
2. Namen, die unmittelbar auf ein bestimmtes Symptom zielen: Durst *(tṛṣṇā),* das Herz austrocknend (*hṛdayopaśoṣana*), stechender Schmerz im Unterschenkel *(jaṅghāśūla),* Verfärbung der Haut (*tvagvairūpya*), Ameisenkribbeln *(pipilikāsaṃcāraṇa)* usw.
3. Namen, die dem Bereich der āyurvedischen Fachterminologie entnommen sind: Blut-*pitta (raktapitta),* Verlust von *rasa* (*rasakṣaya*), Hitze in den lebenswichtigen Punkten *(marmadūyana),* Aufwallung von *pitta (pittaprakopa),* Übermaß an Feuer *(atyagni),* Verderbnis der Kanäle *(srotodūṣaṇa), vāta* in den Gliedern *(śākhāvāta)* usw.

Die zweite Gruppe stellt die größte Anzahl von Termini und zeugt von der beobachtenden Grundhaltung der āyurvedischen Ärzte. Die Beschreibung der einzelnen Störungen geschieht meist unter Zuhilfenahme der Grundkonzepte wie *doṣa, dhātu* usw., insbesondere wenn es um die Differenzierung spezifischer Eigenschaften geht. D.h., die sichtbaren oder auf andere Weise wahrnehmbaren Symptome werden den jeweiligen Grundkategorien zugeordnet und zu einem Komplex verbunden.

Die Grundvoraussetzungen des Āyurveda sind andere als die der modernen klinischen Diagnostik; deshalb dürfen wir nicht erwarten, daß die Krankheitsbilder sich in jedem Fall decken.

Da die Symptome nach den Kriterien des zugrundliegenden Systems geordnet werden, ist damit zu rechnen, daß man die Symptome eines uns vertrauten Krankheitsbildes auf verschiedene Abschnitte verstreut vorfinden wird. Andererseits werden wir für uns Unzusammenhängendes in einem Kapitel zusammen behandelt sehen.

Auch wenn man bei einzelnen offensichtlichen Krankheitsbildern zu einer weitgehenden Deckung kommen kann, sollte man sich nicht verleiten lassen, diese Möglichkeit auf andere Fälle zu übertragen.

Typische Kennzeichen der āyurvedischen Texte sind lange Reihungen von Symptomen und entsprechende Auflistungen von Rezepten und Behandlungsmethoden. Man kann diese Symptomlisten in der Weise verstehen, daß diejenigen, die sie zusammengestellt haben, von folgender Frage ausgegangen sind:

Wenn ein doṣa auf einen bestimmten Aspekt des Körpers wirkt, was kann sich dort, d.h. z.B. im Blut, im Fett oder in einem Körperteil (im Auge, im Fuß, an der Hüfte), alles zeigen? Und was zeigt sich in bezug auf die Gesamtbefindlichkeit dieses Menschen?

Die Zielrichtung dieser Fragestellung führt zu zwei Konsequenzen:

1. Nicht alle Symptome müssen immer auftreten, wenn eine Störung eines bestimm-

[29] Emmerick (1986); Meulenbeld (1974, 627); Zysk (1985, 12 f).
[30] Hinderling (1981, 204).

ten Bereiches vorliegt. Dies wird an vielen Stellen der Texte betont. Wenn allerdings sehr viele der Symptome vorliegen, kann man davon ausgehen, daß man es mit der Hauptstörung des Körpers zu tun hat.

2. Mit der Symptombeschreibung in einem Bereich des Körpers ist eine Krankheit noch nicht vollständig beschrieben, vielmehr muß man im Rahmen der umfassenden Betrachtung auch andere Störungen betrachten.[31] Der Begriff Krankheit meint hier die vollständige Beschreibung eines Zustandes im Kontext der āyurvedischen Theorie. Dieses Prinzip zeigt sich in der zusätzlichen Erwähnung anderer krankhafter Befunde in Kapiteln, die einer spezifischen Störung gewidmet sind.

Durch solche Querbezüge wird der angehende Arzt Schritt für Schritt weitergeführt, bis er die einzelne Störung im Gesamtzusammenhang betrachten und damit die grundlegende Ursache erkennen kann. Die Ursache selbst wird bildhaft über die Zusammenschau aller damit verbundenen Symptome visualisiert.

Man kann in gewisser Weise sagen, daß die Konstitutionslehre auf die gesundheitlichen Störungen übertragen wird, d.h. Fieber ist nicht gleich Fieber, Schmerz ist nicht gleich Schmerz usw., sondern die Störungen werden typologisch kategorisiert und lassen sich einer bestimmten grundlegenden Verstimmung zuordnen, die sich in spezifischen Phänomenen zeigt. Wenn dabei reine Typen oder Idealtypen gebildet werden, heißt das, daß der beschriebene Symptomkomplex in der Realität in dieser Form wahrscheinlich nur sehr selten vorkommen wird.

Jedes einzelne Symptom ist demnach eine Signatur, die auf eine Gesamtbefindlichkeit hinweist, kann aber gleichzeitig auch Teil einer organischen Veränderung sein, wenn eine Krankheit tatsächlich zum Ausbruch kommt. So werden beispielsweise die Vorzeichen *(pūrvarūpa)* einer kommenden Erkrankung beschrieben, die die Veränderung des Gleichgewichts anzeigen. Diese ähneln aber bereits teilweise den Symptomen der akuten Krankheit.

Nach diesen Vorbemerkungen dürfte zu erwarten sein, daß sich das klinische Bild einer bestimmten Diabetesform nicht in einem Abschnitt der Texte geschlossen auffinden läßt, sondern aus verteilten Angaben zusamengetragen werden muß, dies natürlich nur unter der Voraussetzung, daß die Krankheit damals bereits aufgetreten und auch beschrieben worden ist.[32]

Wie Müller richtig gesehen hat, kann man eine mögliche Entsprechung zum Diabetes im Kontext von *prameha* suchen.[33] *Prameha* bezeichnet einen Symptomkomplex, der deutlich mit Veränderungen des Urins zu tun hat, worauf auch die wörtliche Ableitung (*mih* – urinieren) hinweist. Leitsymptom ist die Vermehrung der Urinmenge und die Veränderung der Beschaffenheit, insbesondere die Trübung.[34] Die AHS unterscheidet *atipravṛttijāḥ* (Krankheiten, die aus einem Übermaß an Urin entstehen) vom Gegenbegriff *mūtrāpravṛttijāḥ* (Krankheiten, die aus dem Nichtfließen des Harns entstehen). Getrennt ist somit *prameha* von der Harnverhaltung *(mūtrāghāta),* der deutlich eine andere Symptomatik zugewiesen wird[35], und von anderen Störungen, die speziell die Blase als Organ betreffen[36].

[31] Diese Vorgehensweise ähnelt, wie bereits erwähnt, jener der Homöopathie, bei der scheinbar unzusammenhängende Symptome ebenfalls zu einem Gesamtbild verbunden werden.
[32] Vgl. Schadewaldt (1989, 48).
[33] Müller (1989).
[34] AHS 3.10.7.
[35] AHS 3.9.40.
[36] CarS 8.9.27; SuS 2.3.

Die medizingeschichtliche Forschung drehte sich bisher meist um die Frage, ob die alten Inder den Zuckergehalt des Urins bei Diabetes erkannt hätten oder nicht. „*Die Frage, ob die alten indischen Ärzte bereits um den Zukkergehalt des diabetischen Urins wußten, ist immer noch kontrovers.*"[37]

Es wurde aber weniger das gesamte Krankheitsbild mit allen seinen Symptomen untersucht. Nicht beachtet wurde insbesondere eines der Leitsymptome, welches in den āyurvedischen Texten phänomenologisch einem getrennten Kapitel zugeordnet wird, und zwar handelt es sich dabei um den Durst. Bottermann nennt Polydipsie als erstes Symptom der Beschwerdenliste (67-91 %).[38] Im Durst ist ein wichtiger Auslöser zu sehen, welcher über das vermehrte Trinken dazu führt, daß mehr Urin ausgeschieden wird, und somit ein verursachender Faktor der gesteigerten Urinmenge ist. Bottermann nennt Polyurie an dritter Stelle (40-75 %) nach Mattigkeit und Abgeschlagenheit (64-80 %).[39]

Nun finden sich in den āyurvedischen Texten sogar eigene Kapitel über den Durst *(tṛṣṇā)*[40], die diesen mit seinen Symptomen, Ursachen und Heilverfahren beschreiben. Das Vorzeichen des Durstes ist die Trockenheit des Mundes, das Kennzeichen das beständige Verlangen nach Wasser.[41]

In der Beschreibung der vielfältigen Ursachen des Durstes zeigt sich die differenzierte Betrachtungsweise der damaligen Ärzte. Die CarS nennt Aufregung, Angst, Erschöpfung, Trauer, Zorn, Beleidigung (oder Fasten), Alkoholgenuß, regelmäßiges Verzehren von alkalischen, sauren, salzigen, scharfen, heißen, rauhen und trockenen Speisen, Verminderung der *dhātus* u.a., insbesondere auch die äußere Hitzeeinwirkung.[42]

Es ist bemerkenswert, daß die emotionalen Faktoren zuerst benannt und damit besonders hervorgehoben werden. Groen und Dreher, der sich auf Groen bezieht, zeigen in ihren Fallbeschreibungen, daß der Durst das erste hervorstechende Symptom im Ausbruch des Diabetes ist und von den Patienten ein Zusammenhang zwischen dem Durst und einem vorausgegangenen belastenden Erlebnis empfunden worden ist.[43]

Vergessen werden sollte auch nicht die Wertung des Durstes im kulturellen Kontext der damaligen Zeit, die den Durst nach (sinnesbezogenem) Leben als eines der Grundübel des Menschen betrachtet. Von diesem Gedanken ausgehend war der Weg nicht weit zu der Vorstellung, daß der krankhafte übermäßige Durst einer enttäuschenden Erfahrung im Leben entspringen kann.

Mit dem Durst soll nicht eine einheitliche Krankheitsform beschrieben werden, sondern ein erlebbarer Symptomkomplex in allen seinen Erscheinungsformen. Der Durst wird daher auch als Verschlimmerungssymptom anderer Leiden betrachtet:

„*Der Durst entsteht als zusätzliche Verschlimmerung bei einem Patienten, der von einer schlimmen Krankheit gequält wird.*"[44]

Da im folgenden der Durst explizit als eine Komplikation von „Urin" *(meha)* genannt wird, können wir die Erkenntnis dieses Zusammenhangs als gegeben erachten.[45] Be-

---

[37] Schadewaldt (1989, 48).
[38] Bottermann (1991, 782); vgl. auch Schrezenmeir in Kluthe (1993,3.5.1.3,1).
[39] Bottermann (1991, 782).
[40] AHS 3.5.45 ff; CarS 6.22; SuS 6.48.
[41] CarS 6.22.8.
[42] CarS 6.22.4 ff.
[43] Groen (1981, 259 ff) und Dreher (1989, 717 ff).
[44] CarS 6.22.7 cd: *ghoravyādhikṛśānāṃ prabhavaty upasargabhūtā sā* | | 7 | |
[45] CarS 6.22.17.

trachten wir nun die Symptome, die bei Auftreten des überstarken Durstes zu beobachten sind:

„*Trockenheit des Mundes, Heiserkeit, Verwirrung, Hitzewallung, wirres Sprechen, Lethargie, Rauhheit von Gaumen, Lippen, Kehle und Zunge, Bewußtlosigkeit, Hervortreten der Zunge, Appetitlosigkeit, Taubheit, Hitze in den vitalen Punkten (marman), Erschöpfung.*“[(46)]

Die zitierte Liste erwähnt einerseits allgemeine Symptome, die bei extremen Durstzuständen beobachtet werden können, weist aber andererseits eine ganze Reihe Gemeinsamkeiten mit den Vorstufen des diabetischen Komas auf. Bottermann nennt die folgenden Symptome:

Exsikdose: Durst, trockene Haut und Schleimhäute, reduzierter Hautturgor, halonierte Bulbi; Azetongeruch der Atemluft; Azidoseatmung; Brechreiz und Erbrechen; Pseudoperitonitis; Tachykardie, Blutdruckabfall, periphere Zyanose, Hyporeflexie, Areflexie, Bewußtseinseinschränkung: Somnolenz – Koma (auch: Bewegungsdrang, Erregungszustände), hypovolämischer Schock, Herz-Kreislaufversagen, Oligurie[(47)]

Der Durst tritt ja als Symptom des nicht behandelten Diabetes als Zeichen der beginnenden Stoffwechselentgleisung auf, so daß man das folgende Koma (Verwirrung bis zur Bewußtlosigkeit) leicht als Folgeerscheinung des Durstes interpretieren konnte.

Daß man aber den Durst nicht einfach nur als Folge eines Flüssigkeitsverlustes angesehen hat, zeigt die Ätiologie, die gegeben wird. Hauptursache für diese Art des Durstes sind *pitta* und *vāta*, die angewachsen sind[(48)] und die zugeführte Flüssigkeit immer wieder austrocknen, d.h. dem Körper entziehen:

„*Es wird getrunken und getrunken, aber die beiden trocknen das Wasser aus; deshalb gibt es keine Ruhe.*“[(49)]

Vāta und *pitta* sind der feuchten Natur des Wassers grundsätzlich entgegengesetzt. Der Verlust von Körperflüssigkeit als Ursache des Durstes wird zusätzlich an anderer Stelle erwähnt: „*Wenn der Durst aufgrund des Wasserverlustes den Menschen ausgetrocknet hat, kann er schnell zugrundegehen.*“[(50)]

Insofern kann man hier eher davon ausgehen, daß der Durst durch die innere Ursache der *doṣa*-Störung verursacht worden ist. Damit kann auch im Zusammenhang stehen, daß das Trinken von Wasser im Fall von *meha* und einiger anderer Störungen nicht empfohlen wird. Nur wenn das Verlangen allzu stark ist, möge der Patient ein wenig Wasser trinken.[(51)] In solchen Fällen werden aber lieber andere Zubereitungen empfohlen.

Die verschiedenen Formen von Urinerkrankungen *(prameha)* sind von Müller zusammengestellt und mit kulturgeschichtlichen Anmerkungen versehen worden.[(52)] Das Grundschema der Einteilung ist in allen Texten das gleiche und ordnet die Symptome ent-

---

(46) CarS 6.22.9-10 ab: *mukhaśoṣasvarabhedabhramasaṃtāpapralāpasaṃstambhān* |
tālvoṣṭhakaṇṭhajihvākarkaśatāṃ cittanāśaṃ ca ||9 ||
jihvānirgamam aruciṃ bādhiryaṃ marmadūyanaṃ sādam |
Ähnlich AHS 3.5.47 ff.

(47) Bottermann (1991, 785).

(48) Vgl. auch AHS 3.5.46.

(49) CarS 6.22.7 ab: *pītaṃ pītaṃ hi jalaṃ śoṣayatas tāvato na yāti śamam* |

(50) CarS 6.22.25 ab: *apāṃ kṣayād dhi tṛṣṇā saṃśoṣya naraṃ praṇāśayed āśu* |

(51) CarS 6.22.59 cd ... *toyaṃ na hitaṃ kāmam asahye pibet alpam* ||59 ||

(52) Müller (1989). Zur Bewertung der mit großer Vorsicht zu genießenden Arbeiten von Müller vgl. Zysk (1985, 270). Die Beschreibungen von *prameha* finden sich in CarS 1.17.78 ff, CarS 2.4, CarS 6.6, AHS 3.10, SuS 2.6 u.a.

sprechend den *doṣas*.(53) Den Ausgangspunkt für die Anordnung bilden die Veränderungen des Urins in der Farbe, im Geschmack und in der Konsistenz, d.h. Beobachtungen, die am Patienten gemacht worden sind:

„Die Einteilung der meha-Arten wird durch die Einteilung der Harnfarben und andere Kriterien festgelegt."(54)

Bei den Farben werden mit weiß, gelb, hellrot, blutrot, blau, dunkel bis schwarz alle Formen angegeben, die auch in den heutigen Befunden auftauchen.(55)

Auch die Beschreibungen der Konsistenzveränderungen (schleimig, mehlig, mit Sand versehen, etc.) lassen keinen Zweifel daran, daß diese auf Erfahrungen beruhen müssen.

Die Frage ist nun, ob auch die Geschmacksbezeichnungen auf konkreten Erfahrungen aufbauen oder nur indirekt über das Interesse von Insekten erschlossen worden sind.(56)

Grundsätzlich ist anzumerken, daß Tierurin in allen Klassikern des Āyurveda erwähnt und sogar nach Arten detailliert beschrieben wird.(57) Dieser fand in verschiedenen medizinischen Zubereitungen Verwendung, wurde also als heilsam bei bestimmten Krankheiten angesehen. Es lag also dieser Substanz gegenüber grundsätzlich keine Scheu vor.

Die SuS formuliert explizit die Anwendung des Geschmackssinns in bezug auf die *prameha*-Störungen:

„Mit dem Geschmackssinn sind die Unterschiede im Geschmack bei den prameha-Arten und anderen Leiden zu erkennen."(58)

Dieses Zitat steht in einem Kontext, bei dem es um die Benutzung der restlichen Sinne für andere diagnostische Zwecke geht, insofern ist davon auszugehen, daß der Geschmackssinn auch dementsprechend benutzt worden ist. Andererseits wird die unterschiedliche Anziehungskraft des Urins auf Tiere bereits in der CarS erwähnt(59), so daß anzunehmen ist, daß man den Insektentest dem direkten Schmecken der Substanz, die Ausdruck einer Krankheit war, normalerweise vorgezogen hat.(60)

Und nur der Kommentator, der einer anderen Epoche entstammt, versucht diese Tatsache umzudeuten, da zu seiner Zeit diese Praxis wahrscheinlich nicht mehr üblich war:

„Werden die Geschmäcker süß usw. in bezug auf prameha usw. denn nicht über das Herannahen der Fliegen und Ameisen von den Ärzten (indirekt) erschlossen? Wie kann dann im Text ‚durch die Erkenntnis mittels des Geschmacksinns' stehen? Dazu wird gesagt: Der Geschmackssinn der Ärzte ist hier nicht gemeint, sondern der (Geschmackssinn) der Ameisen usw.; deshalb (muß man sagen, daß der Text) nicht fehlerhaft ist."(61)

Auch der Zustand der Gesundung wird über die Kombination des Seh- und Geschmackssinns festgestellt:

---

(53) CarS 2.4.25 weist speziell darauf hin, daß sich die Namen der *pramehas,* die auf *pitta* beruhen, von den Eigenschaften von *pitta* herleiten:
teṣām api tu khalu pittaguṇaviśeṣeṇaiva nāmaviśeṣā bhavanti ... || 25 ||

(54) AHS 3.10.8 ab: *mūtrāvarṇādibhedena bhedo meheṣu kalpyate* |

(55) Pschyrembel (1975, 465) Stichwort Harnfarbe.

(56) Vgl. Müller (1989, 190).

(57) CarS 1.1.93 zählt acht Arten des Tierurins auf, und zwar von Schaf, Ziege, Kuh, Büffel, Elefant, Kamel, Pferd und Esel.

(58) SuS 1.10.5: *rasanendriyavijñeyāḥ pramehādiṣu rasaviśeṣāḥ.*

(59) CarS 6.6.12-14; CarS 2.4.47.

(60) Vgl. auch Ebstein (1915 u. 1989, 102).

(61) Ḍalh: *nanu pramehādiṣu rasā madhurādayo makṣikāpipīlikādyupasarpaṇena bhiṣagbhir anumeyāḥ, tat kathaṃ rasanendriyavijñeyā iti, ucyate nātra bhiṣajāṃ rasendriyaṃ kiṃtu pipīlikādīnām ity adoṣaḥ* |

„Wenn der Urin des an prameha Erkrankten nicht mehr trübe, ohne Beimischungen, klar, bitter und scharf ist, dann konstatiert man die Befreiung von der Krankheit."[62]

Der Kommentar beeilt sich selbstverständlich wieder, angesichts der Geschmacksbeschreibung das Weglaufen der Ameisen und Fliegen als Erklärung heranzuziehen. Man kann in der Geschichte des Āyurveda einen deutlichen Verfall der chirurgischen Praxis feststellen, dessen Ursachen noch nicht vollständig geklärt sind. Anhand dieses Beispiels der Ameisen kann sich die Tendenz zeigen, überhaupt den direkten Kontakt zum Patienten zu vermeiden und sich auf eine mehr theoretische Gelehrsamkeit zurückzuziehen. Diese Tendenz ist vielleicht teilweise in den Texten angelegt, insofern, daß diese philosophische und theoretische Passagen enthalten. Es ist aber mit recht großer Sicherheit ein für die Medizin externer gesellschaftlicher Einfluß für die angedeutete Entwicklung anzunehmen.[63]

Aus dem bisher Gesagten wird deutlich, daß die verschiedenen Formen von Urinveränderungen Ausdruck unterschiedlicher Störungen sein können und auch als solche betrachtet werden, da ihnen jeweils eigene Behandlungsempfehlungen zugeordnet sind.[64] Unter den Formen von *prameha* sind es zwei, die von ihrer Bezeichnung her auf den Diabetes verweisen, und zwar *ikṣumeha* (Zuckerurin) und *madhumeha* (Honigurin). Von ikṣumeha heißt es übereinstimmend, er gleiche Zuckerrohrsaft.[65] *„Von dem ikṣumeha ist es die große Süße, die wie der Saft des Zuckerrohrs ist.*"[66] Die CarS beschreibt diesen noch etwas ausführlicher: *„Sehr süß, kühl, etwas getrübt, mit Beimengung, wie Zuckerrohrsaft.*"[67]

Ursachen:

1. Fehl- und Überernährung
2. Bewegungsmangel
3. Streß und Rauchen
4. Genetische Disposition

Folge:

Entwicklung einer Adipositas,
periphere Insulinresistenz,
Hyperinsulinämie

Folge:

Störung des Glucosestoffwechsels,
Verminderung der Sekretionsfähigkeit des Pankreas

Krankheitsausbruch:

Stoffwechselentgleisung,
mangelhafte Glucoseverwertung in der Zelle,
Glucosurie,
diabetisches Koma

Abb. 35: Ätiologie des Diabetes mellitus Typ II

Madhu bedeutet zwar im speziellen der Honig, kann aber auch einfach nur für süß und für verschiedene süße Flüssigkeiten verwendet werden. Der *madhumeha* (Honigurin) wird in der CarS mit *hastimeha* (Elefantenurin) verbunden:

(62) SuS 4.12.20: *pramehiṇo yadā mūtram apicchilam anāvilam* ǀ
viśadaṃ tiktakaṭukaṃ tadārogyaṃ pracakṣate ǀǀ 20 ǀǀ

(63) Vgl. dazu Zimmermann (1979).

(64) SuS 4.11.9.

(65) SuS 2.6.10: dem Geschmack des Zuckerrohrs gleich (*ikṣurasatulya*).

(66) AHS 2.10.9 cd: *ikṣo rasam ivātyarthaṃ madhuraṃ cekṣumehataḥ* ǀǀ 9 ǀǀ

(67) CarS 2.4.14 abc: *atyarthamadhuraṃ śītam īṣatpicchilam āvilam* ǀ *ikṣvālorasasaṅkāśaṃ* ... ǀǀ 14 ǀǀ

„Wenn er (vāta) aber die Körperflüssigkeit[68] *in die Harnblase bringt, dann läßt er den Urin ohne Unterbrechung fließen, eben weil zu viel Körperflüssigkeit da ist. Aufgrund seiner Rastlosigkeit bringt der Wind die überaus große Menge Urin zusammen. Dann läßt er den Urin ohne Unterbrechung und ohne Anstrengung strömen wie ein brünstiger Elefant; ein solcher (Patient) wird ‚Elefantenpisser' (hastimehin) genannt. Die eigentliche Natur der Lebenskraft (ojas) wiederum ist Süße. Wenn der Wind aufgrund seiner Trockenheit diese (Lebenskraft) mit der Zusammenziehung verbindet und sie zur Harnblase hinführt, dann entsteht Honigurin (madhumeha).“*[69]

Zusammenfluß *(saṅga)* kann auch Blockierung bedeuten. So übersetzt z.B. Sharma, was aber vom Kontext her nicht passend ist. Vielmehr scheint das Bild der zusammenfließenden Flüsse intendiert zu sein, aus dem ganzen Körper strömt die Flüssigkeit dort in der Harnblase zusammen.

Die Zusammenziehung *(kaṣāyatva)* wird vom Kommentator Cakrapāṇidatta noch etwas genauer erläutert:

„Wenn (vāta) die Harnblase durch seine Trokkenheit (Rauhheit, Sprödigkeit) (selbst) trokken (rauh, spröde) gemacht hat, führt er die Lebenskraft hinaus.“[70]

Der Gedanke ist folgender: Die Lebenskraft *(ojas)* ist von Natur aus süß, und d.h. auch mild und sanft. Sie würde von sich aus nicht den Körper verlassen. Der Wind aber ist trokken, rauh und verwandelt dadurch die süße in die zusammenziehende Geschmacksrichtung. Es ist gleichfalls die trockene Natur des

Falsche Lebensweise:

1. Nahrung:
   zu viel, schwer, fett,
   sauer, salzig
2. Aktivität:
   zu viel Schlaf,
   zu wenig Bewegung,
   fehlende geistige Anregung
3. Reinigung wird
   vernachlässigt

Folge:

1. Anstieg von *kapha*
2. Anstieg von *pitta*
3. Vermehrung des Fett-*dhātu*
4. Vermehrung des Fleisch-*dhātu*

Folge:

Vāta wird blockiert
Vāta sucht einen Ausweg
Vāta findet ihn in der Blase

Krankheitsausbruch:

Honigurin *(madhumeha)*
als ein Verlust von
Lebenskraft *(ojaḥkṣaya)*

Symtomatik:

wechselhafte Zustände,
Symptome von vāta, pitta
und kapha
Symptome verschwinden und
kehren wieder zurück

Abb. 36: Ätiologie des Diabetes mellitus im Āyurveda

---

(68) Cp: *māṃsatvagantare udakabhāgaḥ* – der Teil des Wassers, der in der Haut und im Fleisch ist (oder zwischen beiden).

(69) CarS 2.4.37:
... yadā tu lasīkāṃ mūtrāśaye 'bhivahan mūtram anubandhaṃ cyotayati lasīkātibahutvād vikṣepaṇāc ca vāyoḥ khalv asyātimūtrapravṛttisaṅgaṃ karoti tadā sa matta iva gajaḥ kṣaraty ajasraṃ mūtram avegaṃ taṃ hastimehinam ācakṣate, ojaḥ punar madhurasvabhāvaṃ tad yadā raukṣyād vāyuḥ kaṣāyatvenābhisaṃsṛjya mūtrāśaye 'bhivahati tadā madhumehaṃ karoti || 37 ||

(70) Cp zu CarS: *mūtrāśayaṃ raukṣyāc chedayitvā rūkṣaṃ ca kṛtvā nayaty ojaḥ.*

Windes, die die Blase aufrauht und dadurch dafür sorgt, daß der Urin ungehindert austreten kann.

Der beschriebene Zustand weist deutlich auf die Symptome eines akuten Ausbruchs von Diabetes mellitus, speziell des Typs I hin; der Verlust von Lebenskraft zeigt sich dabei durch Mattigkeit, Gewichtsverlust usw. Die Entwicklung des Diabetes Typ II erfolgt im allgemeinen allmählicher.(71)

Der Name *hastimeha* (Elefantenurin) bezieht sich also im Gegensatz zu den anderen Bezeichnungen nicht auf das äußere Erscheinungsbild des Urins, sondern auf die Menge und Intensität der Ausscheidung.(72) Mit dieser bildhaften Benennung, die wohl allgemein verbreitet war(73), wird ein akutes Stadium gekennzeichnet, welchem ein anderes Krankheitsbild folgt, nämlich *madhumeha*. In allen klassischen Texten nimmt diese Form der Erkrankung eine Sonderstellung ein:

1. Sie wird als Verschlimmerung der anderen Formen angesehen. *„Alle pramehas gehen mit der Zeit, wenn sie nicht behandelt werden, in den Zustand von madhumeha über; dann sind sie nämlich nicht mehr heilbar.“*(74)
2. Ihre Ätiologie wird besonders betrachtet.(75)
3. Ihre Therapie erfolgt teilweise in gesonderten Kapiteln.(76)

Mit dem Hinweis auf das Eingreifen von *vāta* wird der ätiologische Prozeß angesprochen. Es wird bereits an der übersetzten Textstelle aus der CarS deutlich, daß die Krankheit nicht als eine direkte Blasenkrankheit gewertet worden ist, sondern sich von woanders her zur Blase hinbegeben hat. Die SuS differenziert die *prameha*-Leiden aufgrund von zwei unterschiedlichen Ätiologien:

„Die zwei prameha(-Arten) entstehen so: Angeboren und verursacht durch Unzuträgliches, dabei meint ‚angeboren‘ verursacht durch einen Fehler im Keim von Mutter und Vater und ‚verursacht durch Unzuträgliches‘ aus nichtwohltuender Nahrung entstanden. Der an der ersteren Form von beiden Erkrankte ist dünn, trocken, ißt wenig und hat extrem starken Durst, er neigt zum rastlosen Umherlaufen; der mit der letzteren Art behaftete ist dick, ißt viel, der Körper ist ölig-schmierig, (der Patient) ist größtenteils zum Liegen, ruhigen Sitzen und Schlafen geneigt.“(77)

Den ersten Aspekt führt die CarS weiter aus:

„Wenn jemand als prameha-Kranker geboren wird oder (das Kind) eines an madhumeha Erkrankten ist, dann wird er aufgrund der fehlerhaften Anlage als nicht heilbar bezeichnet. Die Krankheiten nämlich, die einer Familie angehören, nennt man nicht heilbar.“(78)

---

(71) Liechtli-v. Brasch (o.J.,13); Bottermann (1991, 781 f).

(72) Auch im Altertum war dies eines der beeindruckendsten Symptome. Vgl. dazu Schadewaldt (1989).

(73) SuS 2.6.12 u. AHS 3.10.17.

(74) SuS 2.6.27:
sarva eva pramehās tu kālenāpratikurvataḥ |
madhumehatvam āyānti tadāsādhyā bhavanti hi || 27 ||
Vgl. auch AHS 3.10.20.

(75) CarS 1.17.78 ff.

(76) SuS 4.13.

(77) SuS 4.11.3:
dvau pramehau bhavataḥ sahajo ´pathyanimittaś ca | *tatra sahajo mātṛpitṛbījadoṣakṛtaḥ, ahitāhārajo ´pathyanimittaḥ* | *tayoḥ pūrveṇopadrutaḥ kṛśo rūkṣo ´lpāśī pipāsur bhṛśaṃ parisaraṇaśīḷaś ca bhavati, uttareṇa sthūlo bahvāṣī snigdhaḥ śayyāsanasvapnaśīlaḥ prāyeṇeti* || 3 ||
Eine ähnliche unterscheidende Beschreibung der erkrankten Personen findet sich auch in CarS 6.6.15.

(78) CarS 6.6.57:
jātaḥ pramehī madhumehino vā na sādhya uktaḥ sa hi bījadoṣāt |
ye cāpi kecit kulajā vikārā bhavanti tāṃś ca pravadanty asādhyān || 57 ||

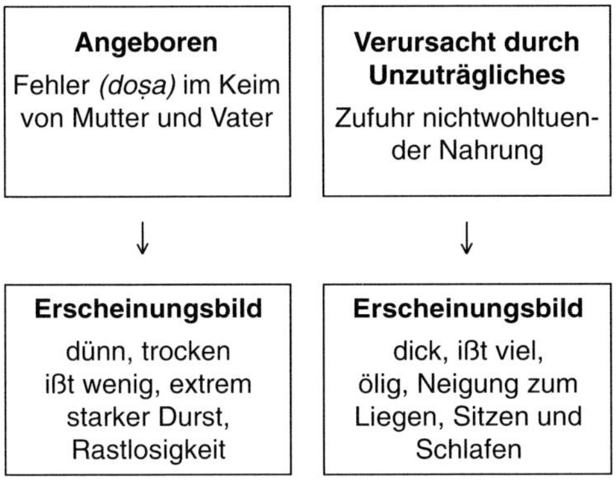

Abb. 37: Zwei Arten des prameha im Āyurveda

Die Einteilung, die vorgenommen wird, bezieht sich also auf jemanden, der so früh erkrankt, daß man es als Folge einer Anlage betrachten muß, bzw. auf jemanden, bei dem klar ersichtlich ist, daß *madhumeha* bei (einem oder beiden) Elternteilen vorlag. Den Anschluß bildet eine allgemeine Erläuterung hinsichtlich vererbbarer Krankheiten, die wahrscheinlich hinzugefügt wird, weil man den *madhumeha*-Fall als besonders klar und typisch empfunden hat.

Aus diesen Beobachtungen den Schluß zu ziehen, daß man zu dieser Zeit bereits den genetischen Code gekannt hätte, ist selbstverständlich nicht möglich. Daß man aber im Rahmen der typologischen Menschenbetrachtung die auffälligen Symptome von *prameha* in der folgenden Generation wiedererkannt und richtig gedeutet hat, ist ohne Schwierigkeiten zu akzeptieren.

Die zweite Form der Krankheit wird aus falschem Verhalten abgeleitet, welches in vielen Fällen als ätiologische Ursache herangezogen wird. Die Beschreibung der erkrankten Person ist dabei im Einklang mit heutigen Erfahrungen:

- Übergewicht *(sthūla)*,
- Basis des Übergewichts ist das falsche Eßverhalten *(bahvāśin)*,
- zu großer Anteil an Körperfett *(snigdha)*,
- Antriebsschwäche (Neigung zu liegen, zu sitzen und zu schlafen *(śayyāsanasvapnaśīla)*.[(79)]

Dies weist darauf hin, daß es sich nicht um eine formale theoretische Klassifizierung handelt, sondern um konkrete Beobachtung. Die entsprechenden Merkverse in der CarS bringen dies noch einmal klar zum Ausdruck:

„Zu dem, der gierig nach den Speisen ist, aber Baden und Spazierengehen haßt, kommt schnell der prameha wie ein Vogel zu dem Baum seines Nestes. Der Tod in Form von prameha kommt schnell, um den abzuholen, der nicht aktiv, zu dick, zu fettig und ein großer Esser ist. Der Mensch aber, der regelmäßig Nahrung zu sich nimmt, die ein Gleichgewicht der dhātus des Körpers erzeugt, der auch noch andere Ziele (als Essen) hat, der erlangt eine glückliche Situation (im Leben).“[(80)]

Wer solche Verse verfaßt, kann nicht nur einen Patienten vor sich gehabt haben. Man wird daher im Gegensatz zu den Aussagen

[(79)] Der dritte Aspekt ist nur lose assoziiert; *snigdha* ist aber oft mit Fett assoziiert; vgl. z.B. CarS 3.8.106. – Der Übergewichtige ist naturgemäß in vielen Bewegungsabläufen behindert. Die Belastung des Bewegungsapparates ist größer, und Bewegung wird daher oft vermieden. Somit kann die Bewegungsarmut eine Ursache und eine Folge des Übergewichtes sein; vgl. dazu Storlie u. Jordan (1992, 141 ff).

[(80)] CarS 2.4.50-52:
gṛdhnum abhyavahāryeṣu snānacaṅkramaṇadviṣam I
pramehaḥ kṣipram abhyeti nīḍadrumam ivāṇḍajaḥ I I 50 I I
mandotsāham atisthūlam atisnigdhaṃ mahāśanam I
mṛtyuḥ pramehарūpeṇa kṣipram ādāya gacchati I I 51 I I
yas tv āhāraṃ śarīrasya dhātusāmyakaraṃ naraḥ I
sevate vividhāś cānyāś ceṣṭāḥ sa sukham aśnute I I 52 I I

der alten europäischen Ärzte von einer größeren Zahl von Gefährdeten und Betroffenen auszugehen haben, denen vielleicht diese Verse, zu denen ja ein warnender Abschluß gehört, als gesundheitsdidaktische Maßnahme vorgesprochen worden sind. Es scheint daher gar nicht so weit hergeholt zu sein, wenn man die Aussage von Bose aus dem Jahr 1907 in die Vergangenheit zurückprojiziert: *„Was die Gicht für den Adel von England ist, ist Diabetes für die Aristokratie Indiens.“*[(81)]

Ein wesentliches Problem der Übergewichtigkeit ist tatsächlich die Frage nach anderen Zielen im Leben. Das unkontrollierte Eßverhalten kann Ausdruck eines regressiven Verhaltens sein oder aber auf eine gegenwärtige Sinnleere verweisen, die durch gutes Essen gefüllt werden muß.[(82)]

Als Voraussetzung der Übergewichtigkeit und des Bewegungsmangels, der im Kontext von *madhumeha* immer wieder hervorgehoben wird, ist die Existenz einer entsprechend mit Nahrungsmitteln gut versorgten, eventuell auch müßigen Gesellschaftsschicht anzunehmen, die ihren Neigungen ungehindert bis zur Entfaltung einer regelrechten Freßsucht fröhnen konnte.

Phänomenologisch übereinstimmend ist das Beispiel, welches Herrmann et al. für die Fallbeschreibung des psychosomatischen Hintergrundes des Diabetes Typ II herangezogen haben. Die Figur des James Möllendorpf aus Thomas Manns „Buddenbrooks“ exemplifiziert in krasser Weise das in der CarS beschriebene Verhalten.[(83)]

In diesem Sinne könnte man *madhumeha* als eine sehr alte Form von Zivilisationskrankheit bezeichnen. Die Veränderung der Ernährungsgewohnheiten wird beispielhaft am Zuckerverzehr im Abendland deutlich. Bis zum 19. Jahrhundert besitzt der Zucker einen starken Luxuscharakter.[(84)] Das Ansteigen des Zuckerkonsums geht mit dem Ansteigen des Diabetes einher. Zum Zuckerkonsum aus medizinischer Sicht nimmt Bruker besonders kritisch Stellung.[(85)]

Wir können mit Sicherheit davon ausgehen, daß der Zucker im alten Indien bekannt war und auch produziert wurde.[(86)] Die Frage der Diabeteshäufigkeit läßt sich jedoch nicht nur auf die Frage des Zuckerkonsums reduzieren, auch wenn dieser eine Rolle bei der Entstehung spielt.

Betrachten wir ergänzend zu CarS 2.4.37 die Ätiologie von *madhumeha* noch etwas genauer, wie sie in der CarS aufbauend auf dem falschen Verhalten mittels der *doṣa*-Systematik geschildert wird:

„Wenn eine Person zu viel schwere, fette, saure und salzige Nahrung sowie neue Getreide und Getränke zu sich nimmt, wenn sie den Schlaf, das Sitzen und die angenehme Lebensweise pflegt, aber körperliche und geistige Bemühung vernachlässigt hat, Reinigung nicht durchführt, dann vermehren sich śleṣman (kapha), pitta, Fett und Fleisch über das normale Maß hinaus. Wird durch diese der (normale) Weg von vāta blockiert, geht er, die Lebenskraft mit sich nehmend.

Wenn er zur Blase kommt und wenn dieser Zustand sich intensiviert, entsteht madhumeha. Diese Krankheit zeigt in wechselhaften Zuständen eine Symptomatik von vāta,

---

(81) Zit. von Engelhardt (1989, 7).
(82) Vgl. Zürcher (1992, 72).
(83) Herrmann et al. (1986, 858 f).
(84) Ebstein (1989, 101 ff).
(85) Bruker (1983, 9 ff).
(86) Vgl. v. Hinüber (1971).

pitta oder kapha; und nachdem sie verschwunden ist, entfaltet sie sich wiederum aufs neue.“[87]

Die Geschmacksrichtungen und Eigenschaften, die am Entstehen des Leidens ursächlich beteiligt sind, fördern alle *kapha*; sie sind verantwortlich für den Substanzaufbau und daher auch für das Übergewicht. In modernen Begriffen ist es eine zu fette und salzreiche Ernährung mit einseitigen Kohlenhydraten, die überkalorisch dimensioniert ist. Die CarS gibt eine ausführliche Liste der Nahrungsmittel, die für die durch *kapha* verursachten *pramehas* verantwortlich sind. Dabei spielen die schweren Zubereitungen eine besondere Rolle. Die Süßspeisen werden doppelt erwähnt *(ikṣuvikāra, madhuraprāya)*.[88]

Gleichzeitig ist der schon erwähnte Bewegungsmangel gegeben, der hier sowohl auf die körperliche als auch auf die geistige Aktivität bezogen wird. Der Aspekt der Reinigung bezieht sich in erster Linie auf die spezifischen Reinigungsanwendungen des Āyurveda, die die Schlackenstoffe aus dem Körper entfernen sollen.[89] In diesem Zusammenhang ist eine weitere phänomenologische Übereinstimmung bemerkenswert: Bei der Beschreibung des Herrn Möllendorpf in den „Buddenbrooks“ wird insbesondere sein schmuddeliges Äußeres betont. Die CarS erwähnt als Ursache für den durch *kapha* verursachten *prameha*: *„mṛjā...varjanam – Körperreinigung vernachlässigend“*.[90]

Die geballte Vermehrung von *kapha* begünstigt eine Trägheit, Laxheit des Körpers, die wiederum selbst zu einer Ausbreitung von *kapha* führt, wie es an anderer Stelle heißt.[91] In moderner Terminologie kann man formulieren, daß die Stoffwechselfunktionen herabgesetzt bzw. gestört sind.

Das bewegende Prinzip *(vāta)* ist in dieser Situation blockiert, äußerlich sichtbar an der mangelnden Beweglichkeit des Übergewichtigen, innerlich verursacht durch die antagonistische Zähigkeit des *kapha*. *Vāta* will sich aber bewegen; denn das ist seine eigentliche Natur, und der Ausweg, den er in diesem Fall noch findet, ist die Blase.

Diesem kurzen Abschnitt über *madhumeha* ist eine Betrachtung über den Verlust bzw. die Verringerung der körpertragenden Prinzipien *(dhātu)* und Ausscheidungen angegliedert. Der letzte Aspekt in der Reihe, die behandelt wird, ist der Verlust von Lebenskraft *(ojas)*. Dabei wird *madhumeha* als eine spezielle Form des Verlustes von Lebenskraft *(ojaḥkṣaya)* betrachtet.

Wir haben bereits deutlich gemacht, daß die Lebenskraft *(ojas)* einerseits immaterielle Aspekte besitzt, andererseits ebenso wie die *doṣas* so konkret beschrieben wird, daß man meinen kann, eine konkrete Substanz sei intendiert. Letzteres erfolgt in CarS 1.17.74-75, obwohl bei den Symptomen der Verminderung von *ojas* wiederum die psychischen

---

(87) CarS 1.17.78-81:
gurusnigdhāmlalavaṇāny atimātraṃ samaśnatām |
navam annaṃ ca pānaṃ ca nidrāmāsyāsukhāni ca || 78 ||
tyaktavyāyāmacintānāṃ saṃśodhanam akurvatām |
śleṣmā pittaṃ ca medaś ca māṃsaṃ cātipravardhate || 79 ||
tair āvṛtagatir vāyur oja ādāya gacchati |
yadā bastiṃ yadā kṛcchro madhumehaḥ pravartate || 80 ||
sa mārutasya pittasya kaphasya ca muhur muhuḥ |
darśayaty ākṛtiṃ gatvā kṣayam āpyāyate punaḥ || 81 ||

(88) CarS 2.4.5.

(89) Ojha u. Kumar (1978); Devaraj (1986), der die *pañcakarma*-Therapie auch für Diabetes mellitus empfiehlt.

(90) CarS 2.4.5.

(91) CarS 2.4.8: *śarīraśaitilya,* wo die weitere Entwicklung der *kapha*-induzierten Krankheit detailliert beschrieben wird.

Aspekte dominieren, und zwar werden Angst, ständiges Grübeln und schlechte Stimmungslage aufgezählt.[92]

AHS 3.10.5 beschreibt den Entwicklungsweg von *prameha* in der Form, daß zuerst eine Störung von *kapha* vorliegt, dann von *pitta*, welches das Blut affiziert, und als letztes von *vāta*, welcher die *dhātus* zur Blase hinführt. Ähnlich, aber ausführlicher auch CarS 2.4. Dieser Reihenfolge der Entwicklung entspricht auch die Klassifizierung der 20 *prameha*-Arten, bei denen wiederum die von *vāta* erzeugten diejenigen sind, die am schwierigsten geheilt werden können.

Aus moderner Sicht geht dem Ausbruch des Diabetes Typ II die Entwicklung einer peripheren Insulinresistenz voraus, die wiederum zum Anstieg der Insulinproduktion und im weiteren zur chronischen Hyperinsulinämie führt.[93] Die Insulinresistenz an der Zelle bewirkt, daß die Zelle die Nahrungsenergie in Form von Kohlenhydraten nicht aufnehmen kann und letztlich einem Hungerzustand ausgesetzt ist. Der Verlust von Lebenskraft *(ojaḥkṣaya)* ist insofern eine phänomenologisch richtige Beschreibung dieses Zustandes.

Ein weiterer Mosaikstein, der bestätigt, daß in den Texten verstreut über verschiedene Kapitel eine genaue Beschreibung des Diabetes mellitus vorliegt, ist die Erwähnung der phasenweisen Entfaltung der Krankheit im übersetzten Text der CarS.[94] Das Kommen und Gehen der Symptome bildet bekanntermaßen ein typisches Merkmal der Symptomatik eines labilen und sich wieder stabilisierenden Stoffwechsels.[95]

Das Kapitel in der CarS fährt mit der Beschreibung eines weiteren Symptomkomplexes fort, nämlich der sogenannten Beulen *(piḍakā)*. Hautaffektionen werden heutzutage meistens unter den Spätfolgen des Diabetes aufgezählt.[96] Dieser Zusammenhang wird auch in der CarS hergestellt, wo die *piḍakās* als eine Folge des unbehandelten *madhumeha* betrachtet werden. Müller schließt ohne triftigen Grund die Kenntnis des Zusammenhangs zwischen den Diabetessymptomen und den Hautaffektionen aus,[97] obwohl dieser Zusammenhang ausdrücklich formuliert wird: *„Wenn die Krankheit übersehen wird, entwickeln sich sieben schwere Beulen."*[98] Die Einteilung der *piḍakās* erfolgt wieder unter Zurhilfenahme der *doṣa*-Typologie.

Auch ansonsten werden die Hautaffektionen mit *prameha* verbunden.[99] Insofern ist die Beziehung zwischen beiden Sypmptombereichen eindeutig hergestellt.

Zudem ist es sehr wahrscheinlich, daß diese Störungen unter subtropischen und tropischen klimatischen Bedingungen noch häufiger und intensiver auftreten als in gemäßigten Breiten, so daß es ganz natürlich ist, daß man diesen Sekundärphänomenen eine solch intensive Betrachtung gewidmet hat.

Es paßt wiederum genau zum methodischen Prinzip des Āyurveda, daß in der CarS auf die Beschreibung der durch *madhumeha* verursachten sichtbaren Störungen *(piḍakā)* die Behandlung der auf andere Weise entstandenen Abszesse *(vidradhi)* folgt; denn phäno-

(92) CarS 1.17.73.
(93) In der neueren Literatur wird dieser Prozeß unter dem Begriff des metabolischen Syndroms beschrieben. Vgl. Pfeiffer (1991); Schulze (1992), Diehm u. Schettler (1995).
(94) CarS 1.17.81.
(95) Vgl. dazu auch Thies (1971, 114).
(96) Die Diabetiker müssen wegen ihrer Empfindlichkeit für diese Störungen eine intensive Körperpflege einhalten. Vgl. Mehnert u. Standl (1987).
(97) Müller (1989).
(98) CarS 1.17.82 ab: *upekṣayāsya jāyante piḍakāḥ sapta daruṇāḥ* |
(99) Vgl. CarS 2.4.8 und CarS 2.4.48.

menologisch gesehen bilden diese eine neue Gruppe mit dem gemeinsamen Merkmal „sichtbare Veränderung".

In der Gesamtbewertung von *madhumeha* wird diese Erkrankung als schwer eingestuft, da alle drei *doṣas* beteiligt sind, d.h. das gesamte Funktionsgefüge des Organismus in Mitleidenschaft gezogen wird.[(100)]

Auf die therapeutischen Angaben der klassischen Texte sowie deren Bewertung aus medizinischer Sicht können wir hier nicht genauer eingehen. Basierend auf der typologischen Einordnung werden unterschiedliche Maßnahmen und Heilmittel empfohlen. Der schwache Patient muß natürlich an Substanz aufbauen, wohingegen der Übergewichtige abbauen sollte.[(102)]

Da das Problem des Diabetes mellitus auch heutzutage eine beträchtliche Rolle in Indien spielt, liegen auch von āyurvedischer Seite einige Untersuchungen zu diesem Themenbereich vor. Mukerjee u. Mukerjee haben einen Überblick über die Diabetesforschung gegeben, gehen jedoch kaum auf die āyurvedischen Konzepte ein.[(103)] Sie berichten aber von empirischen Untersuchungen, die die hypoglykämische Wirkung von 21 verschiedenen Heilpflanzen bzw. anderen Substanzen betreffen.

Dabei handelt es sich um Allium cepa, Allium sativum, Beta vulgaris, Bombax pentandrum, Bohne, Coccinia indica (Cephalandra indica), welches auch im Kontext der indischen Homöopathie benutzt wird[(104)]; Karotte, Dolichos lablab, Eugenia jambolanum, Eucalyptus globulus, Mormordica charantia, Hafer, Pisum sativum, Kartoffel, Reisextrakt, Rivea cuneata, Securigera securidaca, Scopariua dulcis und Hefe. Erwähnt werden auch einige andere mineralische Substanzen, u.a. das in der SuS erwähnte *śilājatu*.[(105)]

Unter den aufgezählten Mitteln befinden sich zwar einige der in den klassischen Texten erwähnten Heilpflanzen. Doch die ganze Art und Weise des Herangehens, die aus den Artikeln größtenteils spricht, wird vom westlichen medizinischen Paradigma geprägt, unter dessen Druck die indischen Vertreter des Āyurveda stehen, und hat daher kaum noch etwas mit dem traditionellen System zu tun.

Selbst wenn man den systematischen Aufbau und die Theoriebildung des klassischen Āyurveda nicht akzeptiert und diesen nur als eine besondere Form der Erfahrungsheilkunde betrachtet, würde es das korrekte Vorgehen erfordern, daß nicht einzelne Substanzen aus dem Gesamtkontext herausgenommen, sondern alle Behandlungshinweise zusammen in ihrer kombinatorischen Wirkung untersucht werden. Erst ein solches Vorgehen würde den Wert oder Unwert des Behandlungskonzeptes empirisch verifizieren, nicht aber die Betrachtung einer isolierten Facette.

Andere Untersuchungen betreffen Clerodendron phlomidis[(106)] und Syzygium cumini Linn.[(107)] sowie Trigonella forenuca graecum[(108)]. Auch in bezug auf Zink liegen einige Untersuchungen vor.[(109)] Die Autoren versuchen darüber hinaus eine Identifikation zwischen „*pittadharākalā* – *pitta*-tragendes Organ"[(110)] und den Langerhans´schen Inseln

(100) CarS 2.4.47.
(102) Vgl. CarS 6.6; SuS 4.11 u. 13.
(103) Mukerjee u. Mukerjee (1966, 91 ff).
(104) Vgl. Ghose (1984, 123 ff).
(105) SuS 4.13.5 ff.
(106) Chaturvedi et al. (1983, 216 ff).
(107) Bhaskaran Nair u. Santhakumari (1986, 80 ff).
(108) Thatte und Dahanukar (1989, 142).
(109) Rajasekharan & Raju (1982, 17 ff).
(110) Vgl. dazu SuS 3.4.18.

herzuleiten. Unabhängig davon, wie man diese Zuordnung sachlich beurteilt, ist die grundsätzliche Frage zu stellen, welchen Nutzen solche Identifikationen von alten und neuen Termini stiften sollen. Beide Systeme, das āyurvedische und das moderne, beschreiben ihre Wahrnehmungen mit Hilfe eines komplexen Bezugsystems von Begriffen. Jeder einzelne Terminus erhält seinen Sinn durch den Standort, den er im ganzen System einnimmt. Und deshalb wird ein einzelner, vom System isolierter Begriff sinnlos, bzw. erhält eine neue Bedeutung, die der ursprünglichen nicht mehr entspricht, sondern vom Verständnis des anderen Systems her bestimmt wird.

Es ist sicher sinnvoll, darüber nachzudenken, daß „*āmāśaya* – Behälter der unverdauten Nahrung" etwas mit dem Magen zu tun haben muß. Trotzdem meint der Ausdruck nicht unbedingt genau das, was wir unter Magen verstehen. Erst wenn man begreift, in welcher Weise das allgemeinere Konzept *āśaya* (Bedeutung: Ort, Stelle, Behälter, Ruheort, Schlafzimmer, charakterliche Anlage, etc.) im Āyurveda verwendet wird, was der Fachterminus *āma* (roh, ungekocht) tatsächlich bedeutet und welchen Stellenwert die Zusammensetzung *āmāśaya* im systematischen Kontext besitzt, kann man davon sprechen, daß man der intendierten Bedeutung näher kommt. Für ein vollständiges Verständnis ist natürlich noch die Beziehung des Begriffes zu konkreten Wahrnehmungen wichtig. Die āyurvedische Begriffsbildung muß daher mit entsprechender hermeneutischer Vorsicht entschlüsselt werden.

Vom methodologischen Standpunkt bemerkenswert sind die Ansätze, diagnostisch die konstitutionellen Bestimmungen des Āyurveda mit klinischen Befunden zu korrelieren, insbesondere die Körperkonstitution *(dehaprakṛti)* mit der Neigung zu bestimmten Krankheiten[111], oder eine Korrelation zwischen dem Verlust von körpertragenden Prinzipien *(dhātukṣaya)* bzw. deren Anwachsen *(dhātuvṛddhi)* und heutigen Befunden zu ermitteln.[112]

Allen diesen Studien ist der Wunsch nach Standardisierung anzumerken, der auch im Bereich der āyurvedischen Heilmittel zu einer umfangreichen industriellen Produktion geführt hat, die dem individuellen Zugang der alten Heilkunde nicht mehr unbedingt entspricht. Wenn die *prakṛti* z.B. nur noch über Standardbögen ermittelt wird, ist kaum noch ein Unterschied zur klinischen Datenerhebung vorhanden. Das heißt nicht, daß solche Hilfsmittel nicht auch von Nutzen sein könnten. Wenn sie aber die Tendenz fördern, persönliche Kompetenz im Sinne einer Schulung der Wahrnehmung zu ersetzen, bleibt von der ursprünglichen methodischen Intention der Klassiker kaum noch etwas übrig.

Fassen wir noch einmal zusammen:

Diabetes mellitus ist eine Krankheit, die aufgrund der krassen Ausprägung ihrer Symptome relativ klar erkennbar und identifizierbar ist. Wir konnten feststellen, daß dieses Leiden im alten Indien vorhanden gewesen sein muß und sich alle Symptomkomplexe in verschiedenen Textabschnitten verifizieren lassen. Die phänomenologische Vorgehensweise führt dazu, daß der Gesamtkomplex Diabetes wie ein Mosaik aus verschiedenen Bestandteilen zusammengesetzt werden muß.

Die Ärzte haben detaillierte Beschreibungen der zu beobachtenden Symptome gegeben und diese im Rahmen des āyurvedischen Systems kategorisiert und ätiologisch analysiert. Man kann davon sprechen, daß mit Hilfe ei-

[111] Zu Diabetes: Chandola et al. (1988, 219 ff), Venkataraghavan et al. (1977, 122 ff), Singh u. Agarwal (1983). Zur Konstitutionsbestimmung vgl. auch Dubey u. Singh (1970). Zur Tuberkulose als Komplikation des Diabetes: Deshpande u. Mehendale (1979, 12 ff).

[112] Gupta et al. (1981, 11 ff).

ner genauen und umfassenden Betrachtung ein funktionaler Zusammenhang hergestellt worden ist, der darauf schließen läßt, daß die Krankheit in ihrem Wesen richtig erkannt wurde.

Im Hinblick auf die Ätiologie und das typische Erscheinungsbild der Kranken werden zwei Formen beschrieben, die deutlich den modernen Typen I und II des Diabetes mellitus entsprechen.

Diese Ergebnisse weisen darauf hin, daß die āyurvedischen Texte in diesem Fall offenbar mehr empirische Informationen enthalten, als bisher angenommen worden ist.

Für die Entschlüsselung solcher Angaben ist allerdings die Anwendung der dem Āyurveda angemessenen phänomenologischen und typologischen Methode notwendig, um voneinander getrennte Aussagen unter Beachtung des systematischen und des symptombezogenen Zusammenhangs miteinander verbinden zu können.

Im Lichte dieser Methode erscheinen viele Aussagen der Texte als eine Frucht der Wahrnehmung *(pratyakṣaphala),* d.h., sie beruhen auf der genauen Beobachtung vieler Krankheitsverläufe und der Veränderungen, die von innen und außen wirkend die Befindlichkeit des Menschen beeinflussen.

Abkürzungen

AHS	Aṣṭāṅgahṛdayasaṃhitā
Aruṇ	Aruṇadatta
AU	Aitareya-upaniṣad
AV	Atharvaveda
BĀU	Bṛhadāraṇyaka-upaniṣad
BhG	Bhagavadgītā
CarS	Carakasaṃhitā
ChāndU	Chāndogya-upaniṣad
Cp	Cakrapāṇidatta
Ḍalh	Ḍalhaṇācārya
JB	Jaiminīyabrāhmaṇa
Hem	Hemādri
KāṣS	Kāśyapasaṃhitā
MaitrU	Maitrāyaṇī-upaniṣad
Manu	Manusmṛti
MuṇḍU	Muṇḍaka-upaniṣad
PraśU	Praśna-upaniṣad
ṚV	Ṛgveda
SāS	Sāṃkhyasūtra
ṢB	Śatapathabrāhmaṇa
SK	Sāṃkhyakārikā
SuS	Suśrutasaṃhitā
ṢvetU	Śvetāśvatara-upaniṣad
TP	Taittirīyapratiśākhya
TS	Taittirīyasaṃhitā
TU	Taittirīya-upaniṣad
VS	Vaiśeṣikasūtra
YS	Yogasūtra

Literaturverzeichnis*

Aalto, P.: Madyam apeyam. In: *Vogel, C.* (ed.): Jñānamuktāvalī, Commemoration Volume in Honour of Johannes Nobel. New Delhi 1963.

Ackerknecht, E. H.: Medicine and Ethnology. Selected Essays. Bern, Stuttgart, Wien 1971.

Ackerknecht, E. H.: Geschichte der Medizin. Stuttgart 1986.

Allmer, H.: Gesundheitsverhalten als intentionales und volitives Geschehen. In: *Schwarzer, R.* (Hrsg.): Gesundheitspsychologie. Göttingen, Toronto, Zürich (1990), 117-130.

Ammon, H. P. T.: Die traditionelle Medizin in Indien – Āyurveda. In: *Lobo, R.* (Hrsg.): Jahrbuch für Yoga – Prana. München 1981, 137 ff.

Anderson, G. H. (ed.): Diet and Behavior: Multidisciplinary Approaches. London, Berlin, Heidelberg, New York, Paris, Tokyo, Hong Kong 1990.

Anemueller, H.: Das Grunddiätsystem. Stuttgart 1987.

Āṣṭāṅgahṛdayam (= AHS) with the Commentaries Sarvāṅgasundarā of Aruṇadatta and Āyurvedarasāyaṇa of Hemādri ... . Pt. Bhiṣagācārya Hariśāstrī Parādkar Vaidya (ed.). Varanasi 1982.

Atharvaveda. *Roth, R., Whitney, W. D.* (Hrsg.). 2. Aufl.: M. Lindenau (Hrsg.). Berlin 1924.

Bäßler, K. H., Fekl, W. L., Lang, K.: Grundbegriffe der Ernährungslehre. Berlin, Heidelberg, New York 1987.

Baisette, G.: Die Medizin bei den Griechen. In: *Toellner, R.* (Hrsg.): Illustrierte Geschichte der Medizin. Erlangen 1992.

Beck, G., Schmidt, P.: Hygiene – Präventivmedizin. Stuttgart 1988.

Berkling, J., Krasemann, E.O.: Beeinflußt Gesundheitswissen unser Verhalten? Öffentliches Gesundheits-Wesen, Vol. 52 (1990) 580-584.

Beuchelt, H.: Homöopathische Konstitutionstypen. Ulm 1956.

Bhaskaran Nair, R., Santhakumari, G.: Anti-diabetic Activity of the Seed Kernel of Syzygium Cumini Linn. Ancient Science of Life, Vol. 6, No. 2 (1986) 80-84.

Bhatia, S. L.: Medical Science in ancient India. Bangalore 1972.

Biesalski, H.-K. et al. (Hrsg.): Ernährungsmedizin. Stuttgart, New York 1995.

Blöschl, L.: Zum Problem der Selbststeuerung in Lernpsychologie und Verhaltenstherapie. In: *Förster, E., Wewetzer, K.-H.* (Hrsg.): Selbststeuerung – Psychiatrische und psychologische Beiträge zum Problem der Willensbestimmung und des Handelns. Wien 1973.

Bodenstedt, A.: Ernährungsverhalten und Ernährungsberatung. In: *Blanckenburg, P. v.* (Hrsg.): Handbuch der Landwirtschaft und Ernährung in Entwicklungsländern. Stuttgart 1983.

Bottermann, P.: Diabetes mellitus. In: *Classen, M., Diehl, V., Kochsieck, K.* (Hrsg.): Innere Medizin. München, Wien, Baltimore 1991.

Bruker, M. O.: Diabetes und seine biologische Behandlung. Hopferau 1983.

Buchinger, O. H. F.: About Fasting. London 1961.

Bühler, G.: The Laws of Manu. Delhi 1979.

Burgerstein, L.: Heilwirkung von Nährstoffen, Heidelberg 1985.

Carakasaṃhitā. Gulabkunverba Āyurvedic Society (ed.). Jamnagar 1949.

Carakasaṃhitā with the Āyurvedadīpikā Commentary of Cakrapāṇidatta... . Gaṅgāsahāya Pāndeya (ed.). Varanasi 1969.

Carakasaṃhitā with ... . Vaidya Jādavaji Trikamji Ācārya (ed.). New Delhi 1981.

Carakasaṃhitā. Text with English Translation. P. V. Sharma (ed.). Varanasi, Delhi 1981.

Carakasaṃhitā. P. V. Sharma (ed.). Varanasi 1983.

Cassirer, E.: Idee und Gestalt. Darmstadt 1971.

Chakravarthi, T.: Food and Drink in Ancient Bengal. Calcutta 1959.

Chandola, H. M., Tripathi, S. N., Udupa, K. N.: Constitution and Diabetes. Ancient Science of Life, Vol. 7, No. 3-4 (1988) 219-226.

Chandrasekharan, P. V., Venkataraghavan, S., Appa Rao, M. V. R., Gurunatham, T., Kotteswara Rao, T.: Prakriti as an Aid to the Prediction of Peptic Ulcer. Jour. Res. Ind. Med., Vol. 6, No. 3 (1971) 242 ff.

Chantelau, E. (Hrsg.): Das Diabetes-Diät-Dilemma. Mainz 1993.

Chaturvedi, G. N., Subramaniyam, P. R., Tiwari, S. K., Singh, K. P.: Experimental and clinical Studies on

* Indische Texte werden nach Namen zitiert. Die Upaniṣads siehe alle unter Upaniṣatsaṃgrahaḥ.

Diabetes Mellitus evaluating the Efficiacy of an Indigenious Oral Hypoglamic Drug – Arani. Ancient Science of Life, Vol. 3, No. 4 (1983) 216 ff.

Clark, N. M., Zimmermann, B. J.: A social cognitive View of self-regulated-Learning about Health. Health Education Research, Vol. 5, No. 3 (1990) 371-379.

Collis, M. L.: Behaviour Modification Techniques: Their Use in Individual and Communitiy Programs. IJGE, Vol. 20 (1977) 29 ff.

Comba, A.: Carakasaṃhitā, śārīrasthāna I and Vaiśeṣika Philosophy. In: *Meulenbeld, G. J.* (ed.): Studies on Indian Medical History, Groningen 1987.

Comba, A.: Universal (sāmānya) and Particular (viśeṣa) in Vaiśeṣika and Āyurveda. Journ. Eur. Āy. Soc., Vol. 1 (1990) 7 ff.

Correll, W.: Verstehen und Lernen – Grundlagen der Verhaltenspsychologie. München 1987.

Dahanukar, S. A.: siehe *Thatte, U. M., Dahanukar, S. A.*

Dange, S. A.: Encyclopedia of Purāṇic Beliefs and Practices. New Delhi 1987.

Das, R. P.: Problems relating to the Dhātu-list in Indian Medical Texts. 1990 (unpublished).

Das, R. P.: Indische Medizin und Spiritualität. Jour.Eur. Āy. Soc., Vol. 2 (1992) 158-187.

Dasgupta, S. N.: Die Medizin der alten Hindus. Sudh. Arch., Vol. 20 (1928) 80 ff.

Dasgupta, S. N.: A History of Indian Philosophy. New Delhi 1975.

Dash, B.: Concept of Agni in Āyurveda. Varanasi 1971.

Dembroski, T. M., Halhuber, M. J. (Hrsg.): Psychosozialer „Stress" und koronare Herzkrankheit. Berlin, Heidelberg, New York 1981.

Deshpande, I. S., Mehendale, V. V.: A Study of the Incidence of Pulmonary Tuberculosis in Diabetics with Special Reference to its Etiological Factors. Jour. Res. Ind. Med. Yoga & Homöo., Vol. 14, No.1 (1979) 12ff.

Deussen, P.: Sechzig Upanishad´s des Veda. Darmstadt 1963.

Devaraj, T. L.: The Panchakarma Treatment of Ayurveda. Bangalore 1986.

DGE: Ernährungsbericht der Deutschen Gesellschaft für Ernährung. Frankfurt 1988.

Diehm, C., Schettler, G. (Hrsg.): Das metabolische Syndrom. München 1995.

Doninger O´Flaherty, W.: Hindu Myths. Harmondsworth 1975.

Dorcsi, M.: Medizin der Person. Heidelberg 1978.

Dreher, D.: Diabetes mellitus. In: *Hau, T. H.* (Hrsg.): Psychosomatische Medizin. München 1989.

Drever, J., Fröhlich, W. D.: Wörterbuch zur Psychologie. München 1972.

Dubey, G. P., Singh, R. H.: Constitution in Clinical Medicine. In: *Udupa, K.N.* (ed.): Advances in Research in Indian Medicine. Varanasi 1970.

Dubos, R.: Determinants of Health and Disease. In: *Landy, D.* (ed.): Culture, Disease and Healing. London 1977.

Dwarakanath, C.: Digestion and Metabolism in Āyurved. Calcutta 1967.

Ebstein, E.: Zur Entwicklung der klinischen Harndiagnostik. Leipzig 1915.

Ebstein, E.: Diabetes, SugarConsumption and Luxury. In: *Engelhardt, D. v.* (ed.): Diabetes its Medical and Cultural History. Berlin, Heidelberg, New York 1989.

Eckart, W.: Geschichte der Medizin. Berlin, Heidelberg, New York 1990.

Eichelberger, O.: Klassische Homöopathie. Heidelberg 1979.

Eisenberg, M.: Magenkrank? München 1981.

Elmadfa, I. Leitzmann, C.: Ernährung des Menschen. Stuttgart 1988.

Emmerick, R. E.: Die Lepra in Indien. In: *Wulf, J. H.* (Hrsg.): Aussatz Lepra Hansen-Krankheit. Würzburg 1986.

Engelhardt, D. v. (ed.): Diabetes its Medical and Cultural History. Berlin, Heidelberg, New York 1989.

ERE – Encyclopedia of Religion and Ethics. *Hastings, J.* (ed.). Edinbourgh

Esser, A. A. M.: Die theoretischen Grundlagen der altindischen Medizin und ihre Beziehungen zur griechischen. Deutsche Medizinische Wochenschrift, Vol. 20 (1934) 785 ff.

Faddegon, B.: The Vaiśeṣika-System. Amsterdam 1918.

Fedorova, M.: Die Marman-Theorie in der klassischen indischen Medizin. Diss. München 1984.

Filliozat, J.: Les Sciences. In: *Renou, L., Filliozat, J.* (eds.): L´Inde Classique. Paris 1953.

Filliozat, J.: The Classical Doctrine of Indian Medicine. Delhi 1964.

Filliozat, P. S.: Yukti, le quatrieme pramāṇa des medicins (CarS 1.11.25). Jour. Eur. Āy. Soc., Vol. 1 (1990) 33 ff.

Filliozat, P. S.: Caraka´s Proof of Rebirth. Jour. Eur. Āy. Soc., Vol. 3 (1993) 94-111.

Finnegan, J. R., Viswanath, K., Ronney, B., McGovern, P., Baxter, J., Elmer, P., Graves, K., Hertog, J., Mullis, R., Pirie, P., Trenkner, L., Potter, J.: Predictors of Knowledge about Healthy Eating in a Rural Midwestern US City. Health Education and Research, Vol. 5 (1990) 421-431.

Foster, G. M., Anderson, B. G.: Medical Anthropology. New York 1979.

Franz, M. L. v.: Zahl und Zeit. Frankfurt 1980.

Gadamer, H. G.: Wahrheit und Methode. Tübingen 1972.

Gandhi, M.: Wegweiser zur Gesundheit. München 1992.

Garbe, R.: Die Sāṃkhya-Philosophie. Leipzig 1917.

Ghose, S. C.: Drugs of Hindoosthan. Calcutta 1984.

Goethe, J. W.: Schriften zur Botanik und Wissenschaftslehre. München 1975.

Goltz, D.: Studien zur altorientalischen und griechischen Heilkunde – Therapie – Arzneibereitung – Rezeptstruktur. (= Sud. Arch. Bh.16). Wiesbaden 1974.

Gries, F. A., Berchtold, P.: Hyperglykämien und Hypoglykämien. In: *Riecker, G.* (Hrsg.): Therapie innerer Krankheiten. Berlin, Heidelberg, New York 1988.

Grunert, S. C.: Essen und Emotionen. Weinheim 1993.

Gupta, K. R. L.: Science of Sphygmica. Delhi 1987.

Gupta, S. N., Mishra, S. K., Singh, G.: Biochemical as well as Āyurvedic Phenomena in the Patients of Madhumeha (Diabetes Mellitus). Journ. Res. Āyurv. Siddha, Vol. 2, No. 1 (1982).

Hahnemann, S.: Organon der Heilkunst „Aude Sapere". Heidelberg 1987.

Harris, M.: Wohlgeschmack und Widerwillen – Die Rätsel der Nahrungstabus. Stuttgart 1991.

Hartmann, F.: Erziehung zum Arzt – Diachronische und interkulturelle Vergleiche der Formen und Inhalte. In: *Schipperges, H., Seidler, E., Unschuld, P. U.* (Hrsg.): Krankheit, Heilkunst, Heilung. Freiburg, München 1978.

Hauner, H.: Pathophysiologische Grundlagen der Insulinresistenz. In: *Diehm, C., Schettler, G.* (Hrsg.): Das metabolische Syndrom. München 1995.

Helman, C.: Culture, Health and Illness. Bristol 1984.

Hemmeter: Die Entwicklung der indischen Medizin. Ciba-Zeitschrift, Vol. 36 (1936) 1218 ff.

Henschen, F.: News, Notes and Queries on the Term Diabetes in the Works of Aretaeus and Galen. In: *Engelhardt, D. v.* (ed.): Diabetes its Medical and Cultural History. Berlin, Heidelberg, New York 1989.

Herrmann, J. M., Beischer, W., Berger, F.: Diabetes mellitus. In: *Uexküll, T. v.* (Hrsg.): Psychosomatische Medizin. München, Wien, Baltimore 1986.

Hillebrandt, A.: Ritual-Literatur – Vedische Opfer und Zauber. (= Grundriß d. IAPhA 3.2). Straßburg 1897.

Hinderling, P.: Kranksein in „primitiven" und traditionalen Kulturen. Norderstedt 1981.

Hinüber, O. v.: Zur Technologie der Zuckerherstellung im alten Indien. ZDMG, Vol. 121 (1971) 93-109.

Hoffmann, K.: Aufsätze zur Indoiranistik. 2 Bände. Wiesbaden 1975-1976.

Hornstein, W., Bastine, R., Junker, H., Wulf, C.: Beratung in der Erziehung. Frankfurt 1977.

IESS – International Encyclopedia of the Social Sciences. New York 1968.

Jacob, W., Schipperges, H.: Kann man Gesundsein lernen? Stuttgart 1981.

Jaensch, E.: Grundformen menschlichen Seins. Berlin 1929.

Jaiminīyabrāhmaṇa. Raghu Vira and Lokesh Chandra (eds.). Nagpur 1954.

Jamison, S. W.: Brāhmaṇa Syllable Counting, Vedic Tvac – Scin, and the Sanskrit Expression for the Canonical Creature. IIJ, Vol. 29 (1986) 176-181.

Jolly, J.: Recht und Sitte. (= Grundriß der IAPhA 2.8). Straßburg 1896.

Jolly, J.: Medicin. (= Grundriß der IAPhA 3.10). Straßburg 1901.

Jores, A.: Praktische Psychosomatik. Bern, Stuttgart, Wien 1981.

Jung, C. G.: Typologie. Olten 1972.

Kasper, H.: Ernährungsmedizin und Diätetik. München, Wien, Baltimore 1991.

Kāśyapasaṃhitā with ... . (= Kāśī Sanskrit Series 154) Benares 1953.

Kayman, S. Bruvold, W., Stern, J. S.: Maintenance and Relapse after Waight Loss in Women: Behavioral Aspects. Am. J. Clin. Nutr., Vol. 52 (1990) 800-807.

Kent, J. T.: Zur Theorie der Homöopathie. J. K. Kents Vorlesungen über Hahnemanns Organon. Leer 1973.

Khanna, A.: Theoretical Foundations of Ancient Indian Medicine Part II. Ancient Science of Life, Vol. 7, No. 3-4 (1988) 126-133.

Kirfel, W.: Gehen die medizinischen Systeme Altindiens und des Mittelmeer- raumes auf einen gemeinsamen Ursprung zurück? Grenzgebiete der Medizin, Vol. 1 (1948) 6 ff.

Kirfel, W.: Die fünf Elemente insbesondere Wasser und Feuer. Walldorf 1951.

Kirfel, W.: Kleine Schriften: Ist die Fünfzahl der symbolische Ausdruck einer bestimmten Kultur? Und: Zahlen und Farbensymbole. Und: Ist die altindische Medizin arischen Ursprungs? Wiesbaden 1976.

Kirfel, W., Hilgenberg, L.: Vāgbhaṭṭas Aṣṭāṅgahṛdayasaṃhitā. Leiden 1941.

Klaus, K.: Die altindische Kosmologie nach den Brāhmaṇas dargestellt. Diss. Marburg 1985.

Kleinman, A.: Patients and Healers in the Context of Culture – An Exploration of the Borderland between Anthropology, Medicine and Psychiatry. Berkeley, Los Angeles, London 1980.

Klotter, C.: Adipositas als wissenschaftliches und politisches Problem – Zur Geschichtlichkeit des Übergewichts. Heidelberg 1990.

Kluthe, R.: Ernährungsmedizin in der Praxis – Aktuelles Handbuch zu Prophylaxe und Therapie ernährungsabhängiger Erkrankungen. Balingen 1993.

Kluthe, R., Schrezenmeir, J.: Ernährungsmedizin in Klinik und Praxis – Bemühungen der Akademie für Ernährungsmedizin zur Situationsverbesserung. Akt. Ernähr.-Med., Vol. 17 (1992) 91-99.

Knecht, S.: Ernährung, Fasten und Hygiene in Nepal. Teile 1 u. 2. Ther. d. Gegenw., Vol. 114 (1975) 1126-1148 u. 1296-1312.

Köhle, K., Simons, C.: Anorexia nervosa. In: *Uexküll, T. v.* (Hrsg.): Psychosomatische Medizin. München, Wien, Baltimore 1986.

Köhler, G.: Lehrbuch der Homöopathie. Stuttgart 1983.

Koerber, K. W. v.: Vollwert-Ernährung: Grundlagen einer vernünftigen Lebensweise. Heidelberg 1986.

Kötschau, K.: Wandlungen in der Medizin – Gedanken zu einer Ganzheitsmedi- zin. München, Berlin 1956.

Kollath, W.: Die Ordnung in unserer Nahrung. Heidelberg 1987.

Koob, O.: Gesundheit, Krankheit, Heilung. Frankfurt 1986.

Kranich, E. M.: Die Formensprache der Pflanze. Frankfurt 1986.

Kretschmer, E.: Körperbau und Charakter. Berlin, Heidelberg, New York 1977.

Kuhn, A.-S.: Beitrag zur Analyse des medizinischen Pluralismus vor dem Hintergrund des medizinischen Weltbildes der Laien in Ladakh (Indien). Diss. Heidelberg 1986.

Kuhn, T. S.: Die Struktur wissenschaftlicher Revolutionen. Frankfurt 1973.

Kurup, P. N. V.: Āyurvedic Medicine. In: *Bannerman, R. H., Burton, J., Wen-Chieh, C.* (eds.): Traditional Medicine and Health Care Coverage. A Reader for Health Administrators and Practitioners. WHO Geneva 1983.

Labadie, R. P.: Research Considerations on Traditional Indian Medicine from a View Point of Drug Research in Pharmacognosy. In: *Meulenbeld, G. J.* (ed.): Proceedings of the International Workshop of Priorities in the Study of Indian Medicine. Groningen 1984.

Laping, J.: Die landwirtschaftliche Produktion in Indien. Wiesbaden 1982.

Laping, J.: „Gesunde Lebensweise". Der svasthavṛttādhyāya des altindischen Mediziners Suśruta. Curare, Vol. 7 (1984) 129-143.

Laping, J.: Prevention in the Āyurvedic System of Medicine. In: *Meulenbeld, G. J.* (ed.): Proceedings of the International Workshop of Priorities in the Study of Indian Medicine. Groningen 1984.

Laping, J.: Pluralism in the Āyurvedic System of Medicine. Ancient Science of Life, Vol. 4, No. 2 (1984c) 83-87.

Laping, J.: The Progressive Potential of Āyurveda and its Possible Contribution to Health Care Today. Ancient Science of Life, Vol. 5, No. 1 (1985) 21-29.

Laping, J.: Dialogue in Research on Traditional Indian Medicine. In: *Meulenbeld, G. J.* (ed.): Studies in Indian Medical History. Groningen 1987a.

Laping, J.: „Traditional" Medicine in India – Decline and Future Perspectives. Ancient Science of Life, Vol. 7, No. 1 (1987b) 6-11.

LeBow, M. D.: Adipositas – Psychotherapie und Nachbehandlung von Überge- wicht bei Erwachsenen. Bern, Göttingen, Toronto 1991.

Lechner-Knecht, S.: Āyurveda, jahrtausendealte Heil- und Lebenskunde in Nepal und Indien. Teil 1. Med. Klin., Vol. 73, No. 5 (1978) 168-174.

Leeser, O.: Grundlagen der Heilkunde. Ulm 1963.

Lesley, C.: The Ambiguities of Medical Revivalism in Modern India. In: *Lesley, C.* (ed.): Asian Medical Systems. Berkeley, Los Angeles, London 1976.

Lesley, C.: Social Research and Health Care Planning in South Asia. Part 1 and 2. Ancient Science of Life, Vol. 8, No. 1 and 2 (1988) 1-12 and 75-91.

Lichtenthaeler, C.: Geschichte der Medizin. Die Reihenfolge ihrer Epochen-Bilder und die treibenden Kräfte ihrer Entwicklung. Köln 1987.

Liechtli-v., Brasch, D., Bircher, R. (Hrsg.): Handbuch für Diabetiker. Bad Homburg o. J.

Lienhard, S.: Remarks on the Early History of Indian Medical Terminology. Scientia Orientalis, Vol. 16 (1979) 9-20.

Lobo, R.: Āyurveda. Zürich 1987.

Lobo, R.: Traum und Karma im Āyurveda. München 1990.

Lüders, H.: Medizinische Sanskrittexte aus Turkistan. In: Aus Indiens Kultur. Festgabe *R. v. Garbe*. (= Veröffentlichungen des Indogermanischen Seminars der Universität Erlangen Bd. III). Erlangen 1927.

Majumdar, A.: Āyurveda and Modern Science. Ancient Science of Life, Vol. 8, No. 3-4 (1989) 177-190.

Manusmṛti – The Laws of Manu. *Bühler, G.* (ed.). Delhi 1979.

Maslow, A.: Motivation and Personality. New York, Evanston, London 1970.

Maslow, A.: Psychologie des Seins. München 1973.

Mazars, G.: Les medicines indiennes. In: *Huard, P., Bossy, J., Mazars, G.* (eds.): Les medicines de L´Asie. Paris 1978.

Mazars, G.: Āyurveda and Traditional Medicine in India. Betr. z. Ethnomed., Vol. 8 (1983) 29 ff.

Mazars, G.: Die klassische indische Medizin. In: Illustrierte Geschichte der Medizin. Deutsche Bearb. unter der fachl. Beratung des Instituts für Theorie und Geschichte der Med. an der Univ. Münster. Vaduz 1990.

Mehnert, H., Standl, E.: Ärztlicher Rat für Diabetiker. Stuttgart, New York 1987.

Meindersma, T. E.: Interpreting and Evaluating Texts and Practice from the Point of View of Western Medicine. In: *Meulenbeld, G. J.* (ed.): Proceedings of the International Workshop of Priorities in the Study of Indian Medicine. Groningen 1984.

Meindersma, T. E.: Was Caraka a materialist? (unpubl.) 1990.

Menden, E.: Die Ernährung. Mannheim, Wien, Zürich 1990.

Merleau-Ponty, M.: Das Auge und der Geist. Hamburg 1984.

Meulenbeld, G. J.: The Mādhavanidāna and its Chief Commentary. Chapters 1-10. Leiden 1974.

Meulenbeld, G. J. (ed.): Proceedings of the International Workshop of Priorities in the Study of Indian Medicine. Groningen 1984.

Meulenbeld, G. J.: Reflections on the Basic Concepts of Indian Pharmacology. In: *Meulenbeld, G. J., Wujastyk, D.* (eds.): Studies in Indian Medical History. Groningen 1987.

Meulenbeld, G. J.: The Characteristics of a Doṣa. (1990) Jour. Eur. Āy. Soc., Vol. 2 (1992) 1-5.

Meulenbeld, G. J., Wujastyk, D. (eds.): Studies in Indian Medical History. Groningen 1987.

Meyer, E., Pudel, V.: Das Ernährungsverhalten im Alter und seine Konsequenzen für die Ernährung. Z. Geront., Vol. 16 (1983) 241-247.

Mishra, U.: Conception of Matter according to Nyāya-Vaiśeṣika. Allahabad 1936.

Mitra, J.: History of Indian Medicine from Pre-Mauryan to Kuẕāṇa Period. Varanasi 1974.

Mitra, J.: A Critical Appraisal of Āyurvedic Material in Buddhist Literature with Special Reference to Tripiṭaka. Varanasi 1985.

Mittwede, M.: Yoga im Kontext der indischen Kulturgeschichte. In: Materialienband „Yoga und Indien" des Deutschen Volkshochschulverbandes. Bonn 1992.

Mittwede, M.: Der Schlaf bei Caraka. Jour. Eur. Āy. Soc., Vol. 3 (1993) 137-144.

Mittwede, M.: Objekterkenntnis im Yoga und im Āyurveda. In: *Eigner, D., Quekelberghe, R. van* (Hrsg.): Jahrbuch für Transkulturelle Medizin und Psychotherapie. Vol. 1994: Trance, Besessenheit, Heilrituale und Psychotherapie. Berlin 1995.

Mooss, N. S.: Āyurvedic Flora Medica. Kottayam 1978.

Müller, G.: Hygiene, Epidemiologie und Umwelthygiene. Hamburg 1973.

Müller, I.: Die Stellung der Homöopathie in der Schulmedizin. Beitr. z. Ethnomed., Vol. 8 (1983) 325 ff.

Müller, R. F. G.: Vom Körperaufbau in der altindischen Medizin. Arch. Gesch. Med., Vol. 26, No. 4 (1933) 310 ff.

Müller, R. F. G.: Über die Trodoṣa-Lehre in der altindischen Medizin. In: Sudh. Arch., Vol. 32, No. 4 u. 5 (1939) 290 ff.

Müller, R. F. G.: The Urinary Flux of the Ancient Indians. In: *Engelhardt, D. v.* (ed.): Diabetes its Medical and Cultural History. Berlin, Heidelberg, New York 1989.

Mukerjee, S. K., Mukerjee, S. S.: Therapeutic Advance in Diabetes Mellitus through Ages. Jour. Res. Ind. Med., Vol. 1, No. 1 (1966) 91 ff.

Nanal, B.P.: Schmerz – eine Schlüsselfigur im Āyurveda. In: *Lobo, R.* (Hrsg.): Prana, München 1981.

Nespor, K., Singh, R. H.: The Experiences with Āyurvedic Psychotherapy „Sattvavajaya" in Europe. Ancient Science of Life, Vol. 5, No. 3 (1986) 154 – 155.

Nordstrom, C. R.: Āyurveda: A Multilectic Interpretation. Soc. Sci. Med., Vol. 28, No. 9 (1989) 963-970.

Nyāyasūtra. Transl. by Mahāmahopādhyāya Satiṣa Chandra Vidyābhuṣana. New Delhi 1975.

Obeyesekere, G.: The Impact of Āyurvedic Ideas on the Culture and the Individual in Sri Lanka. In: *Lesley, C.* (ed.): Asian Medical Systems. Berkeley, Los Angeles, London 1976.

Ojha, D., Kumar, A.: Panchakarma-Therapy in Āyurveda. Varanasi 1978.

Oldenberg, H.: Die Lehre der Upanishaden und die Anfänge des Buddhismus. Göttingen 1915.

Oldenberg, H.: Vorwissenschaftliche Wissenschaft. Die Weltanschauung der Brāhmaṇa-Texte. Göttingen 1919.

Oldenberg, H.: Die Religion des Veda. Göttingen 1923.

O'Leary, K. D., Wilson, G. T.: Behaviour Therapy – Application and Outcome. Englewood Cliffs 1975.

Om Prakash: Food and Drinks in Ancient India. Delhi 1961.

Orth, H.: Synonyms for Diabetes in Antiquity and Their Etymology. In: *Engelhardt, D. v.* (ed.): Diabetes its Medical and Cultural History. Berlin, Heidelberg, New York 1989.

Ovelil, B. P.: Āyurveda and Modern Health Education. Ancient Science of Life, Vol. 2 (1982) 47 ff.

Pandey, V. N.: Research in Āyurveda and its Relevance. Jour. Res. Āyurv. Siddha, Vol. 2, No. 2 (1981) 178 ff.

Paracelsus: Vom Licht der Natur und des Geistes. *Goldammer, K.* (Hrsg.). Stuttgart 1979.

Paracelsus: Die Geheimnisse. *Peuckert, W. E.* (Hrsg.). München 1990.

Parikh, M. D., Mistry, R. R., Bhatt, N. S.: Need for an Integrated System of Medicine – A Proposal for its Attainment. Ancient Science of Life, Vol. 4, No. 2 (1984) 79-82.

Pflanz, M.: Gesundheitsverhalten. In: *Mitscherlich, A., Brocher, T., Mering, O. v., Horn, K.* (Hrsg.): Der Kranke in der modernen Gesellschaft. Köln, Berlin 1967.

Pfeiffer, E. F.: Ist Insulin an allem schuld? Münch. med. Wschr., Vol. 133, No. 25 (1991) 400 ff.

Pfleiderer, B., Bichmann, W.: Krankheit und Kultur. Berlin 1985.

Pokorny, R.: Über das Wesen des Ausdrucks – Mit besonderer Behandlung des Ausdrucks im menschlichen Gang. München 1974.

Porkert, M.: Die chinesische Medizin. Düsseldorf, Wien 1982.

Porkert, M.: Epistemological Fashions in Interpreting Disease. In: *Engelhardt, D. v.* (ed.): Diabetes its Medical and Cultural History. Berlin, Heidelberg, New York 1989.

Pschyrembel: Klinisches Wörterbuch mit klinischen Syndromen. 252. Auflage. Berlin, New York 1975.

Pudel, V.: Praxis der Ernährungsberatung. Berlin, Heidelberg, New York 1991.

Pudel, V., Westenhöfer, J.: Beeinflussung des Eßverhaltens im Hinblick auf Prävention der Adipositas. Akt. Ernähr., Vol. 14 (1989) 125-130.

Pudel, V., Westenhöfer, J.: Ernährungspsychologie. Göttingen, Toronto, Zürich 1991.

Rajasekharan, S., Raju, G. S.: Certain Concepts of „Prameha" (Diabetes) in Āyurveda (Indian System of Medicine) with Special Reference to the Relationship between Ancient Indian and Modern Thoughts. Ancient Science of Life, Vol. 2 (1982) 17 ff.

Ranade, S.: Einführung in Āyurveda – Kurzdarstellung der Geschichte und der Grundprinzipien. HPaktuell, Vol. 2 (1986) 14 ff.

Ranade, S.: Natural Healing through Āyurveda. Delhi 1994.

Rang, B.: Husserls Phänomenologie der materiellen Natur. Frankfurt 1990.

Ramachandra Rao, S. K.: Encyclopedia of Indian Medicine. Vols. I and II. Bangalore 1985 and 1987.

Rau, W.: Zur vedischen Altertumskunde. (=Akad.Wiss. Lit. Mainz Abh. Geist. Soz. Kl.). Mainz 1983.

Rau, W.: Naturbeobachtung und Handwerkskunst im vorislamischen Indien. (= Sitz. ber. Wiss. Ges. Joh. W. Goethe Univ. Ffm. 22.4). Stuttgart 1986.

Ray, P., Gupta, H. N.: Carakasaṃhitā – A Scientific Synopsis. New Delhi 1980.

Ray, P., Gupta, H. N., Roy, M.: Suṣrutasaṃhitā – A Scientific Synopsis. New Delhi 1993.

Ṛgveda. Vishva Bandhu (ed.). Hoshiarpur 1963.

Rosak, C., Böhm, B. O., Schöffing, K.: Diabetes mellitus. In: *Kühn, H. A., Schirmeister, J.* (Hrsg.): Innere Medizin. Berlin, Heidelberg, New York 1989.

Roy, B. C.: Food and Drink in Ancient Bengal. Calcutta 1959.

Sāṃkhyakārikā. Transl. by T. G. Mainkar. Poona 1972.

Sāṃkhyasūtra. In: *Sinha, N.*: The Sāṃkhya Philosophy. New Delhi 1979.

Śatapathabrāhmaṇa. *Weber, A.* (ed.). Berlin, London 1855.

Schadewaldt, H.: The History of Diabetes Mellitus. In: *Engelhardt, D. v.* (ed.): Diabetes its Medical and Cultural History. Berlin, Heidelberg, New York 1989.

Schaefer, G.: Die Entwicklung von Lehrplänen für den Biologieunterricht auf der Grundlage universeller Lebensprinzipien. MNU, Vol. 43, No. 8 (1990) 471-480.

Schettler, G.: Der Mensch ist so jung wie seine Gefäße. München, Zürich 1984.

Scheurle, H. J.: Die Gesamtsinnesorganisation – Überwindung der Subjekt-Objekt-Spaltung in der Sinneslehre. Stuttgart, New York 1984.

Schipperges, H.: Lebendige Heilkunde. Freiburg 1962.

Schipperges, H.: Arzt und Patient in der Welt von morgen. Heidelberg 1983.

Schipperges, H.: Der Garten der Gesundheit: Medizin im Mittelalter. München, Zürich 1985(a).

Schipperges, H.: Lebensmittel – Mittel zum Leben. Einführung in die Regelkreise der Lebensführung 2. Die Kultur von Speise und Trank. Bad Mergentheim 1985(b).

Schipperges, H.: Medizin in Bewegung – Geschichte und Schicksal. Heidelberg 1990(a).

Schipperges, H.: Heilkunst als Lebenskunde oder die Kunst, vernünftig zu leben. Heidelberg 1990(b).

Schipperges, H, Seidler, E., Unschuld, P.U. (Hrsg.): Krankheit, Heilkunst, Heilung. Freiburg, München 1978.

Schliack, V., Vetter, K., Brüschke, G.: Diabetes mellitus. Diabetes renalis. Hyperinsulinismus. Glycogenspeicherkrankheiten. In: *Brüschke, G.* (Hrsg.): Lehrbuch innere Medizin. Wien, Berlin 1988.

Schmädel, D.v., Hochkirchen, B.: The Results of an Analysis Based on a Video of Consultations in Five Āyurvedic Medical Practices. In: *Meulenbeld, G. J., Wujastyk, D.* (eds.): Studies in Indian Medical History. Groningen 1987.

Schmidt, G.: Dynamische Ernährungslehre. St. Gallen 1975.

Schmidt, L. R., Dlugosch, G. E.: Psychologische Grundlagen der Patientenschulung und Patientenberatung. Präv.-Rehab., Vol. 3, No. 2 (1991) 48-57.

Schmidt, R.F.: Integrative Leistungen des Zentralnervensystems – Durst und Hunger: Allgemeinempfindungen. In: *Schmidt, R. F., Thews, G.* (Hrsg.): Physiologie des Menschen. Berlin, Heidelberg, New York 1987.

Schmidt, R. F., Thews, G. (Hrsg.): Physiologie des Menschen. Berlin, Heidelberg, New York 1987.

Schneider, U.: Die altindische Lehre vom Kreislauf des Wassers. Saeculum, Vol. 12, No. 1 (1961) 1 ff.

Schneider, U.: Die Komposition der Aitareya-Upaniṣad. IIJ, Vol. 7, No. 1 (1963) 58 ff.

Schoberberger, R.: Therapeutische Strategien und deren Erfolg aus der Sicht des Psychologen. Akt. Ernähr., Vol. 14 (1989) 137-142.

Schöner, E.: Das Viererschema in der antiken Humoralpathologie (= Sudh. Arch. Bh.4) Wiesbaden 1964.

Schrezenmeir, J.: Diabetes mellitus. In: *Kluthe, R.* (Hrsg.): Ernährungsmedizin in der Praxis. Balingen 1993.

Schrott, E.: Ayurvedische Konstitutionstypenlehre als Hilfe bei der homöopathischen Mittelwahl. (unpubl.) 1986.

Schulze, J.: Typ-II-Diabetes und Hypertonie – Ein gefährlicher Synergismus. Therapiewoche, Vol. 42, No. 25 (1992) 1542-1548.

Schwarzer, R. (Hrsg.): Gesundheitspsychologie. Göttingen, Toronto, Zürich 1990.

Seeck, G. A.: Über die Elemente in der Kosmologie des Aristoteles. München 1964.

Sen Gupta, N. N.: The Āyurvedic System of Medicine. Delhi 1901.

Seydel, E., Taal, E., Wiegman, O.: Risk-Appraisal, Outcome and Self-Efficiacy Expactancies: Cognitive Factors in Preventive Behaviour Related to Cancer. 1990.

Shah, U. P.: Geographical and Ethnic Data from the Kāśyapasaṃhitā. Jour. Or. Inst. Baroda, Vol. 7 (1958) 276 ff.

Sharma, P. V.: Indian Medicine in the Classical Age. Varanasi 1972.

Sharma, P. V.: Introduction to Dravyaguṇa. Varanasi 1976.

Sharma, P. V.: Ḍalhaṇa and His Comments on Drugs. New Delhi 1982.

Sharma, P. V.: Caraka´s Definition of Āyurveda. XIIth All India Conference of NIMA. Varanasi 1985.

Sharma, P. V.: Religion and Health: Their Interdependence. Aryavaidyan, Vol. 2, No. 3 (1989a), 158 – 173.

Sharma, P. V.: Further Probe into the Caraka-Samhitā. AYU 1989(b) 6 ff.

Sharma, S. N.: Concept of Jatharagni in Ayurveda. Jaipur 1992.

Sheldon, W.: The Varieties of Temperament. New York 1942.

Shiv Sharma: Realms of Āyurveda. New Delhi 1979.

Shukla, H. C.: Mathematical Formulation of Problems and Research-Speculations in the Fundamental Theory of Tridosha. Jour. Res. Ind. Med., Vol. 7, No. 2 (1972) 91 ff.

Siegenthaler-Zuber, G., Täuber, M.: Koma bei Stoffwechselstörungen und exogenen Intoxikationen. In: *Siegenthaler, W.* (Hrsg.): Differentialdiagnose innerer Krankheiten. Stuttgart, New York 1984.

Siegrist, J.: Medizinische Soziologie. München, Wien, Baltimore 1988.

Silva/Lochack: Wellen und Teilchen. Reinbek 1974.

Singh, R. H.: The Psychosomatic Disorders and Their Management in Āyurveda. Ancient Science of Life, Vol. 6 (1986) 41 ff.

Singh, R. H., Agarwal, V. D.: A Break-up Model for the Study of the Doṣik Rhythm in the Concept of Kriya-Kala. Jour. Res. Ay. Sid., Vol. 3, No 1-2 (1983) 94-108.

Souci/Fachmann/Kraut: Lebensmitteltabelle für die Praxis. Stuttgart 1987.

Srikantha Murthy, K. R.: Doctrines of Pathology in Āyurveda. Varanasi, Delhi 1987.

Stacher, A.: Bedeutung und Ziele der Ganzheitsmedizin. In: *Stacher, A., Bergsmann, O.* (Hrsg.): Grundlagen für eine integrative Ganzheitsmedizin. Wien 1993.

Stiegele, A.: Klinische Homöopathie. Stuttgart 1955.

Stietencron, H. v.: Moral im zyklischen Denken: Die Auswirkung der Wiedergeburtslehre auf soziale Werte und Normen. In: *Gladigow, B.*: Religion und Moral. Düsseldorf 1976.

Storlie/Jordan (Hrsg.): Ernährungsumstellung und Bewegungstherapie bei Adipositas. Köln 1992.

Strube, H.: Außenseiterdiäten. In: *Biesalski, H.-K.* (Hrsg.): Ernährungsmedizin. Stuttgart, New York 1995.

Strunz, F.: Theophrastus Paracelsus. Leipzig 1937.

Subba Reddy, D. V.: Glimpses of Health and Medicine in Mauryan Empire. Hyderabad 1966.

Subrahmanya Sastri, V. V.: Tridosha Theory. Kottakkal 1977.

Suśrutasaṃhitā. Transl. by Kaviraj Kunjalal Bhishagratna. Varanasi 1963.

Suśrutasaṃhitā. With the Nibandhasaḥgraha Commentary of Śrī Ḍalhaṇācārya. Vaidya Jādavji Trikamji Ācārya (ed.). Varanasi, Delhi 1980.

Taittirīyaprātiśākhya. Transl. by W. D. Whitney. Delhi, Varanasi, Patna 1973.

Taittirīyasaṃhitā. A. Weber (Hrsg.) (= IS 11 u. 12, Repr. Hildesheim/New York 1973). Leipzig 1871 u. 1872.

Thies, H. J.: Der Diabetestraktat ʼAbd al-Laṭīf Al-Bagdādīʼs – Untersuchungen zur Geschichte des Krankheitsbildes in der arabischen Medizin. (= Bonner Or. St. 21). Bonn 1971.

Thatte, U. M., Dahanukar, S. A.: Āyurveda and Contemporary Scientific Thought. TIPS, Vol. 7, No.7 (1986) 247 ff.

Thatte, U. M., Dahanukar, S. A.: Āyurveda Revisited – Āyurveda in the Light of Contemporary Medicine. Bombay 1989.

Troschke, J. v.: Gesundheitsbildung. In: *Blohmke, M. v.* (Hrsg.): Sozialmedizin. Stuttgart 1986.

Trurnit, G.: Ernährungsberatung als vorbeugende Maßnahme in der Gesundheitserziehung. Prävention, Vol. 2 (1981) 38 ff.

Udupa, K. N.: Der Leib in der indischen Medizin. Z. f. Klin. Psych. Psychother., Vol. 25, No. 2 (1977) 157 ff.

Uexküll, T. v.: Die Einführung der psychosomatischen Betrachtungsweise als wissenschaftstheoretische und berufspolitische Aufgabe – Gedanken zum Problem der ärztlichen Verantwortung. In: *Uexküll, T. v.* (Hrsg.): Psychosomatische Medizin. Wien, Baltimore 1986.

Uexküll, T. v., Wesiack, W.: Wissenschaftstheorie und Psychosomatische Medizin, ein bio-psycho-soziales Modell. In: *Uexküll, T. v.* (Hrsg.): Psychosomatische Medizin. Wien, Baltimore 1986.

Universität Oregon: Westliche Ernährung verstärkt Koronar-Risiko. N. Eng. J. Med., Vol. 325 (1991) 1704-1708.

Upaniṣatsaṃgrahaḥ. J. L. Shastri (ed.). Delhi 1981.

Vaiśeṣikasūtra. Muni Śrī Jambūvijayaji (ed.) (= Gaekw. Or. Ser. 136). Baroda 1982.

Venkataraghavan, S., Appa Rao, M. V. R., Chandrasekharan, P. V., Holla, B. V., Koteswara Rao, T., Rajagopalan, V.: Study of Deha Prakṛti (Constitution) as an

Aid to Predict Proneness to Madhumeha (Diabetes). Jour. Res. Med. Yoga & Homoeo., Vol. 12, No. 1 (1977) 122 ff.

Verbrugh, H. S.: Medizin auf totem Gleis – Das Menschenbild der Medizin als vorwissenschaftliche Ideologie. Stuttgart 1975.

Vogel, C.: Zur Entstehung der hippokratischen Viersäftelehre. Hippokrates, Vol. 27, No. 24 (1956) 779-783.

Vogel, C.: On the Humoral Physiology and Pathology of the Hippocratics. The Poona Or., Vol. 22, No. 3 & 4 (1957) 62 ff.

Vogel, C.: On the Ancient Indian and Greek Systems of Medicine. The Poona Or., Vol 24, No. 1 & 2 (1959) 1 ff.

Vogel-Brauer, A.: Die Zahn- und Zahnbetterkrankungen in der altindischen Medizin. Stoma, Vol. 17, No. 2 (1964) 126-140.

Weck, W.: Heilkunde und Volkstum auf Bali. Bali 1986.

Weckerling, A.: Die Tridoṣa-Lehre in der indischen Medizin. Diss. Gießen 1929.

Wesiack, W.: Grundzüge der psychosomatischen Medizin. München 1975.

Wirth, A.: Nichtmedikamentöse Therapie des metabolischen Syndroms. Herz, Vol. 20, No.1 (1995) 56-69.

Wolz-Gottwald, E.: Heilung aus der Ganzheit – Āyurveda als Philosophie in der Praxis. Gladenbach 1991.

Yogasūtra. Ed. and Transl. by B. D. Basu. Allhahbad 1912.

Zimmer, H.: Altindisches Leben. Berlin 1879.

Zimmer, H.: Philosophie und Religion Indiens. Frankfurt 1979.

Zimmermann, F.: Introducing Western Anatomy to the Practioners of Classical Indian Medicine: An ethnohistorical Analysis of the Treatises by P.S. Varier in the 1920s. In: Asie du Sud: Traditions et Changements. Paris 1978.

Zimmermann, F.: Remarks on the Conception of the Body in Āyurvedic Medicine. South As. Dig. Reg. Writ., Vol. 8 (1979) 10 ff.

Zimmermann, F.: La Jungle et le Fumet des Viandes. Paris 1983.

Zürcher, G.: Verhaltenstherapie bei Adipositas. In: Akt. Ernähr.-Med., Vol. 17 (1992) 72-76

Zysk, K. G.: Religious Healing in the Veda. (= Transact. Am. Phil. Soc. 75.7). Philadelphia 1985.

Zysk, K. G.: The Indian Ascetic Traditions and the Origins of Āyurvedic Medicine. Jour. Eur. Āy. Soc., Vol. 1 (1990) 119-124.

Stichwortverzeichnis

Stichwortverzeichnis: Sanskrit

A

B

S

T